中国电子教育学会高教分会推荐·现代通信技术系列教材

高等学校新工科应用型人才培养"十三五"规划教材

IPRAN/PTN 技术与应用

王文江　李德刚　邓倩倩　编著

山东中兴教育咨询有限公司　组编

西安电子科技大学出版社

内 容 简 介

本书内容涵盖了承载领域 IPRAN/PTN 设备的基本概念、原理和应用。全书共 8 章，主要内容包括 IPRAN/PIN 技术概述、计算机网络基础、路由协议、MPLS 基础、IPRAN/PTN 的保护技术、IPRAN/PTN 同步技术、IPRAN/PTN 设备、中兴 NetNumen U31 网管系统。本书既体现了知识的实用性、前沿性，也考虑了技术发展的关联性。

本书由校企合作共同完成编写，实践性、技术性、综合性较强，可以作为高等院校电子信息工程、通信工程、物联网、信息工程、计算机等相关专业的教材，也可以供相关岗位培训使用，或作为一线技术人员的参考书。

图书在版编目(CIP)数据

IPRAN/PTN 技术与应用 / 王文江，李德刚，邓倩倩编著. —西安：西安电子科技大学出版社，2019.9
ISBN 978-7-5606-5448-5

Ⅰ. ① I… Ⅱ. ① 王… ② 李… ③ 邓… Ⅲ. ① 光传输技术—高等学校—教材

Ⅳ. ① TN818

中国版本图书馆 CIP 数据核字(2019)第 180660 号

策划编辑 李惠萍
责任编辑 买永莲
出版发行 西安电子科技大学出版社(西安市太白南路 2 号)
电 话 (029)88242885 88201467 邮 编 710071
网 址 www.xduph.com 电子邮箱 xdupfxb001@163.com
经 销 新华书店
印刷单位 咸阳华盛印务有限责任公司
版 次 2019 年 9 月第 1 版 2019 年 9 月第 1 次印刷
开 本 787 毫米×1092 毫米 1/16 印 张 20.5
字 数 484 千字
印 数 1~3000 册
定 价 45.00 元

ISBN 978-7-5606-5448-5 / TN

XDUP 5750001-1

如有印装问题可调换

编委会名单

主　编　王文江　李德刚　邓倩倩

副主编　李　鹏　岳耀雪　张春霞

主　任　边振兴　李光晖

编　委　陈立锋　韩　梅　杜玉红　许书君　李　莹　杨　洲

程兴奇　杨继鹏　侯家华　徐　健　曲昇港　窦家勇

徐吉安　崔海滨　田　涛　王程程　刘敬贤　李国伟

刘　健　崔　娟　胡江伟　高　静　刘　静　杨晓丹

牛晓丽　李长忠　张　林　孔德保　杜永生　肖丰霞

吴晓燕　王朝娜　张益铭　张秀梅　王振华　黄小东

宋姗姗　邱立新　胡永生　陈彦彬　王永春　李晓芹

杨宝玉　王　平　郭　芳　张登英

前　言

IPRAN/PTN 技术是信息时代的关键技术。随着 3G、4G、5G 无线通信网络的应用以及物联网、人工智能等技术的发展，分组传送网的 IPRAN/PTN 技术的基本原理以及各种电信新技术已经与每个人的学习、工作和生活密切相关。

本书由校企合作共同完成。与同类教材相比，本书更注重联系实际，强调实用性和综合性，内容讲解简洁易懂。全书内容丰富，既介绍了技术发展的历史，也介绍了技术发展的未来方向。结合应用型高校的特点，本书将 IPRAN/PTN 技术的各种细节以及相关的设备和应用相结合，旨在提高学生的实践应用能力，为今后能更快更好地胜任专业岗位的工作打下良好的基础。

本书主要内容如下：第一章为 IPRAN/PTN 技术概述，回顾了一些重要的承载网技术，包括 SDH 技术、ATM 技术、交换路由技术；第二章介绍了计算机网络基础，重点介绍了 IP 地址、子网掩码、子网划分，以及 VLAN 的定义、帧格式及链路和端口类型；第三章介绍了路由协议，重点介绍了路由器的工作原理，以及常见的动态路由协议，包括 IS-IS 协议、OSPF 协议和 BGP 协议。第四章介绍了 MPLS 基础，重点介绍了 MPLS 协议的工作原理、标签的转发过程，以及基于 MPLS 的 L2VPN 和 L3VPN。第五章介绍了 IPRAN/PTN 的保护技术，重点介绍了链路聚合组 LAG 保护、虚拟路由器冗余协议 VRRP、复用段保护和环网保护等。第六章介绍了 IPRAN/PTN 同步技术，重点介绍了同步的基本概念、同步网的分类和同步技术的实现。第七章介绍了 IPRAN/PTN 设备，重点介绍了 ZXCTN 6000 和 ZXCTN 9000 系列产品的应用场景、产品特点、子架结构、板位资源以及重要单板。第八章介绍了中兴承载网网管 NetNumen U31，重点介绍了网管系统的功能和结构，以及常见的一些网管操作。

考虑到分组传送技术的复杂性，本书在第二章和第三章对交换技术和路由技术分别予以介绍，为后续章节中深入探讨 IPRAN/PTN 技术做了充分的理论铺垫。由于 IPRAN/PTN 技术是一门实用性很强的技术，所以本书在理论介绍的基础上，专门加入第七章和第八章，以中兴的设备为例，介绍了 IPRAN/PTN 的设备和网管操作，便于读者进一步了解 IPRAN/PTN 技术的实际应用。

在本书的编写过程中，我们参考了相关领域成熟的教材、文献资料等。在此，本书的编写人员对所有参考文献的作者表示诚挚的谢意。

由于 IPRAN/PTN 技术和无线通信、卫星通信、物联网等新技术结合得越来越紧密，涉及的面已经不仅仅限于传统的承载网络设备，加之编者水平有限，因此书中内容可能有不妥之处，敬请读者批评指正。

编著者

2019 年 4 月

目　录

第一章

IPRAN/PTN 技术概述

1.1　通信技术介绍

1.1.1　通信发展史

通信(Communication)，指人与人之间，或者人与自然之间通过某种行为或媒介进行的信息交流与传递。从广义上讲，通信是指需要信息的双方或多方在不违背各自意愿的情况下采用一定方法，通过一定媒质，将信息从某一处准确安全地传送到另一处的过程。从古人结绳记事的绳子，到万里长城上保卫疆土的烽火台；从"飞鸽传书"的鸽子，到王阳明悟道的龙场驿站；从滚滚长江上穿梭的轮船的汽笛，到伫立崖头守望茫茫大海的灯塔；从烽火连三月骏马飞驰传送的战报，到隔年旅人捎带的抵万金的书信；从《永不消逝的电波》的地下电台，到遨游茫茫星空的星际空间站；所有这些都是广义上的通信。从有人类的那一天起，通信就无所不在地通过各种形式随着人类历史的发展而发展。通信传递的信息从过去的一片瓦、一根绳子、一封信、只言片语，发展到今天的图画、视频、大数据；从过去的人与人的信息传递，发展到今天的人与人、人与物、物与物，万物互联的信息传递。这些都属于通信的范畴。

利用自然界的基本规律和人的基础感官(视觉、听觉等)的可达性建立通信系统，是人类基于需求的最原始的通信方式。

通信在不同的环境下有不同的解释。

在无线电波的概念被提出后，通信被解释为信息的传递，是指在某两个点之间信息的传输与交换，其目的是传输消息。然而，在人类实践过程中，随着社会生产力的发展，对传递消息的要求不断提升，使得人类文明不断进步，通信的概念也在不断更新。在各种各样的通信方式中，利用"电"来传递消息的通信方法称为电信(Telecommunication)。这种通信具有迅速、准确、可靠等特点，且几乎不受时间、地点、空间、距离的限制，因而得到了飞速发展和广泛应用。在这个趋势下，从远古人类物质交换过程中就发展起来的、结合文化交流与实体经济不断积累进步的实物性通信(邮政通信)，反而被认为制约了当代的经济发展。

通信发展经历了以下几个时代：

(1) 形体时代，通过身体、眼神、手势及山石树木等自然媒质相结合的方式传递信息。

(2) 口语时代，直立行走使得人类对信息传递方式的需求提高，从而催生了语言。

(3) 文字书写时代，随着生产力的发展，人类对信息的记录有了需求，文字随之产生。

(4) 印刷时代，中国北宋时期的毕昇发明活字印刷术。15 世纪，德国人谷登堡发明金属活字印刷术。

电磁技术是电磁通信和数字时代的开始。

1. 电磁时代

19 世纪中叶以后，随着电报、电话的发明，电磁波的发现，人类通信的领域产生了根本性的巨大变革。从此，人类的信息传递可以脱离常规的视/听觉方式，用电信号作为新的载体，同时带来了一系列技术革新，开始了人类通信的新时代。利用电和磁的技术来实现通信的目的，是近代通信起始的标志。其代表性事件如下：

1835 年，美国雕塑家、画家、科学爱好者塞缪乐·莫尔斯(Samuel Morse)成功地研制出世界上第一台电磁式(有线)电报机。他发明的莫尔斯电码，利用"点""划"和"间隔"，可将信息转换成一串或长或短的电脉冲传向目的地，再转换为原来的信息。1844 年 5 月 24 日，莫尔斯在国会大厦联邦最高法院会议厅用莫尔斯电码发出了人类历史上的第一份电报，从而实现了长途电报通信。

1857 年，横跨大西洋海底的电报电缆完成。

1875 年，苏格兰青年亚历山大·贝尔(A. G. Bell)发明了世界上第一台电话机，并于 1876 年申请了发明专利。1878 年他在相距 300 公里的波士顿和纽约之间进行了首次长途电话试验，并获得了成功，后来就成立了著名的贝尔电话公司。

1895 年，俄国人波波夫和意大利人马可尼同时成功研制出无线电接收机。

电报和电话开启了近代通信历史，但都是小范围的应用，更大规模、更快速度的应用在第一次世界大战后得到迅猛发展。

1906 年，美国物理学家费森登成功地研究出无线电广播。

1912 年，泰坦尼克号沉船事件中，无线电救了 700 多条人命。

20 世纪 20 年代，收音机问世。

20 世纪 20 年代，英国人贝尔德成功进行了电视画面的传送，被誉为电视的发明人。

第二次世界大战爆发后，电视事业中断，战火突显出广播发送成本低、接收容易的特性，听众再次增加。

20 世纪 30 年代，信息论、调制论、预测论、统计论等都获得了一系列的突破。

1930 年，超短波通信被发明。1931 年利用超短波跨越英吉利海峡通话获得成功。1934 年在英国和意大利开始利用超短波频段进行多路(6～7 路)通信。1940 年德国首先应用超短波中继通信。中国于 1946 年开始用超短波中继电路，开通 4 路电话。

1947 年，大容量微波接力通信被应用。

20 世纪 50 年代以后，光纤、收音机、电视机、计算机、广播电视、数字通信业都有极大发展。

1956 年，欧美长途海底电话电缆传输系统建设并投入使用。

1959 年，美国的基尔比和诺伊斯发明集成电路，微电子技术因此诞生。

2．网络传播时代

1955 年，美国为了大战的需要，研制了第一部军用电子计算机。

1962 年，美国发射第一颗人造通信卫星，开启了电视卫星传送的时代。

1964 年，美国 Tand 公司 Baran 提出无连接操作寻址技术，目的是在战争残存的通信网中不考虑实验限制，尽可能可靠地传递数据报。

1969 年，美军建立阿帕网(Advanced Research Projects Agency Network，ARPANET)，目的是预防遭受攻击时的通信中断。

1970 年，美国康宁公司成功拉制出了损耗低于 20 dB/km 的光纤，这是光纤作为通信的传输媒质迈向实用化的最重要一步。

1972 年，光纤和 CCITT(International Telephone and Telegraph Consultative Committee，国际电报电话咨询委员会，为 ITU 的前身)通过了 G.711 建议书(语音频率的脉冲编码调制 PCM)和 G.712 建议书(PCM 信道音频四线接口间的性能特征)，电信网络开始进入数字化发展历程。

1972—1980 年的这 8 年间，国际电信界集中研究电信设备数字化，这一进程提高了电信设备性能，降低了电信设备成本，并改善了电信业务质量。最终，在模拟 PSTN(Public Switch Telephone Network，公用电话交换网)形态基础上，形成了 IDN(Integrated Digital Network，综合数字网)网络形态，在此过程中有一系列成就值得我们关注：

- 统一了语音信号数字编码标准；
- 用数字传输系统代替模拟传输系统；
- 用数字复用器代替载波机；
- 用数字电子交换设备代替模拟机电交换设备；
- 发明了分组交换设备。

1977 年美国和日本科学家制成超大规模集成电路，在 30 mm² 的硅晶片上集成了 13 万个晶体管。

1979 年，局域网技术开始应用。

中国的命运在这个时期发生转折，开始了改革开放。同时，中国开始追赶世界通信发展的脚步，并逐渐拉近差距。

1983 年，美国国防部将阿帕网分为军网和民网，渐渐扩大为今天的互联网。

1993 年，美国宣布兴建信息高速公路计划，整合电脑、电话、电视媒体。

1.1.2　通信系统架构

1．通信系统的组成

实现信息传递所需的一切技术设备和传输媒质合称为通信系统。通信系统包含了信源、发送设备、信道、噪声源、接收设备和信宿，作用如下：

(1) 信源：消息的产生地，其作用是把各种消息转换成原始电信号，称之为消息信号或基带信号。电话机、电视摄像机和电传机、计算机等各种数字终端设备就是信源。

(2) 发送设备：将信源和信道匹配起来，即将信源产生的消息信号变换为适合在信道中搬移的形式，调制是最常见的变换方式。对于需要频谱搬移的场景，调制是最常见的变换方式。对数字通信系统来说，发送设备常又包含信源编码与信道编码的功能。

(3) 信道：传输信号的物理媒质。

(4) 噪声源：指通信系统中各种设备以及信道中所固有的噪声。为了分析方便，把噪声源视为各处噪声的集中表现而抽象加入到信道。

(5) 接收设备：完成发送设备的反变换，即进行解调、译码、解码等。它的任务是从带有干扰的接收信号中正确恢复出相应的原始基带信号。

(6) 信宿：传输信息的归宿点，其作用是将复原的原始信号转换成相应的信息。

随着智能手机的普及，人类社会进入了移动互联网时代。当你每天使用手机打电话、上网时，有没有想过这些信息是如何进入你的手机里的呢？

信息的传递离不开信息的传送通道——承载网。

承载网是指在不同地点之间传输用户信息的网络，就好比我们出门旅行时离不开遍布全国的交通网一样。承载网是各运营商构建的一张专网，用于承载各种语音和数据业务(如软交换、视讯、重点客户 VPN(Virtual Private Network，虚拟专用网)等)，通常以光纤作为传输媒质。

2. 传输媒质特性

传输媒质是通信网络中发送方和接收方之间的物理通路，可分为有线和无线两大类。其中双绞线、同轴电缆和光纤是常用的三种有线传输媒质。卫星通信、无线通信、红外通信、激光通信以及微波通信的信息载体都属于无线传输媒质。传输媒质的特性对网络数据通信质量有很大影响，这些特性包括：

(1) 物理特性：说明传输媒体的特征。

(2) 传输特性：包括是使用模拟信号发送还是使用数字信号发送，以及调制技术、传输量、传输的频率范围。

(3) 连通性：点到点或多点连接。

(4) 地理范围：网上各点间的最大距离，能用在建筑物内、建筑物之间或扩展到整个城市。

(5) 抗干扰性：防止噪音、干扰对数据传输影响的能力。

(6) 相对价格：以元件、安装和维护的价格为基础。

3. 承载网的层次结构

承载网在逻辑上可以划分为 4 个层次：接入层、汇聚层、核心层和骨干层，如图 1-1 所示。

接入层是承载网中离用户最近的一层，它下连基站和其他接入设备，通过基站，无线信号就能进入手机中。接入层就像我们家门前的小路，进进出出都必须走这条小路；小路很窄，所以能容纳的车也少。相应地，接入层的速率都比较低，通常在 155 Mb/s～1 Gb/s 之间。

汇聚层在接入层的上面，好比城市的大马路；多条小路汇聚成一条大马路，上面跑的车也更多一些。因此，汇聚层的速率比接入层要高，通常在 622 Mb/s～10 Gb/s 之间。

核心层就如城市的主干道，道路更宽，运送的货物更多。核心层的速率通常在 1 Gb/s～10 Gb/s 之间。

骨干层就如省际高速公路，包括省干和国干。只有跨省的电话才需要进入骨干层传输，如果只是打一个市话，是不需要进入骨干层的。骨干层的速率在 10 Gb/s～n Tb/s 数量级。

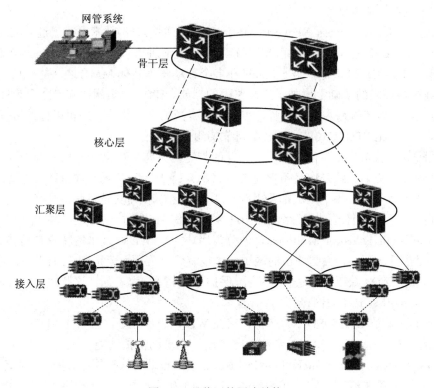

图 1-1　承载网的层次结构

4. 常见的承载网技术

在了解了以上几个层级的关系后，下面介绍承载网中常见的几种承载技术。

承载网技术经历了从模拟到数字、从电缆到光缆、从几十 Kb/s 的低速到几 Gb/s 甚至几万 Gb/s 的高速、从刚性通道到弹性通道的变化。在通信技术发展的过程中，在 PTN 和 IPRAN 出现以前，已经有很多种成熟的数字承载技术，典型的包括 PDH(Plesiochronous Digital Hierarchy，准同步数字体系)、SDH/MSTP、路由交换、ATM 技术和 WDM/OTN 技术。

SDH/MSTP 是较早期的承载技术，起源于 20 世纪 90 年代。SDH(Synchronous Digital Hierarchy，同步数字体系)技术的特点是具有块状帧结构、丰富的 OAM(Operation、Administration、Maintainance，即操作、管理和维护)开销、灵活的业务调度、完善的保护功能。SDH 最早出现时是为承载 2 Mb/s 业务的，随着以太网业务的兴起，有了在 SDH 网络里传送 IP 数据帧的需求，由此 MSTP(Multi-Service Transport Platform，多业务传送平台)就应运而生了。MSTP 是在 SDH 的块状帧中为 IP 留了几个专座，但这毕竟只是一种临时的改造，无法满足 IP 的需求，因此 MSTP 很快被一种全新的传输技术——PTN(Packet Transport Network，分组承载网)所取代。目前 SDH/MSTP 处于萎缩状态，主要承载 2G 基站回传业务及少量数据业务。PTN 技术以分组作为传送单元，其帧结构不再是标准的块状结构，而是可变化长短的；就好像一辆车厢大小可以变化的货车，根据货物的大小确定车厢的大小。传送过程中，它采用贴标签的方式(标签交换技术)将货物准确地送到目的地。在目前移动网络由 2G、3G 向 LTE、5G 演进的过程中，PTN 技术能较好地承载电信级以太网业务，满足业务标准化、可靠性高、扩展性灵活、QoS(Quality of Service，服务质量)严格和 OAM 完善等基本属性。

IPRAN(IP Radio Access Network，基于 IP 的无线接入网)技术是为了迎合 LTE 阶段的 X2 接口和 S1- FLEX 业务的需求而产生的(X2 接口是演进型基站 eNodeB 与 eNodeB 之间的通信接口。S1-FLEX 接口是多个 eNodeB 和多个移动管理实体 MME 之间的接口)。IPRAN 在 PTN 纯二层技术的基础上增加了三层路由的功能。IPRAN 组网比起 PTN 和路由器联合组网的方案，可以节省路由器的投资，实现网络资源的全局优化。还可以借助 IP 化分组传送的优势，提供比 PTN 方式更灵活、更可靠的组网。

承载网主要以光纤作为传输媒质，光纤的带宽非常宽，如果在一根光纤中只传送一路光信号，就太浪费了，就好像一条很宽的马路上只跑了一辆车。一种可行的方式是在这条马路上划分几个车道，每个车道都可以跑一辆车，这样就可以提高这条马路的利用率。类似的，可以让几路甚至上百路(如 160 路)光信号在同一根光纤中传输，这就是 WDM(Wavelength Division Multiplex，波分复用)技术。WDM 技术的特点是传输容量大，所以通常用在骨干网中，大中城市的城域网中也有广泛应用。但是和 SDH 相比，它有一些不足之处，如：OAM 缺乏，调度不够灵活，保护不够完善。为了弥补这些缺陷，OTN(Optical Transport Network，光承载网)诞生了。

OTN 可以说是 WDM+SDH 的产物。它在 WDM 的基础上，融合了 SDH 的一些特点，如块状帧结构、丰富的 OAM、灵活的业务调度、完善的保护功能。

ASON(Automatically Switched Optical Network，自动交换光网络)是一种融交换、传送为一体的自动交换承载网。它是在 SDH/MSTP 的基础上产生的，使得网络具有智能特性，能够自动寻找路由；就好像装有导航仪的车辆，能根据道路情况自动规划新的路线。而 WSON 是指基于 WDM/OTN 的自动交换光网络，特指面向 WDM/OTN 光网络的 ASON 技术，两者的基本原理是一样的。

随着移动互联网的迅猛发展，全 IP 已成为运营商确定的网络和业务转型方向。承载网正向着下一代的高可靠、有 QoS 保证、可运营、可管理的融合多业务 IP 网络演进。PTN+OTN 将是其主要技术保证。

下面对上述的几种承载技术进行更为详细的介绍。

1.2 PDH 系统

通信网络中大量的用户初始信息是模拟量，如语音、文本、图像等，因此需要进行模/数变换，形成数字信号以后才能在光纤通信系统中进行传输，并在通信网中完成交换和复用等处理。

模拟信号数字化最常用的方法就是脉冲编码调制(Pulse Code Modulation，PCM)。PCM 包括抽样、量化、编码三个步骤。由于语音信号的最高速率为 4 kHz，按照奈奎斯特采样定律，抽样频率为 8 kHz，即抽样周期为 125 μs。若采用 8 位编码，则一路语音信号经过 PCM 处理后的数字信号速率为 64 kb/s(或 64 kbps)。显然，对于具有极大带宽的光纤通信系统，仅由语音信号这样的低速率业务占据整个信道带宽是非常不经济的。因此需要引入数字通信中的复用技术，将若干路信号按照一定规则组合成高速率信号后，再占据光纤信道进行传输。

数字通信中最常用的复用技术是 TDM(Time Division Multiplex，时分复用)技术，对于光纤数字通信系统而言，主要包括 PDH 和 SDH 两个传输体制。

1. PDH 技术概述

PDH 技术的基础就是 PCM，即将若干个语音话路按照 TDM 的方法组合为一个基群，并在此基础上，进一步按照 TDM 方式组合成更高等级的数字信号等级。ITU-T(ITU Telecommunication Standardization Sector，国际电信联盟电信标准分局)标准 G.702 中建议 PDH 的基群速率有两种，即 PCM30/32 路系统和 PCM24 路系统。我国和欧洲各国采用的是 PCM30/32 路系统，其每一帧的帧长是 125 μs，共 32 个时隙。其中 30 个时隙用来承载语音话路，其余两个用来做帧同步，即复帧同步。

当用户用普通交换机打电话时，需要把信号传送到对端的电话机上，一路语音信号是 64 kb/s，如果每次在传输线路中只传送一路语音信号，那对电信资源来讲就是极大的浪费。因此，需要把很多语音信号复用到一起变成一个高速率的信号来传送。PDH 就是早期一种用来传送高速信号的传输制式。

那 PDH 是如何来将 64 kb/s 的语音信号变成高速信号的呢？用个形象的比喻来说明一下它的原理。假设我们要从厂家送一批杯子到商店里去卖，肯定不会一次只送一只杯子去，否则太浪费资源了。实用的做法是，把很多的杯子装在箱子里一次送过去。为了装卸和运输的方便，也为了杯子在运输过程中不被损坏，事先准备好大小不同的 4 种箱子，由小到大分别对应 1、2、3、4 号箱。首先，将 30 只杯子装在一个 1 号箱子里，再将四个 1 号箱子装到一个 2 号箱子中。由于 2 号箱子的体积比四个 1 号箱子还大一些，为防止 1 号箱子在 2 号箱子中滑动，需要给 2 号箱子里塞一些泡沫作为填充物。同样，需要再将四个 2 号箱子装到一个 3 号箱子中，四个 3 号箱子装到一个 4 号箱子中。装的过程中，3 号箱子和 4 号箱子中也需要塞一些填充物。最后，终于可以安全地把杯子送到目的地了。

PDH 将语音信号变成高速信号的过程叫做复用，其反变换叫做解复用。PDH 的复用过程就和装杯子的过程类似。我们将 1 号箱对应的 PDH 信号称为基群信号，它包含 30 路语音信号和 2 路信令信号，因此对应速率为 64 kb/s×32=2048 kb/s，也就是我们现在还在使用的 E1 信号。再往上，每 4 路低次群信号复用成 1 路高次群信号。表 1-1 表示箱子和 PDH 各次群的对应关系。

表 1-1　PDH 各次群速率

箱　子	所装杯子数	对应 PDH 群次	速率/(Mb/s)	包含话路数
1 号箱	30	基群	2.048	30
2 号箱	30 × 4 = 120	二次群	8.448	120
3 号箱	120 × 4 = 480	三次群	34.368	480
4 号箱	480 × 4 = 1920	四次群	139.264	1920

查看表中的"速率"一列，会发现二次群的速率并不是基群速率的 4 倍，而是比基群速率的 4 倍略大一点。这是因为在复用的过程中，为了适配和容纳各级支路信号的速率差

异插入了一些填充字节，就好比在 2 号箱中塞入了填充物一样。同样，三次群和四次群的速率也有这种情况。正因为这种复用不是完全同步的，所以被称为"准同步复用"。

2．PDH 技术的缺憾

PDH 技术虽然于出现初期在世界各地进行了很多应用，但是作为一门技术，它也存在部分问题，如：

(1) PDH 主要是为语音业务设计的，而现代通信的趋势是宽带化、智能化和个人化。

(2) PDH 传输线路主要是点对点连接，网络拓扑缺乏灵活性。

(3) 存在相互独立的两大类、三种地区性标准(日本、北美、欧洲)，难以实现国际互通。PDH 只有地区性的电接口规范，没有统一的世界性标准。三种地区性标准的电接口速率等级以及信号的帧结构、复用方式均不相同，这种局面造成了国际互通的困难，不适应通信的发展趋势。这三个系列信号的电接口速率等级如图 1-2 所示。

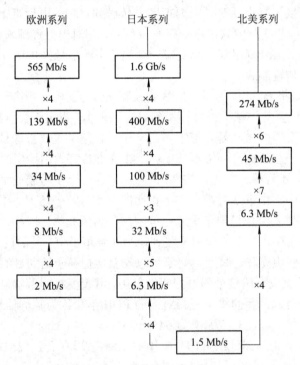

图 1-2　PDH 系统不同速率等级之间的复用过程

(4) 异步复用，需逐级调整码速来实现复用/解复用。正因为 PDH 不是同步复用，导致无法从 PDH 的高速信号中直接分离/插入低速信号。例如，要想从 140 Mb/s 的信号中直接分离/插入 2 Mb/s 的信号，就需要经过一次一次的复用/解复用。这样会给信号在复用/解复用过程中带来损伤，使传输性能劣化。在大容量、长距离传输时，此种缺陷是不能容忍的。

(5) 缺少统一的标准光接口，无法实现横向兼容。PDH 没有世界性统一的光接口规范。为使设备对光路上的传输性能进行监控，各厂家各自采用自行开发的线路码型。典型的例子是 mBnB 码。其中 mB 为信息码，nB 是冗余码，冗余码的作用是实现设备对线路传输性能的监控功能。这使同一等级上光接口的信号速率大于电接口的标准信号速率，不仅增加了光通道的传输带宽，而且由于各厂家的设备在进行线路编码时，在信息码后加上不同的冗余码，导致不同厂家同一速率等级的光接口码型和速率也不一样，致使不同厂家的设备无法实现横向兼容。这样，在同一传输线路两端必须采用同一厂家的设备，给组网应用、网络管理及互通带来困难。

(6) 网络管理的通道明显不足，建立集中式传输网络管理困难。PDH 信号的帧结构里用于运行管理维护(OAM)的开销字节不多，这也就是为什么在设备进行光路上的线路编码时，要通过增加冗余编码来完成线路性能监控功能。PDH 信号管理运行维护工作的开销字节少，这对完成传输网的分层管理、性能监控、业务的实时调度、传输带宽的控制、告警的分析和故障定位是很不利的。

(7) 网络的调度性差，很难实现良好的自愈功能。由于 PDH 没有网管功能，更没有统一的网管接口，不利于形成统一的电信管理网。

正因为 PDH 的诸多缺点，在 20 世纪 90 年代，PDH 逐渐被 SDH 所取代。

1.3　SDH/MSTP 系统

1.3.1　SDH

SDH 根据 ITU-T 的建议定义，是为不同速度的数字信号的传输提供相应等级的信息结构，包括复用方法和映射方法，以及相关的同步方法组成的一个技术体制。

SDH 传输体制具有 PDH 体制所无可比拟的优点，是不同于 PDH 的全新传输体制，与PDH 相比在技术体制上进行了根本的变革和创新。

SDH 的核心理念是要从统一的国家电信网和国际互通的高度来组建数字通信网，它是构成 ISDN(Integrated Services Digital Network，综合业务数字网)，特别是 B-ISDN(Broadband Integrated Services Digital Network，宽带综合业务数字网)的重要组成部分。

与传统的 PDH 体制不同，基于 SDH 组建的网络是一个高度统一的、标准化的、智能化的网络。SDH 网络采用全球统一的接口以实现设备多厂家环境的兼容，在全程全网范围实现高效的协调一致的管理和操作，实现灵活的组网与业务调度，实现网络自愈功能，提高网络资源利用率，降低设备的运行维护费用。

1. SDH 技术的优越性

下面从接口、复用方式、运行维护、兼容性四方面，讲述 SDH 所具有的优越性。

1) 接口方面

(1) 电接口方面。接口的规范化与否是决定不同厂家的设备能否互连的关键。SDH 体制对 NNI(Network Node Interface，网络节点接口)作了统一的规范。规范的内容有数字信号速率等级、帧结构、复用方法、线路接口、监控管理等。这就使 SDH 设备容易实现多厂家互连，即在同一传输线路上可以安装不同厂家的设备，体现了横向兼容性。

SDH 体制有一套标准的信息结构等级，即有一套标准的速率等级。它基本的信号传输等级是同步传输模块 STM-1，相应的速率是 155 Mb/s。高等级的数字信号系列如622 Mb/s (STM-4)、2.5 Gb/s(STM-16)等，可通过将基础速率等级的信息模块(例如 STM-1)用字节间插同步方式复用形成，复用的个数是 4 的倍数，例如：STM-4＝4×STM-1，

STM-16=4×STM-4，STM-64=4×STM-16。

(2) 光接口方面。线路接口(光接口)采用世界性统一标准规范，SDH 信号的线路编码仅对信号进行扰码，不再进行冗余码的插入。

扰码的标准是世界统一的，这样终端设备仅需通过标准的解扰码器就可与不同厂家 SDH 设备进行光口互连。扰码的目的是抑制线路码中的长连 "0" 和长连 "1"，便于从线路信号中提取时钟信号。由于线路信号仅通过扰码，所以 SDH 的线路光信号速率与 SDH 电口标准信号速率相同，不会增加光通道的传输带宽。

ITU-T 推荐的 SDH 光接口的统一码型为加扰的 NRZ(Non-Return to Zero，非归零)码。

2) 复用方式

低速 SDH 信号是以字节间插方式复用进高速 SDH 信号的帧结构中，使低速 SDH 信号在高速 SDH 信号的帧中的位置是有规律性的和可预见的，从而在高速 SDH 信号(例如 2.5 Gb/s(STM-16))中能够直接分离/插入低速 SDH 信号(例如 155 Mb/s(STM-1))，简化了信号的复用和解复用，使 SDH 体制特别适合于高速大容量的光纤通信系统。

另外，SDH 采用了同步复用方式和灵活的映射结构，可将 PDH 低速支路信号(例如 2 Mb/s)复用进 SDH 信号的 STM-N(Synchronous Transport Module，level N(N = 1、4、16、64)，N 阶同步传送模块(N = 1、4、16、64))帧结构中，使低速支路信号在 STM-N 帧中的位置是可预见的，可以从 STM-N 信号中直接分离/插入低速支路信号。这样，节省了大量的复用/解复用设备(背靠背设备)，增加了可靠性，减少了信号损伤，降低了设备成本和功耗等，使业务的上、下更加简便。

SDH 综合了软件和硬件的优势，实现了从低速 PDH 支路信号至 STM-N 信号的 "一步到位" 复用，使维护人员仅靠软件操作就能便捷地实现灵活的实时业务调配。SDH 的这种复用方式使 DXC(Digital Cross Connect，数字交叉连接)功能更易于实现，使网络具有了很强的自愈功能，便于网络运营者按需动态组网。

3) 运行维护方面

SDH 信号的帧结构中安排了丰富的用于运行维护管理功能的开销字节，大大加强了网络的监控功能，大大提高了维护的自动化程度。PDH 的信号中开销字节不多，以至于在对线路进行性能监控时，还要通过在线路编码时加入冗余比特来完成。以 PCM30/32 信号为例，其帧结构中仅有 TS0 时隙和 TS16 时隙中的比特是用于开销功能的。

SDH 具有丰富的开销字节，占整个帧结构所有带宽容量的 1/20，增强了系统的 OAM 功能，降低了系统的维护费用。据统计，SDH 系统的综合成本仅相当于 PDH 系统的 65.8%，其中维护费用的降低起到非常重要的作用。

4) 兼容性

SDH 有很强的兼容性，这也就意味着当组建 SDH 传输网时，原有的 PDH 设备或系统仍可使用，这两种传输网可以共存。也就是说可以用 SDH 网传送 PDH 业务。另外，ATM(Asynchronous Transfer Mode，异步传输模式)、FDDI(Fiber Distributed Data Interface，光纤分布式数据接口)等其他制式的信号所传送的新业务也可用 SDH 网来传输。

SDH 容纳各种制式信号的方式为：把各种制式的信号(支路)从网络界面处(起点)映射复用进 STM-N 信号的帧结构中，在 SDH 承载网络边界处(终点)再将它们解复用/分离出来，从而实现在 SDH 传输网上传输各种制式的数字信号。

2. SDH 的帧结构

STM-N 信号帧结构的安排应尽可能使支路低速信号在一帧内均匀、有规律地分布，以便于实现支路信号的同步复用、交叉连接、分离/插入和交换，说到底就是为了方便地从高速信号中直接上/下低速支路信号。因此，ITU-T 规定了 STM-N 的帧是以字节为单位的矩形块状帧结构，如图 1-3 所示。

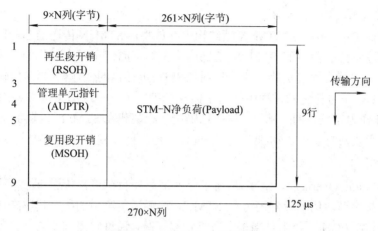

图 1-3　STM-N 帧结构图

由图 1-3 可见，STM-N 的帧结构由 3 部分组成：段开销(SOH)，包括 RSOH(Regenerator Section Overhead，再生段开销)和 MSOH(Multiplex Section Overhead，复用段开销)；AU-PTR(Administration Unit PoinTeR，管理单元指针)；Payload(信息净负荷)。

STM-N 的信号是 9 行×(270×N)列的帧结构。此处的 N 与 STM-N 的 N 相一致，取值范围为 1、4、16、64，表示此信号由 N 个 STM-1 信号通过字节间插复用而成。由此可知，STM-1 信号的帧结构是 9 行×270 列的块状帧。并且，当 N 个 STM-1 信号通过字节间插复用成 STM-N 信号时，仅仅是将 STM-1 信号的列按字节间插复用，行数恒定为 9 行不变。

信号在线路上串行传输时是逐个比特地进行的，那么这个块状帧是怎样在线路上进行传输的呢？STM-N 信号的传输也遵循按比特的传输方式，SDH 信号帧传输的原则是：按帧结构的顺序从左到右、从上到下逐个字节、逐个比特地传输，传输完一行再传输下一行，传输完一帧再传输下一帧。

STM-N 信号帧的重复频率(也就是每秒传送的帧数)是多少呢？ITU-T 规定对于任何级别的 STM-N 帧，帧频都是 8000 帧/秒，也就是帧的周期为恒定的 125 μs。PDH 的 E1 信号也是 8000 帧/秒。

STM-1 的传送速率为

270(每帧 270 列)×9(共 9 行)×8 bit(每个字节 8 bit)×8000(每秒 8000 帧)

= 15 5520 kb/s = 155.520 Mb/s

由于帧周期的恒定使 STM-N 信号的速率有其规律性。例如 STM-4 的传输速率恒定地等于 STM-1 信号传输速率的 4 倍，STM-16 恒定地等于 STM-1 的 16 倍。而 PDH 中的 E2 信号速率 ≠ E1 信号速率的 4 倍。SDH 信号的这种规律性所带来的好处是可以便捷地从高速 STM-N 码流中直接分离/插入低速支路信号,这就是 SDH 按字节同步复用的优越性。SDH 速率等级如表 1-2 所示。

表 1-2   SDH 速率等级

端口	STM-1	STM-4	STM-16	STM-64
速率	155.520 Mb/s	622.080 Mb/s	2488.320 Mb/s	9953.280 Mb/s

下面分别对 SDH 帧结构的各个部分进行介绍。

1) 信息净负荷

信息净负荷(Payload)是在 STM-N 帧结构中存放将由 STM-N 传送的各种用户信息码块的地方。信息净负荷区相当于 STM-N 这辆运货车的车厢,车厢内装载的货物就是经过打包的低速信号——待运输的货物。为了实时监测货物(打包的低速信号)在传输过程中是否有损坏,在将低速信号打包的过程中加入了监控开销字节——POH(Path OverHead,通道开销)字节。POH 作为净负荷的一部分,与信息码块一起装载在 STM-N 这辆货车上并在 SDH 网中传送,它负责对打包的货物(低阶通道)进行通道性能监视、管理和控制。

2) 段开销

段开销(Section Overhead,SOH)是为了保证信息净负荷正常传送所必须附加的网络运行、管理和维护字节。例如段开销可对 STM-N 这辆运货车中的所有货物在运输中是否有损坏进行监控,而 POH 的作用是当车上有货物损坏时,通过它来判定具体是哪一件货物出现损坏。也就是说 SOH 完成对货物整体的监控,POH 是完成对某一件特定的货物进行监控。当然,SOH 和 POH 还有一些其他管理功能。

段开销又分为再生段开销(RSOH)和复用段开销(MSOH),可分别对相应的段层进行监控。段,其实也相当于一条大的传输通道,RSOH 和 MSOH 的作用也就是对这一条大的传输通道进行监控。

那么,RSOH 和 MSOH 的区别是什么呢?简单地讲,二者的区别在于监管的范围不同。举个简单的例子,若光纤上传输的是 2.5 G 信号,那么,RSOH 监控的是 STM-16 整体的传输性能,而 MSOH 则是监控 STM-16 信号中每一个 STM-1 的性能情况。

再生段开销在 STM-N 帧中的位置是第 1 到第 3 行的第 1 到第 9×N 列,共 3×9×N 个字节;复用段开销在 STM-N 帧中的位置是第 5 到第 9 行的第 1 到第 9×N 列,共 5×9×N 个字节。

3) 管理单元指针

管理单元指针(AU-PTR)位于 STM-N 帧中第 4 行的第 1 列到 9×N 列,共 9×N 个字节,AU-PTR 起什么作用呢?前文讲过 SDH 能够从高速信号中直接分离/插入低速支路信号(例如 2 Mb/s),这是因为低速支路信号在高速 SDH 信号帧中的位置有预见性,也就是有规律性。预见性的实现就在于 SDH 帧结构中的指针字节功能。AU-PTR 是用来指示信息净负荷的第 1 个字节在 STM-N 帧内的准确位置的指示符,以便接收端能根据这个位置指示符的值(指针值)准确分离信息净负荷。

其实指针有高、低阶之分,高阶指针是 AU-PTR,低阶指针是 TU-PTR(支路单元指针),TU-PTR 的作用类似于 AU-PTR,只不过所指示的信息负荷更小一些而已。

1.3.2 MSTP

1. MSTP 技术的产生背景

MSTP 是 SDH 多业务传送平台的简称，是城域网中采用的技术之一，它是在 SDH 基础上发展起来的。MSTP 技术是指基于 SDH 平台同时实现 TDM、ATM、以太网等业务的接入、处理和传送，提供统一网管的多业务节点。

SDH 是一种非常成熟而严密的承载网体制，它一诞生就获得了广泛的应用支持，目前仍然在世界各国通信网络中起着重要的承载作用。我国从 1995 年开始就在干线上全面转向 SDH 网络，我国的 SDH 传输网是支持我国固定电话用户数成为全球电话用户数第一的网络基础，在业务趋于 IP 化之前的很长一段时间内，各运营商的城域网也大都采用 SDH 体制。但在 SDH 发展中也面临时分复用、固定带宽分配带来的效率低下、成本高、技术相对复杂等问题，因此基于 SDH 体制的城域光网络如何向以 IP 为基础的光网络演进，在同一平台上提供 TDM、二层和三层业务的光通信设备，是运营商和设备制造商十分关注的问题。在此背景下，宽带城域光网络的建设有多种技术方案可供选择，MSTP 由于能把许多分立的网络元素整合在单一的多业务平台而受到青睐，它的最大好处是可以代替功能各不相同的大量传输设备和接入设备。

MSTP 的出现不仅减少了大量独立的业务节点和传送节点设备，简化了节点结构，而且降低了设备成本，加快了业务提供速度，改进了网络扩展性，节省了运营维护和培训成本，还可以提供诸如虚拟专用网(Virtual Private Network，VPN)或视频广播等新的增值业务。特别是在它集成了 IP 路由、以太网、帧中继或 ATM 之后，可以通过统计复用和超额订购业务来提高 TDM 通路的带宽利用率并减少局端设备的端口数，使现有 SDH 基础设施最佳化。最后，MSTP 还可以方便地完成协议终结和转换功能，使运营商可以在网络边缘提供多种不同业务，并同时将这些业务的协议转换成其特有的骨干网协议，且成本要比现有设备显著降低。

总的看来，MSTP 最适合作为网络边缘的融合节点，支持混合型业务量，特别是以 TDM 业务量为主的混合型业务量。它不仅适合缺乏网络基础设施的新运营商将其应用于局间，还适合于大企业用户驻地。即便是那些已经敷设了大量 SDH 网的运营公司，以 SDH 为基础的多业务平台也可以更有效地支持分组数据业务，有助于实现从电路交换网向分组网的过渡。

2. MSTP 技术应用优势

基于 SDH 的多业务传送节点除具有标准 SDH 传送节点所具有的功能外，还具有以下主要功能特征：

(1) 具有 TDM 业务、ATM 业务或以太网业务的接入功能。

(2) 具有 TDM 业务、ATM 业务或以太网业务的传送功能，包括点到点的透明传送功能。

(3) 具有 ATM 业务或以太网业务的带宽统计复用功能。

(4) 具有 ATM 业务或以太网业务映射到 SDH 虚容器的指配功能。

MSTP 基于 SDH 的多业务传送节点可根据网络需求应用在承载网的接入层、汇聚层等。城域网组网技术种类繁多，大致包括基于 SDH 结构的城域网、基于以太网结构的城域网、基于 ATM 结构的城域网和基于 WDM 结构的城域网。其实，SDH、ATM、Ethernet、WDM 等各种技术也都在不断吸取其他技术的长处，互相取长补短，既要实现快速传输，又要满足多业务承载，另外还要提供电信级的 QoS，各种城域网技术之间表现出一种融合的趋势。

MSTP 可以将传统的 SDH 复用器、数字交叉链接器、WDM 终端、网络二层交换机和 IP 边缘路由器等多个独立的设备集成为一个网络设备，即基于 SDH 技术的多业务传送平台，进行统一控制和管理。

上述特点要求 SDH 必须从承载网转变为承载网和业务网一体化的多业务平台，即融合的网络节点或多业务节点。举个形象的例子，SDH 设备就好像是一座大桥，以前这座大桥只有一层，只能跑汽车(TDM 业务)，但后来因为交通需要，将大桥扩建为两层，除了跑汽车之外，还能跑火车(Ethernet 业务和 ATM 业务)，这样的大桥我们称之为 MSTP 平台。

MSTP 的实现基础是充分利用 SDH 技术对传输业务数据流提供保护恢复能力和较小的延时性能，并对网络业务支撑层加以改造，以适应多业务应用，实现对二层、三层的数据智能支持；即将传送节点与各种业务节点融合在一起，构成业务层和传送层一体化的 SDH 业务节点(多业务节点)，主要定位于网络边缘。

1.3.3　MSTP 方案特点

对于运营商网络而言，MSTP 具有如下一些特点：

(1) 网络性能方面：由于 MSTP 支持 CAR(Committed Access Rate，承诺接入速率)功能，可以实现网络中重要而有效的带宽管理方式，通常在网络的边沿接口处，通过 CAR 的配置，对报文进行分类，控制 IP 流量以特定的速率进出网络，从而提供有保障的网络服务质量(QoS)。

(2) 维护成本方面：显然，对于客户，为了实现数据网络的功能，需要投入设备，更重要的是要投入大量的人力和物力去维护多条接入线路，而这些必然需要客户有相当的成本投入。MSTP 技术支持基本的数据网络组网，可以完成基本的汇聚甚至是二层交换功能。使用该技术组网，简化了网络的层次，为客户的维护提供了方便。

(3) 灵活性方面：由于 MSTP 具有对数据网络技术的支持，网络的变更将会在传统的 SDH 层面和 MSTP 的数据技术层面完成，这个操作仅仅通过配置即可实现，具有很高的灵活性。

(4) 网络安全性：MSTP 技术与传统传输技术的完美结合，对网络层有高保护性；对于接入层的板卡，也可以实现保护。MSTP 对 LPT(链路状态穿通)和 LCAS(链路容量调整方案)技术提供支持；可以为客户网络提供更完善的保护。

(5) 网络拓展性：基于 MSTP 技术的传输组网，具有很高的拓展性。在客户网络的接入端，提供的是至少 155 Mb/s 的光纤接入，汇聚点一般可达到 2.5 Gb/s 的接入容量。由于应用了 LCAS 技术，基本可以实现无损的平滑升级。升级容量也是非常灵活的，支持 2 Mb/s～155 Mb/s，甚至 GE(Gigabit Ethernet，吉比特以太网接口)的升级。这样的网络，可以满足客户长远的需求，无需为带宽升级带来的麻烦而担心。

MSTP 技术的功能框图如图 1-4 所示。

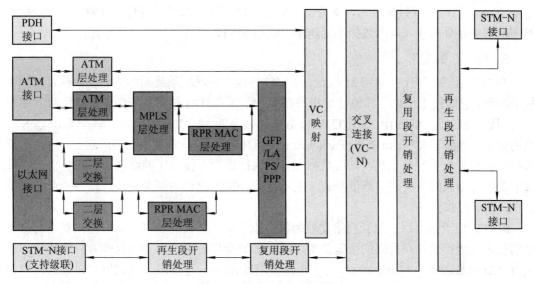

图 1-4　MSTP 技术功能框图

1. MSTP 技术特点

根据图 1-4,可以看出 MSTP 技术具有下述特点:

(1) 业务的带宽配置灵活,MSTP 上提供的 10/100/1000 Mb/s 系列接口,通过 VC(Virtual Container,虚容器)的捆绑可以满足各种用户的需求。

(2) 可以根据业务的需要,工作在端口组方式和 VLAN 方式,其中 VLAN 方式可以分为接入模式和干线模式。

(3) 可以工作在全双工、半双工和自适应模式下,具备 MAC 地址自学习功能。

(4) QoS 实际上限制端口的发送,原理是:发送端口根据业务优先级上的许多发送队列,根据 QoS 的配置和一定的算法完成各类优先级业务的发送。因此,当一个端口可能发送来自多个来源的业务,而且总的流量可能超过发送端口的发送带宽时,可以设置端口的 QoS 能力,并相应地设置各种业务的优先级配置。当 QoS 不作配置时,带宽平均分配,多个来源的业务尽力传输。

QoS 的配置就是规定各端口在共享同一带宽时的优先级及所占用带宽的额度。

(5) 对每个客户独立运行生成树协议。

2. MSTP 优势

(1) 在 MSTP 技术发展的初期,大量用户的需求还是固定带宽专线,主要是 2 Mb/s、10 Mb/s、100 Mb/s、34 Mb/s、155 Mb/s。对于这些专线业务,大致可以划分为固定带宽业务和可变带宽业务。对于固定带宽业务,MSTP 设备从 SDH 那里集成了优秀的承载、调度能力;对于可变带宽业务,可以直接在 MSTP 设备上提供端到端的透明传输通道,充分保证服务质量,可以充分利用 MSTP 的二层交换和统计复用功能共享带宽,节约成本,同时使用其中的 VLAN 划分功能隔离数据,用不同的业务质量等级来保障重点用户的服务质量。

(2) 在城域汇聚层,实现企业网络边缘节点到中心节点的业务汇聚,具有节点多、端口种类多、用户连接分散和端口数量较多等特点。采用 MSTP 组网,可以实现 IP 路由设备 10 M/100 M/1000 M POS(Packet Over SDH，基于 SDH 的包交换)和 2M FR(Frame Relay，帧中继)业务的汇聚或直接接入，支持业务汇聚调度，综合承载，具有良好的生存性。根据不同的网络容量需求，可以选择不同速率等级的 MSTP 设备。

3. MSTP 的应用

在 20 世纪 90 年代中期到 21 世纪初，MSTP 技术在城域承载网络中备受关注，得到了规模应用。它的技术优势与其他技术相比在于：解决了 SDH 技术对于数据业务承载效率不高的问题；解决了 ATM/IP 对于 TDM 业务承载效率低、成本高的问题；解决了 IP QoS 不高的问题；解决了 RPR(Resilient Packet Ring，弹性分组环)技术组网限制问题，实现了双重保护，提高了业务安全系数；增强数据业务的网络概念，提高了网络监测、维护能力；降低了业务选型风险；实现了降低投资、统一建网、按需建设的组网优势；适应全业务竞争需求，快速提供业务。

MSTP 使承载网络由配套网络发展为具有独立运营价值的宽带运营网络，利用自身成熟的技术优势提供质高价廉的带宽资源，满足城域带宽需求。由于自身多业务的特性，利用 B-ADM(Add/Drop Multiplexer，上下电路复用器)设备构建的城域传输网可以根据用户的要求提供种类丰富的带宽服务内容，MSTP 技术体制下的 B-ADM 设备在网络调度、设备等一些方面融入运营理念、智能特性，实现业务的方便、快捷的建立，从而进一步保证带宽运营的可实施性，满足市场对于城域承载网络的需求。

4. MSTP 网络实现

MSTP 专线业务的组网模型是 MSTP 设备放在接入端接入业务，下行和客户端设备相连，上行和本地网 SDH 设备相连。中间采用已有的承载网作为该业务的承载网，两端的 MSTP 设备根据各本地网实际情况，可采用(或升级)现网 MSTP 设备，也可新购 MSTP 设备。

当开通点到多点以太网专线业务时，若分支节点客户设备需要为业务设置 VLAN ID，则需告知运营商并协商 VLAN ID，以保证各分支节点具有不同的 VLAN ID 供汇聚节点识别。开通点到点以太网专线业务时，对客户设备配置不作要求。

不过，MSTP 虽然尝试提高 SDH 承载数据业务的效率，提供多业务平台，但由于它没有脱离 TDM 时分复用，并且在组网上还存在一些不可逾越的问题，因此在应用上还存在着一定的局限性。

1.4　ATM 系统

异步传输模式简称 ATM，是实现 B-ISDN 业务的核心技术之一。ATM 是以信元为基础的一种分组交换和复用技术。

同步 STM 方式在由 N 路信号复合而成的 TDM 信号中，各路原始信号都按一定时间间隔出现，接收端只需根据时间即可确定现在接收的信号原来所属哪一路信号。

在异步传递方式中，各路原始信号不是按照固定的时间间隔出现的，因而需要另外附加一个标志来表明接收端接收的某段信息属于哪一段原始信号。

图 1-5 为 STM 同步传递方式和 ATM 异步传递方式的示意图。

(a) STM各路原始信号周期性地出现

(b) ATM每个信元的信头表示其所属的信号路数

图 1-5　同步和异步传递方式的差异

ATM 是一种为了多种业务设计的通用的面向连接的传输模式。它适用于局域网和广域网，是一种具有高速数据传输速率和支持许多种类型如声音、数据、传真、实时视频、CD 质量音频和图像的通信技术。

ATM 采用面向连接的传输方式，将数据分割成固定长度的信元，通过虚连接进行交换。ATM 集交换、复用、传输为一体，在复用上采用的是异步时分复用方式，通过信息的首部或标头来区分不同信道。

ATM 是一项信元中继技术，数据分组大小固定。你可将信元想象成一种运输设备，能够把数据块从一个设备经过 ATM 交换设备传送到另一个设备。所有信元具有同样的大小，不像帧中继及局域网系统数据分组大小不定。使用相同大小的信元可以提供一种方法，预计和保证应用所需要的带宽。如同轿车在繁忙交叉路口必须等待长卡车转弯一样，可变长度的数据分组容易在交换设备处引起通信延迟。

ATM 的"异步"指 ATM 的统计复用性质，即来自某一用户的信元的重复出现不是周期性的；"传输"则是指 ATM 网络中所采用的复用、交换、传输技术，即信息从一地传输到另一地所用的传递方式。

ATM 以其独有的固定长度的 ATM 信元(Cell)为单位进行数据传输，所以说，ATM 就是一种在网络中以信元为单位进行统计复用和交换、传输的技术。

ATM 是一种面向连接的技术，根据 VPI(Virtual Path Identifier，虚通路标识符)和 VCI (Virtual Channel Identifier，虚通道标识符)进行寻址，实现 OSI(Open System Interconnection，开放系统互连参考模型)物理层和链路层功能。

ATM 交换以快速分组交换为前提，在简化控制、降低延迟的基础上，还使用了一些电路交换的方法，满足实时业务的要求。实际上，ATM 交换可以看做电路交换和分组交换的结合。

1.4.1　ATM 的组成

1．ATM 的连接

ATM 技术面向连接，需要在通信双方向建立连接，通信结束后再由信令拆除连接。它摒弃了电路交换中采用的同步时分复用，改用异步时分复用，使得收发双方的时钟可以不同，可以更有效地利用带宽。

2．ATM 的传送单元

ATM 采用固定长度为 53 个字节的信元进行信息的传输、复用和交换，其中 5 个字节是信头，用来表示这个信元来自何处、到何处去、是什么类型等信息；后 48 个字节是要传送的信息。这是一种新型的分组技术，其信头包含表示信元去向的逻辑地址、优先等级等控制信息；信息段则装载来自不同用户、不同业务的信息。任何业务信息都必须经过切割封装成统一格式信元。

信头部分包含了选择路由用的 VPI/VCI 信息，因而它具有分组交换的特点。ATM 是一种高速分组交换技术，在协议上它将 OSI 第二层的纠错、流控功能转移到智能终端上完成，降低了网络时延，提高了交换速度。

ATM 使用这种短小且固定长度的信元主要是基于下述两个原因：

(1) 减少高优先级信元的队列时延。如果高优先级别的信元只比优先级较低但却已被批准访问某资源的信元晚到一点儿，它仍然必须等待，不过等待的时间很短。

(2) 固定长度的信元在交换时效率更高。对于数据传输速率非常高的 ATM 来说，这是很重要的一个因素。此外，固定长度还使得交换机制的硬件实现更为容易。

3．ATM 的交换设备

交换设备是 ATM 的重要组成部分，它能用作组织内的 Hub，快速将数据分组从一个节点传送到另一个节点；或者用作广域通信设备，在远程 LAN 之间快速传送 ATM 信元。以太网、光纤分布式数据接口(FDDI)、令牌环网等传统 LAN 采用共享介质，任一时刻只有一个节点能够进行信息传送，而 ATM 提供任意节点间的连接，各节点能够同时进行信息传送。

来自不同节点的信息经多路复用成为一条信元流。在 ATM 系统中，ATM 交换器可以由公共服务的提供者所拥有，也可以是企业内部网的一部分。

1.4.2   ATM 技术特点

1．网络详细

由于 ATM 网络由相互连接的 ATM 交换机构成，存在交换机与终端、交换机与交换机之间的两种连接。因此交换机支持两类接口：用户与网络的接口 UNI(通用网络接口)和网络节点间的接口 NNI。对应两类接口，ATM 信元有两种不同的信元头。

在 ATM 网络中引入了两个重要概念：VP(Virtual Path，虚通路)和 VC(Virtual Channel，虚通道)，它们用来描述 ATM 信元单向传输的路由。一条物理链路可以复用多条虚通路，每条虚通路又可以复用多条虚通道，并用相同的标识符来标识，即虚通路标识符 VPI 和虚通道标识符 VCI。VPI 和 VCI 独立编号，VPI 和 VCI 一起才能唯一地标识一条虚通路。

相邻两个交换节点间信元的 VPI/VCI 值不变，两节点之间形成一个 VP 链和 VC 链。当信元经过交换节点时，VPI 和 VCI 作相应的改变。一个单独的 VPI 和 VCI 是没有意义的，只有进行链路之后形成一个 VP 链和 VC 链，才成为一个有意义的链接。在 ATM 交换机中，有一个虚连接表，每一部分都包含物理端口、VPI 和 VCI 值；该表是在建立虚电路的过程中生成的。

ATM 用作公司主干网时，能够简化网络的管理，消除了许多由于不同的编址方案和路由选择机制的网络互连所引起的复杂问题。ATM 集线器能够提供集线器上任意两端口的连接，而与所连接的设备类型无关。这些设备的地址都被预变换，例如很容易从一个节点到另一个节点发送一个报文，而不必考虑节点所连的网络类型。ATM 管理软件使用户和他们的物理工作站移动地方时非常方便。

通过 ATM 技术可完成企业总部与各办事处及公司分部的局域网互联，从而实现公司内部数据传送、企业邮件服务、语音服务等，并通过上连互联网实现电子商务等应用。同时由于 ATM 采用统计复用技术，且接入带宽突破原有的 2 Mb/s，达到 2 Mb/s～155 Mb/s，因此适合高带宽、低延时或高数据突发等应用。ATM 是作为下一代多媒体通信的主要高速网络技术出现的，从其开发开始，ATM 就被设计成能提供声音、视频和数据传输，而计算机电话集成(CTI)技术是额外的优点，它使 IT 管理人员能将通常是分开的、陈旧的电话网络(电话和传真)与计算机结合起来。

2．发展优势

ATM 的主要优点是高带宽、有保证的服务质量和可扩展的、能提供所有速度与应用的拓扑结构，服务质量标准确保了一个应用所要求的带宽在该应用的信息请求期间都可供使用，例如，ATM 为实况显示的音频和视频成分提供了良好性能，从而有足够的带宽进行完整的显示。由于 ATM 技术提供了处理声音、视频和数据的通用网络来降低整个网络成本，世界范围内的很多电信公司都采用过 ATM 技术。

ATM 技术是建立在小的、规模不变的单元上的，它使快速交换成为可能，从而使多种等时的数据能在计算机网络传输中统计复用。统计复用规定了"根据需要定带宽"，电信频道不再被时分复用协议限制在固定的数据速率上，实质上，一个应用只使用它所需要的带宽。如果一个应用因为突发数据需要附加的带宽，那么它就能请求附加的带宽，这一在处理高带宽应用上的灵活性在带宽需求不断变化的环境中具有明显的优势。

ATM 协议能为所有的传输类型提供同构网络，不论是支持传统的电话、娱乐电视，还是支持 LAN、MAN 和 WAN 上的计算机网络传输，应用都使用同一协议。在设计上，ATM 协议能处理等时数据，如视频、音频及计算机之间的其他数据通信。ATM 协议在带宽上被设计成可扩展的，并能支持实时的多媒体应用。

ATM 技术有诸多优势，但是也有一些缺陷，一个明显缺点就是信元首部的开销太大，即 5 字节的信元首部在整个 53 字节的信元中所占的比例相当大。而且 ATM 技术复杂且价格较高，能够直接支持的应用不多。后来千兆以太网的问世，进一步削弱了 ATM 在因特网高速主干网领域的竞争能力。渐渐地，ATM 技术的应用也趋于萎缩。

1.5　交换路由系统

交换路由在交换路由技术发展初期，并不被当成一种承载网技术，一般都是下挂在承载网下面，通过承载网设备互联互通进行组网的。后来，随着交换路由产品的光接口技术的发展，在实际应用中，它也会不通过承载网，而是直接用交换机路由器进行组网。考虑到后面的 IPRAN/PTN 技术，在这里把交换路由技术和其他承载技术一起进行介绍。

1.5.1　数据通信协议

数据通信是通信技术和计算机技术相结合而产生的一种新的通信方式。在两地间传输信息必须有传输信道，根据传输媒体的不同，分为有线数据通信与无线数据通信。它们都是通过传输信道将数据终端与计算机连接起来，而使不同地点的数据终端实现软、硬件和信息资源的共享。

数据通信协议亦称数据通信控制协议，是为保证数据通信网中通信双方能有效、可靠通信而规定的一系列约定。这些约定包括数据的格式、顺序和速率、数据传输的确认或拒收、差错检测、重传控制和询问等操作。数据通信协议分两类：一类称为基本型通信控制协议，用于以字符为基本单位的数据传输，如 BSC(Binary Synchronous Communications，二进制同步通信)协议；另一类称为高级链路控制协议，用于以比特为基本单位的数据传输，如 HDLC(High-Level Data Link Control，高级数据链路控制协议)和 SDLC (Synchronous Data Link Control，同步数据链路控制协议)。

数据通信是继电报通信和电话通信之后的一种新型通信方式。电报通信和电话通信是人与人之间的通信，通信过程中的差错控制等通信控制功能是由人来完成的。数据通信主要是人—机或机—机之间的通信，这里所说的"机"指的就是电子计算机，其通信控制功能只能严格按照预先在计算机内设置的诸如"使用什么样的规程，交换什么格式的信息"等规则和各种约定事项进行。

基本型通信控制协议应用于简单的低速通信系统，传输速度一般不超过 9600 b/s，通信为异步/同步半双工方式，差错控制为方块校验。高级链路控制协议采用统一的帧格式，可靠性高、效率高、透明性高，广泛用于公用数据网和计算机网，传输速率一般在 2.4 kb/s 到 64 kb/s，通信为同步全双工方式连续发送，差错控制为循环冗余码校验。实际上，通信协议一般分成互相独立的若干层次。按国际标准化组织的 OSI(Open System Interconnection，开放系统互连)七层参考模型，公用数据网的数据通信协议主要涉及低三层，即物理层、数据链路层和网络层。

数据通信协议随着数据通信技术的进步而不断发展。早期的数据通信协议就是联机系统中用于实现无差错数据传输的数据通信基本型控制规程。为满足计算机之间通信的需要，随后又产生了高级数据链路控制规程。在公用数据网迅速发展的推动下，CCITT 于 1976 年制定了 X.25 建议，这是使用分层结构的分组交换网协议。X.25 建议把数据网的通信功能划分为物理层、数据链路层和分组层三个层次，为实现日益发展的异种网络互连提供了通信子网互连的基础。ISO 于 1979 年提出了"异种机联网标准"的框架结构，即开放系统互连参考模型 OSI。该参考模型把开放系统的通信功能划分为物理层、数据链路层、网络层、传输层、会话层、表示层和应用层七个层次，其后又相继开发了相应的协议，下一章将会详细介绍 OSI 参考模型。数据通信协议日臻完善，不断向实用化方向发展。

数据通信协议有两个显著特点。一是都采用分层结构。网络体系结构实际上就是通信功能层次和协议的集合。在开放系统中，各端系统必须执行开放系统互连参考模型中的七层协议，中继系统则执行其下三层协议。二是数据通信协议都是以标准的形式出现的。这里所说的标准包括国际标准和各国各公司的标准。数据通信协议的国际标准主要有相关的CCITT 建议和 ISO 标准。CCITT 建议是从数据通信网的角度出发的，ISO 标准则是从网络终端系统的角度出发的，二者的相应协议标准互相兼容。CCITT 有关数据通信协议的主要建议有 V 系列建议、X 系列建议、T 系列建议和 I 系列建议。V 系列建议规定了电话网中数据传输协议；X 系列建议系统地规定了数据通信网业务和业务功能、网络体系结构、网络互连、移动数据通信、网络编号方案、数据传输质量、网络管理和安全体系结构等协议以及消息处理系统和目录查询等应用协议；T 系列建议规定了数据终端及应用协议；I 系列建议规定了 ISDN 中数据通信的协议。

为了满足数据通信的需要，人们开发出了用于数据通信的交换机和路由器。

1.5.2　交换机

1. 交换机简介

交换机是一种用于电(光)信号转发的网络设备。它可以为接入交换机的任意两个网络节点提供独享的电信号通路。最常见的交换机是以太网交换机，其他常见的还有电话语音交换机、光纤交换机等。

"交换机"是一个舶来词，源自英文"Switch"，原意是"开关"，我国技术界在引入这个词汇时，翻译为"交换"。在英文中，动词"开关"和名词"交换机"是同一个词(注意这里的"交换"特指电信技术中的信号交换，与物品交换不是同一个概念)。

1993 年，局域网交换设备出现，1994 年，国内掀起了交换网络技术的热潮。其实，交换技术是一种具有简化、低价、高性能和高端口密集特点的技术，体现了桥接技术的复杂交换技术工作在 OSI 参考模型的第二层。与桥接器一样，交换机按每一个包中的 MAC 地址相对简单地决策信息转发。而这种转发决策一般不考虑包中隐藏的更深的其他信息。与桥接器不同的是，交换机转发延迟很小，操作接近单个局域网性能，远远超过了普通桥接互联网网络之间的转发性能。

图 1-6 为常见的一些电信设备制造商的交换机实物图。

| (a) | (b) |

图 1-6　常见交换机实物图

交换机工作于 OSI 参考模型的第二层，即数据链路层。交换机内部的 CPU 会在每个端口成功连接时，通过将 MAC 地址和端口对应，形成一张 MAC 表。在今后的通信中，发往该 MAC 地址的数据包将仅送往其对应的端口，而不是所有的端口。因此，交换机可用于划分数据链路层广播，即冲突域；但它不能划分网络层广播，即广播域。

冲突域和广播域的含义如下所述：

1) 冲突域

冲突域是连接在同一导线上的所有工作站的集合，或者说是同一物理网段上所有节点的集合，或以太网上竞争同一带宽的节点的集合。不同主机或设备同时发出的帧可能会产生互相冲突的网络区域即冲突域。当冲突发生时，传送的帧可能遭到破坏或干扰，发生冲突的主机将根据 802.3 以太网的 CSMA/CD(Carrier Sense Multiple Access with Collision Detection，载波监听多路访问/冲突检测)规则在一段随机的时间内停止发送后续帧。其缺点是每台主机得到的可用带宽很小，当冲突域内主机设备数量增加时，网络冲突将成倍增加，信息传输安全得不到保证。集线器连接的各设备就是一个典型的冲突域。

2) 广播域

广播域是指网络中能接收任一设备发出的广播帧的所有设备集合。所有需要接收其他广播的节点被划分为同一广播域或逻辑网段。连接在集线器和传统交换机端口上的所有节点构成一个广播域。当交换机收到广播帧时，它将该帧转发到自己除接收该帧的端口外的每一个端口，每个连接设备都会接收并处理该帧。

2. 交换机工作原理

交换机拥有一条很高带宽的背部总线和内部交换矩阵。交换机的所有端口都挂接在这条背部总线上，控制电路收到数据包以后，处理端口会查找内存中的地址对照表以确定目的 MAC 地址(Media Access Control Address，媒体访问控制地址，这是网卡的硬件地址)的 NIC(Network Interface Card，网卡)挂接在哪个端口上，通过内部交换矩阵迅速将数据包传送到目的端口；目的 MAC 若不存在，则广播到所有的端口。接收端口回应后交换机会"学习"新的 MAC 地址，并把它添加到内部 MAC 地址表中。使用交换机也可以把网络"分段"，通过对照 IP 地址表，交换机只允许必要的网络流量通过交换机。通过交换机的过滤和转发，可以有效地减少冲突域。

交换机在同一时刻可进行多个端口对之间的数据传输。每一端口都可视为独立的物理网段(非 IP 网段)，连接在其上的网络设备独自享有全部的带宽，无需同其他设备竞争使用。当节点 A 向节点 D 发送数据时，节点 B 可同时向节点 C 发送数据，而且这两个传输都享有网络的全部带宽，都有着自己的虚拟连接。假使这里使用的是 10 Mb/s 的以太网交换机，那么该交换机这时的总流通量就等于 2×10 Mb/s $= 20$ Mb/s，而使用 10 Mb/s 的共享式集线器时，一个集线器的总流通量也不会超出 10 Mb/s。总之，交换机是一种基于 MAC 地址识别，能完成封装转发数据帧功能的网络设备。交换机可以"学习" MAC 地址，并把其存放在内部地址表中，通过在数据帧的始发者和目标接收者之间建立临时的交换路径，使数据帧直接由源地址到达目的地址。

交换机的传输模式有全双工、半双工、全双工/半双工自适应三种。

交换机的全双工是指交换机在发送数据的同时也能够接收数据，两者同步进行。这好像打电话一样，说话的同时也能够听到对方的声音。交换机都支持全双工，全双工的好处在于迟延小、速度快。

提到全双工，就不能不提与之密切对应的另一个概念，那就是"半双工"。所谓半双工，就是指一个时间段内只有一个动作发生。举个简单例子，一条窄窄的马路，同时只能有一辆车通过，当有两辆车对开时，就只能一辆车先过，等这辆车过去后另一辆车再开。早期的对讲机以及早期集线器等设备都是采用半双工的产品。随着技术的不断进步，半双工将逐渐退出历史舞台。

交换技术允许共享型和专用型的局域网段进行带宽调整，以减轻局域网之间信息流通出现的瓶颈问题。目前已有以太网、快速以太网、FDDI 和 ATM 技术的交换产品。

类似传统的桥接器，交换机提供了许多网络互联功能。交换机能经济地将网络分成小的冲突网域，为每个工作站提供更高的带宽。协议的透明性使得交换机在软件配置简单的情况下直接安装在多协议网络中；交换机使用现有的电缆、中继器、集线器和工作站的网卡，不必作高层的硬件升级；交换机对工作站是透明的，这种管理开销低廉，简化了网络节点的增加、移动和网络变化的操作。

利用专门设计的集成电路可使交换机以线路速率在所有的端口并行转发信息，提供了比传统桥接器高得多的操作性能。随着计算机及其互联技术的迅速发展，以太网成为了迄今为止普及率最高的短距离二层计算机网络。而以太网的核心部件就是以太网交换机。

不论是人工交换还是程控交换，都是为了传输语音信号，是需要独占线路的"电路交换"。而以太网是一种计算机网络，需要传输的是数据，因此采用的是"分组交换"。但无论采取哪种交换方式，交换机为两点间提供"独享通路"的特性不会改变。就以太网设备而言，交换机和集线器的本质区别就在于：当 A 发信息给 B 时，如果通过集线器，则接入集线器的所有网络节点都会收到这条信息(也就是以广播形式发送)，只是网卡在硬件层面就会过滤掉不是发给本机的信息；而如果通过交换机，除非 A 通知交换机广播，否则发给 B 的信息 C 绝不会收到(获取交换机控制权限从而监听的情况除外)。

以太网交换机厂商根据市场需求，推出了三层甚至四层交换机。但无论如何，其核心功能仍是二层的以太网数据包交换，只是带有了一定的处理 IP 层甚至更高层数据包的能力。网络交换机是一个扩大网络的器件，能为子网络提供更多的连接端口，以便连接更多的计算机。随着通信业的发展以及国民经济信息化的推进，网络交换机市场呈稳步上升态势。它具有性能价格比高、灵活度高、相对简单、易于实现等特点。

交换机的主要功能包括物理编址、网络拓扑结构、错误校验、帧序列以及流控。除此之外，它还具备了一些新的功能，如对 VLAN(虚拟局域网)的支持、对链路汇聚的支持，甚至有的还具有防火墙的功能，具体如下：

(1) 学习：以太网交换机了解每一端口相连设备的 MAC 地址，并将地址与相应的端口映射存放在交换机缓存中的 MAC 地址表中。

(2) 转发/过滤：当一个数据帧的目的地址在 MAC 地址表中有映射时，它被转发到连接目的节点的端口而不是所有端口(如该数据帧为广播/组播帧，则转发至所有端口)。当交换机包括一个冗余回路时，以太网交换机通过生成树协议避免回路的产生，同时允许存在后备路径。

交换机除了能够连接同种类型的网络之外，还可以在不同类型的网络(如以太网和快速以太网)之间起到互连作用。如今许多交换机都能够提供支持快速以太网或 FDDI 等的高速连接端口，用于连接网络中的其他交换机或者为带宽占用量大的关键服务器提供附加带宽。一般来说，交换机的每个端口都用来连接一个独立的网段，但有时为了提供更快的接入速度，我们可以把一些重要的网络计算机直接连接到交换机的端口上。这样，网络的关键服务器和重要用户就拥有更快的接入速度，支持更大的信息流量。

最后简略地概括一下交换机的基本功能：

(1) 像集线器一样，交换机提供了大量可供线缆连接的端口，这样可以采用星型拓扑布线。

(2) 像中继器、集线器和网桥那样，当转发帧时，交换机会重新产生一个不失真的电信号。

(3) 像网桥那样，交换机在每个端口上都使用相同的转发或过滤逻辑。

(4) 像网桥那样，交换机将局域网分为多个冲突域，每个冲突域都有独立的宽带，因此大大提高了局域网的带宽。

(5) 除了具有网桥、集线器和中继器的功能以外，交换机还提供了更先进的功能，如虚拟局域网和更高的性能。

3．交换机存在的问题

由于交换机只需识别帧中 MAC 地址，直接根据 MAC 地址选择转发端口，算法简单，便于 ASIC 实现，因此转发速度极高。但交换机的工作机制也带来下述一些问题：

(1) 回路：根据交换机地址学习和站表建立算法，交换机之间不允许存在回路。一旦存在回路，必须启动生成树算法，阻塞掉产生回路的端口。而路由器的路由协议没有这个问题，路由器之间可以有多条通路来平衡负载，提高可靠性。

(2) 负载集中：交换机之间只能有一条通路，使得信息集中在一条通信链路上，不能进行动态分配，以平衡负载。而路由器的路由协议算法可以避免这一点，OSPF 路由协议算法不但能产生多条路由，而且能为不同的网络应用选择各自不同的最佳路由。

(3) 广播控制：交换机只能缩小冲突域，不能缩小广播域。整个交换式网络就是一个大的广播域，广播报文散到整个交换式网络。而路由器可以隔离广播域，广播报文不能通过路由器继续进行广播。

(4) 子网划分：交换机只能识别 MAC 地址。MAC 地址是物理地址，而且采用平坦的地址结构，因此不能根据 MAC 地址来划分子网。而路由器识别 IP 地址，IP 地址由网络管理员分配，是逻辑地址，且 IP 地址具有层次结构，被划分成网络号和主机号，可以非常方便地用于划分子网。路由器的主要功能就是用于连接不同的网络。

(5) 保密问题：虽说交换机也可以根据帧的源 MAC 地址、目的 MAC 地址和其他帧中内容对帧实施过滤，但路由器根据报文的源 IP 地址、目的 IP 地址、TCP 端口地址等内容对报文实施过滤，更加直观方便。

1.5.3 路由器

所谓路由，是指把数据从一个地方传送到另一个地方的行为和动作，而路由器正是执行这种动作的机器。路由器(Router)是一种连接多个网络或网段的网络设备，它能将不同网络或网段之间的数据信息进行"翻译"，以使它们能够相互"读懂"对方的数据，从而构成一个更大的网络。

路由器是连接因特网中各局域网、广域网的设备，它会根据信道的情况自动选择和设定路由，以最佳路径，按前后顺序发送信号。路由器是互联网络的枢纽，是"交通警察"。目前路由器已经广泛应用于各行各业，各种不同类型的产品已成为实现各种骨干网内部连接、骨干网间互联和骨干网与互联网互联互通业务的主力军。路由器和交换机之间的主要区别就是交换机工作在 OSI 参考模型第二层(数据链路层)，而路由器工作在第三层，即网络层。这一区别决定了路由器和交换机在工作的过程中需使用不同的控制信息，所以说两者实现各自功能的方式是不同的。图 1-7 为常见路由器的实物图。

图 1-7 常见路由器实物图

　　路由器又称网关设备(Gateway)，用于连接多个逻辑上分开的网络。所谓逻辑网络，代表一个单独的网络或者一个子网。当数据从一个子网传输到另一个子网时，可通过路由器的路由功能来完成。因此，路由器具有判断网络地址和选择 IP 路径的功能；它能在多网络互联环境中建立灵活的连接，可用完全不同的数据分组和介质访问方法连接各种子网；路由器只接受源站或其他路由器的信息，属网络层的一种互联设备。

　　路由器是互联网的主要节点设备。路由器通过路由决定数据的转发。转发策略称为路由选择，这也是路由器名称的由来。作为不同网络之间互相连接的枢纽，路由器系统构成了基于 TCP/IP 的国际互联网络 Internet 的主体脉络，也可以说，路由器构成了 Internet 的骨架。它的处理速度是网络通信的主要瓶颈之一，它的可靠性则直接影响着网络互联的质量。因此，在园区网、地区网乃至整个 Internet 研究领域中，路由器技术始终处于核心地位，其发展历程和方向成为整个 Internet 研究的一个缩影。在当前我国网络基础建设和信息建设方兴未艾之际，探讨路由器在互联网络中的作用、地位及其发展方向，对于国内的网络技术研究、网络建设，以及明确网络市场上对于路由器和网络互联的各种尚未明确的概念，都有重要的意义。

　　路由器的一个重要作用是连通不同的网络。从过滤网络流量的角度来看，路由器的作用与交换机和网桥非常相似。但是与交换机不同，路由器使用专门的软件协议从逻辑上对整个网络进行划分。例如，一台支持 IP 协议的路由器可以把网络划分成多个子网段，只有指向特殊 IP 地址的网络流量才可以通过路由器。对于每一个接收到的数据包，路由器都会重新计算其校验值，并写入新的物理地址。因此，使用路由器转发和过滤数据的速度往往要比只查看数据包物理地址的交换机慢。但是，对于那些结构复杂的网络，使用路由器可以提高网络的整体效率。路由器的另外一个明显优势就是可以自动过滤网络广播。从总体上说，在网络中添加路由器的整个安装过程要比即插即用的交换机复杂很多。

　　路由器的另一个重要作用是选择信息传输的线路。有的路由器仅支持单一协议，但大部分路由器可以支持多种协议的传输，即多协议路由器。由于每一种协议都有自己的规则，要在一个路由器中完成多种协议的算法，势必会降低路由器的性能。路由器的主要工作就是为经过路由器的每个数据帧寻找一条最佳传输路径，并将该数据有效地传送到目的站点。由此可见，选择最佳路径的策略即路由算法是路由器的关键所在。

　　为了完成"路由"的工作，在路由器中保存着各种传输路径的相关数据——路由表(Routing Table)，供路由选择时使用。路由表中保存着子网的标志信息、网上路由器的个数和下一个路由器的名字等内容。路由表可以是由系统管理员固定设置好的，也可以由系统动态修改；可以由路由器自动调整，也可以由主机控制。在路由器中涉及两个有关地址的概念，即静态路由和动态路由。

　　(1) 静态(Static)路由：是由系统管理员事先设置好的固定的路由，一般是在系统安装时就根据网络的配置情况预先设定的，它不会随未来网络结构的改变而改变。

　　(2) 动态(Dynamic)路由：是路由器根据网络系统的运行情况而自动调整的路由。路由器根据路由选择协议(Routing Protocol)提供的功能，自动学习和记忆网络运行情况，在需要时自动计算数据传输的最佳路径。

　　路由器是一种多端口设备，它可以连接不同传输速率并运行于各种环境的局域网和广域网中，也可以采用不同的协议。路由器可以指导从一个网段到另一个网段的数据传输，也能指导从一种网络向另一种网络的数据传输。

路由器的作用总结起来有下述三个方面：

第一，网络互连：路由器支持各种局域网和广域网接口，主要用于互连局域网和广域网，实现不同网络之间的互相通信。

第二，数据处理：提供包括分组过滤、分组转发、优先级、复用、加密、压缩和防火墙等功能。

第三，网络管理：路由器提供包括路由器配置管理、性能管理、容错管理和流量控制等功能。

1.5.4　路由器的工作原理

路由器利用网络寻址功能在网络中确定一条最佳的路径，通过 IP 地址的网络部分确定分组的目标网络，并通过 IP 地址的主机部分和设备的 MAC 地址确定到目标节点的连接。

路由器的某一个接口接收到一个数据包时，会查看包中的目标网络地址以判断该包的目的地址在当前的路由表中是否存在(即路由器是否知道到达目标网络的路径)。如果发现包的目标地址与本路由器的某个接口所连接的网络地址相同，则马上将数据转发到相应接口；如果路由表中记录的网络地址与包的目标地址不匹配，则根据路由器配置将数据转发到默认接口，在没有配置默认接口的情况下会给用户返回目标地址不可达的 ICMP(Internet Control Message Protocol，因特网控制报文协议)信息。

简单地说，路由器工作在网络层，可以根据数据包包头的 IP 地址，决定数据包的转发动作。

路由器工作过程可总结为下述三个步骤：

(1) 路由发现：路由学习的过程，动态路由通常由路由器自己完成，静态路由需要手工配置。

(2) 路由转发：路由学习之后会按照学习更新的路由表进行数据转发。

(3) 路由维护：路由器通过定期与网络中其他路由器进行通信来了解网络拓扑变化，以便更新路由表。

路由器记录了接口所直连的网络 ID，称为直连路由，路由器可以自动学习直连路由而不需要配置。路由器所识别的逻辑地址的协议必须被路由器所支持。

有关路由器的更多内容会在第三章进行详细介绍。

1.6　IPRAN/PTN 系统

1.6.1　IPRAN/PTN 的产生背景

实现数据通信的交换路由系统已经发展很久了，数年前的通信业务中，还是以承载传统语音交换和无线 2G 基站的 TDM 业务占很大比重，SDH/MSTP 设备在世界各地也取得了极大的发展；随着语音业务的 IP 化，以及无线基站从 2G 发展到 3G，再发展到 4G，到现在，5G 技术的大规模应用已经可以预见，但是随着有线业务向无线业务的发展，业务的接入地点随着时间的推移不断变化，原有的承载网技术 SDH/MSTP 越来越无法满足业务的需求。那么为什么这些业务的变化会导致原有的 SDH/MSTP 无法满足业务变化需求呢？这需要从 SDH/MSTP 的技术特性以及现有的业务特性进行分析。

SDH/MSTP 技术研发的目的，就是承载原有的电话网络的 TDM 业务。业务带宽的分配，是通过时隙交叉实现的，配置好某条承载业务的时隙交叉，则对应的业务带宽也就确定了。这部分带宽专门给该承载业务使用，不管它是否真的承载客户侧业务，这个通道的带宽都不能给其他业务使用。比如有某个基站通过时隙交叉分配了一定的带宽，如果这个基站停电了，只要时隙交叉不做调整，这部分带宽永远就给这个基站使用，这种通道称为刚性通道，大部分时候甚至是独占的刚性通道。

路由交换技术与 SDH/MSTP 不同，路由交换的特点是根据需要实时交换。一般情况下，所有的业务都可以共享线路带宽，如果某条承载业务没有业务内容传递，就不用占用带宽；如果其他业务都没有传递业务内容，则一条业务可以占有整个带宽。

还有一些特殊场景，比如组网配置 QoS 技术，为指定的网络通信提供更好的服务能力，这是用来解决网络延迟和阻塞等问题的一种技术，是网络的一种安全机制。这种情况下也可以为某一条业务指定保证带宽和限制突发带宽。

综上所述，路由交换承载业务的通道带宽从理论上讲可以无限小，可以小到没有，也可以大到独占整个线路带宽，这种通道称为弹性通道。

下面分别以五台 SDH/MSTP 组网和五台路由器组网为例，让大家更好地理解刚性通道和弹性通道的区别。

某地一个五个节点的链型网络，由一个中心局站、两个生活区站和两个办公区站共五台 MSTP 设备组成，线路速率为 10 Gb/s，组网图如图 1-8 所示。

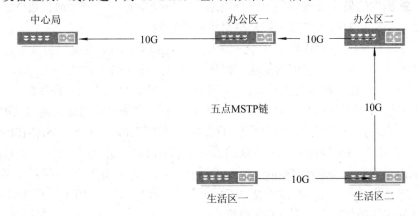

图 1-8 五点 MSTP 链

在这个组网里，假设白天上班时间即早 8 点到晚 6 点，所有人都在办公区工作；晚上 6 点到次日早 8 点，所有人都在生活区生活。为了满足人们的业务需求，带宽分配采用平均分配，每个站只能分配 2500M 带宽的刚性通道。各站的带宽占用与实际承载的业务无关，即使白天生活区没有一个人在用业务，各站分配和占有的带宽 2500M 不变，不会随着使用人的变化而变化，也不会随着时间而变化，这种带宽分配方式，称为半固定分配方式。这种承载业务的通道称为通道带宽不能变化的 2500M 的刚性通道。

另一地也有一个五个节点的链型网络，由一个中心局站、两个生活区站和两个办公区站共五台路由器组成，线路速率为 10 Gb/s，组网图如图 1-9 所示。

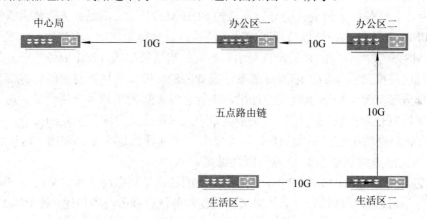

图 1-9　五点路由链

在这个组网里，假设同上例，白天上班时间为早 8 点到晚 6 点，所有人都在办公区工作；晚上 6 点到次日早 8 点，所有人在生活区生活。不同的是，为了满足人们的业务需求，带宽分配采用弹性分配，白天生活区没有人使用业务，生活区两个站几乎不占有带宽，两个办公区会根据业务情况共享 10G 中的部分带宽或全部带宽。到了晚上，几乎所有人从办公区回到了生活区，办公区几乎不使用业务带宽，两个生活区可以共享 10G 带宽，每个生活区占有 10G 中的部分带宽或全部带宽，这就相当每个站可以分配一个 0～10G 的弹性通道。

从上面的对比可以看到，随着业务 IP 化，以及业务接入的无线化，每个站点的业务随着时间波动变化较大，原有的 MSTP 设备提供的带宽无法根据业务的变化而进行实时调整，系统给每个站提供的最大带宽限制为只有线路带宽的四分之一即 2500M。数据通信设备如路由器提供给每个站的最大带宽可能是整个线路的带宽。

由此，可以总结出 MSTP 承载 IP 化业务的不足之处。MSTP 出现最初就是为了解决 IP 业务在承载网的承载问题，遗憾的是这种改进不彻底，还存在如下缺点：

(1) 在数据业务比重越来越大的情况下，MSTP 在统计复用能力方面受限。

MSTP 是以 TDM 为内核，以应用于 TDM 业务为主的承载网络，通过 GFP(Generic Framing Procedure，通用成帧规程)等技术实现以太网/RPR、ATM、SAN(Storage Area Network，存储局域网络)等综合业务承载的设备形态。MSTP 的管道无论是 TDM 颗粒还是 VCG(VC Virtual Concatenation Group，VC 虚级联技术，解决 SDH 带宽和以太网带宽不匹配的问题。它是通过将多个 VC12 或者 VC4 捆绑在一起作为一个 VCG，虚级联组)管道基本都是独享方式的硬管道，而且 VCG 颗粒的不连续性极大影响业务统计复用效率。

在设备架构上，Ethernet over SDH 设备模块都是单板级别实现的。因此，业务的流分类、QoS、扩展性等都无法满足规模组网和复杂组网的需求。

(2) MSTP 承载网面临 3G 时代低成本、高带宽需求的挑战。

在大量数据业务的 3G 时代，如果仍然使用 MSTP 刚性管道来承载，势必存在带宽需求量大但利用率严重低下的问题，会带来巨大的投资成本压力。

因为 MSTP 的多业务仅能满足网络初期少量数据业务出现时的网络需求，所以当数据业务进一步扩大时，其容量、QoS 等功能将会受限。取而代之的是具有强大的 QoS 能力和带宽统计复用能力的分组网络。

从业务发展的带宽情况来看，交换机路由器代替 MSTP 设备几乎具有无可比拟的优势。那么真实情况是否如此呢？其实不然，交换机路由器虽然在带宽方面的问题解决了，但是作为以太网设备的交换机路由器也有一些很大的缺点，如下：

(1) 以太网设备缺失 TDM、ATM 等多业务能力，OAM 能力相对较弱。以太网设备的优势在于集中接入固网宽带业务，因为这类业务的接口类型相对单一，无多业务支持能力设计，无需强大 OAM 和业务保护能力，不要求实现 50 ms 的保护倒换能力。

(2) 以太网设备不具备分组时钟传送能力。以太网设备专注于超大容量的数据业务传送与接入，而数据业务在传送过程中不需要精确的时钟同步功能，导致交换机在硬件架构设计上就不具备硬件时间标签能力。

(3) 以太网设备不具备端到端的电信级网络管理手段。增强型以太网设备主要以传统的以太网交换机架构为基础，通过对一些如保护等功能的增强来改善对承载网的适配能力，并没有端到端的业务管理概念，当网络达到一定规模时，网络运营与维护就会成为短板。

考虑到上述各种问题，一类新的技术开始出现了，这类技术博采众家之长，以路由器为基础，以 ATM 分组交换为主要技术，结合 MSTP 技术强大的 OAM 管理、保护倒换等功能，称为 IPRAN/PTN 技术。下一节将详细介绍这两种技术。

1.6.2 PTN 的技术架构

PTN 是指这样一种光承载网络架构和具体技术：在 IP 业务和底层光传输媒质之间设置了一个层面，它针对分组业务流量的突发性和统计复用传送的要求而设计，以分组业务为核心并支持多业务提供，具有更低的 TCO(Total Cost of Ownership，总体使用成本)，同时秉承光传输的传统优势，包括高可用性和可靠性、高效的带宽管理机制和流量工程、便捷的 OAM 和网管、可扩展、较高的安全性等。

PTN 支持多种基于分组交换业务的双向点对点连接通道，具有适合各种粗细颗粒业务、端到端的组网能力，提供了更加适合于 IP 业务特性的弹性传输管道；具备丰富的保护方式，遇到网络故障时能够实现 50 ms 的电信级业务保护倒换，实现传输级别的业务保护和恢复；继承了 SDH 技术的操作、管理和维护机制(OAM)，具有点对点连接的完美 OAM 体系，保证网络具备保护切换、错误检测和通道监控能力；完成了与 IP/MPLS 多种方式的互连互通，无缝承载核心 IP 业务；网管系统可以控制连接信道的建立和设置，实现了业务 QoS 的区分和保证，灵活提供 SLA(Service-Level Agreement，服务等级协议)等优点。

另外，它可利用各种底层传输通道(如 SDH/Ethernet/OTN)，具有完善的 OAM 机制，精确的故障定位和严格的业务隔离功能，最大限度地管理和利用光纤资源，保证了业务安全性，在结合 GMPLS(Generalized Multiprotocol Label Switching，通用多协议标签交换)协议后，可实现资源的自动配置及网状网的高生存性。

业务驱动永远是技术和网络发展的原动力，PTN 技术的诞生也是如此。PTN 主要面向 3G/LTE 以及后续综合的分组化业务承载需求，解决移动运营商面临的数据业务对带宽需求的增长和 ARPU(Average Revenue Per User，每用户平均收入)下降之间的矛盾。

1. 典型技术

就实现方案而言，在网络和技术条件下，总体来看，PTN 可分为以太网增强技术和传输技术结合 MPLS(多协议标签交换)两大类，前者以 PBB-TE 为代表，后者以 T-MPLS 为代表。当然，作为分组传送演进的另一个方向——CE(Carrier Ethernet，电信级以太网)也在逐步的推进中，这是一种从数据层面以较低的成本实现多业务承载的改良方法，相比 PTN，在全网端到端的安全可靠性方面及组网方面还有待进一步改进。

1) PBB 技术

PBB(Provider Backbone Bridge，运营商骨干桥接)技术的基本思路是将用户的以太网数据帧再封装一个运营商的以太网帧头，形成两个 MAC 地址。它在转发行为上并没有改变，仍然是采用了传统的 MAC 交换，这体现在 PBB 技术的名字仍然是桥接(Bridge)上。不过交换的 MAC 地址是运营商定义的 MAC 地址，而不是用户的 MAC 地址，因而这个 MAC 交换从某种角度上也可以看成是 MAC 标签交换。

PBB 的主要优点是：具有清晰的运营网和用户间的界限，可以屏蔽用户侧信息，实现二层信息的完全隔离，解决网络安全性问题；在体系架构上具有清晰的层次化结构，理论上可以支持 1600 万用户，从根本上解决网络扩展性和业务扩展性问题；规避了广播风暴和潜在的转发环路问题；无需担心 VLAN 和 MAC 地址与用户网冲突，简化了网络的规划与运营；采用二层封装技术，无需复杂的三层信令机制，设备功耗和成本较低；对下可以接入 VLAN 或 SVLAN(Stack VLAN，即 VLAN 嵌套)，对上可以与 VPN 业务互通，具有很强的灵活性，非常适合接入汇聚层应用；无连接特性特别适合经济地支持无连接业务或功能，如多点对多点 VPN 业务、IPTV(Internet Protocol Television，交互式网络电视)的组播功能等。

PBB 的主要缺点是：依靠生成树协议进行保护，保护时间和性能都不符合电信级要求，不适用于大型网络；它是无连接技术，OAM 能力很弱；内部不支持流量工程。在 PBB 的基础上，关掉复杂的泛洪广播、生成树协议以及 MAC 地址学习功能，增强一些电信级 OAM 功能，即可将无连接的以太网改造为面向连接的隧道技术，提供具有类似 SDH 可靠性和管理能力的 QoS 和电信级性能的专用以太网链路，这就是所谓的 PBT(Provider Backbone Bridge Traffic Engineering，支持流量工程的运营商骨干桥接)技术，又称 PBB-TE。

其核心是对 PBB 技术进行改进，通过网络管理和控制，使 CE 中的业务事实上具有连接性，以便实现保护倒换、OAM、QoS、流量工程等电信网络的功能。PBT 技术去掉了 PBB 技术的部分内容，因此支持 PBT 技术的设备，将会丢弃未知目的地的数据，而不是把它泛洪到所有潜在目的地。PBT 技术关闭了 PBB 的组播功能，不转发而是丢弃组播数据；关闭了广播学习功能，因为通过网络的 PBT 通路是预先定义好的；还关闭了用于阻止网络内出现环路的协议，因为对数据帧的转发路径是预先配置好的，不再需要阻止环路协议，这样有助于提高网络的利用率。运营商可以管理不同路由上的负载，防止负载不均衡情况的发生。

PBT 技术的显著特点是扩展性好。关掉 MAC 地址学习功能后，转发表通过管理或者控制平面产生，从而消除了导致 MAC 地址泛洪和限制网络规模的广播功能；同时，PBT 技术采用网管/控制平面替代传统以太网的"泛洪和学习"方式来配置无环路 MAC 地址，提供转发表，这样每个 VLAN 标识仅具有本地意义，不再具有全局唯一性，从而消除了 12 bit(4096 个)的 VLAN ID 数限制引起的全局业务扩展性限制，使网络具有几乎无限的隧道数目(260)。此外，PBT 技术还具有如下特点：转发信息由网管/控制平面直接提供，可以为网络提供预先确知的通道，容易实现带宽预留和 50 ms 的保护倒换时间；作为二层隧道技术，PBT 具备多业务支持能力；屏蔽了用户的真实 MAC，去掉了泛洪功能，安全性较好；用大量交换机替代路由器，消除了复杂的内部网关协议和信令协议，城域组网和运营成本都大幅度下降；将大量 IEEE 和 ITU 定义的电信级网管功能从物理层或重叠的网络层移植到数据链路层，使其能基本达到类似 SDH 的电信级网管功能。

然而，PBT 也存在部分问题：首先，它需要大量连接，管理难度加大；其次，PBT 只能环形组网，灵活性受限；再次，PBT 不具备公平性算法，不太适合宽带上网等流量大、突发性较强的业务，容易存在设备间带宽不公平占用问题；最后，PBT 比 PBB 多了一层封装，在硬件成本上必然要付出相应的代价。

2) T-MPLS 技术

T-MPLS(Transport MPLS，传送多协议标签交换)是分组传送网技术的另一个重要分支，是一种面向连接的分组传送技术。在承载网络中，它将客户信号映射进 MPLS 帧并利用 MPLS 机制(例如标签交换、标签堆栈)进行转发，同时增加传送层的基本功能，例如连接和性能监测、生存性(保护恢复)、管理和控制面(GMPLS/ASON)。总体上说，T-MPLS 选择了 MPLS 体系中有利于数据业务传送的一些特征，抛弃了 IETF(Internet Engineering Task Force，国际互联网工程任务组)为 MPLS 定义的繁复的控制协议族，简化了数据平面，去掉了不必要的转发处理。T-MPLS 继承了现有 SDH 承载网的特点和优势，同时又可以满足未来分组化业务传送的需求。T-MPLS 采用与 SDH 类似的运营方式，这一点对于大型运营商尤为重要，因为他们可以继续使用现有的网络运营和管理系统，减少对员工的培训成本。由于 T-MPLS 的目标是成为一种通用的分组传送网，而不涉及 IP 路由方面的功能，因此 T-MPLS 的实现要比 IP/MPLS 简单，包括设备实现和网络运营方面。T-MPLS 最初主要是定位于支持以太网业务，但事实上它可以支持各种分组业务和电路业务，如 IP/MPLS、SDH 和 OTH(Optical Transmission Hierarchy，光传送体系)等。T-MPLS 是一种面向连接的网络技术，是 MPLS 的一个功能子集。

T-MPLS 网络分为层次清楚的三个层面：传送平面(也称数据转发平面)、管理平面和控制平面。传送平面包括全光交换、TDM 交换和 T-MPLS 分组交换，其引入了面向连接的 OAM 和保护恢复功能。控制面为 GMPLS/ASON，进行标签的分发，建立标签转发通道，和全光交换、TDM 交换的控制面融合，体现了分组和传送的完全融合。其三个平面的功能示意图如图 1-10 所示。

图 1-10　T-MPLS 的三个平面功能示意图

T-MPLS 的主要功能特征包括：

(1) T-MPLS 的转发方式采用 MPLS 的一个子集：T-MPLS 的数据平面保留了 MPLS 的必要特征，

以便实现与 MPLS 的互联互通。

(2) 承载网的生存性：T-MPLS 支持承载网所具有的保护恢复机制，包括 1 + 1、1：1、环网保护和共享网状网恢复等。MPLS 的 FRR(Fast ReRoute，快速重路由)机制由于要使用标签交换路径的聚合功能而没有被采纳。

(3) 承载网的 OAM 机制：T-MPLS 参考 Y.1711 定义的 MPLS OAM 机制，延用在其他承载网中广泛使用的 OAM 概念和机制，如连通性校验、告警抑制和远端缺陷指示等。

(4) T-MPLS 控制平面：初期 T-MPLS 将使用管理平面进行配置，与现有的 SDH 网络配置方式相同。后续 ITU-T 采用了 ASON/GMPLS 作为 T-MPLS 的控制平面。

(5) 不使用保留标签：任何特定标签的分配都由 IETF 负责，遵循 MPLS 相关标准，从而确保与 MPLS 的互通性。

由于 T-MPLS 是利用 MPLS 的一个功能子集提供面向连接的分组传送，并且要使用承载网的 OAM 机制，因此 T-MPLS 取消了 MPLS 中一些与 IP 和无连接业务相关的功能特性。

T-MPLS 与 MPLS 的主要区别如下：

(1) IP/MPLS 路由器是用于 IP 网络的，因此所有的节点都同时支持在 IP 层和 MPLS 层转发数据。而 T-MPLS 只工作在数据链路层，因此不需要 IP 层的转发功能。

(2) 在 IP/MPLS 网络中存在大量的短生存周期业务流。而在 T-MPLS 网络中，业务流的数量相对较少，持续时间相对更长一些。

在具体的功能实现方面，两者也有一些明显区别，主要在于 T-MPLS 有下述特点：

(1) 使用双向 LSP(Label Switching Path，标签交换路径)选项：MPLS LSP 都是单向的，而承载网通常使用的都是双向连接，因此 T-MPLS 将两条路由相同但方向相反的单向 LSP 组合成一条双向 LSP。

(2) 不使用 PHP(Penultimate Hop Popping，倒数第二跳弹出)选项：PHP 的目的是简化对出口节点的处理要求，但是它要求出口节点支持 IP 路由功能。另外，由于到出口节点的数据已经没有 MPLS 标签，将对端到端的 OAM 造成困难。

(3) 不使用 LSP 聚合选项：LSP 聚合是指所有经过相同路由到同一目的节点的数据包可以使用相同的 MPLS 标签。虽然这样可以提高网络的扩展性，但是由于丢失了数据源的信息，从而使得 OAM 和性能监测变得很困难。

(4) 不使用 ECMP(Equal-Cost Multipath Routing，等价多路由)选项：ECMP 允许同一 LSP 的数据流经过网络中的多条不同路径。它不仅增加了节点设备对 IP/MPLS 包头的处理要求，同时由于性能监测数据流可能经过不同的路径，从而使得 OAM 变得很困难。

(5) T-MPLS 支持端到端的 OAM 机制。

(6) T-MPLS 支持端到端的保护倒换机制，MPLS 支持本地保护技术 FRR。

(7) 根据 RFC3443 中定义的管道模型和短管道模型处理 TTL。

(8) 支持管道模型和短管道模型中的 EXP 处理方式。

(9) 支持全局唯一和接口唯一两种标签空间。

2. 典型技术比较

PTN 可以看做二层数据技术的机制简化版与 OAM 增强版的结合体。在实现的技术上，两大主流技术 PBT 和 T-MPLS 都将是 SDH 的替代品而非 IP/MPLS 的竞争者，其网络原理相似，都是基于端到端、双向点对点的连接，并提供中心管理，具有在 50 ms 内实现保护倒换的能力；两者都可以用来实现 SDH/SONET(Synchronous Optical Network，同步光纤网络)向分组交换的转变，在保护已有的传输资源方面，都可以类似 SDH 网络功能，在已有网络上实现向分组交换网络转变。

总体来看，T-MPLS 着眼于解决 IP/MPLS 的复杂性，在电信级承载方面具备较大的优势；PBT 着眼于解决以太网的缺点，在设备数据业务承载上成本相对较低。在标准方面，T-MPLS 走在前列。在芯片支持程度上，目前支持 Martini 格式 MPLS 的芯片可以用来支持 T-MPLS，成熟度和可商用度更高，而 PBT 技术需要多层封装，对芯片等硬件配置要求较高，所以已逐渐被运营商和厂商所抛弃。目前 T-MPLS 除了在沃达丰(VDF)和中国移动等世界顶级运营商处得到大规模应用之外，在 T-MPLS 的基础上更是推出了具备协议优势和成本优势的 MPLS-TP(MPLS Transport Profile，多协议标签交换传送应用)标准。MPLS-TP 标准可以在 T-MPLS 标准上平滑升级，已经成为 PTN 的最佳技术体系。我们后续提到的 MPLS 技术也大多指的是 MPLS-TP。

表 1-3 列出了 PBT 技术和 T-MPLS 技术的一些异同点。

表 1-3 PBT 和 T-MPLS 技术比较

技术方案	PBT	T-MPLS
主要标准	G.PBT、802.1	G.8110、G.8110.1、G.8112、G.8121
扩展性	802.1ad、802.1ah	MPLS LSP、HVPLS
保护实现	VIDP、VID 交换、G.8031	Y.1720、G.8131、Y.17tom
管理、控制实现	802.1ag、Y.1731、802.3ah、GMPLS 控制平面、802.1ab	Y.1711、Y.17tor、Y.17tom、802.1ag
QoS 保证	802.1p、网管控制平面、CAC	MPLS QoS、MPLS 流量工程、GMPLS 控制

3. 技术理念

PTN 技术本质上是一种基于分组的路由架构，能够提供多业务技术支持。它是一种更加适合 IP 业务传送的技术，同时继承了光传输的传统优势，包括良好的网络扩展性，丰富的操作维护(OAM)，快速的保护倒换和时钟传送能力，较高的可靠性和安全性，完整的网管理念，端到端的业务配置与精准的告警管理能力。PTN 的这些优势是传统路由器和增强以太网技术无法比拟的，这也正是其区别于两者的重要属性。可以从以下四个方面理解 PTN 的技术理念。

(1) 管道化的承载理念，基于管道进行业务配置、网络管理与运维，实现承载层与业务层的分离；以"管道+仿真"的思路满足移动演进中的多业务需求。

首先，管道化保证了承载层面向连接的特质，业务质量能得以保证。在管道化承载中，业务的建立、拆除依赖于管道的建立和拆除，完全面向连接。节点转发依照事先规划好的规定动作完成，无需查表、寻址等动作，在减少意外错误的同时，也能保证整个传送路径具有最小的时延和抖动，从而保证业务质量。管道化承载也简化了业务配置、网络管理与运维工作，增强了业务的可靠性。

"管道 + 仿真"的思路满足移动网络演进中的多业务需求，从而有效保护投资。众所周知，TDM、ATM、IP 等各种通信技术将在演进中长期共存，PTN 采用统一的分组管道实现多业务适配、管理与运维，从而满足移动业务长期演进和共存的要求。在 PTN 的管道化理念中，业务层始终位于承载层之上，两者之间具有清晰的结构和界限，无数的业界经验也证明，管道化承载对于建成一张高质量的承载网络是至关重要的。

(2) 变刚性管道为弹性管道，提升网络承载效率，降低 Capex(Capital expenditure，资本性支出)。

2G 时代的 TDM 移动承载网，采用 VC 刚性管道，带宽独立分配给每一条业务并由其独占，造成了实际网络运行中大量的空闲可用资源释放不出来的效率低的状况。PTN 采用由标签交换生成的弹性分组管道 LSP，当满业务的时候，通过精细的 QoS 划分和调度，保证高质量的业务带宽需求优先得到满足；在业务空闲的时候，带宽可灵活地释放和实现共享，网络效率得到极大提升，从而有效降低了承载网的建设投资 Capex。

(3) 以集中式的网络控制/管理替代传统 IP 网络的动态协议控制，同时提高 IP 可视化运维能力，降低 Opex(Operating expense，企业的管理支出、办公室支出、员工工资支出和广告支出等日常开支)。

移动承载网的特点是网络规模大、覆盖面积广、站点数量多，这对于网络运维是极大的挑战，而网络维护的难易属性直接影响着 Opex 的高低。传统 IP 网络的动态协议控制平面适合部署规模较小、站点数量有限，同时具有更加灵活调度要求的核心网，而在承载网面前显得力不从心，且越靠近网络下层，其问题就越突出。

首先，动态协议给传统 IP 网络带来了"云团"特征，网络一旦出现故障，由于不知道"云团"内的实际路由而给故障定位带来很大困难，这对于规模巨大、对 Opex 敏感，同时可能会经常调整和扩容的承载网来说无疑是一场灾难。

其次，动态协议在技术上的复杂性，不但对维护人员的技能提出很高的要求，而且对维护团队的人员数量的需求将是过去的几倍，这将颠覆基层维护团队的组织结构和人力构成，与此同时维护人员数量的增加带来的 Opex 增加不可避免。

因此，以可管理、可运维为前提的 IP 化创新对大规模的网络部署是非常重要的。不可管理的传统 IP 看起来很美，但实际上存在太多的陷阱。移动承载网的 IP 化必须继承 TDM 承载网的运维经验，以网管可视化丰富 IP 网络的运维手段，降低运维难度，同时实现维护团队的维护经验、维护体验可继承，这就是 PTN 移动 IP 承载网的管理运维理念。

(4) 植入新技术，补齐移动承载 IP 化过程中在电信级能力上的短板。

时钟同步是移动承载的必备能力，而传统的 IP 网络都是异步的，移动承载网在 IP 化转型中必须要解决这个短板。所有的移动制式都对频率同步有 $50 \times 10^{-9} \times 10^{-6}$ 的要求，同时某些移动制式如 TD-SCDMA 和 CDMA2000，包括 LTE 还有对相位同步的要求，目前业界能够通过网络解决相位同步要求的只有 IEEE 1588v2 技术，植入该技术已成为移动承载 IP 化的必选项。

事实上，PTN 的思想理念已在大量实际的网络建设实践中被广泛验证，是基于对移动承载 IP 化诉求的深刻理解，给移动承载网的 IP 化指出了一条可行的道路。

4. 解决方案

PTN 产品为分组传送而设计，其主要特征体现在如下方面：灵活的组网调度能力、多业务传送能力、全面的电信级安全性、电信级的 OAM 能力、具备业务感知和端到端业务开通管理能力、传送单位比特成本低。

为了实现这些目标，同时结合应用中可能出现的需求，需要重点关注 TDM 业务的支持能力、分组时钟同步、互联互通问题。

(1) TDM 业务的支持方式。在对 TDM 业务的支持上，目前一般采用 PWE3 (Pseudo Wire Emulation Edge-to-Edge，端到端伪线仿真)的方式，TDM PWE3 支持非结构化和结构化两种模式，封装格式支持 MPLS 格式。

(2) 分组时钟同步。分组时钟同步需求是 3G 等分组业务对于组网的客观需求，时钟同步包括时间同步、频率同步两类。在实现方式上，目前主要有同步以太网、TOP(Timing Over Packet，分组时钟)方式和 IEEE 1588v2 三种。

(3) 互联互通问题。PTN 是从传送角度提出的分组承载解决方案。技术可以革命，网络只能演进。运营商现网是庞大的 MSTP 网络，MSTP 节点已延伸至本地城域的各个角落。PTN 网络必须考虑与现网 MSTP 的互通。互通包括业务互通、网管公务互通两个方面。

5. 策略

分组化是光承载网发展的必然方向，本地网在相当长的时间内将面临多种业务共存、承载的业务颗粒多样化、骨干层光纤资源相对丰富等问题，在考虑 PTN 产品网络引入的过程中，综合考虑了引入策略和网络承接性的问题，分组传送技术和设备引入旧有网络是逐步实施的。

首先，PTN 的切入是在 FE(Fast Ethernet，快速以太网接口，速率 100 Mb/s)成为主流的业务接口后再实施的。由于分组传送设备产业链的成熟是在 2010 年左右，同时技术标准的选择和芯片厂家、设备商的支持度等因素均影响到了演进的节奏。而核心层采用的 OTN/WDM 技术也是在 2010 年左右逐步成熟并大规模商用，但由于当时 OTN 技术的不同模块发展极不平衡，所以是先引入 ROADM(Reconfigurable Optical Add-Drop Multiplexer，可重构光分插复用器)设备，再在 2009 年左右引入 OTN 的电交叉设备的，最终实现了 PTN + OTN + WDM 的城域承载网全面分组化演进。

在建设方式上，采用了业务分担式的二平面方式，通过本地核心汇聚层到接入层的自上而下的引入策略，最终实现网络向扁平化方向发展。

1.6.3 IPRAN 的技术架构

IPRAN 是针对 IP 化基站回传应用场景，进行优化定制的路由器/交换机整体解决方案。在城域汇聚/核心层采用 IP/MPLS 技术，接入层主要采用二层增强以太技术，或采用二层增强以太与三层 IP/MPLS 相结合的技术方案。设备形态一般为核心汇聚节点采用支持 IP/MPLS 的路由器设备，基站接入节点采用路由器或交换机。其主要特征为 IP/MPLS/以太转发协议、TE FRR(汇聚/核心层)、以太环/链路保护技术(接入层)、电路仿真、MPLS OAM、同步等。IPRAN 技术相比 PTN 技术增加了三层全连接自动选路功能，适用于规模不大的城域网。

IPRAN 中的 IP 指的是互联协议，RAN 指的是 Radio Access Network。相对于传统的 SDH 承载网，IPRAN 的意思是无线接入网 IP 化，是基于 IP 的承载网。网络 IP 化趋势是近年来电信运营商网络发展中最大的一个趋势，在该趋势的驱使下，移动网络的 IP 化进程也在逐步地展开，作为移动网络重要的组成部分，移动承载网络的 IP 化是一项非常重要的内容。

传统的移动运营商的基站回传网络是基于 TDM/SDH 建成的，但是随着 3G 和 LTE 等业务的部署与发展，数据业务已成为承载主体，其对带宽的需求在迅猛增长。SDH 等传统的 TDM 独享管道的网络扩容模式难以支撑，分组化的承载网建设已经成为一种不可逆转的趋势。

下面分别从 IPRAN 技术的承载能力、优势以及发展方向等几个方面对其进行介绍。

1. 能力

(1) 多业务承载。当下运营商网络承载的业务包括互联网宽带业务、大客户专线业务、固话 NGN(Next Generation Network，下一代网络)业务和移动 2G/3G LTE 业务等，既有二层业务，又有三层业务。尤其是当移动网演进到 LTE 后，S1 和 X2 接口的引入对于底层承载提出了三层交换的需求。由于业务类型丰富多样，各业务的承载网独立发展，造成承载方式多样、组网复杂低效、优化难度大等问题。新兴的承载网需要朝着多业务承载的方向发展。

(2) 超高带宽。随着业务日趋宽带化，固网宽带提速后家庭接入达到 100 M；HSPA+ (High-Speed Packet Access+，增强型高速分组接入)已规模商用，带宽达 21 M 甚至 42 M；LTE 部署后用户带宽可达 300 M。因此移动回传与城域承载网必须有足够强的带宽扩展能力。

(3) 服务质量(QoS)。带宽的提升和业务类型的多样化对网络 QoS 保障能力提出了更高的要求。移动回传网同时承载移动 PS 域(电路交换域)和 CS 域(分组交换域)的业务，CS 域业务通常需要更高的 QoS 保证。此外，承载网还承载大客户专线等高价值业务，网络必须具备完备的 QoS 能力。

其中，电路交换是指在通信之前要在通信双方之间建立一条被双方独占的物理通路(由通信双方之间的交换设备和链路逐段连接而成)。电路交换是以电路为目的的交换方式，即通信双方要通过电路建立联系，建立后没挂断则电路一直保持，实时性高。而分组交换是把信息分为若干分组，每个分组有分组头，含有选路和控制信息，可以到达收信方，但是不能即时通信。

电路交换时，数据直达，不同类型、不同规格、不同速率的终端很难相互进行通信，也难以在通信过程中进行差错控制。通信双方之间的物理通路一旦建立，双方可以随时通信，实时性强。电路交换连接建立后，物理通路被通信双方独占，即使通信线路空闲，也不能供其他用户使用，因而信道利用低。

分组交换通信双方不是固定占有一条通信线路，而是在不同的时间一段一段地部分占有这条物理通路，因而大大提高了通信线路的利用率。分组交换由于数据进入交换节点后要经历存储、转发这一过程，从而引起转发时延(包括接收报文、检验正确性、排队、发送时间等)，而且网络的通信量愈大，造成的时延就愈大，因此报文交换的实时性差，不适合传送实时或交互式业务的数据。

(4) 高可靠性。为保证网络质量，承载网需要具备端到端的操作、管理和维护(OAM)故障检测机制，可以从业务层面和隧道层面对业务质量和网络质量进行管控。此外，网络还需要电信级的保护倒换能力，确保语音、视频等高实时性业务的服务质量。

2．特点和优势

(1) 端到端的 IP 化。端到端的 IP 化使得网络复杂度大大降低，简化了网络配置，能极大缩短基站开通、割接和调整的工作量。另外，端到端 IP 减少了网络中协议转换的次数，简化了封装解封装的过程，使得链路更加透明可控，实现了网元到网元的对等协作、全程全网的 OAM 管理以及层次化的端到端 QoS。IP 化的网络还有助于提高网络的智能化，便于部署各类策略，发展智能管道。

(2) 更高效的网络资源利用率。面向连接的 SDH 或 MSTP 提供的是刚性管道，容易导致网络利用率低下。而基于 IP/MPLS 的 IPRAN 不再面向连接，而是采取动态寻址方式，实现承载网络内自动的路由优化，大大简化了后期网络维护和网络优化的工作量。同时与刚性管道相比，分组交换和统计复用能大大提高网络利用率。

(3) 多业务融合承载。IPRAN 采用动态三层组网方式，可以更充分满足综合业务的承载需求，实现多业务承载时的资源统一协调和控制层面统一管理，提升运营商的综合运营能力。

(4) 成熟的标准和良好的互通性。IPRAN 技术标准主要基于 Internet 工程任务组(IETF)的 MPLS 工作组发布的 RFC 文档，已经形成成熟的标准文档百余篇。IPRAN 设备形态基于成熟的路由交换网络技术，大多是在传统路由器或交换机基础上改进而成的，因此有着良好的互通性。

3．关键问题与发展方向

(1) 组网规模问题。IPRAN 的组网规模是业内一直有争议的问题之一。从由路由器组网的现网部署情况看，还没有上千个节点的单个 IP 承载网存在。但是从全网角度看，整个互联网就是由自治的多个 IP 网通过边界网关协议(BGP)注入形成的完整网络。因此，基于 IP/MPLS 的 IPRAN 网络也可以采用分域管理，不同的域使用不同的内部网关协议(IGP)，并互相使用静态路由注入的方式解决规模组网的问题。静态路由配合动态路由，也利于网络路由收敛、故障恢复和自愈。

(2) OAM 管理问题。传统路由器组网的网络配置管理是采用命令行方式(CLI)。命令行方式的特点是可以使用各种平台和网络，配置速度快、命令丰富。而传统传输设备如 MSTP 的配置方式是图形界面(GUI)，特点是配置直观，适合批量管理，使用简单。为了减少管理方式变化给运维带来的影响，部分路由器厂家已经开发了基于图形界面的管理方式，并遵循了传统的 MSTP 网络管理习惯。由于 IPRAN 的承载方式打破了运营商传统传输专业的运维和管理思路，如何平稳过渡还需要在实践中进一步探讨。

(3) 保护恢复问题。IP/MPLS 采用快速重路由(FRR)机制可以提供 50 ms 级别的故障恢复，但属于局部网络保护方式，当链路或节点故障发生在 TE(Traffic Engineering，流量工程)域之外，系统的故障恢复需要 IGP 收敛实现，整网保护倒换可能在几百毫秒左右。

(4) 端到端 QoS 保障问题。在传统 IP 承载网中，高品质的 QoS 保障往往要靠大带宽轻载来实现，网络带宽的利用效率较低。为此需要考虑部署端到端的 QoS 解决方案，以提高网络利用率。

(5) 与现网互联互通问题。由于运营商原有 MSTP 部署的规模较大，虽然 MSTP 提供了以太网接口，以满足 IP 化和多业务的承载，但内核仍为 TDM。另一方面 MSTP 承载了现网中大部分业务，新部署的 IPRAN 还不能完全取代 MSTP，业务的割接有一个渐进过程，因此在 MSTP 与 IPRAN 共存的情形下，必须解决 MSTP 与 IPRAN 的互连互通问题，包括业务的互联互通、OAM 的互联互通以及网络保护的互联互通。

(6) 随着移动通信日趋宽带化和 IP 化，基于 TDM 的 MSTP 无论从容量还是技术上都无法满足移动回传的需求，建设新型的分组化移动回传网势在必行。在此背景下，基于 IP/MPLS 组网的 IPRAN 成为了重要的技术选择。IPRAN 采用成熟的 IP 组网技术，同时吸取了传统传输网的管理理念，是实现移动与固定宽带业务统一承载的重要手段。

1.7　PTN 和 IPRAN 的对比

PTN 和 IPRAN 技术就像是一对亲兄弟，有很多相同的地方，又有很多不同的地方。

1. PTN、IPRAN 方案介绍

目前，分组传送技术的实现主要有两种途径，一种是 PTN，另一种是 IPRAN。PTN 技术采用 MPLS-TP 协议，提供二层以太网业务、TDM 业务等，并可通过升级方式支持三层协议，实现三层相关功能；IPRAN 路由器则直接承载各类 IP 业务，并通过伪线仿真方式提供 TDM 业务。

1) PTN 方案

PTN 最初采用二层面向连接技术进行设计和开发，不仅集成了二层设备的统计复用、组播等功能，同时还提供基于 LSP 实现端到端的电信级以太网业务保护、带宽规划等功能，从而在高等级的业务传送、网络故障定位等方面，较传统的二层数据网优势明显。后期，随着业务需求的进一步明确和细化，PTN 也开始逐步开发并完善三层相关功能，当前业界各主流 PTN 供货厂家已可以通过 PTN 升级的方式来提供完善的三层处理功能。

2) IPRAN 方案

目前中国电信认可的 IPRAN 方案为核心 SR(Service Router，全业务路由器)+汇聚、接入层增强型路由器(IPRAN)方案，其中 IPRAN 设备主要定位于 IP 城域网，位于城域网的接入、汇聚层。向上与 SR 相连，向下接入客户设备、基站设备。

IPRAN 方案的主要优势在于三层功能的完备和成熟，包括支持全面的 IPv4(IPv6)三层转发及路由功能；支持 MPLS 三层功能、三层 MPLS VPN 功能和三层组播功能。并在网管、OAM、同步和保护等方面融合了传统传输技术的一些元素，做了相应的改进。

2. PTN 与 IPRAN 方案技术比较

PTN 方案与路由器方案的根本区别在于对网络承载和传输的理解有所不同，PTN 侧重二层业务，整个网络构成若干庞大的综合二层数据传输通道，这个通道对于用户来讲是透明的，升级后支持完整的三层功能，技术方案重在网络的安全可靠性、可管可控性以及更好的面向 LTE 承载等方面；而 IPRAN 则主要侧重于三层路由功能，整个网络是一个由路由器和交换机构成的基于 IP 报文的三层转发体系，对于用户来讲，路由器具有很好的开放性，业务调度也非常灵活。表 1-4 列出了 PTN 和 IPRAN 方案的异同点。

表 1-4　PTN 和 IPRAN 方案比较

功　能		PTN 方案	IPRAN 方案
接口功能	ETH	支持	支持
	POS	支持	支持
	ATM	支持	支持
	TDM	支持	支持
三层转发及路由功能	转发机制	核心汇聚节点通过升级可支持完整的 L3 功能	支持 L3 全部功能
	协议	核心汇聚节点通过升级可支持全部三层协议	支持全部三层协议
	路由	核心汇聚节点全面支持	支持
	IPv6	核心汇聚节点全面支持	支持
QoS		支持	支持
OAM		采用层次化的 MPLS-TP OAM，实现类似于 SDH 的 OAM 管理功能	采用 IP/MPLS OAM，主要通过 BFD 技术作为故障检测和保护倒换的触发机制
网络管理功能	图形界面	界面友好，配置便捷	界面友好，配置便捷
	协议	TCP/IP	SNMP
保护恢复	保护恢复方式	支持环网保护、链路保护、线性保护、链路聚合等类 SDH 的各种保护方式	支持 FRR 保护、VRRP、链路聚合
	倒换时间	50 ms 电信级保护	电信集团要求在 300 ms 以内
同步	频率同步	支持	支持
	时间同步	支持，且经过现网规模验证	支持，有待现网规模验证
网络部署	规划建设	支持规模组网，规划简单	支持规模组网，规划略复杂
	业务组织	端到端 L2 业务，子网部署，在核心层启用三层功能	接入层采用 MPLS_TP 伪线承载，核心汇聚层采用 MPLS L3VPN 承载
	运行维护	类 SDH 运维体验，跨度小，维护较简单	海量接入层可实现类 SDH 运维，逐步向路由器运维过渡，减轻运维人员技术转型压力

　　根据表 1-4 内容，可以得出以下的信息：

　　(1) 接口方面：PTN 与 IPRAN 路由器设备在接口的支持上都非常丰富，包括以太网、POS、ATM 和 SDH，两者并无本质上的区别。

　　(2) 三层功能：为了满足 L3 VPN 的需求，PTN 核心设备已可以通过升级支持完善的三层功能，包括 IP 报文处理、IP 寻址、路由协议等，从而有效增强了网络的业务调度和处理能力，配合下层 L2 封闭传送通道，可以很好地对 L3 业务进行承载。IPRAN 支持所有三层功能，网络从上至下均支持 IP 报文内部的处理，这是 IPRAN 的处理优势。

(3) QoS 功能：IPRAN 和 PTN 具有 MPLS 同级的层次化精细化的 QoS 调制，在此方面，两者并无本质上的区别。

(4) OAM 机制：IPRAN 和 PTN 可支持与 SDH 同级别的层次化 OAM 机制，包括网络层、业务层和接入链路层的 OAM，精细地控制网络的监控和检测，实现快速的故障判断和恢复，增强网络的可预知性和可控性。

(5) 网络保护机制：PTN 支持与 SDH 类似的保护机制，包括 PW 层、LSP 层、段层、物理层、SNC 等多重保护，而 IPRAN 重点依靠 STP、FRR、VRRP 等基于三层动态协议的保护技术。

(6) 网管操作：经过近两年的大力研发，目前 PTN 和 IPRAN 设备均能提供强大的图形化网管操作维护界面，两者并无本质的区别。

(7) 网络部署：PTN 全面继承了 SDH 强大的组网能力，网络部署简单；规划建设简便、业务组织由网管一键完成、运维简单。但由于 IPRAN 采用了基于 IP 的控制平面技术，因此在规划建设方面需要综合考虑业务 IP/端口互联 IP/设备 Loopback IP 等，规划复杂；L3 业务由协议动态分配，后期网络调整简单；但三层技术对运维人员的技能、习惯的转变等将对运维带来不小的冲击。

3. PTN 与 IPRAN 成本分析

目前，从整个业界对于 PTN 和 IPRAN 的估价水平来看，IPRAN 价格较高，而 PTN 的价格较低。这是因为 IPRAN 对三层功能的支持较全面，处理机制复杂，芯片成本相对较高。尤其当涉及 TDM 业务接入的时候，IPRAN 设备的成本劣势更加明显。PTN 是以包交换为内核，提供弹性管道，芯片处理简单，带宽利用率很高，因此总体成本最为低廉。但是，经过一段时间的集采和规模部署后，IPRAN 的价格最终逐步下降，两者之间的价格差距也会越来越小。

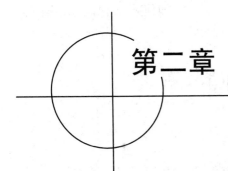

第二章

计算机网络基础

2.1 计算机网络的定义和功能

计算机网络是指将分布在不同地理位置的终端及其附属设备用通信设备和通信线路连接起来，并配置网络软件，以实现计算机资源共享的系统。

计算机网络的功能如下：

1. 资源共享

计算机网络最具有吸引力的功能是进入计算机网络的用户可以共享网络中各种硬件、软件和数据资源，使网络中各地区的资源互通有无、分工协作，从而提高系统资源的利用率。

2. 数据传输

数据传输是计算机网络最基本的功能之一，用以实现计算机与终端或计算机与计算机之间传送各种信息。计算机网络的数据传输提高了计算机系统的整体性能，也大大方便了人们的工作和生活。

3. 集中管理

计算机网络技术的发展和应用，已使得现代办公、经营管理等发生了很大的变化。目前，已经有了很多 MIS(管理信息系统)、OA 系统(办公自动化系统)等，通过这些系统可以将地理位置分散的生产单位或业务部门连接起来进行集中的控制和管理，提高工作效率，增加经济效益。

4. 分布处理

对于综合性的大型问题可以采用合适的算法，将任务分散到计算机网络中不同的计算机上进行分布式处理，以达到均衡使用网络资源、实现分布处理的目的。

5. 负载均衡

负载均衡是指工作被均匀地分配给网络上的各台计算机。网络控制中心负责分配和检测。当某台计算机负载过重时，系统会自动转移部分工作到负载较轻的计算机中去处理。

6. 提高安全与可靠性

建立计算机网络后，还可减少计算机系统出现故障的概率，提高系统的可靠性。另外，对于重要的资源，可将它们分布在不同地方的计算机上。这样，即使某台计算机出现故障，用户在网络上也可以通过其他路径来访问这些资源，不影响用户对同类资源的访问。

2.2　计算机网络的体系结构

2.2.1　计算机网络体系结构的定义

计算机的网络结构可以从网络体系结构、网络组织和网络配置三个方面来描述，网络组织从网络的物理结构和网络的实现两方面来描述计算机网络；网络配置从网络应用方面来描述计算机网络的布局、硬件、软件和通信线路；网络体系结构从功能上来描述计算机网络结构。

计算机网络体系结构是指计算机网络的整体设计，它为网络硬件、软件、协议、存取控制和拓扑提供标准。国际标准化组织在 1979 年提出的 OSI 参考模型被广泛采用。

2.2.2　OSI 参考模型

OSI 参考模型用物理层、数据链路层、网络层、传输层、会话层、表示层和应用层七个层次描述网络的结构，如图 2-1 所示。它的规范对所有的厂商是开放的，具有指导国际网络结构和开放系统走向的作用。它直接影响总线、接口和网络的性能。目前常见的网络体系结构有 FDDI、以太网、令牌环网和快速以太网等。从网络互连的角度看，网络体系结构的关键要素是协议和拓扑。

应用层
表示层
层话层
传输层
网络层
数据链路层
物理层

图 2-1　OSI 参考模型

开放系统 OSI 标准定制过程中所采用的方法是将整个庞大而复杂的问题划分为若干个容易处理的小问题，这就是分层的体系结构方法。在 OSI 中，采用了三级抽象，即体系结构、服务定义和协议规定说明。

OSI 参考模型定义了开放系统的层次结构、层次之间的相互关系及各层所包含的可能的服务。它是作为一个框架来协调和组织各层协议的制定，也是对网络内部结构最精练的概括与描述。

OSI 的服务定义详细说明了各层所提供的服务。某一层的服务就是该层及其下各层的一种能力，它通过接口提供给更高一层。各层所提供的服务与这些服务是怎么实现的无关。

同时，各种服务还定义了层与层之间的接口和各层所使用的原语，但是不涉及接口是怎么实现的。

OSI 标准中的各种协议精确定义了应当发送什么样的控制信息，以及应当用什么样的过程来解释这个控制信息。协议的规程说明具有最严格的约束。

OSI 参考模型并没有提供一个可以实现的方法，该参考模型只是描述了一些概念，用来协调进程间通信标准的制定。在 OSI 范围内，只有在各种协议是可以被实现的，而且各种产品只有和 OSI 的协议相一致才能互连。这也就是说，OSI 参考模型并不是一个标准，而只是一个在制定标准时所使用的概念性的框架。

低三层可看作传输控制层，负责有关通信子网的工作，解决网络中的通信问题；高三层为应用控制层，负责有关资源子网的工作，解决应用进程的通信问题；传输层为通信子网和资源子网的接口，起到连接传输和应用的作用。

OSI/RM(Reference Model，参考模型)的最高层为应用层，面向用户提供应用的服务；最低层为物理层，连接通信媒体实现数据传输。

层与层之间的联系是通过各层之间的接口来进行的，上层通过接口向下层提供服务请求，而下层通过接口向上层提供服务。

两个计算机通过网络进行通信时，除了物理层之外(说明了只有物理层才有直接连接)，其余各对等层之间均不存在直接的通信关系，而是通过各对等层的协议来进行通信，如两个对等的网络层使用网络层协议通信。只有两个物理层之间才通过媒体进行真正的数据通信。

当通信实体通过一个通信子网进行通信时，必然会经过一些中间节点，通信子网中的节点只涉及低三层的结构。

在 OSI/RM 中系统间的通信信息流动过程如下：发送端的各层从上到下逐步加上各层的控制信息构成的比特流传递到物理信道，再传输到接收端的物理层，经过从下到上逐层去掉相应层的控制信息得到的数据流最终传送到应用层。

1. 物理层

物理层(Physical Layer)是计算机网络 OSI 模型中最低的一层。物理层提供建立、维护和释放物理连接的方法，实现在物理信道上进行比特流的传输。该层直接与物理信道相连，起到数据链路层和传输媒体之间的逻辑接口作用。物理层协议主要规定了计算机或终端与通信设备之间的接口标准，包括接口的机械特性、电气特性、功能特性、规程特性。物理层传送的基本单位是比特。

物理层的主要功能如下：

(1) 为数据端设备提供传送数据的通路。数据通路可以是一个物理媒体，也可以是多个物理媒体连接而成。一次完整的数据传输，包括激活物理连接、传送数据、终止物理连接。所谓激活，就是不管有多少物理媒体参与，都要在通信的两个数据终端设备间连接起来，形成一条通路。

(2) 传输数据。物理层要形成适合数据传输需要的实体，为数据传送服务。一是要保证数据能在其上正确通过；二是要提供足够的带宽(带宽是指每秒钟内能通过的比特数)，以减少信道上的拥塞。传输数据的方式能满足点到点、一点到多点、串行或并行、半双工或全双工、同步或异步传输的需要。

(3) 完成物理层的一些管理工作。物理层主要由数据终端设备、数据通信设备和互连设备组成。

DTE(Data Terminal Equipment，数据终端设备)简称终端，是指能够向通信子网发送和接收数据的设备。大、中、小型计算机(又称主机)无疑是通信网络中最强有力的数据终端设备。它不仅可以发送、接收数据，而且可以进行信息处理，包括差错控制、数据格式转换等。这些设备不但可以作为终端，还可以作为网络通信设备。

数据终端设备通常由输入设备、输出设备和输入输出控制器组成。其中，输入设备对输入的数据信息进行编码，以便进行信息处理；输出设备对处理过的结果信息进行译码输出；输入输出控制器则对输入、输出设备的动作进行控制，并根据物理层的接口特性(包括机械特性、电气特性、功能特性和规程特性)与线路终端接口设备(如调制解调器、多路复用器、前端处理器等)相连。

不同的输入、输出设备可以与不同类型的输入、输出控制器组合，从而构成各种各样的数据终端设备。

由于这类设备是一种人机接口设备，通常由人进行操作，因此工作速率较低。我们最为熟悉的计算机、传真机、卡片输入机、磁卡阅读器等都可作为数据终端设备。

DCE(Data Communications Equipment，数据通信设备)在 DTE 和传输线路之间提供信号变换和编码功能，并负责建立、保持和释放链路的连接，如 Modem。DCE 设备通常是与DTE 对接，因此针脚的分配相反。其实对于标准的串行端口，通常从外观就能判断是 DTE还是 DCE，DTE 是针头(俗称公头)，DCE 是孔头(俗称母头)，这样两种接口才能接在一起。DTE 和 DCE 示意图如图 2-2 所示。

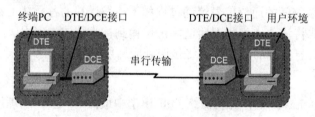

图 2-2   DTE 和 DCE 示意图

互连设备指将 DTE、DCE 连接起来的装置，如各种插头、插座。LAN 中的各种粗、细同轴电缆、T 形接/插头、接收器、发送器、中继器等都属物理层的媒体和连接器。

2. 数据链路层

数据链路层(Data Link Layer)是 OSI 参考模型中的第二层，介于物理层和网络层之间。

数据链路层在物理层提供的比特流服务的基础上，在相邻节点之间建立链路，向网络层提供无差错的透明传输的服务，并对传输中可能出现的差错进行检错和纠错。

数据链路层主要负责数据链路的建立、维持和拆除，并在两个相邻节点的线路上，将网络层送下来的信息(包)组成帧传送，每一帧包括一定数量的数据和一些必要的控制信息。为了保证数据帧的可靠传输，应具有差错控制功能。简单地说，数据链路层是在不太可靠的物理链路上实现可靠的数据传输。数据链路层传送的基本单位是帧(Frame)。

帧传输示意图如图 2-3 所示。

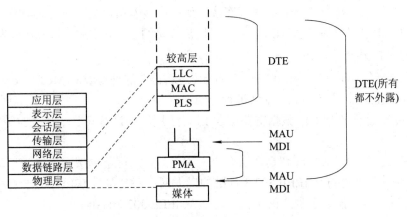

图 2-3　帧传输示意图

1) 数据链路层的功能

数据链路层的最基本的功能是向该层用户提供透明的和可靠的数据传送基本服务。透明性是指该层上传输的数据的内容、格式及编码没有限制，也没有必要解释信息结构的意义；可靠的传输使用户免去对丢失信息、干扰信息及顺序不正确等的担心。在物理层中这些情况都可能发生，在数据链路层中必须用纠错码来检错与纠错。数据链路层是对物理层传输原始比特流的功能的加强，将物理层提供的可能出错的物理连接改造成为逻辑上无差错的数据链路，使之对网络层表现为一条无差错的线路。

数据链路层的功能总结如下：

(1) 帧同步。传输中发生差错后，有限的出错数据必须进行重发。数据链路层将比特流以帧为单位传送，每个帧除了要传送的数据外，还包括校验码，以使接收方能发现传输中的差错。帧的组织结构必须设计成使接收方能够明确地从物理层收到的比特流中对其进行识别，也即能从比特流中区分出帧的起始与终止，这就是帧同步要解决的问题。由于网络传输中很难保证计时的正确和一致，所以不可采用依靠时间间隔关系来确定一帧的起始与终止的方法。

(2) 差错控制。一个实用的通信系统必须具备发现(即检测)这种差错的能力，并采取某种措施纠正之，使差错被控制在所能允许的尽可能小的范围内，这就是差错控制过程，也是数据链路层的主要功能之一。对差错编码(如奇偶校验码或循环冗余码 CRC)的检查，可以判定一帧在传输过程中是否发生了错误。一旦发现错误，一般可以采用反馈重发的方法来纠正。这就要求接收方收完一帧后，向发送方反馈一个接收是否正确的信息，使发送方作出是否需要重新发送的决定，也即发送方仅当收到接收方已正确接收反馈信号后才能认为该帧已经正确发送完毕，否则需要重新发送直至正确为止。

(3) 流量控制。流量控制并不是数据链路层所特有的功能，许多高层协议中也提供流量控制功能，只不过流量控制的对象不同而已。比如，对于数据链路层来说，控制的是相邻两节点之间数据链路上的流量，而对于运输层来说，控制的则是从源到最终目的端之间的流量。

(4) 链路管理。链路管理功能主要用于面向连接的服务。链路两端的节点进行通信前，必须首先确认对方已处于就绪状态，并交换一些必要的信息以对帧序号初始化，然后才能建立连接，在传输过程中则要能维持该连接。如果出现差错，需要重新初始化，重新自动建立连接。传输完毕后则要释放连接。数据链路层连接的建立、维持和释放就称为链路管理。

2) 数据链路层的子层

数据链路层包含 LLC(Logical Link Control，逻辑链路层)和 MAC(Media Access Control，介质访问控制层)两个子层。下面分别进行介绍。

(1) 逻辑控制子层(LLC)。数据链路层的 LLC 子层用于设备间单个连接的错误控制、流量控制。

与 MAC 层不同，LLC 层和物理媒介全无关系，它起屏蔽局域网网络类型的作用。无论 MAC 子层连接的是符合 IEEE 802.3 标准的以太网，还是符号 IEEE 802.5 标准的令牌环网都没有关系，LLC 层有着独立的定义，它遵从 IEEE 802.2 标准。

(2) 介质访问控制层(MAC)。介质访问控制层解决当局域网中共用信道的使用产生竞争时，如何分配信道的使用权问题。MAC 子层的主要功能是调度，把逻辑信道映射到传输信道，负责根据逻辑信道的瞬时源速率为各个传输信道选择适当的传输格式。

也就是说，在网络底层的物理传输过程中，是通过物理地址来识别主机的，它一定是全球唯一的。比如，著名的以太网卡，其物理地址是比特位的整数，如 44-45-53-54-00-00，以机器可读的方式存入主机接口中。以太网地址管理机构将以太网地址，也就是 48 比特的不同组合，分为若干独立的连续地址组，生产以太网网卡的厂家就购买其中一组，具体生产时，逐个将唯一地址赋予以太网卡。

形象地说，MAC 地址就如同身份证上的身份证号码，具有全球唯一性。

3. 网络层

网络层(Network Layer)是 OSI 参考模型中的第三层，介于传输层和数据链路层之间，它在数据链路层提供的相邻节点之间的数据帧传送功能的基础上，进一步管理网络中的数据通信，将数据设法从源端经过若干个中间节点传送到目的端，从而向传输层提供最基本的端到端的数据传送服务，并进行必要的路由选择、差错控制、流量控制及顺序检测等处理，使发送站的传输层所传下来的数据能够正确无误地按照地址传送到目的站，并交付给目的站的传输层。网络层传送信息的基本单位是包(Packet)。

网络层主要内容有虚电路分组交换和数据报分组交换、路由选择算法、阻塞控制方法、X.25 协议、综合业务数据网(ISDN)、异步传输模式(ATM)及网际互连原理与实现。

网络层的目的是实现两个端系统之间的数据透明传送，具体功能包括寻址和路由选择、连接的建立、保持和终止等。它提供的服务使传输层不需要了解网络中的数据传输和交换技术。

网络层常见的协议包括 IP 协议、地址解析协议(ARP)、反向地址解析协议(RARP)、因特网控制报文协议(ICMP)、因特网组管理协议(IGMP)等，下面一一予以介绍。

1) IP 协议

IP(Internet Protocol，互联网协议)是网络之间互连的协议，也就是为计算机网络相互连接进行通信而设计的协议，是 TCP/IP 协议体系中的重要协议。与 IP 配套使用的还有 ARP、RARP、ICMP、IGMP 协议。IP 协议将多个包交换网络连接起来，在源地址和目的地址之间传送数据包，它还提供对数据大小的重新组装功能，以适应不同网络对包大小的要求。

在因特网中，IP 协议是能使连接到网上的所有计算机网络实现相互通信的一套规则，规定了计算机在因特网上进行通信时应当遵守的规则。任何厂家生产的计算机系统，只要遵守 IP 协议就可以与因特网互连互通。正是因为有了 IP 协议，因特网才得以迅速发展成为世界上最大的、开放的计算机通信网络。因此，IP 协议也可以叫做"因特网协议"。

IP 是怎样实现网络互连的？各个厂家生产的网络系统和设备，如以太网、分组交换网等，它们相互之间不能互通，不能互通的主要原因是它们所传送数据的基本单元(技术上称之为"帧")的格式不同。IP 协议实际上是一套由软件程序组成的协议软件，它把各种不同帧统一转换成 IP 数据报格式，这种转换是因特网的一个最重要的特点，使各种计算机都能在因特网上实现互通，即具有开放性的特点。

数据报是分组交换的一种形式，就是把所传送的数据分段打成"包"，再传送出去。但是，与传统的连接型分组交换不同，它属于无连接型，是把打成的每个"包"(分组)都作为一个独立的报文传送出去，所以叫做数据报。这样，在开始通信之前就不需要先连接好一条电路，各个数据报不一定都通过同一条路径传输，所以叫做无连接型。这一特点非常重要，它大大提高了网络的坚固性和安全性。

每个数据报都有报头和报文这两个部分，报头中有目的地址等必要内容，使每个数据报不经过同样的路径都能准确地到达目的地。在目的地重新组合还原成原来发送的数据。这就要 IP 具有分组打包和集合组装的功能。

在实际传送过程中，数据报还要能根据所经过网络规定的分组大小来改变数据报的长度，IP 数据报的最大长度可达 65 535 个字节。

IP 协议中还有一个非常重要的内容，那就是给因特网上的每台计算机和其他设备都规定了一个唯一的地址，称为 IP 地址。由于有这种唯一的地址，才保证了用户在连网的计算机上操作时，能够高效而且方便地从千千万万台计算机中选出自己所需的对象来。

电信网正在与 IP 网实现融合，以 IP 为基础的新技术是热门的技术，如用 IP 网络传送语音的技术(即 VoIP)、IP over ATM、IP over SDH、IP over WDM 等等，都是 IP 技术的研究重点。

2) 地址解析协议 ARP

ARP(Address Resolution Protocol，地址解析协议)是根据 IP 地址获取物理地址的一个 TCP/IP 协议。主机发送信息时将包含目标 IP 地址的 ARP 请求广播到网络上的所有主机，并接收返回消息，以此确定目标的物理地址；收到返回消息后将该 IP 地址和物理地址存入本机 ARP 缓存中并保留一定时间，下次请求时直接查询 ARP 缓存以节约资源。

地址解析协议是建立在网络中各个主机互相信任的基础上的，网络上的主机可以自主发送 ARP 应答消息，其他主机收到应答报文时不会检测该报文的真实性，就将其记入本机 ARP 缓存；如果攻击者向某一主机发送伪 ARP 应答报文，则其发送的信息无法到达预期的主机或到达错误的主机，这就构成了一个 ARP 欺骗。ARP 命令可用于查询本机 ARP 缓存中 IP 地址和 MAC 地址的对应关系、添加或删除静态对应关系等，相关协议有 RARP、代理 ARP。NDP(Neighbor Discovery Protocol，邻居发现协议)用于在 IPv6 中代替地址解析协议。

地址解析协议的诞生使得网络能够更加高效地运行，但其本身也存在缺陷：ARP 地址转换表是依赖于计算机中高速缓冲存储器动态更新的，而高速缓冲存储器的更新是受到更新周期的限制的，只保存最近使用的地址的映射关系表项，这使得攻击者有了可乘之机，可以在高速缓冲存储器更新表项之前修改地址转换表，实现攻击。ARP 请求是以广播形式发送的，网络上的主机可以自主发送 ARP 应答消息，并且当其他主机收到应答报文时不会检测该报文的真实性，就将其记录在本地的 MAC 地址转换表中，这样攻击者就可以向目标主机发送伪 ARP 应答报文，从而篡改本地的 MAC 地址表。ARP 欺骗可以导致目标计算机与网关通信失败，更会导致通信重定向，所有的数据都会通过攻击者的机器，因此存在极大的安全隐患。

3) 反向地址解析协议 RARP

反向地址解析协议就是将局域网中某个主机的物理地址转换为 IP 地址，比如局域网中有一台主机只知道物理地址而不知道 IP 地址，那么可以通过 RARP 协议发出征求自身 IP 地址的广播请求，然后由 RARP 服务器负责回答。RARP 协议广泛用于获取无盘工作站的 IP 地址。

反向地址解析协议允许局域网的物理机器从网关服务器的 ARP 表或者缓存上请求其 IP 地址。网络管理员在局域网网关路由器里创建一个表以映射物理地址和与其对应的 IP 地址。当设置一台新的机器时，其 RARP 客户机程序需要向路由器上的 RARP 服务器请求相应的 IP 地址。假设在路由表中已经设置了一个记录，RARP 服务器将会返回 IP 地址给机器，此机器就会存储起来以便日后使用。

RARP 工作原理如下：

(1) 给主机发送一个本地的 RARP 广播，在此广播包中，声明自己的 MAC 地址并且请求任何收到此请求的 RARP 服务器分配一个 IP 地址。

(2) 本地网段上的 RARP 服务器收到此请求后，检查其 RARP 列表，查找该 MAC 地址对应的 IP 地址。

(3) 如果存在，RARP 服务器就给源主机发送一个响应数据包并将此 IP 地址提供给对方主机使用。

(4) 如果不存在，RARP 服务器对此不做任何的响应。

(5) 源主机如果收到来自 RARP 服务器的响应信息，就利用得到的 IP 地址进行通信；如果一直没有收到 RARP 服务器的响应信息，则表示初始化失败。

4) 因特网控制报文协议

ICMP 是整个网络层协议簇的一个子协议，用于在 IP 主机、路由器之间传递控制消息。控制消息是指网络通不通、主机是否可达、路由是否可用等网络本身的消息。这些控制消息虽然并不传输用户数据，但是对于用户数据的传递起着重要的作用。

ICMP 协议是一种面向无连接的协议，用于传输出错报告控制信息。它是一个非常重要的协议，对于网络安全具有极其重要的意义。当遇到 IP 数据无法访问目标、IP 路由器无法按当前的传输速率转发数据包等情况时，会自动发送 ICMP 消息。ICMP 报文在 IP 帧结构的首部协议类型字段的值为 1。

ICMP 包有一个 8 字节长的包头，其中前 4 个字节是固定的格式，包含 8 位类型字段，8 位代码字段和 16 位的校验和；后 4 个字节根据 ICMP 包的类型而取不同的值。

ICMP 报文主要类型如表 2-1 所示。

表 2-1 ICMP 报文主要类型

报文类型	类型值	ICMP 报文类型
差错报告报文	3	目的站不可达
	4	源站抑制
	5	改变路由(重定向)
	11	超时
	12	参数出错
询问报文	0/8	回送(Echo)应答/回送(Echo)请求
	13/14	时间戳请求/时间戳应答
	17/18	地址掩码请求/地址掩码应答
	9/10	路由器通告/路由器询问

ICMP 提供一致易懂的出错报告信息。发送的出错报文返回到发送原数据的设备,因为只有发送设备才是出错报文的逻辑接受者。发送设备随后可根据 ICMP 报文确定发生错误的类型,并确定如何才能更好地重发失败的数据包。但是 ICMP 唯一的功能是报告问题而不是纠正错误,纠正错误的任务由发送方完成。

在网络中经常会使用到 ICMP 协议,比如经常使用的用于检查网络通不通的 Ping 命令(Linux 和 Windows 中均有),这个 Ping 的过程实际上就是 ICMP 协议工作的过程。还有其他的网络命令如跟踪路由的 Tracert 命令也是基于 ICMP 协议的。

从技术角度来说,ICMP 就是一个错误侦测与回报机制,其目的就是让人们能够检测网络的连线状况,也能确保连线的准确性。其功能主要有:

(1) 侦测远端主机是否存在。

(2) 建立及维护路由资料。

(3) 重导资料传送路径(ICMP 重定向)。

(4) 资料流量控制。

ICMP 的主要特点如下:

(1) ICMP 是网络层协议,ICMP 报文不能直接传送给数据链路层,而要封装成 IP 数据报,再下传给数据链路层。

(2) ICMP 报文只是用来解决运行 IP 协议可能出现的不可靠问题,不能独立于 IP 协议单独存在。

(3) ICMP 只报告差错,不能纠错,差错处理需要更高层协议处理,如果 IP 数据不能传输,那么 ICMP 报文也无法传输。

5) 因特网组管理协议

IGMP(Internet Group Manage Protocol,因特网组管理协议)提供 Internet 网际多点传送的功能,即将一个 IP 包拷贝给多个 Host,Windows 系列采用了这个协议。

IGMP 的工作过程如下:

(1) 当主机加入一个新的工作组时,它发送一个 Igmp Host Membership Report 的报文给全部主机组,宣布此成员关系。本地多点广播路由器接收到这个报文后,向 Internet 上的其他多路广播路由器传播这个关系信息，建立必要的路由。与此同时，在主机的网络接口上将 IP 主机组地址映射为 MAC 地址，并重新设置地址过滤器。

(2) 为了处理动态的成员关系，本地多路广播路由器周期性地轮询本地网络上的主机，以便确定在各个主机组有哪些主机，这个轮询过程是通过发送 Igmp Host Membership Query 报文来实现的，这个报文发送给全部主机组，且报文的 TTL 域设为 1，以确保报文不会传送到本地局域网以外。收到报文的主机组成员会发送响应报文。如果所有的主机组成员同时响应，就可能造成网络阻塞。IGMP 协议采用了随机延时的方法来避免这个情况。这样就保证了在同一时刻每个主机组中只有一个成员在发送响应报文。

4．传输层

传输层(Transport Layer)是 OSI 参考模型的第四层，实现端到端的数据传输。该层是两台计算机经过网络进行数据通信时，第一个端到端的层次。传输层在终端用户之间提供透明的数据传输，向上层提供可靠的数据传输服务。传输层在给定的链路上进行流量控制、分段/重组和差错控制。

传输层是 OSI 中最重要、最关键的一层，是唯一负责总体的数据传输和数据控制的一层。传输层提供端到端的交换数据的机制。传输层为会话层等高三层提供可靠的传输服务，为网络层提供可靠的目的地站点信息。

传输层传送信息的基本单位是段或报文。

有一个既存事实，即世界上各种通信子网在性能上存在着很大差异。例如，电话交换网、分组交换网、公用数据交换网、局域网等通信子网都可互连，但它们提供的吞吐量、传输速率、数据延迟和通信费用各不相同。对于会话层来说，却要求有一性能恒定的接口，传输层就承担了这一功能。它采用分流/合流、复用/解复用技术来调节上述通信子网的差异。此外，传输层还要具备差错恢复、流量控制等功能，以此对会话层屏蔽通信子网在这些方面的细节与差异。传输层面对的数据对象已不是网络地址和主机地址，而是和会话层的界面端口。

上述功能的最终目的是为会话提供可靠的、无误的数据传输。传输层的服务一般要经历传输连接建立阶段、数据传送阶段、传输连接释放阶段 3 个阶段才算完成一个完整的服务过程。而在数据传送阶段又分为一般数据传送和加速数据传送两种。

传输层提供了主机应用程序进程之间的端到端的服务，基本功能如下：分割与重组数据、按端口号寻址、连接管理、差错控制和流量控制、纠错等。传输层要向会话层提供通信服务的可靠性，避免报文的出错、丢失、延迟、时间紊乱、重复、乱序等差错。

传输层既是 OSI 层模型中负责数据通信的最高层，又是面向网络通信的低三层和面向信息处理的高三层之间的中间层。该层弥补高层所要求的服务和网络层所提供的服务之间的差距，并向高层用户屏蔽通信子网的细节，使高层用户看到的只是在两个传输实体间的一条端到端的、可由用户控制和设定的、可靠的数据通路。

传输层提供的服务可分为传输连接服务和数据传输服务。

(1) 传输连接服务：通常情况下，对会话层要求的每个传输连接，传输层都要在网络层上建立相应的连接。

(2) 数据传输服务：强调提供面向连接的可靠服务，并提供流量控制、差错控制和序列控制，以实现两个终端系统间传输的报文无差错、无丢失、无重复、无乱序。

该层定义了两个主要的协议，即 TCP 和 UDP，下面进行详细介绍。

1) 传输控制协议(TCP)

TCP(Transmission Control Protocol，传输控制协议)是一种面向连接的、可靠的、基于字节流的传输层通信协议，由 IETF 的 RFC 793 定义。在简化的计算机网络 OSI 模型中，它完成第四层传输层所指定的功能，用户数据报协议是同一层内另一个重要的传输协议。在因特网协议簇中，TCP 层是位于 IP 层之上、应用层之下的中间层。不同主机的应用层之间经常需要可靠的、像管道一样的连接，但是 IP 层不提供这样的机制，而是提供不可靠的包交换，这种连接需要 TCP 层完成。TCP 协议结构如图 2-4 所示。

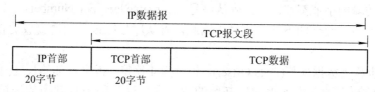

图 2-4 TCP 协议结构

TCP 是一种基于连接、面向字节流的协议，它通过以下过程来保证端到端数据通信的可靠性：

(1) TCP 实体把应用程序划分为合适的数据块，加上 TCP 报文头，生成数据段。

(2) 当 TCP 实体发出数据段后，立即启动计时器，如果源设备在计时器清零后仍然没有收到目的设备的确认报文，重发数据段。

(3) 当对端 TCP 实体收到数据后，发回一个确认。

(4) TCP 包含一个端到端的校验和字段，检测数据传输过程的任何变化。如果目的设备收到的数据校验和计算结果有误，TCP 将丢弃数据段，源设备在前面所述的计时器清零后重发数据段。

(5) 由于 TCP 数据承载在 IP 数据包内，而 IP 提供了无连接的、不可靠的服务，数据包有可能会失序。TCP 提供了重新排序机制，目的设备将收到的数据重新排序，交给应用程序。TCP 报文格式如图 2-5 所示。

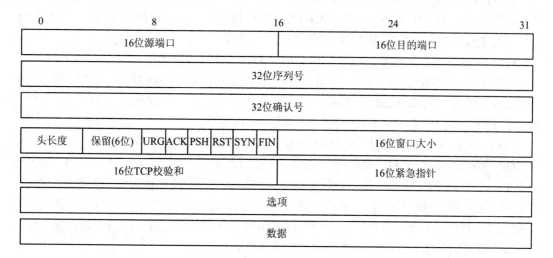

图 2-5 TCP 报文格式

TCP 协议为终端设备提供了面向连接的、可靠的网络服务。TCP 协议为了保证数据传输的可靠性，相对于 UDP 报文，TCP 报文头部有更多的字段选项。

每个 TCP 报文头部都包含源端口号(Source Port)和目的端口号(Destination Port)，用于标识和区分源端设备与目的端设备的应用进程。在 TCP/IP 协议栈中，源端口号和目的端口号分别与源 IP 地址和目的 IP 地址组成套接字(Socket)，唯一地确定一条 TCP 连接。

序列号(Sequence Number)字段用来标识 TCP 源端设备向目的端设备发送的字节流，它表示在这个报文段中的第一个数据字节。如果将字节流看做在两个应用程序间的单向流动，则 TCP 用序列号对每个字节进行计数。序列号是一个 32 位的数字。

既然每个传输的字节都被计数，确认序号(Acknowledgement Number，32 位)包含发送确认的一端所期望接收到的下一个序号。因此，确认序号应该是上次已成功收到的数据字节序列号加 1。

头长度，也称为数据偏移(Data Offset)，长度为 4 比特，指出首部的长度(单位为 4 字节或 32 比特)，即数据部分离本报文段开始的偏移量。这是因为首部中的选项字段是可变长的，使得整个首部也是可变长的，因此设置数据偏移字段是必要的。TCP 头最大长度为 $(2^4 - 1) \times 4$ 字节 = 60 字节。

URG 紧急指针(Urgent Pointer)表示本报文的紧急程度。URG 标志设置为 1 时，紧急指针才有效，紧急方式是向对方发送紧急数据的一种方式，表示数据要优先处理。URG = 1，表示紧急指针指向包内数据段的某个字节(数据从第一字节到指针所指向字节就是紧急数据)不进入缓冲区。

TCP 报文格式中的控制位由 6 个标志比特构成，其中一个就是 ACK，ACK 为 1 表示确认号有效，为 0 表示报文中不包含确认信息，忽略确认号字段。

PSH = 1 表示请求接收端 TCP 将本报文段立即送往其应用层，而不是将其缓存起来直到整个缓存区满了后再向上交付。

RST = 1 表示 TCP 连接中出现了严重错误，必须立即释放传输连接，而后重建。该位还可以用来拒绝一个非法的报文段或拒绝一个连接请求。

当 SYN = 1 而且 ACK = 0 时，表示这是一个连接请求报文段。若对方同意建立连接，则在应答报文段中应使 SYN = 1 和 ACK=1。SYN 被置位，表示该报文段是一个连接请求报文或连接接收报文，然后用 ACK 来区分是哪一种报文。

FIN = 1 表示欲发送的数据已经发送完毕，并要求释放传输连接。

TCP 的流量控制由连接的每一端通过声明的窗口大小(Windows Size)来提供。窗口大小用数据包来表示，例如 Windows Size=3，表示一次可以发送三个数据包。窗口大小起始于确认字段指明的值，是一个 1 位字段。窗口大小可以调节。

校验和(Checksum)字段用于校验 TCP 报头部分和数据部分的正确性。发送方使用类似于 UDP 协议所用的检验和计算过程。它对报文段引入了伪首部，添加了若干个 0，使得整个报文长度是 16 的整数倍，然后计算带有伪首部的整个报文段的检验和。如果有了差错，要重传。这个和 UDP 不一样，UDP 检测出差错以后直接丢弃，在单个局域网中传输是可以接受的，但是如果通过路由器，会产生很多错误，导致传输失败。因为在路由器中也存在软件和硬件的差错，导致数据报中的数据被修改。

最常见的可选字段是 MSS(Maximum Segment Size，最大报文大小)。MSS 指明本端所能够接收的最大长度的报文段。当一个 TCP 连接建立时，连接的双方都要通告各自的 MSS 协商可以传输的最大报文长度。常见的 MSS 有 1024 字节(以太网可达 1460 字节)。

TCP 的协议提供的是一种可靠的、通过"三次握手"来连接的数据传输服务；而 UDP 协议提供的则是不保证可靠的(并不是不可靠)、无连接的数据传输服务。

TCP 的功能特点：分割上层应用程序；建立端到端的连接；将数据段从一台主机传到另一台主机；保证数据传送的可靠性。

TCP 是因特网中的传输层协议，使用三次握手协议建立连接。当主动方发出 SYN 连接请求后，等待对方回答 SYN + ACK，并最终对对方的 SYN 执行 ACK 确认。这种建立连接的方法可以防止产生错误的连接，TCP 使用的流量控制协议是可变大小的滑动窗口协议。

TCP 三次握手的过程如下：

(1) 客户端发送 SYN 报文给服务器端，进入 SYN_SEND 状态。

(2) 服务器端收到 SYN 报文，回应一个 SYN 报文，进入 SYN_RECV 状态。

(3) 客户端收到服务器端的 SYN 报文，回应一个 ACK 报文，进入 Established 状态。

三次握手完成，TCP 客户端和服务器端成功建立连接，可以开始传输数据了。三次握手示意图如图 2-6 所示。

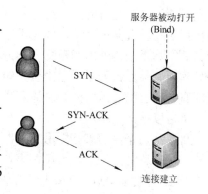

图 2-6 三次握手示意图

2) 用户数据报协议(UDP)

UDP(用户数据报协议)在网络中与 TCP 协议一样用于处理数据包，是一种无连接的协议。UDP 协议在传输层，处于 IP 协议的上一层。UDP 有不提供数据包分组、组装和不能对数据包进行排序的缺点，也就是说当报文发送之后是无法得知其是否安全完整到达的。UDP 用来支持那些需要在计算机之间传输数据的网络应用。包括网络视频会议系统在内的众多的客户/服务器模式的网络应用都需要使用 UDP 协议。

UDP 的特点：一是不可靠，面向无连接；二是高效；三是适用于传输对实时性要求较高的应用(如语音、视频)或进行高可靠、稳定的网络传输。TCP 与 UDP 对比如表 2-2 所示。

表 2-2 TCP 与 UDP 对比

特　　点	TCP	UDP
是否面向连接	面向连接	无连接
是否提高可靠性	可靠传输	不提供可靠性
是否流量控制	流量控制	不提供流量控制
传输速度	慢	快
协议开销	大	小

5. 会话层

会话层(Session Layer)是 OSI 参考模型的第五层，建立在传输层之上，利用传输层提供的端到端的服务向表示层或会话层用户提供会话服务。会话层提供一个面向用户的连接服务，并为会话活动提供有效的组织和同步所必需的手段，为数据传送提供控制和管理。会话层及以上层次传送信息的基本单位都是报文。

会话层提供了一种方法，即在数据中插入同步点，所以当网络出现故障后，仅仅重传最后一个同步点以后的数据，而不必重传全部数据。

6．表示层

表示层(Presentation Layer)位于 OSI 参考模型的第六层，处理的是 OSI 系统之间用户信息的表示问题，通过抽象的方法来定义一种数据类型或数据结构，并通过使用这种抽象的数据结构在各端系统之间实现数据类型和编码的转换。

会话层以下 5 层完成了端到端的数据传送，并且是可靠、无差错的传送。但是数据传送只是手段而不是目的，最终是要实现对数据的使用。表示层的主要作用之一是为异种机通信提供一种公共语言，以便能进行互操作。这种类型的服务之所以有必要，是因为不同的计算机体系结构使用的数据表示方法不同。与第五层提供透明的数据运输不同，表示层是处理所有与数据表示及运输有关的问题，包括数据的编码、加密和压缩等。每台计算机可能有它自己的表示数据的内部方法，例如 ASCII 码，所以需要表示层协定来保证不同的计算机可以彼此理解。

可以从两个侧面来分析用户数据，一个是数据含义被称为语义；另一个是数据的表示形式，称作语法。文字、图形、声音、文种、压缩、加密等都属于语法范畴。表示层设计了 3 类 15 种功能单位，其中上下文管理功能单位就是沟通用户间的数据编码规则，以便双方有一致的数据形式，能够互相认识。

OSI 表示层为服务、协议、文本通信符制定了 DP8822、DP8823、DIS6937/2 等一系列标准。表示层如同应用程序和网络之间的翻译官，主要解决用户信息的语法表示问题，即提供格式化的表示和转换数据服务。数据的压缩、解压、加密、解密都在该层完成。

在表示层，数据将按照网络能理解的方案进行格式化；这种格式化也因所使用网络的类型不同而不同。表示层管理数据的解密与加密，如系统口令的处理。如果在 Internet 上查询银行账户，使用的即是一种安全连接，账户数据在发送前被加密，在网络的另一端，表示层将对接收到的数据解密。除此之外，表示层协议还对图片和文件格式信息进行解码和编码。

加密分为链路加密和端到端的加密。对于表示层，参与的加密属于端到端的加密，指信息由发送端自动加密，并进入 TCP/IP 数据包封装，然后作为不可阅读和不可识别的数据进入互联网。到达目的地后，再自动解密，成为可读数据。端到端加密面向网络高层主体，不对下层协议进行信息加密，协议信息以明文进行传送，用户数据在中央节点不需解密。

7．应用层

应用层(Application Layer)是 OSI 参考模型的最高层，是直接为应用进程提供服务的。应用层是计算机网络与最终用户间的接口，是利用网络资源唯一向应用程序直接提供服务的层。

应用层为用于通信的应用程序和用于消息传输的底层网络提供接口。网络应用是计算机网络存在的原因，而应用层正是应用层协议得以存在和网络应用得以实现的地方。应用层直接和应用程序接口并提供常见的网络应用服务。应用层也向表示层发出请求。

应用层的作用是在实现多个系统应用进程相互通信的同时，完成一系列业务处理所需的服务。

TCP/IP 协议簇是一组不同层次上的多个协议的组合。应用层包含所有的高层协议，包括 TELNET(TELecommunications NETwork，远程终端协议)、FTP(File Transfer Protocol，文件传输协议)、SMTP(Simple Mail Transfer Protocol，电子邮件传输协议)、DNS(Domain Name Service，域名服务)、NNTP(Net News Transfer Protocol，网上新闻传输协议)和 HTTP (HyperText Transfer Protocol，超文本传送协议)等。TELNET 允许一台机器上的用户登录到远程机器上，并进行工作；FTP 提供将文件从一台机器上移到另一台机器上的有效方法；SMTP 用于电子邮件的收发；DNS 用于把主机名映射到网络地址；NNTP 用于新闻的发布、检索和获取；HTTP 用于在 WWW 上获取主页。

应用层协议与端口号示意图如图 2-7 所示。

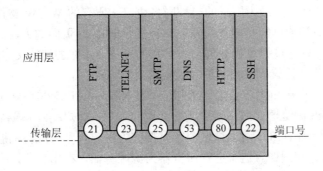

图 2-7　应用层协议与端口号示意图

常见的一些应用层协议如下：

1) SNMP

简单网络管理协议(SNMP)由一组网络管理的标准组成，包含一个应用层协议、数据库模型和一组资源对象。该协议能够支持网络管理系统，用以监测连接到网络上的设备是否有任何引起管理上关注的情况。该协议是 IETF 定义的 Internet 协议簇的一部分。SNMP 的目标是管理互联网上众多厂家生产的软硬件平台，因此 SNMP 受因特网标准网络管理框架的影响也很大。SNMP 已经推出第三个版本，其功能较以前已经大大地加强和改进了。

SNMP 是基于 TCP/IP 协议簇的网络管理标准，是一种在 IP 网络中管理网络节点(如服务器、工作站、路由器、交换机等)的标准协议。SNMP 能够使网络管理员提高网络管理效能，及时发现并解决网络问题以及规划网络的增长。网络管理员还可以通过 SNMP 接收网络节点的通知消息以及通过告警事件报告等来获知网络出现的问题。

SNMP 管理的网络主要由三部分组成：被管理的设备、SNMP 代理、网络管理系统(NMS)。

SNMP 是 1990 年之后最常用的网络管理协议。SNMP 被设计成与协议无关，所以它可以在 IP、IPX、AppleTalk、OSI 以及其他用到的传输协议上被使用。SNMP 是一系列协议组和规范，它们提供了一种从网络上的设备中收集网络管理信息的方法。SNMP 也为设备向网络管理工作站报告问题和错误提供了一种方法。

现在，几乎所有的网络设备生产厂家都实现了对 SNMP 的支持。SNMP 是一个从网络上的设备收集管理信息的公用通信协议。设备的管理者收集这些信息并记录在管理信息库(MIB)中。这些信息报告设备的特性、数据吞吐量、通信超载和错误等。MIB 有公共的格式，所以来自多个厂商的 SNMP 管理工具可以收集 MIB 信息，在管理控制台上呈现给系统管理员。

通过将 SNMP 嵌入数据通信设备，如路由器、交换机或集线器中，就可以从一个中心站管理这些设备，并以图形方式查看信息。现在可获取的很多管理应用程序通常可在大多数当前使用的操作系统下运行，如 Windows 7、Windows 10 和不同版本的 UNIX 等。

一个被管理的设备有一个管理代理，它负责向管理站请求信息和动作，代理还可以借助于陷阱为管理站主动提供信息，因此，一些关键的网络设备(如集线器、路由器、交换机等)提供这一管理代理，又称 SNMP 代理，以便通过 SNMP 管理站进行管理。

2) HTTP

HTTP 是互联网上应用最为广泛的一种网络协议。所有的 WWW 文件都必须遵守这个标准。设计 HTTP 最初的目的是提供一种发布和接收 HTML 页面的方法。1960 年，美国人 Ted Nelson 构思了一种通过计算机处理文本信息的方法，并称之为超文本(Hypertext)，这成为了 HTTP 超文本传输协议标准架构的发展根基。

HTTP 是一个客户端和服务器端请求和应答的标准。客户端是终端用户，服务器端是网站。通过使用 Web 浏览器、网络爬虫或者其他的工具，客户端发起一个到服务器上指定端口(默认端口为 80)的 HTTP 请求。这个客户端称为用户代理。应答的服务器上存储着资源，比如 HTML 文件和图像。这个应答服务器为源服务器。在用户代理和源服务器中间可能存在多个中间层，比如代理、网关或者隧道。尽管 TCP/IP 协议是互联网上最流行的应用，但 HTTP 并没有规定必须使用它和(基于)它支持的层。事实上，HTTP 可以在任何其他互联网协议上，或者在其他网络上实现。HTTP 只假定(其下层协议提供)可靠的传输，任何能够提供这种保证的协议都可以被其使用。

通常，由 HTTP 客户端发起一个请求，建立一个到服务器指定端口(默认是 80 端口)的 TCP 连接。HTTP 服务器则在那个端口监听客户端发送过来的请求。一旦收到请求，服务器(向客户端)发回一个状态行，消息的消息体可能是请求的文件、错误消息或者其他一些信息。HTTP 使用 TCP 而不是 UDP 的原因在于(打开)一个网页必须传送很多数据，而 TCP 协议提供传输控制，按顺序组织数据和错误纠正。HTTP 服务器示意图如图 2-8 所示。

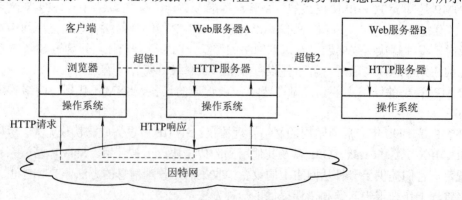

图 2-8　HTTP 服务器示意图

HTTP 协议是用于从 WWW 服务器传输超文本到本地浏览器的传输协议。它可以使浏览器更加高效，减少网络传输量。它不仅保证计算机正确快速地传输超文本文档，还确定传输文档中的哪一部分，以及哪部分内容首先显示(如文本先于图形)等。

HTTP 是客户端浏览器或其他程序与 Web 服务器之间的应用层通信协议。在 Internet 的 Web 服务器上存放的都是超文本信息，客户机需要通过 HTTP 协议传输所要访问的超文本信息。HTTP 包含命令和传输信息，不仅可用于 Web 访问，也可以用于其他因特网/内联网应用系统之间的通信，从而实现各类应用资源超媒体访问的集成。

2.2.3　TCP/IP 参考模型

OSI 七层参考模型在网络技术发展中起到了非常重要的指导作用，促进了计算机网络的发展和标准化。但由于该模型较为庞大和复杂，OSI 模型并没有真正得到广泛应用。相比之下，TCP/IP 参考模型由于获得了真正的广泛应用，被称为是事实上的国际标准。

TCP/IP 即传输控制协议/网际协议，是于 1977 年至 1979 年间形成的协议规范，是美国国防部高级计划研究局(DARPA)为实现其广域网 ARPAnet 而开发的网络体系结构和协议标准。TCP/IP 是一组通信协议的总称，其中 TCP 和 IP 是其中最重要的两个协议，现在提到的 TCP/IP 经常指包含这两个协议在内的整个 TCP/IP 协议簇。TCP/IP 参考模型包含 4 层，包括网络接口层、网络层、传输层和应用层，如图 2-9 所示。

| 应用层 |
| 传输层 |
| 网络层 |
| 网络接口层 |

图 2-9　TCP/IP 参考模型

TCP/IP 参考模型的部分层次和 OSI 参考模型是类似的，下面进行简单的介绍。

1．网络接口层

网络接口层与 OSI 参考模型中的物理层和数据链路层相对应，负责监视数据在主机和网络之间的交换。事实上，TCP/IP 本身并未定义该层的协议，而由参与互连的各网络使用自己的物理层和数据链路层协议，然后与 TCP/IP 的网络层进行连接。

2．网络层

网络层对应于 OSI 参考模型的网络层，主要解决主机到主机的通信问题。它所包含的协议涉及数据包在整个网络上的逻辑传输。网络层注重重新赋予主机一个 IP 地址来完成对主机的寻址，它还负责数据包在多种网络中的路由。该层有三个主要协议：IP、IGMP 和 ICMP。

IP 协议是网络层最重要的协议，它提供的是一个可靠、无连接的数据报传递服务。

3．传输层

传输层只存在于端开放系统中，介于网络层和应用层之间，是很重要的一层。因为它是源端到目的端对数据传送进行控制的从低到高的最后一层。

传输层对应于 OSI 参考模型的传输层，为应用层实体提供端到端的通信功能，保证了数据包的顺序传送及数据的完整性。该层定义了两个主要的协议：TCP 和 UDP。

4. 应用层

应用层对应于 TCP/IP 参考模型的高层，为用户提供所需要的各种服务，应用层包含所有的高层协议。上一小节已经介绍，这里不再赘述。

2.2.4 TCP/IP 和 OSI 参考模型对比

通过上面的介绍，可以看出，OSI 参考模型和 TCP/IP 参考模型都采用了层次结构，并且都能够提供面向连接和无连接两种通信服务机制，而两个参考模型有下述的不同点：

(1) OSI 采用的是七层模型；而 TCP/IP 是四层结构。

(2) TCP/IP 参考模型的网络接口层实际上并没有真正的定义，只是一些概念性的描述；而 OSI 参考模型不仅分了两层，而且每一层的功能都很详尽，甚至在数据链路层又分出一个介质访问子层，专门解决局域网的共享介质问题。

(3) OSI 参考模型是在协议开发前设计的，具有通用性；TCP/IP 参考模型不适用于非 TCP/IP 网络。

(4) OSI 参考模型与 TCP/IP 参考模型的传输层功能基本相似，都是负责为用户提供真正的端对端的通信服务，也对高层屏蔽了底层网络的实现细节。所不同的是，TCP/IP 参考模型的传输层是建立在网络层基础之上的，而网络层只提供无连接的网络服务，所以面向连接的功能完全在 TCP 协议中实现，当然 TCP/IP 的传输层还提供无连接的服务，如 UDP；相反，OSI 参考模型的传输层也是建立在网络层基础之上的，网络层既提供面向连接的服务，又提供无连接的服务，但传输层只提供面向连接的服务。

(5) OSI 参考模型的抽象能力高，适合描述各种网络；而 TCP/IP 参考模型是先有了协议，再制定 TCP/IP 模型的。

(6) OSI 参考模型的概念划分清晰，但过于复杂；而 TCP/IP 参考模型在服务、接口和协议的区别上不清楚，功能描述和实现细节混在一起。

(7) TCP/IP 参考模型的网络接口层并不是真正的一层；OSI 参考模型的缺点是层次过多，划分意义不大且增加了复杂性。

OSI 参考模型虽然被看好，由于没把握好时机，技术不成熟，实现困难；相反，TCP/IP 参考模型虽然有许多不尽如人意的地方，但还是比较成功的。

TCP/IP 参考模型和 OSI 参考模型的层次对应关系如图 2-10 所示。

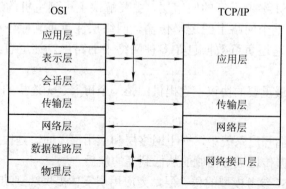

图 2-10　TCP/IP 和 OSI 参考模型的层次对应关系

2.3　IP 地址

2.3.1　IP 协议与 IP 地址

IP 协议是网络层最重要的协议，它提供可靠、无连接的数据报传递服务。在 2.2.2 小节中已经做过简单介绍，这里不再赘述。IP 协议可以将各种不同帧统一转换成 IP 数据报格式。

IP 数据报文格式如图 2-11 所示。

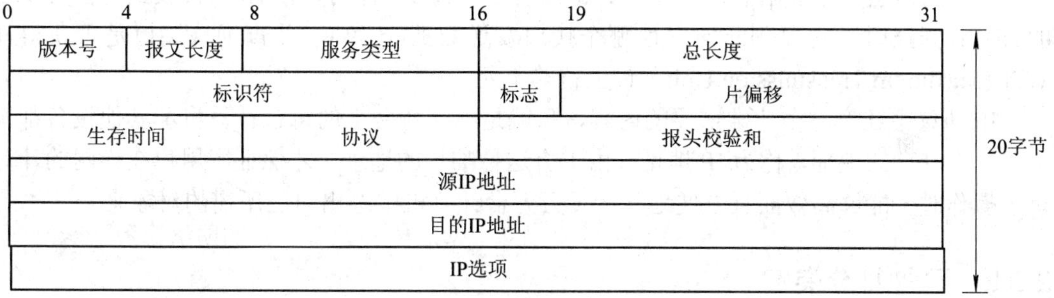

图 2-11　IP 数据报文格式示意图

普通的 IP 头部长度为 20 个字节，不包含 IP 选项字段。

版本也称为版本号，标明了 IP 协议的版本号，目前的协议版本号为 4。下一代 IP 协议的版本号为 6。

报文长度指 IP 包头部长度，占 4 比特。

服务类型字段共 8 比特，包括一个 3 比特的优先权字段、4 比特 TOS 字段和 1 比特未用位。4 比特 TOS 分别代表最小时延、最大吞吐量、最高可靠性和最小费用。4 比特中只能配置其中 1 比特。如果所有 4 比特均为 0，那么就意味着是一般服务。Telnet 和 Rlogin 这两个交互应用要求最小的传输时延，因为人们主要用它们来传输少量的交互数据。另一方面，FTP 文件传输则要求有最大的吞吐量。最高可靠性被指明给 SNMP 和路由选择协议。NNTP 是唯一要求最小费用的应用。

总长度是整个 IP 数据报长度，包括数据部分。由于该字段长 16 比特，所以 IP 数据报最长可达 65 535 字节。尽管可以传送一个长达 65 535 字节的 IP 数据报，但是大多数的链路层都会对它进行分片。而且，主机也要求不能接收超过 576 字节的数据报。UDP 限制用户数据报长度为 512 字节，小于 576 字节。但是，事实上现在大多数的实现(特别是那些支持网络文件系统 NFS 的实现)允许超过 8192 字节的 IP 数据报。

标识符字段唯一地标识主机发送的每一份数据报。通常每发送一份报文，它的值就会加 1。

标志位有 3 位，该字段目前只有后两位有效，其中，

① 0 比特：保留，必须为 0。

② 1 比特：(DF) 0 = 可以分片；1 = 不可以分片。

③ 2 比特：(MF) 0 = 最后的分片；1 = 更多的分片。

DF 和 MF 的值不可能相同。

片偏移指的是这个分片是属于这个数据流的哪里。

生存时间字段设置了数据包可以经过的路由器数目。一旦经过一个路由器，TTL 值就会减 1，当该字段值为 0 时，数据包将被丢弃。

协议字段确定在数据包内传送的上层协议，和端口号类似，IP 协议用协议号区分上层协议。TCP 协议的协议号为 6，UDP 协议的协议号为 17。

首部校验和字段计算 IP 头部的校验和，检查报文头部的完整性。

源 IP 地址和目的 IP 地址字段标识数据包的源端设备和目的端设备。

物理网络层一般要限制每次发送数据帧的最大长度。任何时候 IP 层接收到一份要发送的 IP 数据报时，它要判断向本地哪个接口发送数据(选路)，并查询该接口是否获得其 MTU(Maximum Transmission Unit，最大传输单元)。

IP 协议中还有一个非常重要的内容，那就是给因特网上的每台计算机和其他设备都规定了一个唯一的地址，称为 IP 地址。由于有这种唯一的地址，才保证了用户在连网的计算机上操作时，能够高效而且方便地从千千万万台计算机中选出自己所需的对象来。

2.3.2　IP 地址分类

我们把整个因特网看成一个单一的、抽象的网络，IP 地址就是给每个连接在因特网上的主机(或者路由器)分配一个在全世界范围内唯一的标识符。

TCP/IP 网络使用 32 位长度的地址来标识一台计算机和同它相连的网络，它的格式为：IP 地址 = 网络地址 + 主机地址。网络地址用于识别一个逻辑网络，而主机地址用于识别网络中的一台主机的一个连接。因此，IP 地址的编址方式携带了明显的位置消息。

一个完整的 IP 地址由 4 个字节，即 32 位数字组成，为了方便用户理解和记忆，采用点分十进制标记法，中间使用符号 "." 隔开不同的字节。

例如，采用 32 位形式的 IP 地址如果是 00001010 00001010 00000000 00000001，则其点分十进制的表示形式是 10.10.0.1。

IP 地址是通过它的格式分类的，它有五种格式：A 类、B 类、C 类、D 类和 E 类。

· A 类：1.0.0.0～126.255.255.255 (N/8，又称 24 位地址块)，用于大型网络(能容纳 126 个网络，1 677 214 台主机)。

· B 类：128.0.0.0～191.255.255.255 (或记为 N/16，又称 16 位地址块)，用于中型网络(能容纳 16 384 个网络，65 534 台主机)。

· C 类：192.0.0.0～223.255.255.255 (或记为 N/16，又称 8 位地址块)，用于小型网络(能容纳 2 097 152 个网络，254 台主机)。

· D 类：224.0.0.0～239.255.255.255，用于组播(多目的地址的发送)。

· E 类：240.0.0.1～255.255.255.254，用于实验。

另外，全零地址指任意网络，全 1 的 IP 地址是当前子网的广播地址。

各类 IP 地址示意图如图 2-12 所示，其中 Host 指主机地址位，Network 指网络地址位。

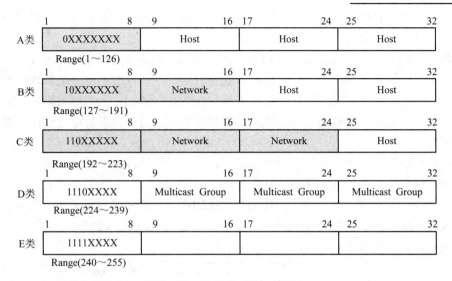

图 2-12　各类 IP 地址示意图

关于各类 IP 地址，还有一些特殊情形，下面分别进行说明。

(1) A 类 IP 地址有 1 个字节的网络地址和 3 个字节的主机地址，网络地址的最高位必须是"0"，如 0XXXXXXX.XXXXXXXX.XXXXXXXX.XXXXXXXX(X 代表 0 或 1)。实际可用的 A 类 IP 地址范围是 1.0.0.1～126.255.255.254。A 类 IP 地址中还有私有地址和保留地址：① 10.X.X.X 是私有地址(所谓的私有地址就是在互联网上不使用，而被用在局域网中的地址)，范围是 10.0.0.1～10.255.255.255。② 127.X.X.X 是保留地址，用作循环测试。

(2) B 类 IP 地址有 2 个字节的网络地址和 2 个字节的主机地址，网络地址的最高位必须是"10"，如 10XXXXXX.XXXXXXXX.XXXXXXXX.XXXXXXXX。实际可用的 B 类 IP 地址范围是 128.0.0.1～191.255.255.254。B 类 IP 地址的私有地址和保留地址：① 172.16.0.0～172.31.255.254 是私有地址；② 169.254.X.X 是保留地址。如果你的 IP 地址是自动获取的，而你在网络上又没有找到可用的 DHCP 服务器，就会得到其中一个 IP。191.255.255.255 是广播地址，不能分配。

(3) C 类 IP 地址有 3 个字节的网络地址和 1 个字节的主机地址，网络地址的最高位必须是"110"，如 110XXXXX.XXXXXXXX.XXXXXXXX.XXXXXXXX。实际可用的 C 类 IP 地址范围是 192.0.0.1～223.255.255.254。C 类地址中的私有地址范围是 192.168.0.1～192.168.255.255。

(4) D 类地址不分网络地址和主机地址，它的第 1 个字节的前四位固定为 1110，如 1110XXXX.XXXXXXXX.XXXXXXXX.XXXXXXXX。实际可用的 D 类地址范围是 224.0.0.1～239.255.255.254。

(5) E 类地址不分网络地址和主机地址，它的第 1 个字节的前四位固定为 1111，如 1111XXXX.XXXXXXXX.XXXXXXXX.XXXXXXXX。实际可用的 E 类地址范围是 240.0.0.1～255.255.255.254。

2.3.3　子网掩码和子网划分

1. 子网掩码

子网掩码(Subnet Mask)又叫网络掩码、地址掩码等，它是一种用来指明一个 IP 地址的哪些位标识的是主机所在的子网，以及哪些位标识的是主机的 32 位掩码。子网掩码不能单独存在，它必须结合 IP 地址一起使用。

子网掩码以 4 个字节来表示，是 32 位二进制数值，对应于 32 位的 IP 地址。IP 地址中的网络号部分在子网掩码中用"1"表示，1 的数目等于网络位的长度；IP 地址中的主机号部分在子网掩码中用"0"表示，0 的数目等于主机位的长度。这样在子网掩码和 IP 地址按位做运算时用 0 遮住原主机数，而不改变原网络段数字，而且很容易通过 0 的位数确定子网的主机数。

子网掩码的作用是区分网络上的主机是否在同一网络区段内。通过使用子网掩码，可以将子网隐藏起来，从外部看网络没有变化。

对于 A 类地址来说，默认的子网掩码是 255.0.0.0；对于 B 类地址来说，默认的子网掩码是 255.255.0.0；对于 C 类地址来说，默认的子网掩码是 255.255.255.0。各类 IP 地址对应的子网掩码示意图如图 2-13 所示。

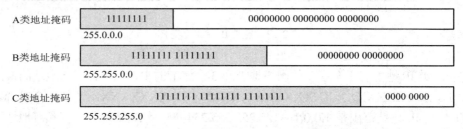

图 2-13　各类 IP 地址对应的子网掩码示意图

有了子网掩码后，IP 地址 192.168.1.1 可以标识为 192.168.1.1 255.255.255.0 或者标识为 192.168.1.1/24，24 表示掩码中"1"的个数。

2. 子网划分

在一个网络上，通信量和主机的数量成比例，而且和每个主机产生的通信量的和成比例。

随着网络的规模越来越大，这种通信量可能超出介质能力，且网络性能开始下降。在一个广域网中，减少其中不必要的通信量也成为一个主要的话题。

在研究此类问题的过程中会发现，一组主机倾向于互相通信，而且和这个组外的通信非常少。通过使用子网，可以将网络进行分段，从而隔离各个组之间的通信量。

为了实现单个网络的经济性和简单性，同时也要提供内部段和路由的网络能力，我们使用子网。从外部路由器角度看，子网会作为单个的整体；而在内部，仍然通过子网提供网段，而且用内部路由器来指挥和隔离子网之间的通信量。IPv4 定义的五种 IP 地址中，常用的有 A、B、C 三类地址。A 类网络有 126 个，每个 A 类网络可能有 16 777 214 台主机，它们处于同一广播域。而在同一广播域中有这么多节点会导致一些问题，网络会因为广播通信而饱和，结果造成 16 777 214 个地址大部分没有分配出去。另一方面，一个企业也不需要一个网络中的所有 IP。由此，在 1985 年，IP 地址格式中增加了一个"子网号字段(Subnet-id)"，使 IP 地址结构由两级变为三级，从而大大增加了使用的灵活性。这种对网络 IP 地址进行进一步划分的方式称为子网划分。

划分子网有如下的优点：

(1) 可以按需分配 IP，避免浪费，节约 IP 地址。

(2) 提高网络安全。网络内信息以广播的形式发送，子网划分将原来的一个大的广播域划分为若干较小的广播域，提高了网络安全性。

(3) 提高网络传输的效率。以太网中，网络内有大量的广播信息存在，子网划分将原来一个广播域划分成若干较小的广播域，减少广播信息量并缩小广播范围，提高了网络传输的效率。

3．划分子网的方法

在进行子网划分之前，需要确定两个因素：子网内需要包含的子网 ID 数量，及每个子网内的主机数量。然后根据这两个因素来确定：① 整个网络的子网掩码；② 每个子网的 ID；③ 每个子网的主机范围；④ 划分子网的快捷方法。

需要附加考虑的问题还包括：① 子网掩码能提供多少个子网？② 每个子网有多少个主机？③ 每个子网有效的 IP 地址是什么？④ 每个子网中的主机地址范围是多少？⑤ 每个子网的广播地址是多少？

示例：

IP：192.160.12.50(这可以是网络号)　　子网掩码：255.255.255.192

第一步，把 IP 地址和子网掩码转换成二进制。

IP 地址：11000000.10100000.00001100.00110010

子网掩码：11111111.11111111.11111111.11000000

第二步，把 IP 地址和子网掩码进行 AND 运算。

因为掩码是 255.255.255.192，因此它们之间的网段间隔是 256 − 192 = 64。

广播地址：下个子网 −1，所以 2 个子网的广播地址分别是 192.160.2.127 和 192.160.2.191。

第一个子网号：11000000.10100000.00001100.00000000(192.160.12.0)

第二个子网号：11000000.10100000.00001100.01000000(192.160.12.64)

第一个广播地址：11000000.10100000.00001100.10111110 (192.160.2.127)

第三个子网号：11000000.10100000.00001100.10000000(192.160.12.128)

第二个广播地址：11000000.10100000.00001100.10111111 (192.160.2.191)

第四个子网号：11000000.10100000.00001100.11000000(192.160.12.192)

这个网段可以划分出 4 个子网，但只有 2 个可用子网($2^2 − 2$)：192.160.12.64 和 192.160.12.128。

4．相关计算举例

例一：计算子网容量。

255.255.223.0 这个子网掩码可以最多容纳多少台电脑？

(1) 把子网掩码转换成二进制：11111111.11111111.11101111.00000000。

(2) 数数后面有几个零，一共 8 个，$2^8 = 256$(注意：主机号中全 0 是保留地址，全 1 是广播地址，所以它们不算可用主机号地址。网络号也是一样的。子网号是可以用全 0 和全 1 的)，所以这个子网掩码最多可以容纳 256 − 2 = 254 台电脑。

例二：计算子网掩码。

一个教室有 50 台电脑，组成一个对等局域网，子网掩码设多少最合适？

(1) 从数量上判断用 ABC 中的哪类 IP。从 50 台电脑可知用 C 类 IP 最合适，但是 C 类默认的子网掩码是 255.255.255.0，可以容纳 254 台电脑。显然不太合适，那子网掩码设多少合适呢？

(2) 2^n (子网掩码转换成二进制后的零的个数)>=50，从这个式子我们可以得出 $n = 6$。所以我们就可以得出子网掩码的二进制形式 11111111.1111111.11111111.11000000，然后转换成十进形式 255.255.255.192。所以最合适的子网掩码为 255.255.255.192。

例三：判断两个 IP 地址是否属于同一网段。

(1) 要想在同一网段，必须做到网络标识相同，而各类 IP 的网络标识取法都是不一样的。A 类的，只取第一段；B 类的，只取第一、二段；C 类的，只取第一、二、三段。

(2) 只要把 IP 和子网掩码的每位数 AND(相与)就可以了。相与方法：0 和 1 相与为 0，0 和 0 相与为 0，1 和 1 相与为 1。

(3) 判断 IP1(12.196.132.54)与 IP2(56.196.56.165)是否在同一网段？(默认子网掩码)

第一步，转换成二进制：

IP1：	12.196.132.54	00001100.11000100.10000100.00110110
IP2：	56.196.56.165	00111000.11000100.00111000.10100101
子网掩码：255.0.0.0		11111111.00000000.00000000.00000000

第二步，把 IP 与子网掩码进行 AND 运算：

IP1 AND 子网掩码=00001100. 00000000.00000000.00000000

IP2 AND 子网掩码=00111000. 00000000.00000000.00000000

第三步，把得到的结果转换成十进制：

IP1 的网络号：12.0.0.0

IP2 的网络号：56.0.0.0

所以可知它们不是同一网段的。

(4) 计算主机号。

第一步，把子网掩码取反：

取反后的子网掩码：00000000.11111111.11111111.11111111

第二步，把它与 IP 进行 AND 运算：

IP1 AND 子网掩码=00000000. 11000100.10000100.00110110

IP2 AND 子网掩码=00000000. 11000100.00111000.10100101

第三步，把得到的结果转换成十进制：

IP1 的主机号：0.196.132.54

IP2 的主机号：0.196.56.165

2.4 MAC 地址

MAC 地址也称为物理地址、硬件地址，用来定义网络设备的位置。在 OSI 模型中，第三层网络层负责 IP 地址，第二层数据链路层则负责 MAC 地址。因此一个主机会有一个 MAC 地址，而每个网络位置会有一个专属于它的 IP 地址。MAC 地址是网卡决定的，是固定的。

MAC 地址用来表示互联网上每一个站点的标识符，采用十六进制数表示，共六个字节(48

位)。其中，前三个字节是由 IEEE(电气和电子工程师协会)的注册管理机构 RA 负责给不同厂家分配的代码(高位 24 位)，也称为"机构唯一标识符"(Organizationally Unique Identifier)；后三个字节(低位 24 位)由各厂家自行指派给生产的适配器接口，称为扩展标识符。一个地址块可以生成 224 个不同的地址。MAC 地址实际上就是适配器地址或适配器标识符 EUI-48。

MAC 地址对应于 OSI 参考模型的第二层数据链路层，工作在数据链路层的交换机维护着计算机 MAC 地址和自身端口的数据库，交换机根据收到的数据帧中的目的 MAC 地址字段来转发数据帧。

网卡的物理地址通常是由网卡生产厂家烧入网卡的 EPROM(一种闪存芯片，通常可以通过程序擦写)，它存储的是传输数据时真正发出数据的主机和接收数据的主机的地址。

也就是说，在网络底层的物理传输过程中是通过物理地址来识别主机的，该物理地址一定是全球唯一的。比如，著名的以太网卡，其物理地址是比特位的整数，如 44-45-53-54-00-00，以机器可读的方式存入主机接口中。以太网地址管理机构 IEEE 将以太网地址，也就是 48 比特的不同组合，分为若干独立的连续地址组，生产以太网网卡的厂家就购买其中一组，具体生产时，逐个将唯一地址赋予以太网卡。

形象地说，MAC 地址就如同身份证上的身份证号码，具有全球唯一性。

谈起 MAC 地址，不得不说一下 IP 地址。IP 地址工作在 OSI 参考模型的第三层网络层。两者之间分工明确，默契合作，完成通信过程。IP 地址专注于网络层，将数据包从一个网络转发到另外一个网络；而 MAC 地址专注于数据链路层，将一个数据帧从一个节点传送到相同链路的另一个节点。

在一个稳定的网络中，IP 地址和 MAC 地址是成对出现的。如果一台计算机要和网络中另一台计算机通信，那么要配置这两台计算机的 IP 地址，MAC 地址是网卡出厂时设定的，这样配置的 IP 地址就和 MAC 地址形成了一种对应关系。在数据通信时，IP 地址负责表示计算机的网络层地址，网络层设备(如路由器)根据 IP 地址来进行操作；MAC 地址负责表示计算机的数据链路层地址，数据链路层设备(如交换机)根据 MAC 地址来进行操作。IP 地址和 MAC 地址这种映射关系由 ARP 协议完成。

IP 地址就如同一个职位，而 MAC 地址则如同去应聘这个职位的人才，该职位既可以聘用甲，也可以聘用乙；同样的道理，一个节点的 IP 地址对于网卡是不做要求的，基本上什么样的厂家都可以用，也就是说 IP 地址与 MAC 地址并不存在绑定关系。如果一个网卡坏了，可以被更换，而无需取得一个新的 IP 地址。如果一个 IP 主机从一个网络移到另一个网络，可以给它一个新的 IP 地址，而无需换一个新的网卡。当然，MAC 地址仅有这个功能还是不够的。无论是局域网还是广域网中的计算机之间的通信，最终都表现为将数据包从某种形式的链路上的初始节点发出，从一个节点传递到另一个节点，最终传送到目的节点。数据包在这些节点之间的移动都是由 ARP 负责将 IP 地址映射到 MAC 地址上来完成的。试想在人际关系网络中，甲要捎口信给丁，就会通过乙和丙中转一下，最后由丙转告给丁。在网络中，这个口信就好比网络中的一个数据包。数据包在传送过程中会不断询问相邻节点的 MAC 地址，这个过程就好比是人类社会的口信传送过程。

1. MAC 地址与 IP 地址的区别

(1) 对于网络上的某一设备，如一台计算机或一台路由器，其 IP 地址是基于网络拓扑设计出的，同一台设备或计算机上，改动 IP 地址是很容易的(但必须唯一)，而 MAC 地址则是生产厂商烧录好的，一般不能改动。人们可以根据需要给一台主机指定任意的 IP 地址，如可以给局域网上的某台计算机分配 IP 地址 192.168.0.112，也可以将它改成 192.168.0.200。而任一网络设备(如网卡、路由器)一旦生产出来，其 MAC 地址不可由本地连接内的配置进行修改。如果一个计算机的网卡坏了，在更换网卡之后，该计算机的 MAC 地址就变了。

(2) 长度不同。IP 地址为 32 位，MAC 地址为 48 位。

(3) 分配依据不同。IP 地址的分配是基于网络拓扑，MAC 地址的分配是基于制造商。

(4) 寻址协议层不同。IP 地址应用于 OSI 第三层，即网络层，而 MAC 地址应用于 OSI 第二层，即数据链路层。数据链路层协议可以使数据从一个节点传递到相同链路的另一个节点上(通过 MAC 地址)；而网络层协议可以使数据从一个网络传递到另一个网络上(ARP 根据目的 IP 地址，找到中间节点的 MAC 地址，通过中间节点传送，从而最终到达目的网络)。

2. MAC 地址的获取方法

(1) 在 Windows 7/10 中单击"开始"，点击"运行"，输入 cmd，进入后输入 ipconfig /all 即可(或者输入 ipconfig -all)，如图 2-14 所示。

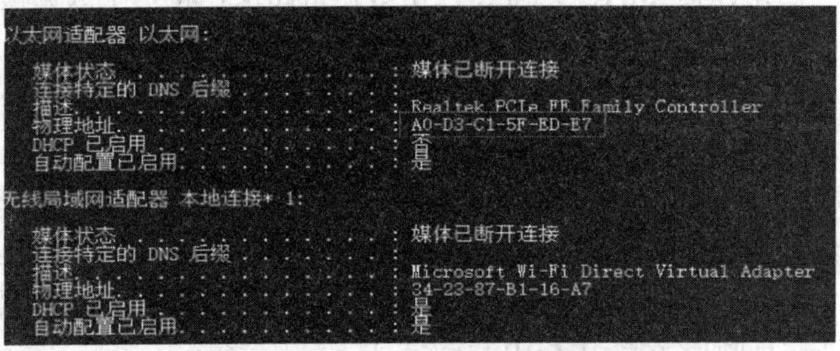

图 2-14　Windows 系统 MAC 地址示意图

图 2-14 所示的 12 位十六进制 A0-D3-C1-5F-ED-E7 就是计算机网卡的 MAC 地址的值。

(2) 通过查看本地连接获取 MAC 地址：依次点"本地连接"→"状态"→"查看网络属性"，即可看到 MAC 地址(实际地址)。

(3) 在 Linux/UNIX 中，在命令行输入 ifconfig 即可看到 MAC 地址，如图 2-15 所示。

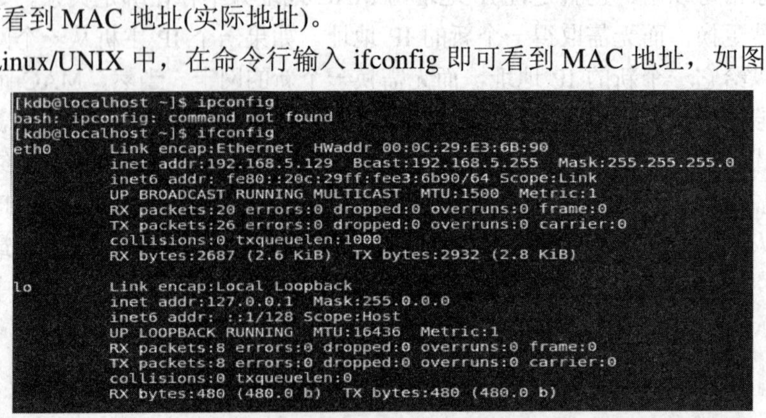

图 2-15　Linux 系统 MAC 地址示意图

3. 修改方法

无论是 Windows 7，还是 Windows 10，都已经提供了修改 MAC 地址的功能，下面以 Windows 10 为例说明。

(1) 右击桌面右下角的网络连接图标，点击"打开网络和共享中心"。

(2) 点击"更改适配器设置"，选择本地连接或以太网，右击，选择属性。

(3) 点击"网络"下配置里面的"高级"。

(4) 找到"网络地址"，填写 MAC 地址(物理地址/物理 IP)。

注意：在修改无线网卡地址的时候，Windows 7 对地址做出一个限制。MAC 出厂地址 12 位可以是 0~9、A~F 任何一个，但是在 Windows 7 软件中修改地址的时候，MAC 地址的第二位必须是 2、6、A 或者 E。

2.5 数 据 封 装

数据封装(Data Encapsulation)，笼统地讲，就是把业务数据映射到某个封装协议的净荷中，然后填充对应协议的包头，形成封装协议的数据包，并完成速率适配。解封装，就是拆解协议包，处理包头中的信息，取出净荷中的业务信息。数据封装和解封装是一对逆过程。

在 OSI 的七层参考模型中，每层主要负责与其他设备上的对等层进行通信。该过程是在"协议数据单元(PDU)"中实现的，其中每层的 PDU 一般由本层的协议头、协议尾和数据构成。

每层可以添加协议头和尾到其对应的 PDU 中。协议头包括层到层之间的通信相关信息。协议头、协议尾和数据是三个相对的概念，这主要取决于进行信息单元分析的各个层。例如，传输头包含只有传输层可以看到的信息，而位于传输层以下的其他所有层将传输头作为各层的数据部分进行传送。在网络层，一个信息单元由 3 层协议头和数据构成；而数据链路层中，由网络层(3 层协议头和数据)传送下去的所有信息均被视为数据。换句话说，特定 OSI 层中信息单元的数据部分可能包含由上层传送下来的协议头、协议尾和数据。

网络分层和数据封装过程看上去比较繁杂，但又是相当重要的体系结构，它使得网络通信实现模块化并易于管理。

数据封装的过程大致如下：

(1) 用户信息转换为数据，以便在网络上传输。

(2) 数据转换为数据段，并在发送方和接收方主机之间建立一条可靠的连接。

(3) 数据段转换为数据包或数据报，并在报头中放上逻辑地址，这样每一个数据包都可以通过互联网络进行传输。

(4) 数据包或数据报转换为帧，以便在本地网络中传输。在本地网段上，使用硬件地址唯一标识每一台主机。

(5) 帧转换为比特流，并采用数字编码和时钟方案。

以目前常见的 OSI 模型为例，它共分为七层，从下到上依次为物理层、数据链路层、网络层、传输层、会话层、表示层、应用层，每层都对应不同的功能。为了实现对应功能，会对数据按本层协议进行协议头和协议尾的封装，然后将封装好的数据传送给下层。

其中，在传输层用 TCP 头标示了与一个特定应用的连接，并将数据封装成了数据段；网络层则用 IP 头标示了已连接的设备网络地址，并可基于此信息进行网络路径选择，此时将数据封装为数据包；到了数据链路层，数据已封装成了数据帧，并用 MAC 头给出了设备的物理地址，当然还有数据校验等功能字段；到了物理层，则已封装成为比特流，就成为纯粹的物理连接了。数据封装示意图如图 2-16 所示。

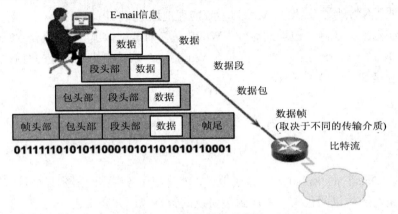

图 2-16　数据封装示意图

下面以 TCP/IP 模型为例来说明数据解封装的过程。数据的接收端从物理层开始，进行与发送端相反的操作，即"解封装"，如图 2-17 所示，最终使应用层程序获取数据信息，使得两点之间的一次单向通信完成。

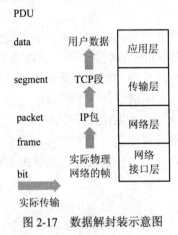

图 2-17　数据解封装示意图

2.6　VLAN

2.6.1　L2 交换

L2 交换是基于交换机进行的。在第一章 1.5.2 小节中已经对交换机进行了介绍，这里不再赘述。L2 交换包含下述两个过程。

1. 学习

以太网交换机了解每一端口相连设备的 MAC 地址，并将地址同相应的端口映射起来存放在交换机缓存的 MAC 地址表中。

2. 转发/过滤

当一个数据帧的目的地址在 MAC 地址表中有映射时，它被转发到连接目的节点的端口而不是所有端口(如该数据帧为广播/组播帧，则转发至所有端口)。

MAC 地址的建立过程如图 2-18 所示。

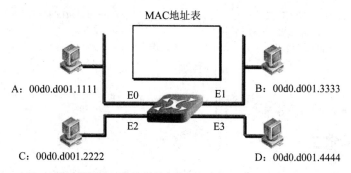

- 最开始的MAC地址表是空的

(a) 过程(一)

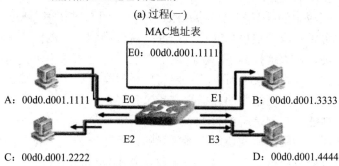

- Station A发送一个帧给Station C
- 交换机从端口E0学习到Station A的MAC地址
- 将该帧做"泛洪"(flooding)转发

(b) 过程(二)

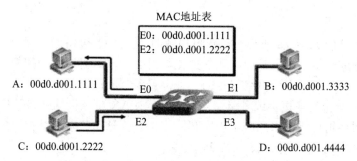

- Station C回应一个帧给Station A
- 交换机从端口E2学习到Station C的MAC地址

(c) 过程(三)

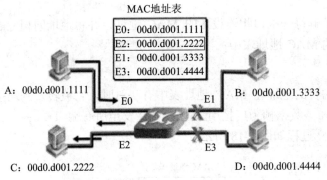

MAC地址表

E0:	00d0.d001.1111
E2:	00d0.d001.2222
E1:	00d0.d001.3333
E3:	00d0.d001.4444

A：00d0.d001.1111　　　　　　　　　　　　B：00d0.d001.3333

C：00d0.d001.2222　　　　　　　　　　　　D：00d0.d001.4444

- Station A发送一个帧给Station C
- 目标地址已经知道，不再"泛洪"发送，直接从E2端口发送出去

(d) 过程(四)

图 2-18　MAC 地址的建立过程

2.6.2　VLAN 的定义

传统的局域网使用的是集线器，所有的端口处于同一个冲突域，任何一台主机发出的报文都会被同一冲突域中的所有其他机器接收。后来，组网时使用网桥(二层交换机)代替集线器，每个端口可以看成一根单独的总线，冲突域缩小到每个端口，使得网络发送单播报文的效率大大提高，极大地提高了二层网络的性能。但是网络中所有端口仍然处于同一个广播域，网桥在传递广播报文的时候依然要将广播报文复制多份，发送到网络的各个角落。随着网络规模的扩大，网络中的广播报文越来越多，广播报文占用的网络资源越来越多，严重影响网络性能，这就是所谓的广播风暴的问题。

由于网桥工作原理的限制，网桥对广播风暴的问题无能为力。为了提高网络的效率，一般需要将网络进行分段：把一个大的广播域划分成几个小的广播域。

过去往往通过路由器对 LAN 进行分段。用路由器替换局域网的中心节点交换机，使得广播报文的发送范围大大缩小。这种方案解决了广播风暴的问题，但是用路由器是在网络层上分段将网络隔离，网络规划复杂，组网方式不灵活，并且大大增加了管理维护的难度。作为替代的 LAN 分段方法，虚拟局域网被引入到网络解决方案中来，用于解决大型的二层网络环境面临的问题。

VLAN(Virtual Local Area Network,虚拟局域网)是一种通过将局域网内的设备逻辑地而不是物理地划分成一个个网段从而实现虚拟工作组的技术。对连接到的第二层交换机端口的网络用户的逻辑分段，不受网络用户的物理位置限制而根据用户需求进行网络分段。一个 VLAN 可以在一个交换机上或者跨交换机实现。VLAN 可以根据网络用户的位置、作用、部门或者根据网络用户所使用的应用程序和协议来进行分组。基于交换机的虚拟局域网能够为局域网解决冲突域、广播域、带宽问题。

1996 年 3 月,IEEE 802.1 Internet Working 委员会结束了对 VLAN 初期标准的修订工作。新出台的标准进一步完善了 VLAN 的体系结构，统一了 Frame-Tagging 方式中不同厂商的标签格式，并制定了 VLAN 标准在未来一段时间内的发展方向，形成的 802.1Q 标准在业界获得了广泛的推广。它成为 VLAN 史上的一块里程碑。802.1Q 的出现打破了虚拟网依赖于单一厂商的僵局，从一个侧面推动了 VLAN 的迅速发展。另外，来自市场的压力使各大网络厂商立刻将新标准融合到他们各自的产品中。

同一个 VLAN 中的所有广播和单播流量都被限制在该 VLAN 中，不会转发到其他 VLAN 中。当不同 VLAN 的设备要进行通信时，必须经过三层的路由转发。

划分 VLAN 的主要作用是隔离广播域。

引入 VLAN 有下述的优势：

1．控制网络的广播风暴

采用 VLAN 技术，可将某个交换端口划到某个 VLAN 中，而一个 VLAN 的广播风暴不会影响其他 VLAN 的性能。一个 VLAN 形成一个小的广播域，同一个 VLAN 成员都在由所属 VLAN 确定的广播域内。那么，当一个数据包没有路由时，交换机只会将此数据包发送到所有属于该 VLAN 的其他端口，而不是所有的交换机端口。这样，就将数据包限制到了一个 VLAN 内。

2．确保网络安全

共享式局域网之所以很难保证网络的安全性，是因为只要用户插入一个活动端口，就能访问网络。而 VLAN 能限制个别用户的访问，控制广播组的大小和位置，甚至能锁定某台设备的 MAC 地址，因此 VLAN 能确保网络的安全性。一个 VLAN 的数据包不会发送到另一个 VLAN，这样，其他 VLAN 的用户的网络上是收不到任何该 VLAN 的数据包的，就确保了该 VLAN 的信息不会被其他 VLAN 的人窃听，从而实现了信息的保密。

3．简化网络管理

网络管理员能借助于 VLAN 技术轻松管理整个网络。例如需要为完成某个项目建立一个工作组网络，其成员可能遍及全国或全世界，此时网络管理员只需设置几条命令，就能在几分钟内建立该项目的 VLAN 网络，其成员使用 VLAN 网络，就像在本地使用局域网一样。

另外，使用 VLAN 还可以增强网络的健壮性。当网络规模增大时，部分网络出现问题往往会影响整个网络，引入 VLAN 之后，可以将一些网络故障限制在一个 VLAN 之内。由于 VLAN 是逻辑上对网络进行划分，组网方案灵活，配置管理简单，从而降低了管理维护的成本。

2.6.3 VLAN 的划分方式

VLAN 的划分方式有很多种，有基于 MAC 地址的 VLAN、基于端口的 VLAN、基于协议的 VLAN 和基于子网的 VLAN 划分。

1．基于 MAC 地址的 VLAN

这种方式是对所有主机都根据它的 MAC 地址来划分 VLAN。这种划分 VLAN 的方法是根据每个主机的 MAC 地址来划分，即对所有主机都根据它的 MAC 地址配置主机属于哪个 VLAN；交换机维护一张 VLAN 映射表，这个 VLAN 表记录 MAC 地址和 VLAN 的对应关系。这种划分 VLAN 的方式的最大优点就是当用户物理位置移动时，即从一个交换机换到其他的交换机时，VLAN 不需重新配置，所以，可以认为这种根据 MAC 地址的划分方法是基于用户的 VLAN。

这种方式的缺点是初始化时，所有的用户都必须进行配置，如果用户很多，配置的工作量是很大的。此外，这种划分方式也导致了交换机执行效率的降低，因为在每一个交换机的端口都可能存在很多个 VLAN 组的成员，这样就无法限制广播包。另外，对于使用笔记本电脑的用户来说，他们的网卡可能经常更换，这样，VLAN 就必须不停地配置。

基于 MAC 地址的 VLAN 划分方式如图 2-19 所示。

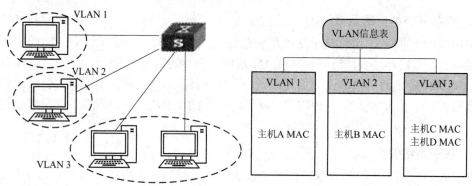

图 2-19   基于 MAC 地址的 VLAN 划分

2. 基于端口的 VLAN

这种方式是根据以太网交换机的端口来划分 VLAN。定义 VLAN 成员时非常简单，只要将交换设备的各个端口分配给不同的 VLAN 即可。这种划分 VLAN 的方式是根据以太网交换机的端口来划分的，比如交换机的端口 1 为 VLAN 1，端口 2 为 VLAN 2，端口 3、4为 VLAN 3。当然，这些属于同一 VLAN 的端口可以不连续，如何配置则由管理员决定。基于端口的 VLAN 划分方式如图 2-20 所示。

图 2-20 中端口 1 被指定属于 VLAN 1，端口 3 和端口 4 被指定属于 VLAN 3。连接在端口 3 和端口 4 的主机，就属于 VLAN 3；同理，连接在端口 1 的主机则属于 VLAN 1。

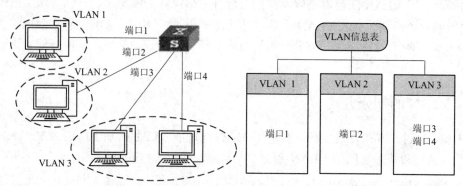

图 2-20   基于端口的 VLAN 划分

如果有多个交换机的话，例如，可以指定交换机 1 的 1~6 端口和交换机 2 的 1~4 端口为同一 VLAN，即同一 VLAN 可以跨越数个以太网交换机，根据端口划分是目前定义 VLAN 的最常用的方法。这种划分方式的优点是定义 VLAN 成员时非常简单，只要将所有的端口都指定一下就可以了。它的缺点是如果 VLAN A 的用户离开了原来的端口，到了一个新的交换机的某个端口，那么就必须重新定义。

3．基于协议的 VLAN

这种方式是根据数据包的网络层封装协议来划分的，相同 VLAN 标签的数据包属于同一个协议。在端口接收帧时，它所属的 VLAN 由该数据包中的协议类型决定。这种情况是根据二层数据帧中协议字段进行 VLAN 的划分。如果一个物理网络中既有 Ethernet Ⅱ 又有 LLC 等多种数据帧通信，则可以采用这种 VLAN 的划分方法。

这种类型的 VLAN 在实际应用中比较少。基于协议的 VLAN 划分方式如图 2-21 所示。

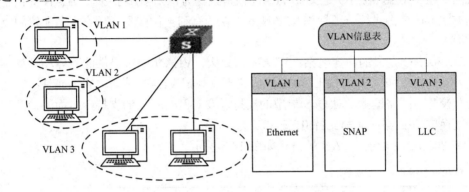

图 2-21　基于协议的 VLAN 划分

4．基于子网的 VLAN

这种方式应用于二层 VLAN 网络环境，实现数据帧转发的灵活配置。

基于 IP 子网的 VLAN 根据报文中的 IP 地址决定报文属于哪个 VLAN：同一个 IP 子网的所有报文属于同一个 VLAN。这样，可以将同一个 IP 子网中的用户划分在一个 VLAN 内。

图 2-22 表明交换机如何根据 IP 地址来划分 VLAN：主机设置的 IP 地址处于 10.1.1.0 地址段的同属于 VLAN 1，而处于 10.2.1.0 的主机属于 VLAN 2；同样，处于 10.3.1.0 网段的主机属于 VLAN 3。

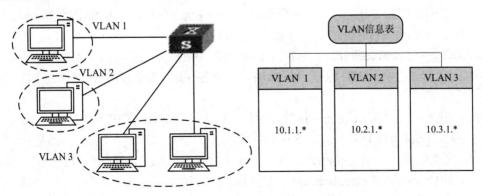

图 2-22　基于子网的 VLAN 划分

利用 IP 子网定义 VLAN 的优势：这种方式可以按传输协议划分网段。这对于希望针对具体应用的服务来组织用户的网络管理者来说是非常有诱惑力的。而且，用户可以在网络内部自由移动而不用重新配置自己的工作站，尤其是使用 TCP/IP 的用户。

这种方式的缺点是效率低，因为检查每一个数据包的网络层地址是很费时的。同时，由于一个端口也可能存在多个 VLAN 的成员，对广播报文也无法有效抑制。

2.6.4 VLAN 帧格式

IEEE 802.1Q 是虚拟桥接局域网的正式标准，定义了同一个物理链路上承载多个子网的数据流的方法。IEEE 802.1Q 定义了 VLAN 帧格式，为识别帧属于哪个 VLAN 提供了一个标准的方法。这个格式统一了标识 VLAN 的方法，有利于保证不同厂家设备配置的 VLAN 可以互通。

IEEE 802.1Q 定义的内容包括：VLAN 的架构，VLAN 中所提供的服务，以及 VLAN 实施中涉及的协议和算法。IEEE 802.1Q 协议不仅规定 VLAN 帧的格式，而且还制定诸如帧发送及校验、回路检测，对 QoS 参数的支持以及对网管系统的支持等方面的标准。许多厂家的交换机/路由器产品都支持 IEEE 802.1Q 标准。

IEEE 802.1Q 标准的 VLAN 帧格式如图 2-23 所示。

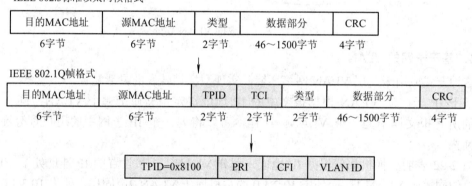

图 2-23　IEEE 802.1Q 标准的 VLAN 帧格式

802.1Q 标签的长度是 4 字节，它位于以太网帧中源 MAC 地址和长度/类型之间，包含了 2 字节的 TPID 和 2 字节的 TCI，下面分别进行介绍。

TPID(Tag Protocol Identifier，标签协议标识)是 IEEE 定义的新的类型，表明这是一个加了 802.1Q 标签的帧。TPID 取固定值 0x8100。如果不支持 802.1Q 的设备收到 802.1Q 帧，则将其丢弃。

TCI(Tag Control Information，标签控制信息)字段分为 PRI、CFI 和 VLAN 三部分：

• PRI，priority 字段，长度为 3 比特，表示以太网帧的优先级，取值范围是 0～7，数值越大，优先级越高。当交换机/路由器发生传输拥塞时，优先发送优先级高的数据帧。

• CFI(Canonical Format Indicator，规范格式指示符)，长度为 1 比特，表示 MAC 地址是否是经典格式。CFI 为 0，说明是经典格式；CFI 为 1，表示为非经典格式。该字段用于区分以太网帧、FDDI 帧和令牌环网帧，在以太网帧中，CFI 取值为 0。

• VLAN ID，长度为 12 比特，取值范围是 0～4095，其中 0 和 4095 是保留值，不能给用户使用。

在一个交换网络环境中，以太网的帧有两种格式：有些帧是没有加上这四字节标志的，称为未标记的帧(Untagged Frame)；有些帧加上了这四字节的标志，称为带有标记的帧(Tagged Frame)。

在基于端口划分的 VLAN 中，每个 802.1Q 端口都会分配一个默认的 VLAN ID，称为 PVID(Port VLAN ID)，CISCO 称之为 Native VLAN。端口接收到的所有 Untagged 帧都被认为属于端口默认 VLAN ID，并在端口默认 VLAN ID 内转发。

需要注意的是，插入或剥除 VLAN 标签时均会对数据帧重新计算 CRC。

2.6.5　VLAN 链路类型

VLAN 内的链路有三种常见的类型：接入链路、干线链路和混合链路。

1. 接入链路

接入端口使用的链路即是接入链路(Access Link)。在实际的操作中，存在两种链路，一种是用于连接主机和交换机的链路，一种是互连交换机的链路。接入链路指的是用于连接主机和交换机的链路。通常情况下主机并不需要知道自己属于哪些 VLAN，主机的硬件也不一定支持带有 VLAN 标记的帧。主机要求发送和接收的帧都是没有打上标记的帧。所以，Access Link 接收和发送的都是标准的以太网帧。

接入链路属于某一个特定的端口，这个端口属于一个并且只能是一个 VLAN。这个端口不能直接接收其他 VLAN 的信息，也不能直接向其他 VLAN 发送信息。不同 VLAN 的信息必须通过三层路由处理才能转发到这个端口上。

2. 干线链路

干线链路(Trunk Link)是可以承载多个不同 VLAN 数据的链路。干线链路通常用于交换机间的互连、交换机和路由器之间的连接，或者用于多个交换机二层互连，可使一个 VLAN 跨越多个交换机。

数据帧在干线链路上传输的时候，交换机必须用一种方法来识别数据帧是属于哪个 VLAN 的。IEEE 802.1Q 定义了 VLAN 帧格式，所有在干线链路上传输的帧都是打上标记的帧。通过这些标记，交换机就可以确定哪些帧分别属于哪个 VLAN。

和接入链路不同，干线链路是用来在不同的设备之间承载 VLAN 数据的，因此干线链路是不属于任何一个具体的 VLAN 的。通过配置，干线链路可以承载所有的 VLAN 数据，也可以配置为只能传输指定的 VLAN 数据。

干线链路虽然不属于任何一个具体的 VLAN，但是可以给干线链路配置一个 PVID。当干线链路上出现了没有带标记的帧，交换机就给这个帧增加带有 PVID 的 VLAN 标记，然后进行处理。

3. 混合链路

混合链路(Hybrid Link)既可传送不带标签的帧，也可传送带标签的帧。但对于一个特定 VLAN，传送的所有帧必须类型相同，即对于一个 VLAN，传送的帧要么不带标签，要么携带相同标签。

Access Link 和 Trunk Link 示意图如图 2-24 所示。

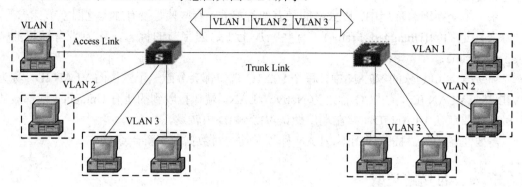

图 2-24 Access Link 和 Trunk Link 示意图

2.6.6 VLAN 端口类型

根据对 VLAN 帧的识别情况，交换机端口的类型(模式)分为 Access 端口、Trunk 端口及 Hybrid 端口。

1. Access 端口

Access 端口是交换机上连接用户主机的端口，只能连接接入链路。Access 端口只属于一个 VLAN，且仅向该 VLAN 转发数据帧。该 VLAN 的 VID = 端口 PVID，故 VLAN 内所有端口都处于 Untagged 状态。Access 端口在从主机接收帧时，给帧加上 Tag 标签；在向主机发送帧时，将帧中的 Tag 标签剥掉。

2. Trunk 端口

Trunk 端口是交换机上与其他交换机或路由器连接的端口，只能连接干线链路。Trunk 端口允许多个 VLAN 的带标签帧通过，在收/发帧时保留 Tag 标签。在它所属的这些 VLAN 中，对于 VID = 端口 PVID 的 VLAN，它处于 Untagged Port 状态；对于 VID ≠ 端口 PVID 的 VLAN，它处于 Tagged Port 状态。

3. Hybrid 端口

Hybrid 端口是交换机上既可连接用户主机又可连接其他交换机的端口，它既可连接接入链路又可连接干线链路。Hybrid 端口允许多个 VLAN 的帧通过，并可在出端口方向将某些 VLAN 帧的 Tag 标签剥掉。

注意：Access、Trunk 和 Hybrid 端口是厂家对某种端口的称谓，并非 IEEE 802.1Q 协议标准定义。

Access 端口只属于一个 VLAN，PVID 就是其所在 VLAN，故不用设置；Trunk 和 Hybrid 端口属于多个 VLAN，故需要设置 PVID(缺省为 1)。若设置端口 PVID，则当端口收到不带 VLAN Tag 的数据帧时，对该帧加上 Tag 标记(VID 设置为端口所属的默认 VLAN 编号)并转发到属于 PVID 的端口；当端口发送 VLAN Tag 的数据帧时，若收帧的 VLAN Tag 和端口 PVID 相同，剥除 VLAN Tag 后再发送该帧。

Hybrid 端口与 Trunk 端口在接收数据时的处理方法相同，区别在于发送数据时：Hybrid

端口允许多个 VLAN 的数据帧发送时不带标签,而 Trunk 端口只允许默认 VLAN 的数据帧发送时不带标签。在同一交换机上,Hybrid 端口和 Trunk 端口不能并存,实际使用中可用 Hybrid 端口代替 Trunk 端口。

本 Hybrid 端口的 PVID 和相连的对端交换机 Hybrid 端口的 PVID 必须一致。

由于端口类型不同,交换机对帧的处理过程也不同。表 2-3 列出了不同端口类型的 VLAN 帧处理方式。

表 2-3 不同端口类型的 VLAN 帧处理方式

端口类型	收/发	Tag 标签	处 理 方 式
Access	收	有	丢弃(缺省) 某些高端交换机在收帧的 VLAN Tag 和端口 PVID 相等时转发,否则丢弃;或者不管是否相同均直接转发
		无	标记上端口的 PVID,转发
	发	有*	剥除帧的 VLAN Tag 后发送出去
Trunk	收	有	判断端口是否允许该 VLAN 帧进入。允许则转发,否则丢弃
		无	标记上端口的 PVID,转发
	发	有*	若收帧的 VLAN Tag 和端口 PVID 相等,则剥除 VLAN Tag 后发送,否则直接发送
Hybrid	收	有	判断端口是否允许该 VLAN 帧进入。允许则转发,否则丢弃
		无	标记上端口的 PVID,转发
	发	有*	判断 VLAN 在端口是 Untagged 还是 Tagged。若是 Untagged,剥除帧的 VLAN Tag 后发送;若是 Tagged,则直接发送
*:从交换机内部向外发送的帧,在 Untagged/Tagged 处理前必定携带 VLAN Tag。			

交换机端口可配置为属于某个或某几个 VLAN。端口状态指其在某个 VLAN 中的状态,该状态决定端口接收到 Tagged 或 Untagged 帧时对该帧的处理方式。针对每个 VLAN,端口有两种状态,即 Tagged Port 和 Untagged Port。同一端口可根据不同 VLAN ID 设置 Tagged 或 Untagged。

当为该端口配置其所属的 VLAN 时,若该 VLAN 的 VID = 端口 PVID 时,则端口在此 VLAN 中处于 Untagged Port 状态;若 VID ≠ 端口 PVID,则端口在此 VLAN 中处于 Tagged Port 状态。

PVID 只与报文的入口方向有关,对于进入交换机的无标签帧会打上进入端口的 PVID 标签;交换机内每个数据帧都带标签。Tagged/Untagged 只与帧的出口方向有关,对于出端口为 Untagged Port 的,转发帧时要剥除帧中的标签,否则保留标签。

无论一个网络由多少个交换机构成,也无论一个 VLAN 跨越了多少个交换机,按照 VLAN 的定义,一个 VLAN 就确定了一个广播域。广播报文能够被在一个广播域中的所有主机接收到,也就是说,广播报文必须被发送到一个 VLAN 中的所有端口。因为 VLAN 可能跨越多个交换机,当一个交换机从某 VLAN 的一个端口收到广播报文之后,为了保证同属一个 VLAN 的所有主机都接收到这个广播报文,交换机必须按照如下原则将报文进行转发:

(1) 发送给本交换机中同一个 VLAN 中的其他端口。

(2) 将这个报文发送给本交换机的包含这个 VLAN 的所有干线链路，以便让其他交换机上的同一个 VLAN 的端口也发送该报文。

将一个端口设置为 Trunk 端口，也就是说，和这个端口相连的链路被设置为 Trunk 链路，同时还可以配置哪些 VLAN 的报文可以通过这个干线链路。配置允许通过的 VLAN，需要根据网络的配置情况进行考虑，而不应该让干线链路传输所有的 VLAN。因为某一 VLAN 的所有广播报文必须被发送到这个 VLAN 的每一个端口，如果让干线链路传输所有的 VLAN，这些广播报文将被干线链路传送到所有的其他交换机上。如果在干线链路的另外一端没有这个 VLAN 的成员端口，那么带宽和处理时间就会被白白浪费。

对于多数用户来说，手工配置太麻烦了。一个规模比较大的网络可能包含多个 VLAN，而且网络的配置也会随时发生变化，导致根据网络的拓扑结构逐个交换机配置 Trunk 端口过于复杂。这个问题可以由 GVRP 协议来解决，GVRP 协议根据网络情况动态配置干线链路。

2.6.7　VLAN 帧的转发过程

图 2-25 表示一个局域网环境，网络中有两台交换机，并且配置了两个 VLAN。主机和交换机之间的链路是接入链路，交换机之间通过干线链路互相连接。

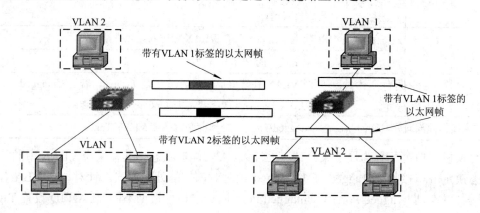

图 2-25　VLAN 帧的转发过程

对于主机来说，它是不需要知道 VLAN 的存在的。主机发出的报文都是 Untagged 的报文；交换机接收到这样的报文之后，根据配置规则(如端口信息)判断出报文所属 VLAN 进行处理。如果报文需要通过另外一台交换机发送，则该报文必须通过干线链路传输到另外一台交换机上。为了保证其他交换机正确处理报文的 VLAN 信息，在干线链路上发送的报文都带上了 VLAN 标记。

当交换机最终确定报文发送端口后，将报文发送给主机之前，将 VLAN 的标记从以太网帧中删除，这样主机接收到的报文都是不带 VLAN 标记的以太网帧。所以，一般情况下，干线链路上传送的都是 Tagged Frame，接入链路上传送的都是 Untagged Frame。这样做的最终结果是：网络中配置的 VLAN 可以被所有的交换机正确处理，而主机不需要了解 VLAN 信息。

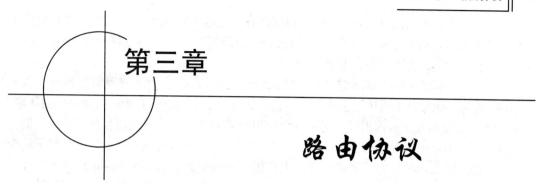

第三章

路由协议

3.1　路由概述与路由器发展历史

3.1.1　路由概述

路由是指分组从源到目的地时，决定端到端路径的网络范围的进程。路由器是工作在 OSI 参考模型第三层(网络层)的数据包转发设备。路由器通过转发数据包来实现网络互连。虽然路由器可以支持多种协议(如 TCP/IP、IPX/SPX、AppleTalk 等协议)，但是在我国绝大多数路由器运行 TCP/IP 协议。路由器通常连接两个或多个由 IP 子网或点到点协议标识的逻辑端口，至少拥有 1 个物理端口。路由器根据收到数据包中的网络层地址以及路由器内部维护的路由表决定输出端口以及下一跳地址，并且重写链路层数据包头实现转发数据包。路由器通过动态维护路由表来反映当前的网络拓扑，并通过网络上其他路由器来交换路由，通过链路信息来维护路由表。

3.1.2　路由器的发展历史

路由器的发展总的来说可以分为下面五个阶段(即五代路由器)。

第一代路由器：集中转发，总线交换。

最初的 IP 网络并不大，其网关所需要连接的设备及其需要处理的负载也很小。这个时候网关(路由器)基本上可以用一台计算机插多块网络接口卡的方式来实现。接口卡与中央处理器(CPU)之间通过内部总线相连，CPU 负责所有事务处理，包括路由收集、转发处理、设备管理等。网络接口收到报文后通过内部总线传递给 CPU，由 CPU 完成所有处理后从另一个网络接口传递出去。

第二代路由器：集中+分布转发，接口模块化，总线交换等。

由于每个报文都要经过总线送交 CPU 处理，随着网络用户的增多，网络流量不断增大，接口数量、总线带宽和 CPU 的瓶颈效应越来越突出。于是很自然地想到：如何提高网络接口数量？如何降低 CPU 和总线的负担？为了解决这个问题，第二代路由器就在网络接口卡上进行了一些智能化处理。由于网络用户通常只会访问少数的几个地方，因此可以考虑把少数常用的路由信息采用 Cache 技术(高速缓冲存储器技术)保留在业务接口卡上,这样大多数报文就可以直接通过业务板 Cache 的路由表进行转发,以减少对总线和 CPU 的需求。

第三代路由器:分布转发,总线交换。

20 世纪 90 年代出现的 Web 技术使 IP 网络得到了迅猛发展,用户的访问面获得了极大的拓宽,访问的地方也不再像过去那样固定,于是经常出现无法从 Cache 找到路由的现象,总线、CPU 的瓶颈效应再次出现。另外,由于用户的增加和路由器接口数量不足引发的问题也再次暴露出来了。为了解决这些问题,第三代路由器应运而生。第三代路由器采用全分布式结构,即路由与转发分离的技术,主控板负责整个设备的管理和路由的收集、计算功能,并把计算形成的转发表下发到各业务板;各业务板根据保存的路由转发表能够独立进行路由转发。此外,总线技术也得到了较大的发展,通过总线、业务板之间的数据转发完全独立于主控板,实现了并行高速处理,使得路由器的处理性能成倍提高。

第四代路由器:ASIC 分布转发,网络交换。

20 世纪 90 年代中后期,随着 IP 网络的商业化,Web 技术出现以后,Internet 技术得到空前的发展,Internet 用户迅猛增加。网络流量特别是核心网络的流量以指数级增长,传统的基于软件的 IP 路由器已经无法满足网络发展的需要。以常见的主干节点 2.5G POS 端口为例,按照 IP 最小报文 40 字节计算,2.5G POS 端口线速的流量约为 6.5 Mb/s。而且报文处理中需要包含诸如 QoS 保证、路由查找、二层帧头的剥离/添加等复杂操作,以传统的做法是不可能实现的。于是一些厂商提出了 ASIC(Application Specific Integrated Circuit,为专门目的而设计的集成电路)实现方式,它把转发过程的所有细节全部采用硬件方式来实现。另外,在交换网上采用了 Crossbar(或称为 CrossPoint,交叉开关矩阵或纵横式交换矩阵)或共享内存的方式解决了内部交换的问题。这样,路由器的性能达到千兆比特,即早期的千兆交换式路由器。

第五代路由器:网络处理器分布转发,网络交换。

在第四代路由器中采用硬件转发模式,解决了带宽容量和性能不足的瓶颈问题,但是也留下了隐患:基于 ASIC 的硬件转发在获取高性能的同时,牺牲了业务灵活性。这与 ASIC 技术实现方式相关,在设计 ASIC 芯片的时候,对转发流程做了大量优化,使得 IP 转发以简单而固定的方式来实现,从而可以把转发流程固化下来,做到硬件化。如果在 IP 转发中还要做一些复杂的额外处理的话,ASIC 就无能为力了。而且,ASIC 的设计周期很长,通常需要二到三年才能设计出一个稳定运行的 ASIC 芯片。而在 IP 互联网领域,业务发展非常迅速,平均每半年就会兴起一项新的业务,这些业务可能就对转发流程有影响,需要转发程序适度调整来获得高品质的支持。在此背景下,MPLS VPN 技术逐步成为热门,运营商需要在骨干网、城域网中开展 MPLS VPN 业务,这时发现原来在骨干网应用的第四代路由器无法提供高性能的 VPN 业务,需要全面升级或另外建设专门的 VPN 承载网络。在当时的运营环境下,带宽已经不是主要矛盾,业务的快速应用才是核心,因此,ASIC 固有的灵活性差、业务支持不足的问题成为了路由器发展的主要瓶颈。新的需求带来新的矛盾,就又会造就新的发展。网络处理器技术兴起,促使第五代路由器出现。

从第一代到第五代路由器技术,各个阶段的技术各有特点,技术的发展是随着网络技术的应用而快速发展的。

随着科学技术的发展以及通信技术的发展,承载网技术也有着不同程度的发展,有些技术由于各种原因被淘汰，比如接口缺乏统一标准的 PDH 技术被接口标准统一的 SDH 技术替代；比如 ATM 技术存在很多优点，但是由于成本高等原因，ATM 设备的应用面非常窄。在前几年的发展中，路由交换系统虽然也会小规模独立组网，但由于各自的特点，一直与 PDH/SDH/ATM 等承载网技术呈现出独立的发展路线，相关设备的生产厂家和运营商的维护工程师的专业也多分为不搭界的承载专业和数据通信专业，这种状态维持了很长一段时间。

随着无线技术的发展，以及越来越多的业务 IP 化，这一状态被打破，急需要一种新的技术来满足新的业务需求，因此，IPRAN/PTN 诞生了，这部分内容会在本书的后续章节详细介绍。

3.2 路由器工作原理与路由表

3.2.1 路由器工作原理

路由器是第三层网络设备，即路由器工作在 OSI 参考模型的第三层。相比之下，集线器工作在第一层(即物理层)，没有智能处理能力，对它来说，数据只是电流而已。当一个端口的电流传到集线器中时，它只是简单地将电流传送到其他端口，至于其他端口连接的计算机是否能够接收这些数据，它不予关心。交换机工作在第二层(即数据链路层)，相比集线器，交换机具有一定的智能。对交换机而言，网络上的数据就是 MAC 地址的集合，它能分辨出帧中的源 MAC 地址和目的 MAC 地址，因此可以在任意两个端口间建立联系，但是交换机并不懂得 IP 地址。路由器工作在网络层，它比交换机更智能，能理解数据中的 IP 地址。如果路由器接收到一个数据包，就检查其中的 IP 地址，如果目标 IP 地址是本地网络的，就不理会；如果是其他网络的，就将数据包转发出本地网络。

常见的集线器和交换机一般都是用于连接以太网的，但是如果将两种不同的网络类型连接起来，比如以太网与 ATM 网，集线器和交换机就派不上用场了，需要用到路由器。

路由器能够连接不同类型的局域网和广域网，如以太网、ATM 网、FDDI 网、令牌环网等。不同类型的网络，其传送的数据单元——包(Packet)的格式和大小是不同的。就像公路运输是以汽车为单位装载货物，而铁路运输是以火车车厢为单位装载货物一样，从汽车运输改为火车运输，必须把货物从汽车上放到火车车厢上，网络中的数据也是如此。数据从一种类型的网络传输至另一种类型的网络，必须进行帧格式转换。路由器就有这种转换帧格式的能力，而交换机和集线器就没有。

实际上，通常所说的"互联网"，就是通过路由器将各种不同类型的网络互相连接起来的。集线器和交换机根本不能胜任这个任务，所以必须由路由器来担当这个角色。

互联网中，从一个节点到另一个节点，可能有许多路径。路由器可以选择通畅的最短路径，这就大大提高了通信速度，减轻了网络系统的通信负荷，节约了网络系统的资源，这也是集线器和交换机所根本不具备的性能。

路由器利用网络寻址功能在网络中确定一条最佳的路径。路由器通过数据包中 IP 地址的网络部分确定分组的目的网络，并通过 IP 地址的主机部分和设备的 MAC 地址确定到目的节点的连接。

路由器的某一个接口接收到一个数据包时，会查看包中的目的网络地址以判断该包的目的地址在当前的路由表中是否存在(即路由器是否知道到达目的网络的路径)。如果发现包的目的地址与本路由器的某个接口所连接的网络地址相同，那么马上将数据转发到相应接口；如果发现包的目的地址不是自己的直连网段，路由器会查看自己的路由表，查找包的目的网络所对应的接口，并从相应的接口转发出去；如果路由表中记录的网络地址与包的目的地址不匹配，则根据路由器配置将数据包转发到默认接口，而在没有配置默认接口的情况下会给用户返回目的地址不可达的 ICMP 信息。

路由器具有路由选择和交换的功能。

路由选择功能是指为传送分组，路由器会使用地址的网络部分进行路由选择以确定一条最佳路径。

路由交换功能是指路由器有能力接收分组并进行转发。

路由器里也有软件在运行，典型的例如 H3C 公司的 Comware 和思科公司的 IOS，可以等同地认为它就是路由器的操作系统，像 PC 上使用的 Windows 系统一样。路由器的操作系统完成路由表的生成和维护。

同样的，作为路由器，也有一个类似于 PC 系统中 BIOS 作用的部分，叫做 MiniIOS。MiniIOS 可以使我们在路由器的 FLASH 中不存在 IOS 时，先把路由器引导起来，进入恢复模式，再使用 TFTP 或 X-MODEM 等方式去给 FLASH 中导入 IOS 文件。所以，路由器的启动过程应该是这样的：

(1) 路由器在加电后首先进行 POST（Power On Self Test，上电自检，对硬件进行检测的过程)。

(2) POST 完成后，先读取 ROM 里的 BootStrap 程序进行初步引导。

(3) 初步引导完成后，尝试定位并读取完整的 IOS 镜像文件。在这里，路由器将会首先在 FLASH 中查找 IOS 文件，如果找到了 IOS 文件，那么读取 IOS 文件，引导路由器。如果在 FLASH 中没有找到 IOS 文件，那么路由器将会进入 BOOT 模式，在 BOOT 模式下可以使用 TFTP 上的 IOS 文件。或者使用 TFTP/X-MODEM 来给路由器的 FLASH 中传一个 IOS 文件(一般我们把这个过程叫做灌 IOS)。传输完毕后重新启动路由器，路由器就可以正常启动到 CLI(Comman Line Interface，命令行界面)模式。

(4) 当路由器初始化完成 IOS 文件后，就会开始在 NVRAM 中查找 STARTUP-CONFIG 文件(启动配置文件)。该文件里保存了我们对路由器所做的所有的配置和修改。当路由器找到这个文件后，路由器就会加载该文件里的所有配置，并且根据配置来学习、生成、维护路由表，并将所有的配置加载到 RAM(路由器的内存)中，之后进入用户模式，最终完成启动过程。如果在 NVRAM 里没有 STARTUP-CONFIG 文件，则路由器会进入询问配置模式，也就是俗称的问答配置模式，在该模式下所有关于路由器的配置都可以以问答的形式进行配置。不过，一般情况下我们基本上是不用这样的模式的。我们一般都会进入 CLI 模式后对路由器进行配置。

3.2.2 路由器工作过程

路由器的工作过程如下：

(1) 路由发现。路由发现即学习路由的过程，动态路由通常由路由器自己完成，静态路由需要手工配置。

(2) 路由转发。路由学习之后会按照学习更新的路由表进行数据转发。

(3) 路由维护。路由器通过定期与网络中其他路由器进行通信来了解网络拓扑变化，以便更新路由表。

(4) 路由器记录了接口所直连的网络 ID，称为直连路由，路由器可以自动学习直连路由而不需要配置。

(5) 路由器所识别的逻辑地址的协议必须被路由器所支持。

路由示例如图 3-1 所示。

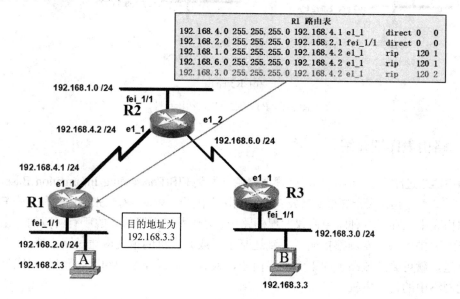

(a) R1 路由

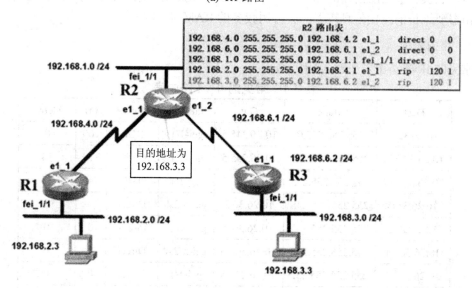

(b) R2 路由

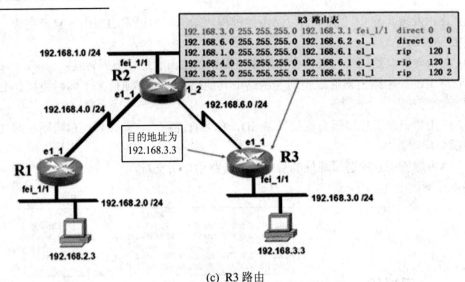

(c) R3 路由

图 3-1   R1、R2、R3 路由示例

3.2.3   路由表详细介绍

路由器通过路由表选择路由，把优选路由下发到 FIB(Forwarding Information Base，路由转发表)中，通过 FIB 表指导报文转发。每个路由器中都至少保存着一张路由表和一张 FIB 表。

路由表中保存了各种路由协议发现的路由，记载着路由器所知的所有网段的路由信息。

FIB 表中每条转发项都指明了要到达某子网或某主机的报文应通过路由器的哪个物理接口发送，就可到达该路径的下一个路由器，或者不需再经过别的路由器便可传送到直接相连的网络中的目的主机。

路由表被存放在路由器的 RAM 上，路由器重新启动后原来的路由信息都会消失，如果路由器要维护的路由信息较多，会占用较多的 RAM 空间。

1．路由表项

常见的 IPv4 路由表如表 3-1 所示。

表 3-1   常见的 IPv4 路由表

Dest	Mask	Gw	Interface	Owner	Pri	Metric
10.26.32.0	255.255.255.0	10.26.245.5	gei-1/1	BGP	200	0
10.26.33.253	255.255.255.255	10.26.245.5	gei-1/1	OSPF	110	14
10.26.33.254	255.255.255.255	10.26.245.5	gei-1/1	OSPF	110	13
10.26.36.0	255.255.255.248	10.26.36.2	gei-5/2.1	Direct	0	0
10.26.36.2	255.255.255.255	10.26.36.2	gei-5/2.1	Address	0	0
10.26.36.24	255.255.255.248	10.26.36.26	gei-5/2.4	Direct	0	0
10.26.245.4	255.255.255.252	10.26.245.6	gei-1/1	Direct	0	0
10.26.245.6	255.255.255.255	10.26.245.6	gei-1/1	Address	0	0

其中各项的含义如下：
- Dest：目的逻辑网络或子网地址。
- Mask：目的逻辑网络或子网的掩码。
- Gw：与之相邻的路由器的端口地址，即该路由的下一跳 IP 地址。
- Interface：学习到该路由条目的接口，也是数据包离开路由器去往目的地将经过的接口。
- Owner：路由来源，表示该路由信息是怎样学习到的。路由来源一般分为本机地址、直连路由、静态路由、动态路由。
- Pri：路由的管理距离，即优先级，决定了不同路由来源的路由信息的优先权。
- Metric：度量值，表示每条可能路由的代价。度量值最小的路由就是最佳路由。只有当同一种动态路由协议发现多条路由到达同一目的网段的时候，Metric 才有比较性。不同路由协议的 Metric 不具有可比性。

例如，上述路由表中的第二项，其中：10.26.33.253 为目的逻辑网络地址或子网地址，255.255.255.255 为目的逻辑网络或子网的网络掩码，10.26.245.5 为下一跳逻辑地址，gei-1/1 为学习到这条路由的接口和将要进行数据的转发的接口，OSPF 为路由器学习到这条路由的方式，本例中本条路由信息是通过 OSPF 动态路由协议学习到的，110 为此路由的管理距离。14 为此路由的度量值。

另外，关于路由表中的路由来源、管理距离和度量值，需要做下述的补充说明。

1) 路由来源

路由表中，Owner 为 Address，表示路由来源为本机地址。与路由器直接相连的网段生成的路由，由链路层协议发现。

直连路由只能发现本接口所属网段。直连路由产生方式 Owner 为 Direct，路由优先级为 0，拥有最高路由优先级。其 Metric 值为 0，表示拥有最小 Metric 值。

系统管理员手工设置的路由称为静态(Static)路由，一般是在系统安装时就根据网络的配置情况预先设定的，不会随未来网络拓扑结构的改变而自动改变。静态路由产生方式 Owner 为 Static，路由优先级为 1，其 Metric 值为 0。

缺省路由是一个路由表条目，用来指明一些在下一跳没有明确地列于路由表中的数据单元应如何转发。在路由表中找不到明确路由条目的所有数据包都将按照缺省路由指定的接口和下一跳地址进行转发。缺省路由也是一种特殊的静态路由，目的地址与掩码配置为全零(0.0.0.0 0.0.0.0)。缺省路由产生方式 Owner 为 Static，路由优先级为 1，其 Metric 值为 0。

2) 管理距离

由于到相同的目的地，不同的路由协议可能会发现不同的路径，但这些路径并非都是最优的。事实上，在某一时刻，到某一目的地的当前路由仅能由唯一的路由协议来决定。因此，为了识别最优路径，各路由协议(包括静态路由)都被赋予了一个管理距离。这样，当存在多个路由信息源时，具有较小管理距离值的路由协议所发现的路由将成为最优路由，并被加入到路由表中。不同厂商的路由器对于各种路由协议管理距离的规定各不相同。管理距离数值越小，优先级越高。

如果有多条具有相同目的网段的路由，IP 报文会优先选择优先级最高(即管理距离值最小)的路由进行转发。不同路由协议对应的管理距离值参见表 3-2。

表 3-2　不同路由协议对应的管理距离值

Route Source (路由协议)	Default Distance (距离值)	Route Source (路由协议)	Default Distance (距离值)
直连接口	0	IS-IS	115
关联出接口的静态路由	1	RIPv1，RIPv2	120
关联下一跳的静态路由	1	EGP	140
外部 BGP	20	内部 BGP	200
OSPF	110	Unknown	255

3) 度量值

路由的度量值(Metric)标识出了到达这条路由所指目的地的代价，通常路由的度量值会受到跳数、带宽、时延、负荷、可靠性、最大传输单元等因素的影响。

不同的动态路由协议会选择其中的一种或几种因素来计算度量值(如 RIP 用跳数来计算度量值)。该度量值只在同一种路由协议内有比较意义，不同的路由协议之间的路由度量值没有可比性，也不存在换算关系。

每种路由协议选择以上影响因素的一种或者几种来计算度量值。各项的含义如下：

(1) 跳数(Hop count)：数据包到达目的地必须通过的路由器个数。跳数越少，该路由越优。路径常用到达目的的跳数来描述。

路径长度是最常用的路由度量标准。一些路由协议允许网管给网络中的每条链接赋予一个代价值，这种情况下，路由长度是所经过各个链接的代价总和。其他路由协议定义了跳数，即分组在从源到目的的路途中必须经过的网络产品，如路由器的个数。

(2) 带宽(Bandwidth)：链路传输数据的能力，即链接可用的流通容量。在其他所有条件都相等时，10 Mb/s 的以太网链接比 64 kb/s 的专线更可取。虽然带宽是链接可获得的最大吞吐量，但是通过具有较大带宽的链接路由不一定比经过较慢链接的路由更好。例如，如果一条快速链路很忙，分组到达目的地所花时间可能要更长。

(3) 时延(Delay)：把数据包从源地址送到目的地址所需的时间，即分组从源通过网络到达目的地所花时间。很多因素影响到时延，包括中间的网络链接的带宽、经过的每个路由器的端口队列、所有中间网络链接的拥塞程度以及物理距离。时延是多个重要变量的混合体，是个比较常用且有效的度量标准。

(4) 负荷(Load)：网络资源(如路由器)和链路上的活动数量。负荷指网络资源，如路由器的繁忙程度。负荷可以从很多方面计算，包括 CPU 使用情况和每秒处理的分组数。持续地监视这些参数本身也是很耗费资源的。

通信代价是另一种重要的度量标准，尤其是一些公司可能关注运作费用甚于性能，即使线路时延可能较长，他们也宁愿通过自己的线路发送数据而不采用昂贵的公用线路。

(5) 可靠性(Reliability)：指每条网络链路上的差错率。在路由算法中，可靠性指网络链接的可依赖性(通常以位误率描述)。有些网络链接可能比其他的失效更多，网络失效后，一些网络链接可能比其他的更易或更快修复。任何可靠性因素都可以在给可靠率赋值时计算在内，通常是由网管给网络链接赋以度量标准值。

(6) 最大传输单元(MTU)：指端口可以传送的最大的数据单元。

2．路由匹配原则

在路由器中，路由选择的依据包括目的地址、最长匹配、管理距离和度量值。

默认的路由选择过程如下：

(1) 根据目的地址和最长匹配原则进行查找。

(2) 若有两条或两条以上路由符合要求，则查看管理距离，不同路由协议的管理距离值不同。管理距离数值越小，优先级越高。

(3) 当管理距离相同时，会查看度量值。度量值越小，优先级越高。

(4) 路由的最长匹配就是路由查找时，使用路由表中到达同一目的地的子网掩码最长的路由。

下面以路由表 3-3 为例进行说明。

表 3-3 路由表示例

Dest	Mask	Gw	Interface	Owner	Pri	Metric
1.0.0.0	255.0.0.0	1.1.1.1	gei-1/1.1	Direct	0	0
1.1.1.1	255.255.255.255	1.1.1.1	gei-1/1.1	Address	0	0
2.0.0.0	255.0.0.0	2.1.1.1	gei-1/1.2	Direct	0	0
2.1.1.1	255.255.255.255	2.1.1.1	gei-1/1.2	Address	0	0
3.0.0.0	255.0.0.0	3.1.1.1	gei-1/1.3	Direct	0	0
3.1.1.1	255.255.255.255	3.1.1.1	gei-1/1.3	Address	0	0
10.0.0.0	255.0.0.0	1.1.1.1	gei-1/1.1	OSPF	110	10
10.1.0.0	255.255.0.0	2.1.1.1	gei-1/1.2	Static	1	0
10.1.1.0	255.255.255.0	3.1.1.1	gei-1/1.3	RIP	120	5
0.0.0.0	0.0.0.0	1.1.1.1	gei-1/1.1	Static	0	0

去往目的地址 10.1.1.1 的数据包，同时有 4 条路由显示可以为此数据包进行转发，分别是 10.0.0.0、10.1.0.0、10.1.1.0 和缺省路由 0.0.0.0。根据最长匹配原则，10.1.1.0 这个条目匹配到了 24 位，因此，去往 10.1.1.1 的数据包用 10.1.1.0 的路由条目提供的信息进行转发，也就是从接口 gei-1/1.3 进行转发。

3.2.4 路由工作原理及其算法

路由工作包含两个基本的动作：一是确定最佳路径；二是通过网络传输信息。在路由的过程中，后者也称为(数据)交换。交换相对来说比较简单，而选择路径很复杂。

1．路径选择

Metric 是路由算法用以确定到达目的地的最佳路径的计量标准，如路径长度。为了帮助选路，路由算法初始化并维护包含路径信息的路由表，路径信息根据使用的路由算法不同而不同。

路由算法根据许多信息来填充路由表。目的/下一跳地址要告知路由器到达该目的地的最佳方式时，是把分组发送给代表"下一跳"的路由器，当路由器收到一个分组后，它就检查其目的地址，尝试将此地址与其"下一跳"相联系。

路由表还可以包括其他信息。路由表比较 Metric 以确定最佳路径，这些 Metric 根据所用的路由算法而不同。路由器彼此通信，通过交换路由信息维护其路由表，路由更新信息通常包含全部或部分路由表，通过分析来自其他路由器的路由更新信息，该路由器可以建立网络拓扑图。路由器间发送的另一个信息是链接状态广播信息，它通知其他路由器发送者的链接状态，链接信息用于建立完整的拓扑图，使路由器可以确定最佳路径。

2. 路由算法

1) 路由算法的作用

路由算法相对而言较简单，对大多数路由协议而言是相同的。多数情况下，某主机决定向另一个主机发送数据，通过某些方法获得路由器的地址后，源主机发送指向该路由器的 MAC 地址的数据包，其协议地址是指向目的主机的。

路由器查看了数据包的目的协议地址后，确定是否知道如何转发该包，如果路由器不知道如何转发，通常就将之丢弃。如果路由器知道如何转发，就把目的物理地址变成下一跳的物理地址并向之发送。下一跳可能就是最终的目的主机，如果不是，通常为另一个路由器，它将执行同样的步骤。当分组在网络中流动时，它的物理地址在改变，但其协议地址始终不变。

ISO 定义了用于描述此过程的分层的术语。在该术语中，没有转发分组能力的网络设备称为端系统，有此能力的称为 IS(Intermediate System，中间系统)。IS 又进一步分成可在路由域内通信的域内 IS(Intradomain IS)和既可在路由域内又可在域间通信的域间 IS(Interdomain IS)。路由域通常被认为是统一管理下的一部分网络，遵守特定的一组管理规则，也称为 AS(Autonomous System，自治系统)。在某些协议中，域内路由协议仍可用于在区间内和区间之间交换数据。

2) 路由算法的设计目标

路由算法可以根据多个特性来加以区分。首先，算法设计者的特定目标影响了该路由协议的操作；其次，存在着多种路由算法，每种算法对网络和路由器资源的影响都不同；最后，路由算法使用多种 Metric，影响到最佳路径的计算。下面分析一下这些路由算法的特性。

路由算法通常具有下列设计目标的一个或多个：

(1) 优化：指路由算法选择最佳路径的能力，根据 Metric 的值和权值来计算。例如有一种路由算法可能使用跳数和时延，其中可能时延的权值要大些。当然，路由协议必须严格定义计算 Metric 的算法。

(2) 高效简单：路由算法也可以设计得尽量简单。换句话说，路由协议必须高效地提供其功能，尽量减少软件和应用的开销。当实现路由算法的软件必须运行在物理资源有限的计算机上时高效尤其重要。

(3) 稳定：路由算法必须稳定，即在出现不正常或不可预见事件的情况下必须仍能正常处理网络传输业务，例如硬件故障、高负载等。因为路由器位于网络的连接点，当它们失效时会产生重大的问题。最好的路由算法通常是那些经过了时间考验，证实在各种网络条件下都很稳定的算法。

(4) 快速聚合：聚合是所有路由器对最佳路径达成一致的过程。当某网络事件使路径断掉或不可用时，路由器通过网络分发路由更新信息，促使最佳路径的重新计算，最终使所有路由器达成一致。聚合很慢的路由算法可能会产生路由环或网路中断。

(5) 灵活：即它们应该迅速、准确地适应各种网络环境。例如，假定某网段断掉了，当知道问题后，很多路由算法可使通常使用该网段的路径去迅速选择次佳的路径。路由算法可以设计得可适应网络带宽、路由器队列大小和网络延迟。

(6) 路径算法：一些复杂的路由协议支持到同一目的的多条路径。与单路径算法不同，这些多路径算法允许数据在多条线路上复用。多路径算法的优点很明显，即它们可以提供更好的吞吐量和可靠性。

3．算法特征

1) 平坦与分层

一些路由协议在平坦的空间里运作，其他的则有路由的层次。在平坦的路由系统中，每个路由器与其他所有路由器是对等的；在分层次的路由系统中，一些路由器构成了路由主干，数据从非主干路由器流向主干路由器，然后在主干上传输，直到它们到达目标所在区域。在这里，它们从最后的主干路由器通过一个或多个非主干路由器到达终点。

路由系统通常设计有逻辑节点组，称为域、自治系统或区间。在分层次的路由系统中，一些路由器可以与其他域中的路由器通信，其他的路由器则只能与域内的路由器通信。在大的网络中，可能还存在其他级别的路由器，最高级的路由器构成了路由主干。

分层路由的主要优点是它模拟了多数公司的结构，从而能很好地支持其通信。多数的网络通信发生在小组(域)中。因为域内路由器只需要知道本域内的其他路由器，它们的路由算法可以简化，根据所使用的路由算法，路由更新的通信量可以相应地减少。

2) 智能

一些路由算法假定源节点来决定整个路径，这通常称为源路由。在源路由系统中，路由器只作为存储转发设备，无意识地把分组发向下一跳。其他路由算法假定主机对路径一无所知，在这些算法中，路由器基于自己的计算决定通过网络的路径。前一种系统中，主机具有决定路由的智能，后者则为路由器具有此能力。

主机智能和路由器智能的折中实际是最佳路由与额外开销的平衡。主机智能系统通常能选择更佳的路径，因为它们在发送数据前探索了所有可能的路径，然后基于特定系统对"优化"的定义来选择最佳路径。然而确定所有路径的行为通常需要很多的探索通信量和很长的时间。

3) 域内与域间

一些路由算法只在域内工作，其他的则既可在域内也在可域间工作。这两种算法的本质是不同的。其遵循的理由是优化的域内路由算法没有必要也成为优化的域间路由算法。

4) 链接状态与距离向量

链接状态算法(也叫做短路径优先算法)把路由信息散布到网络的每个节点，不过每个路由器只发送路由表中描述其自己链接状态的部分。距离向量算法(也叫做 Bellman-Ford 算法)中每个路由器发送路由表的全部或部分，但只发给其邻居。也就是说，链接状态算法到处发送较少的更新信息，而距离向量算法只向相邻的路由器发送较多的更新信息。

由于链接状态算法聚合得较快，它们相对于距离向量算法产生路由环的倾向较小。在另一方面，链接状态算法需要更多的 CPU 和内存资源，因此链接状态算法的实现和支持较昂贵。虽然有差异，但这两种算法类型在多数环境中都可以工作得很好。

3.2.5 路由协议分类

在上一小节中提到，路由器学习路由信息、生成并维护路由表的方法包括直连路由(Direct Routing)、静态路由(Static Routing)和动态路由(Dynamic Routing)。下面进行详细的介绍。

1. 直连路由

直连路由是由链路层协议发现的，一般指去往路由器的接口地址所在网段的路径，该路径信息不需要网络管理员维护，也不需要路由器通过某种算法进行计算获得，只要该接口处于活动状态(Active)，路由器就会把通向该网段的路由信息填写到路由表中。直连路由无法使路由器获取与其不直接相连的路由信息。

当接口配置了网络协议地址并状态正常，即物理连接正常，并且可以正常检测到数据链路层协议的 keepalive 信息时，接口上配置的网段地址自动出现在路由表中并与接口关联。其中产生方式(Owner)为直连(Direct)，路由优先级为 0，拥有最高路由优先级。其 Metric 值为 0，表示拥有最小 Metric。

直连路由会随接口的状态变化在路由表中自动变化，当接口的物理层与数据链路层状态正常时，此直连路由会自动出现在路由表中；当路由器检测到此接口 down 掉后，此条路由会自动消失。

2. 静态路由

静态路由是网络管理员通过手工配置指定的路由。当网络结构比较简单时，只需配置静态路由就可以使网络正常工作。静态路由不像动态路由那样根据路由算法建立路由表，也不能自动适应网络拓扑结构的变化。当网络发生故障或者拓扑发生变化后，必须由网络管理员手工修改配置。

如图 3-2 所示，静态路由在路由表中的产生方式为静态(Static)方式，路由优先级默认为 1，Metric 值默认为 0。静态路由是否出现在路由表中取决于本地出口状态。

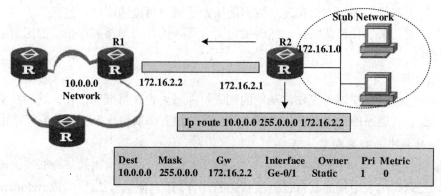

Dest	Mask	Gw	Interface	Owner	Pri	Metric
10.0.0.0	255.0.0.0	172.16.2.2	Ge-0/1	Static	1	0

图 3-2　静态路由

1) 静态路由的优点

(1) 静态路由无需进行路由交换，因此节省网络的带宽、CPU 利用率和路由器内存。

(2) 静态路由具有更高的安全性。在使用静态路由的网络中，静态路由表的生成完全是在网络管理员对全网拓扑熟悉的情况下，根据自己的路由需求来进行配置的，因此可以达到对网络中路由行为的精确控制，在某种程度上提高了网络的安全性。

2) 静态路由的缺点

(1) 需要网络管理员必须真正理解网络拓扑并正确配置路由。

(2) 网络的扩展性能差。在网络拓扑发生变化时，静态路由不会自动改变，需要管理员及时对静态路由表进行调整。

在有多个路由器、多条路径的路由环境中，配置静态路由将会变得很复杂。

静态路由不同于其他动态路由协议，不需要在接口上设置相关的协议数据，只需要对用户配置的静态路由的参数(目的地址、掩码、下一跳、出接口等)做合法性校验即可，但是静态路由的配置是否生效，仍然需要以相应的出接口信息的状态变化来决定。

3) 静态路由的"下一跳"

另外，关于静态路由的下一跳，需要做一个特殊说明。

所有的路由项都必须明确下一跳地址，在发送报文时，根据报文的目的地址寻找路由表中与之匹配的路由。只有指定了下一跳地址，链路层才能找到对应的链路层地址，并转发报文。对于非迭代的静态路由，所配置的出接口和下一跳就是直连下一跳信息。对于迭代的静态路由，其所携带的下一跳信息可能并不是直接可达，需要迭代出直连下一跳和出接口。

如果路由的下一跳信息不是直接可达的，那么该路由就不能用来指导转发，系统会根据路由的下一跳信息计算出一个实际的出接口和下一跳，这个过程就叫做路由迭代。

还有一些特殊的静态路由，下面介绍默认路由。

4) 默认路由

默认路由又称为缺省路由，也是一种特殊的静态路由，目的地址与掩码配置为全零(0.0.0.0 0.0.0.0)。当路由表中的所有路由都选择失败的时候，为使得报文有最终的一个发送地，将使用默认路由。

如果报文的目的地不在路由表中且没有配置默认路由，那么该报文将被丢弃，将向源端返回一个 ICMP 报文报告该目的地址或网络不可达。

默认路由可以是管理员设定的静态路由，也可能是某些动态路由协议自动产生的结果。其优点是可以极大地减少路由表条目，从而大大减轻路由器的处理负担；其缺点是如果不正确配置，可能导致路由自环或非最佳路由。

路由自环指的是某个报文从一台路由器出发，经过几次转发之后，又回到初始的路由器。其原因是其中部分路由器的路由表出现错误，出错原因可能是静态路由配置有误，有时动态路由协议也会产生错误。路由自环对网络危害极大，应尽力避免。

如图 3-3 所示，默认路由在路由表中的产生方式为静态(Static)方式。在 Stub 网络(末端网络)出口路由器上，默认路由是最佳选择。

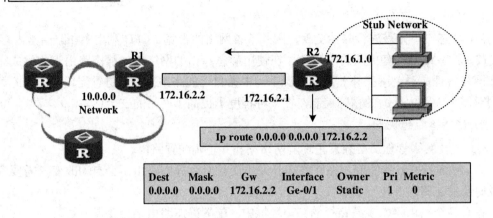

图 3-3 默认路由

5) 相关补充说明

关于静态路由还有一些补充说明。

(1) 静态 global 路由。

某些场景下，配置私网的静态路由时需要指定一个公网的下一跳，这就需要用到静态路由的 global 属性。静态 global 路由只能在某个私网 VPN 下配置，公网静态路由无此概念。此外，配置静态 global 路由不能同时指定出接口。

(2) 静态永久路由。

某些场景下，需要配置静态永久路由，使静态路由生效一次后永久生效。静态永久路由的相关属性是 permanent。

(3) 静态路由的 BFD 功能。

配置静态路由应关联 BFD 检测，利用 BFD 检测机制实现链路与路由之间的对应关系，即当 BFD 检测到链路 down 时，相关联的静态路由会无效；当链路恢复 up 时，静态路由会重新恢复有效。默认情况下，静态路由不关联 BFD 检测。有关 BFD 的功能在第五章有详细介绍。

(4) 静态路由的 track 功能。

配置静态路由应关联 track 对象检测，利用 samgr 检测机制实现链路与路由之间的对应关系，即当 samgr 检测到链路 down 时，相关联的静态路由会无效；当链路恢复 up 时，静态路由会重新恢复有效。默认情况下，静态路由不关联 track 对象检测。

(5) 静态路由负荷分担。

对同一路由协议来说，允许配置多条目的地相同且开销也相同的路由。通过静态配置，可以使得转发表中对于同一个目的地址，有多条可用的优先级相同的静态路由条目，当到同一目的地的路由中没有更高优先级的路由时，这几条路由都被采纳，在转发去往该目的地的报文时，依次通过各条路径发送，从而实现网络的负荷分担。

负荷分担可使超出单个接口带宽的流量均分到多条链路上，实现流量在各条链路上的负载均衡。负荷分担的转发机制支持两种方法，即逐流模式和逐包模式，表 3-4 给出了这两种方法的优缺点。

表3-4 逐流模式和逐包模式的对比

负荷分担方式	优 点	缺 点
逐流模式	到给定目的的包可以保证走同一条路径，即使在有多条可用路径的情况下；到不同目的的包可以走不同的路径	当流量中只有少量的目的地址时，可能会引起流量集中在少数路径上，分担不均衡；当流量中目的地址增加时，负荷分担会更有效
逐包模式	路径利用率高，因为逐包模式使用轮转法来确定数据包走的路径，使得转发负荷均匀地分布在各条路径上	对于到给定目的的流量，可能会选择不同的路径，造成接收端的排序；对于 VoIP 和其他要求有序的流量不适用

静态路由默认的负荷分担方式为逐流模式。

3．动态路由

动态路由是指路由器能够自动地建立自己的路由表，并且能够根据实际情况的变化适时地进行调整。动态路由是网络中的路由器之间相互通信，传递路由信息，利用收到的路由信息更新路由器表的过程。它能实时地适应网络结构的变化。如果路由更新信息表明发生了网络变化，路由选择软件就会重新计算路由，并发出新的路由更新信息。这些信息通过各个网络，引起各路由器重新启动其路由算法，并更新各自的路由表以动态地反映网络拓扑变化。动态路由适用于网络规模大、网络拓扑复杂的网络。当然，各种动态路由协议会不同程度地占用网络带宽和 CPU 资源。

动态路由是与静态路由相对的一个概念，指路由器能够根据路由器之间的交换的特定路由信息自动地建立自己的路由表，并且能够根据链路和节点的变化适时地进行自动调整。当网络中节点或节点间的链路发生故障，或存在其他可用路由时，动态路由可以自行选择最佳的可用路由并继续转发报文。静态路由与动态路由的对比见表3-5。

表3-5 静态路由和动态路由的对比

特 点	静态路由	动态路由
配置的复杂性	随着网络规模的增大，配置越来越复杂	通常不受网络规模的影响
管理员需要的知识	不需要额外的专业知识	需要学习高级的技术和原理
拓扑结构的变化	需要管理员参与	会自动根据拓扑的变化进行调整
扩展性	适用于简单的拓扑结构	简单和复杂的拓扑结构都适用
安全性	比动态路由安全	比静态路由安全性差
资源需要情况	不需要额外的资源	占用 CPU、内存、网络带宽等资源
可预测性	通过相同的路径到达目的 IP 地址	根据网络拓扑结构的变化，到达目的 IP 地址的路径也会变化

使用静态路由的另一个好处是网络安全，保密性高。动态路由因为需要路由器之间频繁地交换各自的路由表，而对路由表的分析可以揭示网络的拓扑结构和网络地址等信息。因此，网络出于安全方面的考虑也可以采用静态路由。而且静态路由不占用网络带宽，因为它不会产生更新流量。

大型和复杂的网络环境通常不宜采用静态路由。一方面，网络管理员难以全面地了解整个网络的拓扑结构；另一方面，当网络的拓扑结构和链路状态发生变化时，路由器中的静态路由信息需要大范围的调整，这一工作的难度和复杂程度非常高。当网络发生变化或网络发生故障时，不能重选路由，很可能使路由失败。

动态路由算法可以在适当的地方以静态路由作为补充。例如，最后可选路由(Router of Last Resort)，作为所有不可路由分组的去路，保证了所有的数据至少有方法处理。

动态路由机制的运作依赖路由器的两个基本功能：路由器之间适时的路由信息交换，对路由表的维护。

(1) 路由器之间适时地交换路由信息。动态路由之所以能根据网络的情况自动计算路由、选择转发路径，是由于当网络发生变化时，路由器之间彼此交换的路由信息会告知对方网络的这种变化，通过信息扩散使所有路由器都能得知网络变化。

(2) 路由器根据某种路由算法(不同的动态路由协议算法不同)把收集到的路由信息加工成路由表，供路由器在转发 IP 报文时查阅。

在网络发生变化时，收集到最新的路由信息后，路由算法重新计算，从而可以得到最新的路由表。

静态路由和动态路由有各自的特点和适用范围，因此在网络中动态路由通常作为静态路由的补充。当一个分组在路由器中寻径时，路由器首先查找静态路由，如果查到则根据相应的静态路由转发分组；否则再查找动态路由。

需要说明的是，路由器之间的路由信息交换在不同的路由协议中的过程和原则是不同的。交换路由信息的最终目的在于通过路由表找到一条转发 IP 报文的"最佳"路径。每一种路由算法都有其衡量最佳的原则，大多是在综合多个特性的基础上进行计算，这些特性有节点数、网络传输费用、带宽等，已经在 3.2.3 中描述过，这里不再赘述。

3.3 动态路由协议概述

动态路由协议是一些动态生成(或学习到)路由信息的协议。在计算机网络互联技术领域，我们可以把路由定义为，路由是指导 IP 报文发送的一些路径信息。动态路由协议是网络设备如路由器学习网络中路由信息的方法之一，这些协议使路由器能动态地随着网络拓扑中产生(如某些路径的失效或新路由的产生等)的变化，更新其保存的路由表，使网络中的路由器在较短的时间内，无需网络管理员介入自动地维持一致的路由信息，使整个网络达到路由收敛状态，从而保持网络的快速收敛和高可用性。

按照区域(指自治系统)，动态路由协议可分为 IGP(Interior Gateway Protocol，内部网关协议)和 EGP(Exterior Gateway Protocol，外部网关协议)；按照所执行的算法，动态路由协议可分为 DV(Distance Vector，距离矢量)协议和 LS(Link State，链路状态)协议，以及思科公司开发的混合型路由协议。

3.3.1 动态路由协议分类

动态路由协议按照不同的标准有不同的分类方式。

1．按寻径算法分类

动态路由协议按寻址算法的不同，可以分为距离矢量路由协议和链路状态路由协议。

1) 距离矢量路由协议

距离矢量路由协议采用距离矢量算法，是相邻的路由器之间互相交换整个路由表，并进行矢量的叠加，最后学习到整个路由表。

距离矢量算法的优点：路由器之间周期性地交换路由表，交换的是整张路由表的内容；每个路由器和其直连的邻居之间交换路由表。网络拓扑发生了变化之后，路由器之间会通过定期交换更新包来获得网络的变化信息。

距离矢量路由协议的缺点：(1) 在 Metric 的可信度方面，因为距离仅仅表示的是跳数，对路由器之间链路的带宽、时延等无考虑，将会导致数据包的传送会走在一个看起来跳数小但实际带宽窄且延时大的链路上。(2) 交换路由信息的方式，即路由器交换信息是通过定期广播整个路由表所能到达的适用网络号码，但在稍大一点的网络中，路由器之间交换的路由表会很大，而且很难维护，导致收敛很缓慢。

距离矢量路由协议有 RIP、BGP 等。

2) 链路状态路由协议

链路状态路由协议采用链路状态算法。链路状态是一个层次式的，执行该算法的路由器不是简单地从相邻的路由器学习路由，而是把路由器分成区域，收集区域内所有路由器的链路状态信息，根据链路状态信息生成网络拓扑结构，每一个路由器再根据拓扑结构图计算出路由。

链路状态路由协议有 OSPF、IS-IS 等。

2．按工作区域分类

大的 ISP(Internet Service Provider，网络服务提供商)的网络可能含有上千台路由器，而小的提供商通常只有十几台路由器。每个 ISP 管理的自己的内部网络，一般称为一个自治系统(或称管理域)，和其他 ISP 之间的连通称为域间连接。因此，Internet 又可以看成是由一个个域互连而成的。

由于将网络分割为一个个自治系统，则根据协议适用的范围，产生了相应的两种路由协议，分别是内部网关协议和外部网关协议，如图 3-4 所示。

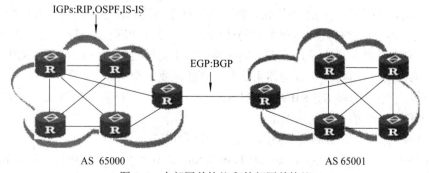

图 3-4 内部网关协议和外部网关协议

1) 内部网关协议

内部网关协议是负责一个路由域(在一个自治系统内运行同一种路由协议的域，称为一个路由域)内路由的路由协议。

内部网关协议的作用是确保在一个域内的每个路由器均遵循相同的方式表示路由信息，并且遵循相同的发布和处理信息的规则，主要用于发现和计算路由。

内部网关协议有 RIP、OSPF、IS-IS 等。

2) 外部网关协议

外部网关协议负责在自治系统之间或域间完成路由和可到达信息的交互，主要用于传递路由。

BGP 是目前最常用的 EGP。

3. 按路由类型分类

Internet 中的 IP 数据包一般是点到点的应用，但也有某些情况是点到多点的应用，如音频/视频会议(多媒体会议)，某些信息(如股票)的实时数据传送，网络游戏和仿真等。将点到点和点到多点这两种 IP 数据包的路由分别称为单播路由和组播路由。由此对应两种路由协议：单播路由协议和组播路由协议。

1) 单播路由协议

单播路由协议是生成和维护单播路由表的协议。单播路由协议有 RIP、OSPF、IS-IS、IGRP、BGP 等。

2) 组播路由协议

组播路由协议是生成和维护组播路由表的协议。组播路由协议有 DVMRP、PIM-SM、PIM-DM、MOSPF、MBGP 等。

3.3.2 常见动态路由协议

常见的动态路由协议包括 RIP 协议、OSPF 协议、IS-IS 协议、BGP 协议等。

1. RIP

路由信息协议(RIP)是内部网关协议 IGP 中最先得到广泛使用的协议。RIP 是一种分布式的基于距离向量的路由选择协议，是因特网的标准协议，其最大优点就是实现简单，开销较小。

RIP 是 Internet 中常用的路由协议，路由器根据距离选择路由，收集所有可到达目的地的不同路径，并且保存有关到达每个目的地的最少站点数的路径信息；除到达目的地的最佳路径外，任何其他信息均予以丢弃。同时路由器也把所收集的路由信息用 RIP 协议通知相邻的其他路由器。这样，正确的路由信息逐渐扩散到了全网。

RIP 有两个不同的版本，RIPv1 和 RIPv2。

RIPv1 和 RIPv2 的主要区别如下：

(1) RIPv1 是有类路由协议，RIPv2 是无类路由协议。

(2) RIPv1 不能支持 VLSM(Variable Length Subnetwork Mask，可变长子网掩码)，RIPv2 支持 VLSM。

(3) RIPv1 没有认证的功能，RIPv2 可以支持认证，并且有明文和 MD5 两种认证。

(4) RIPv1 没有手工汇总的功能，RIPv2 可以在关闭自动汇总的前提下，进行手工汇总。

(5) RIPv1 是广播更新，RIPv2 是组播更新。

(6) RIPv1 对路由没有标记的功能，RIPv2 可以对路由打标记(tag)，用于过滤和做策略。

(7) RIPv1 发送的 updata 最多可以携带 25 条路由条目，RIPv2 在有认证的情况下最多只能携带 24 条路由。

(8) RIPv1 发送的 updata 包里面没有 next-hop 属性，RIPv2 有 next-hop 属性，可以用于路由更新的重定。

RIP 使用非常广泛，且简单、可靠，便于配置。但是 RIP 只适用于小型的同构网络，因为它允许的最大站点数为 15，任何超过 15 个站点的目的地均被标记为不可达。而且 RIP 每隔 30 s 一次的路由信息广播也是造成网络广播风暴的重要原因之一。

RIPv1 的配置方法如下：

    Router(config)#router rip

    Router(config-router)#network xxxx.xxxx.xxxx.xxxx

RIPv2 的配置方法如下：

    Router(config)#router rip

    Router(config-router)#version 2

    Router(config-router)#no auto-summary

2. IS-IS

IS-IS(Intermediate System-to-Intermediate System，中间系统到中间系统)路由协议最初是 ISO 为 CLNP(Connection Less Network Protocol，无连接网络协议)设计的一种动态路由协议。

IS-IS 属于内部网关路由协议，用于自治系统内部。IS-IS 是一种链路状态协议，与 OSPF 协议非常相似，使用最短路径优先算法进行路由计算。

3. OSPF

OSPF(Open Shortest Path First，开放式最短路径优先)是一个内部网关协议，用于在单一自治系统内决策路由。

OSPF 是一种基于链路状态的路由协议，需要每个路由器向其同一自治系统的所有其他路由器发送链路状态广播信息。在 OSPF 的链路状态广播中包括所有接口信息、所有的量度和其他一些变量。利用 OSPF 的路由器首先必须收集有关的链路状态信息，并根据一定的算法计算出到每个节点的最短路径。而基于距离向量的路由协议仅向其邻接路由器发送有关路由更新信息。

OSPF 将一个自治系统再划分为区，相应地即有两种类型的路由选择方式：当源和目的地在同一区时，采用区内路由选择；当源和目的地在不同区时，则采用区间路由选择。这就大大减少了网络开销，并增加了网络的稳定性。当一个区内的路由器出了故障时并不影响自治域内其他区路由器的正常工作，这也给网络的管理、维护带来方便。

OSPF 协议的配置方法如下：

    Router(config)#router ospf XX

    Router(config-router)#router-id X.X.X.X

    Router(config-router)#network XXXX.XXXX.XXXX.XXXX area X

4. BGP

边界网关协议(BGP)是运行于 TCP 上的一种自治系统的路由协议。BGP 是唯一一个用来处理像因特网大小的网络的协议，也是唯一能够妥善处理好不相关路由域间的多路连接的协议。

本章后面的部分将对这几种协议分别进行详细介绍。

3.4 动态路由之 IS-IS 协议

3.4.1 IS-IS 协议概述

IS-IS 是一种路由选择协议，是基于 OSI 域内的路由选择协议，Intermediate System 是 OSI 中 Router 的叫法。IS-IS 可以用作 IGP 以支持纯 IP 环境、纯 OSI 环境和多协议环境。IS-IS 是一种链路状态协议，基于 SPF 算法，以寻找到目标的最佳路径，由于 SPF 算法本身的优势，IS-IS 协议天生具有抵抗路由环路的能力。

IS-IS 协议是由国际标准化组织提出的用于 CLNS(Connectionless Network Service，无连接网络服务)的路由协议。IS-IS 协议是 OSI 协议中的网络层协议，通过对 IS-IS 协议进行扩充，增加了对 IP 路由的支持，形成集成化的 IS-IS 协议。现在提到的 IS-IS 协议都是指集成化的 IS-IS 协议。

IS-IS 已作为一种内部网关协议在网络中大量使用。其工作机制是通过将网络划分成区域，区域内的路由器只管理区域内路由信息，从而节省路由器开销，此特点使其能适应中大型网络的需要。

IS-IS 协议使用了 Dijkstra 的最短路径优先算法(SPF)来计算拓扑。IS-IS 根据链路状态数据库，并使用 SPF 算法算得的拓扑结构，选择最优路由，再将该路由加入到 IP 路由表中。

3.4.2 IS-IS 协议报文

由于 IS-IS 协议的基础是 CLNS，而不是 IP，因此在路由器之间通信时，IS-IS 使用的是 ISO 定义的协议数据单元(PDU)。IS-IS 中使用的 PDU 类型主要有下面四种：

1. 链路状态数据单元

链路状态数据单元(Link State PDU，LSP)用来在区域中传播链路状态记录。它分为两种：Level 1 Link State PDU 和 Level 2 Link State PDU，处在层次 1 的路由器产生 L1 LSP，处于层次 2 的路由器产生 L2 LSP，LSP 只会泛洪到自己的所属层次。1 层 LSP 中包含它都有什么邻居，它的接口都处在什么网段中等信息，只用于本地区域。2 层 LSP 中包含它都有什么邻居，通过它都能够到达什么网段等信息即包含 IS-IS 里所有可到达前缀的信息。链路状态报文含有一个路由器的所有信息，包括邻接、所连接的 IP 前缀、OSI 终端系统、区域地址等。

2. IS-IS Hello 报文

IS-IS Hello 报文(IS-IS Hello PDU，IIH PDU)用于维护邻接。问候包发送到组播 MAC 层地址，来确定其他系统是否在运行 IS-IS。在 IS-IS 里有三种问候包：一种是点对点接口的，一种是对 Level 1 路由器的，还有一种是对 Level 2 路由器的。发送到 Level 1 路由器和 Level 2 路由器的问候给定了不同组播地址。所以，Level 1 路由器连接到与 Level 2 路由器驻留的地方，但看不到 Level 2 的问候，反过来也是一样。当链路初始化时或从近邻接收到问候包时，会发送问候包，此时，初始化邻接。在从近邻接收到问候的基础上，路由器把问候包发送回近邻，表明路由器看到了问候。这时，就建立了双向联系。这就是邻接的在线状态(Up State)。IS-IS Hello 报文格式如图 3-5 所示。

No. of Octets

Intradomain Routing Protocol Discriminator				1
Length Indicator				1
Version/Protocol ID Extension				1
ID Length				1
R	R	R	PDU Type	1
Version				1
Reserved				1
Maximum Area Address				1
Reserved/Circuit Type				1
Source ID				ID Length
Holding Time				2
PDU Length				2
Priority				1
R	LAN ID			ID Length+1
Variable Length Fields				

图 3-5　IS-IS Hello 报文格式

图 3-5 中，各部分的含义如下：

- Reserved：保留的 6bit=0。
- Circuit Type：电路类型。01 表示 L1 路由器，10 表示 L2 路由器，11 表示 L1/L2 路由器。
- Source ID：源 ID。发送该 PDU 的路由器的 SysID。
- Holding Time：保持时间。用来通知它的邻居路由器在认为这台路由器失效之前应该等待的时间。如果在保持时间内收到邻居发送的 Hello PDU，将认为邻居依然处于存活状态。这个保持时间就相当于 OSPF 中的 Dead Interval(死亡间隔)。在 IS-IS 中，默认情况下保持时间是发送 Hello PDU 间隔的 3 倍，但是在配置保持时间时，是通过指定一个 Hello 报文乘数(Hello-Multiplier)进行配置的。
- PDU Length：PDU 长度，指整个 PDU 报文的长度，包括固定报头和 TLV 字段。
- Priority：优先级，指接口的 DIS 优先级，用来在广播 LAN 中选举 DIS。优先级数值越高，路由器成为 DIS 的可能性越大。

• LAN ID：局域网 ID，由 DIS 的 SysID 与 1 字节的伪节点 ID 组成。LAN ID 用来区分同一台 DIS 上的不同 LAN。

3. 全时序协议数据单元

全时序协议数据单元(Complete Sequence Numbers Protocol Data Unit，CSNP)包含了网络中每一个 LSP 的总结性信息，当路由器收到一个 CSNP 时，会将该 CSNP 与其链路状态数据库进行比较，如果该路由器丢失了一个在 CSNP 中存在的 LSP，会发送一个组播 PSNP，向网络中其他路由器索要其需要的 LSP。

CSNP 分为两种，即 Level 1 CSNP 和 Level 2 CSNP，用于广播链路上的 LSPDB(LSP DataBase，LSP 数据库)同步。DIS 在广播接口上每 10 秒发送一次 CSNP。CSNP 包含了本地数据库里所有 LSP 的完整列表。正如前面所提到的，CSNP 用于数据库同步。在串行线路上，只在第一次邻接时发送 CSNP。

4. 部分时序协议数据单元

部分时序协议数据单元(Partial Sequence Number Protocol Data Unit，PSNP)在点对点链路中用于确认接收的 LSP；在点对点链路和广播链路中用于请求最新版本或者丢失的 LSP。

CSNP 和 PSNP 具有相同的数据包格式并且各自携带了 LSP 的摘要信息集合，两者的区别是 CSNP 携带了本路由器的链路状态数据库中所有已知 LSP 的摘要信息，而 PSNP 携带的信息只是其中的一个子集。

PSNP 分为两种：Level 1 PSNP 和 Level 2 PSNP。

用于非广播链路时，类似于 P2P 链路上的 ACK，响应 LSP 报文。

在广播链路上，PSNP 用于数据库同步。当路由器从近邻接收到 CSNP 时，注意到 CSNP 丢失了部分数据库，路由器发送 PSNP 请求新的 LSP。

3.4.3 IS-IS 中定义的基本概念

1. IS-IS 的区域划分

为了支持大规模的路由网络，IS-IS 在自治系统内采用骨干区域与非骨干区域两级的分层结构。一般来说，将位于非骨干区域的路由器称为 Level-1 路由器，位于骨干区域的路由器称为 Level-2 路由器，每一个非骨干区域都通过 Level-1-2 路由器与骨干区域相连。同一区域内的路由器交换信息的节点组成 1 层(Level-1，或 L1)，区域内的所有 Level-1 路由器知道整个区域的拓扑结构，负责区域内的数据交换。区域之间通过 Level-2 路由器相连接，各个区域的边缘路由器组成骨干网，是 2 层(Level-2，L2)，Level-2 路由器负责区域间的数据交换。比如负责传送一个要送往另一个区域的数据报，而不管它的目的区域到底在哪。

Level-1 路由器将去往其他区域的所有流量都转发给本区域内最近的 Level-1-2 路由器，该路由器知道 Level-2 的拓扑。Level-1-2 路由器(或称 L1/L2 路由器)是不同区域的边界路由器，提供区域连接。Level-2 骨干区域实际是一个虚拟的 IS-IS 区域，由参与 Level-2 路由选择的路由器组成。

在 IS-IS 网络中，Level-2 区域必须是连续的，所有路由器必须完全互联。Level 1 区域和 level 2 区域示意图如图 3-6 所示。

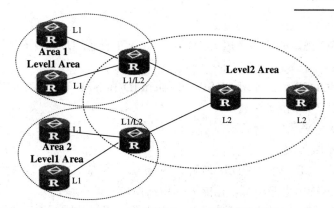

图 3-6 Level 1 区域和 level 2 区域示意图

路由器之间可以建立的邻居关系如下：

(1) 两台 Level-1 路由器只有在其区域 ID(AREA ID)匹配时，才能形成一个 Level-1 邻居关系。

(2) 两台 Level-2 路由器即使其区域 ID 不同，也能够形成 Level-2 邻居关系。

(3) 一台 Level-1 路由器和一台 Level-1-2 路由器只有在其区域 ID 匹配时，才能形成一个 Level-1 邻居关系。

(4) 一台 Level-2 路由器和一台 Level-1-2 路由器即使其区域 ID 不同，也可以形成一个 Level-2 邻居关系。

(5) 如果两台 Level-1-2 路由器的区域 ID 匹配，可以同时形成 Level-1 和 Level-2 类型的邻居关系。

(6) 如果两台 Level-1-2 路由器的区域 ID 不匹配，就只能够形成 Level-2 类型的邻居关系。

2. NSAP 地址

网络设备都有一个链路层地址和网络层地址。IP 网络和 CLNS 网络的链路层地址是一致的，但是网络层地址的编址方式不同。IP 网络的三层地址是常见的 IPv4 地址和 IPv6 地址，分别为 32 位和 128 位。ISO CLNS 网络的三层地址被称为 CLNP 地址，IS-IS 协议将 CLNP 地址称为 NSAP(Network Service Access Point，网络服务访问点)。

NSAP 地址是一个网络地址，也称为 NET 地址，其长度可以是 8～20 字节，用于描述设备的区域 ID 和 System ID。NSAP 的地址格式有很大的灵活性和扩展性，System ID 的长度一般来说是 6 个字节，可以使用接口的 MAC 地址。

NSAP 由 IDP 和 DSP 两部分组成，如图 3-7 所示。IDP 相当于 IP 地址中的主网络号，DSP 相当于 IP 地址中的子网号、主机地址以及端口号。

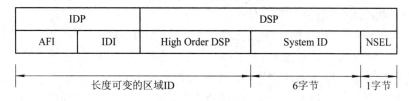

图 3-7 NSAP 地址结构

图 3-7 中，

(1) IDP 是 ISO 规定的，由 AFI 与 IDI 组成，AFI 表示地址分配机构和地址格式，IDI 用来标识域。

(2) DSP 由 HODSP(High Order DSP)、System ID 和 NSEL 三个部分组成：

- HODSP 用来分割区域；
- System ID 用来区分主机；
- NSEL 指示服务类型。

通常把 IDP 和 DSP 中的 HODSP 统称为区域 ID，区域 ID 为可变长度，范围为 1～13 字节。区域 ID 既能够标识路由域，也能够标识路由域中的区域，因此，相当于 OSPF 中的区域编号。同一 Level-1 区域内的所有路由器必须具有相同的区域 ID，Level-2 区域内的路由器可以具有不同的区域 ID。

一般情况下，一个路由器只需要配置一个区域 ID，且同一区域中所有节点的区域 ID 都要相同。为了支持区域的平滑合并、分割及转换，在设备的实现中，一个 IS-IS 进程下最多可配置 3 个区域 ID。

System ID 用来在区域内唯一标识主机或路由器。在设备的实现中，它的长度固定为 48 bit(6 字节)。在实际应用中，一般使用 Router ID 与 System ID 进行对应。假设一台路由器使用接口 Loopback0 的 IP 地址 168.10.1.1 作为 Router ID，则它在 IS-IS 中使用的 System ID 可通过如下方法转换得到：

将 IP 地址 168.10.1.1 的每个十进制数都扩展为 3 位，不足 3 位的在前面补 0，得到 168.010.001.001。将扩展后的地址分为 3 部分，每部分由 4 位数字组成，得到 1680.1000.1001。重新组合的 1680.1000.1001 就是 System ID。实际 System ID 的指定可以有不同的方法，但要保证能够唯一标识主机或路由器。

NSEL(NSAP Selector)的作用类似 IP 中的"协议标识符"，不同的传输协议对应不同的 NSEL。在 IP 中，NSEL 均为 00。

3.4.4 IS-IS 邻居的建立

IS-IS 将网络类型分为广播型链路和点到点链路，在这两种链路上的邻居建立的过程是不一样的，下面分别介绍。

1. 广播型链路

在广播型链路上，邻居的建立过程是通过三次握手的方式实现的。Level-1 中间系统将 Level-1 LAN IIH PDU 发送到组播地址 All L1 ISs(0180.C200.0014)，并基于该地址进行报文的侦听，而 Level-2 中间系统将 Level-2 LAN IIH PDU 发送到组播地址 All L2 ISs(0180.C200.0015)，并且进行报文侦听。

对于要建立 Level-1 的邻居，中间系统在组播地址 All L1 IS s 上接收到一个 Level-1 LAN IIH PDU，其将接收到的 IIH PDU 中的区域地址与本地配置的区域地址进行比较，如果不存在匹配的区域地址，中间系统将拒绝这个邻居的建立过程。

当接收到一个 IIH PDU 后，中间系统将检查邻居是否已经存在于自己的邻居数据库中，判断标准如下：

(1) 数据库中的邻居 MAC 地址(这里的 MAC 地址对应的是系统 ID,即 System ID)与 IIH PDU 中的 MAC 源地址是否一致。

(2) 数据库中的邻居系统 ID 与 IIH PDU 中的系统 ID 是否一致。

(3) 数据库中的邻居类型与 IIH PDU 中的邻居类型是否一致。

如果以上三个条件一致,则说明该邻居已经在数据库中存在,中间系统将依照 IIH PDU 中的值来更新保持定时器、优先级和邻居区域地址等信息。如果邻居系统 ID 和邻居类型一致,但邻居 MAC 地址不一致,则将该报文丢弃。

如果 IIH PDU 中的系统 ID 和邻居类型在数据库中不存在,则认为其是一个新的邻居,将在邻居数据库中添加一个新的邻居信息,并将相应的邻居状态设置为 INIT。再检查 IIH PDU 中所携带的邻居 TLV(Type Length Value,类型长度值),如果在邻居 TLV 中存在自己的 MAC 地址,则将邻居状态设置为 UP,并发送 IIH PDU,且该 PDU 中的邻居 TLV 将携带邻居的 MAC 地址。

广播型链路上的邻居建立过程如图 3-8 所示。

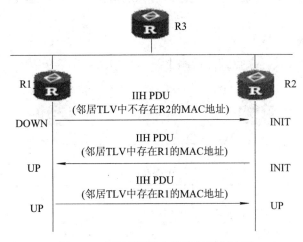

图 3-8 广播型链路上的邻居建立过程

R1、R2 和 R3 都是 Level-2 路由器,图 3-8 描述了 R1 和 R2 的邻居建立过程,描述如下:

(1) R1 发送 IIH PDU 到 R2。由于 R1 发送的 IIH PDU 中的系统 ID 和邻居类型在 R2 的数据库中不存在,R2 认为 R1 是一个新邻居,R2 在其邻居数据库中添加邻居 R1 的信息,并将邻居状态设置为 INIT。R2 检查 IIH PDU 中所携带的邻居 TLV,发现在邻居 TLV 中不存在自己的 MAC 地址,则 R2 将邻居状态保持为 INIT。

(2) R2 发送 IIH PDU 到 R1。由于 R2 发送的 IIH PDU 中的系统 ID 和邻居类型在 R1 的数据库中不存在,R1 认为 R2 是一个新邻居,R1 在其邻居数据库中添加邻居 R2 的信息,并将邻居状态设置为 INIT。R1 检查 IIH PDU 中所携带的邻居 TLV,发现在邻居 TLV 中存在自己的 MAC 地址,则 R1 将邻居状态设置为 UP。

(3) R1 再次发送 IIH PDU 到 R2。R2 检查邻居 R1 已经存在于自己的邻居数据库中,检查 IIH PDU 中所携带的邻居 TLV,发现在邻居 TLV 中存在自己的 MAC 地址,则 R2 将邻居状态设置为 UP。

2. 点到点链路

在点到点链路中，邻居建立过程分为两次握手方式和三次握手方式。

1）两次握手方式

当 IS 接收到点到点 IIH PDU 时，比较这两个 IS 的区域地址以确定邻居建立的有效性。如果两个 IS 具有相同的区域地址，则对于所有 IS 类型的组合都是有效的(除了 Level-1 IS 和 Level-2 IS 之间的连接)。如果两个 IS 的区域地址不相同，邻居关系仅能够在两个类型均有 Level-2 的 IS 之间建立。

在点到点链路中，如果区域地址的检查没有错误，本地中间系统将对接收到的 IIH PDU 报文中的 Circuit Type 类型号与本地中间系统的类型进行对比判断，如果类型匹配兼容，则可以建立相应的邻居，将在自己的邻居数据库中添加相关的邻居信息，并将邻居的状态设置为 UP；如果中间系统的类型不匹配，例如一个是 Level-1 的中间系统，另外一个是 Level-2 的中间系统，则将该报文丢弃。

两次握手方式是基于点到点链路为绝对可靠的前提之上的，但是实际上的点到点链路并不一定是可靠的。

2）三次握手方式

通过三次握手的方式，在点到点链路上建立邻居，如图 3-9 所示。

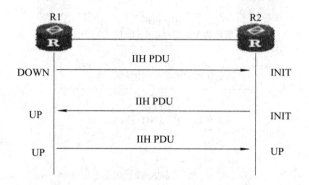

图 3-9　点到点上建立三次握手方式

R1 发送的 IIH PDU 中携带着类型为 240 的三次握手 TLV，其中主要是存放了邻居的三次状态，当 R2 接收到该报文后，会根据自己的邻居状态与 TLV 中的邻居状态确定下一个邻居状态，状态机的变化参见表 3-6。

表 3-6　三次握手的邻居状态变化

当前邻居 three-way 状态	接收到报文的 three-way 状态		
	DOWN	INIT	UP
DOWN	INIT	UP	DOWN
INIT	INIT	UP	UP
UP	INIT	ACCEPT	ACCEPT

3. 广播型链路上 DIS 的选举

在一个广播型链路上 IS-IS 协议需要在所有中间系统(IS)中选举一个 IS 作为

DIS(Designated Intermediate System，指定中间系统)。DIS 用来创建和更新伪节点；伪节点是用于模拟广播网络的一个虚拟节点，目的是减少在该广播型链路上发送的 LSP 中所携带的邻居信息，并简化网络结构。包括 DIS 在内的每一台 IS 将通告单条链路到伪节点。DIS 作为伪节点的代表也会通告一条链路到与之相连的所有 IS，如图 3-10 所示。图中实线表示物理链路，虚线表示逻辑链路。

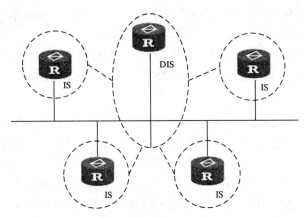

图 3-10　广播型链路上的 DIS 示意图

DIS 选举的条件：

(1) 当一台 IS 启动 IS-IS 进程之后，应当在两个 Hello 报文间隔之后进行 DIS 的选举。

(2) 必须具有至少一个状态为 UP 的邻居。

(3) 当邻居状态发生变化时，需要进行 DIS 的选举。

(4) 当邻居所携带的 IIH PDU 中的 LAN ID 发生变化时，需要进行 DIS 的选举。

(5) Level-1 和 Level-2 的 DIS 是分别选举的，可以在 IS 的接口上分别指定 Level-1 和 Level-2 的优先级。接口优先级数值最大的 IS 被选举为 DIS，如果接口优先级数值最大的 IS 有多台，则其中 MAC 地址数值最大的 IS 被选举为 DIS。DIS 的选举是抢占式的，这意味着如果在一个广播链路中新加入的 IS 的接口优先级数值更大，则产生新的 DIS。

在一台 IS 被选举为新的 DIS 后，需要进行如下操作：

(1) 如果之前存在其他的 DIS，则需要将其生成的伪节点 LSP 的剩余生存时间设置为 0，在整个网络上进行删除操作。

(2) 生成新的伪节点 LSP，进行泛洪。

(3) 生成新的非伪节点 LSP，进行泛洪。

如果原来的 DIS 不再作为 DIS，则需要进行如下操作：

(1) 将之前自己生成的伪节点 LSP 的剩余生存时间设置为 0，在整个网络上进行泛洪操作。

(2) 生成新的非伪节点 LSP，进行泛洪。

4．IS-IS 链路状态数据库的同步

LSP 报文的"泛洪"(Flooding)是指当一个路由器向相邻路由器通告自己的 LSP 后，相邻路由器再将同样的 LSP 报文传送到除发送该 LSP 的路由器外的其他邻居，并这样逐级将 LSP 传送到整个层次内所有路由器的一种方式。通过这种"泛洪"，整个层次内的每一个

路由器就都可以拥有相同的 LSP 信息，并保持链路状态数据库(LSPDB)的同步。

每一个 LSP 都拥有一个标识自己的 4 字节的序列号。在路由器启动时所发送的第一个 LSP 报文中的序列号为 1，以后当需要生成新的 LSP 时，新 LSP 的序列号在前一个 LSP 序列号的基础上加 1。更高的序列号意味着更新的 LSP。

这里需要定义两个概念，即 SRM 和 SSN。其中，SRM 用来发送路由选择信息标志，用来控制 LSP 传递到邻居路由器。SSN 为发送序列号标志，主要用于下面两个方面：

(1) 确认在点对点链路上通过可靠扩散接收到的 LSP。

(2) 广播链路中数据库同步时用于请求完整的 LSP 信息。

SRM 标志和 SSN 标志主要用于路由选择信息扩散和数据库同步。

1) 点到点链路

IS-IS 协议在点对点的链路上采用的是一种可靠的泛洪机制，在点对点的链路中，链路对端只有一个邻居路由器且花费极少的带宽资源来方便地跟踪邻居路由器发出的确认信息。

CSNP 简化了数据库同步过程，当两个相连接的路由器邻居关系第一次建立时，点对点链路中的所有的 CSNP 一次交换，通过比较 CSNP 与本地数据库和每个邻居路由器的数据库，来确定缺少或过时的 LSP。使用 PSNP 来请求缺少的 LSP，如果路由器发现邻居路由器没有某些 LSP，也可以主动地扩散这些 LSP。在泛洪过程中，设置 SSN 标志来表示需要发送 PSNP，设置 SRM 表示需要发送 LSP，对于点对点链路，需要接收到对端的 PSNP 确认包才会清 SRM 标志，否则会超时重传。

以图 3-11 为例，说明点对点链路的数据库同步过程。假设 R2 和 R3 的邻居关系已经正常，R1 和 R2 第一次建立邻居关系。

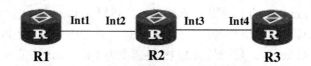

图 3-11 点对点链路的数据库同步

R1 和 R2 第一次建立邻居关系的数据库同步过程参见表 3-7。

表 3-7 第一次建立邻居关系的数据库同步过程

步骤	R1	R2
1	发送 CSNP	发送 CSNP
2	—	收到 R1 的 CSNP，发送 PSNP 请求，比较 R1 的 CSNP，R2 发现 R1 的 CSNP 缺少的本地链路状态数据库的 LSP，则主动发送 R3.00-00 LSP 给 R1
3	收到 PSNP，发送 R1.00-00 LSP	—
4	收到 R3.00-00 LSP，更新自己数据库发送 R3.00-00 LSP 的确认 PSNP	—
5		收到 R1.00-00 的 LSP，更新自己数据库

R2 和 R1 的邻居关系建立后，会扩散 R1 的信息给 R3。R2 的泛洪过程参见表 3-8。

表 3-8　R2 的泛洪过程

步骤	R2	R3
1	R2 从接口 2 收到来自 R1 的 R1.00-00 SEQ 100 的 LSP R2 检测数据库，发现没有此 LSP 在接口 2 上为 R1.00-00 设置 SSN 在接口 3 上为 R1.00-00 设置 SRM 在接口 2 上为 R1.00-00 发送 PSNP 确认 在接口 2 上清 SSN	发送 CSNP
2	—	R3 从接口 4 上接收 R2 发送的 R1.00-00 SEQ 100 的 LSP R3 检查数据库，发现此 LSP 自己没有 在接口 4 为 R1.00-00 设置 SSN 位 在数据库中添加 R1.00-00 SEQ 100 在接口 4 上为 R1.00-00 发送 PSNP 确认 在接口 4 上清 SSN
3	在接口 3 上为 R1.00-00 收到 PSNP 确认 在接口 3 上为 R1.00-00 清除 SRM 设置	—

2) 广播型链路

在广播型链路中，LSP 是通过特定的组播地址 AllL1ISs(0180.c200.0014)和 AllL2ISs(0180.c200.0015)分别扩散到层 1 或层 2 邻居路由器上。广播链路的扩散不需要点对点链路的可靠传送，广播链路中的路由信息扩散是"尽力而为"。

不可靠的扩散需要一个明确的机制来保证数据库同步，IS-IS 路由器依靠 DIS 周期性广播 CNSP 来实现广播链路上的数据库同步。

DIS 只控制广播链路中的扩散与数据库同步，IS-IS 协议没有限制广播链路上的 IS-IS 路由器只能和 DIS 建立邻居关系，Hello 数据包广播且在 3 次握手后路由器相互建立邻居关系，3 次握手意味着所有路由器都报告自己发现的其他路由器。DIS 发出的 CSNP 被周期性地传播以保证 LAN 上所有路由器都收到一份拷贝。通过比较 CNSP 与自己的链路状态数据库，识别缺少或新版本的 LSP，发送 PSNP 来请求这些 LSP。

周期性的广播 CSNP 占用昂贵的带宽开销，这是广播链路上可靠传输的一种比较简单的策略(可以通过增加 CSNP 的发送间隔来降低发送频率)。

如图 3-12 所示，假设 R1 和 R2 是先前连接到链路上的路由器，R3 为最后连接到链路上的路由器。此时 R1 的链路状态数据库中含有 R1.00-00、R1.01-00(pseudo lsp)和 R2.00-00。

R3 在与 R1 和 R2 建立邻居关系后产生一个 LSP 即 R3.00-00，并将其拷贝存储在自己的数据库中，将另一份拷贝从接口 3 扩散到链路上。

作为 DIS 的 R1，通过广播方式向链路通告一条 CSNP。

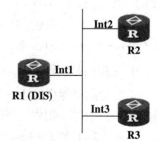

图 3-12　广播型链路的数据库同步

R3 收到 CSNP, 通过与本地链路状态数据库比较, 发现自己缺少的 3 个 LSP: R1.00-00、R1.01-00 和 R2.00-00。此时 R3 通过向链路发送一条 PSNP 请求这些 LSP。

R1 通过组播方式发送 R1.00-00、R1.01-00 和 R2.00-00, R3 收到这些 LSP 拷贝, 从而使 R3 的数据库与 R1 的数据库同步。

5. 路由泄露(渗透)

当某个区域的 Level-1-2 路由器和其他区域有连接关系的时候, 将在 Level-1 LSP 中设置 ATT(指定附属位, 即附属于其他区域的标志)bit, 来告诉本区域中的 Level-1 路由器有一个出口点。本区域的 Level-1 路由器选择一个最近的设置了 ATT bit 的 Level-1-2 路由器作为区域的缺省出口点, 并以此产生一条缺省路由。

由于 Level-1 路由器选择最近的 Level-1-2 路由器作为本区域的出口, 但是最近的路径并非是最优的路径, 很可能会导致次优路径的产生。

路由泄露是指为了避免次优路由的出现, 人为地把骨干区域的路由信息注入到普通的 Level-1 区域, 保证普通区域也拥有整个 IS-IS 路由域的路由信息。

路由泄露如图 3-13 所示。

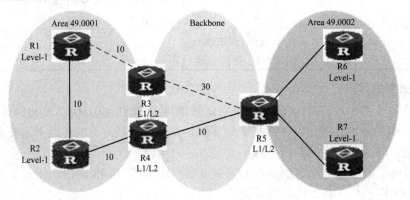

图 3-13　路由泄露的作用示例

如果源路由器 R1 希望到达目的路由器 R5, 由于 R1 并不知道本 Level-1 区域外的路由信息, 因此默认会把流量转向最近的 Level-1-2 路由器。在区域 Area 49.0001 中有两台 Level-1-2 路由器 R3 和 R4, 由于路由器 R3 和 R1 距离最近, 因此路由器 R1 把流量转发到路由器 R3 上, 流量经过 R1→R3→R5 到达目的路由器 R5, 其整条路径的花费是 40。而路径 R1→R2→R4→R5 的花费是 30, 为更优的路径。路由器 R1 并没有选择最优的路由, 因为 R1 不知道整个 IS-IS 路由域的路由信息。

为了解决这个问题, 在 Level-1-2 路由器 R3 和 R4 分别启用路由泄露, 使得 R1 选择更优的 R1→R2→R4→R5 来到达目的路由器 R5。

6. LSP 报文大小

在实际的组网中, 不同设备之间可以通过不同的二层链路进行互联, 这些互联设备接口的 MTU 可能不相同。由于 IS-IS 不允许协议报文进行二层分片, 在链路状态数据库的同步过程中, 为了保证网络上所有设备都能够接收到 LSP 报文, 有必要对设备设置 LSP 报文的最大生成、接收大小。

用户可以配置 LSP 报文的生成大小 originatingLSPBufferSize 以及接收大小 ReceiveLSPBufferSize，其数值与接口二层 MTU 大小的关系为

$$originatingLSPBufferSize <= ReceiveLSPBufferSize$$

$$originatingLSPBufferSize <= MTU$$

如果接口的 ISIS MTU 数值小于 originateLSPBufferSize，则对应接口状态设置为 DOWN，并产生对应的告警信息。

3.5 动态路由之 OSPF 协议

3.5.1 OSPF 协议概述

OSPF 路由协议是用于 IP 网络的链路状态路由协议。该协议是使用链路状态路由算法的内部网关协议，在单一自治系统(AS)内部工作。适用于 IPv4 的 OSPFv2 协议定义于 RFC 2328，RFC 5340 定义了适用于 IPv6 的 OSPFv3。

OSPF 协议仅在单一自治系统内部路由网际协议数据包，因此被分类为内部网关协议。该协议从所有可用的路由器中搜集链路状态信息，从而构建该网络的拓扑图，由此决定提交给网络层的路由表，最终路由器依据在网际协议数据包中发现的目的 IP 地址，结合路由表作出转发决策。OSPF 支持 VLSM 与 CIDR(Classless Inter-Domain Routing，无类别域间路由)。

OSPF 协议在所有开启 OSPF 的接口发送 Hello 包，用来确定是否有 OSPF 邻居，若发现了，则建立 OSPF 邻居关系，形成邻居表；之后互相发送 LSA(Link State Advertisement，链路状态通告)通告路由，形成 LSDB(Link State Database，链路状态数据库)。再通过 SPF 算法，计算最佳路径(cost 最小)后放入路由表。

OSPF 协议的特性如下：

· 适应范围广——支持各种规模的网络，最多可支持几百台路由器。

· 快速收敛——在网络的拓扑结构发生变化后立即发送更新报文，使这一变化在自治系统中同步。

· 无自环——由于 OSPF 根据收集到的链路状态用最短路径树算法计算路由，从算法本身保证了不会生成自环路由。

· 区域划分——允许自治系统的网络被划分成区域来管理，区域间传送的路由信息被进一步抽象，从而减少了占用的网络带宽。

· 等值路由——支持到同一目的地址的多条等值路由。

· 路由分级——使用 4 类不同的路由，按优先顺序来说分别是区域内路由、区域间路由、第一类外部路由、第二类外部路由。

· 支持验证——支持基于接口的报文验证以保证路由计算的安全性。

· 组播发送——支持组播地址。

采用 OSPF 协议的自治系统，经过合理的规划可支持超过 1000 台路由器，这一性能是距离矢量路由协议如 RIP 等无法比拟的。距离矢量路由协议采用周期性地发送整张路由表

来使网络中路由器的路由信息保持一致,这个机制浪费了网络带宽并引发了一系列的问题。

路由变化收敛速度是衡量一个路由协议好坏的一个关键因素。在网络拓扑发生变化时,网络中的路由器能否在很短的时间内相互通告所产生的变化并进行路由的重新计算,是网络可用性的一个重要的表现方面。

OSPF 采用一些技术手段(如 SPF 算法、邻接关系等)避免了路由自环的产生。在网络中,路由自环的产生将导致网络带宽资源的极大耗费,甚至使网络不可用。OSPF 协议从根本上(算法本身)避免了自环的产生。采用距离矢量协议的 RIP 等协议,路由自环是不可避免的。为了完善这些协议,只能采取若干措施,在自环发生前,降低其发生的概率,在自环发生后,减小其影响范围和时间。

在 IP(IPv4)地址日益匮乏的今天,能否支持 VLSM 来节省 IP 地址资源,对一个路由协议来说是非常重要的,OSPF 能够满足这一要求。

在采用 OSPF 协议的网络中,如果通过 OSPF 计算出到同一目的地有两条以上代价相等的路由,该协议可以将这些等值路由同时添加到路由表中。这样,在进行转发时可以实现负载分担或负载均衡。

在支持区域划分和路由分级管理上,OSPF 协议适合在大规模的网络中使用。

在协议本身的安全性上,OSPF 使用验证,在邻接路由器间进行路由信息通告时可以指定密码,从而确定邻接路由器的合法性。

与广播方式相比,用组播地址来发送协议报文可以节省网络带宽资源。

从衡量路由协议性能的角度,我们可以看出,OSPF 协议确实是一个比较先进的动态路由协议,这也是它得到广泛采用的主要原因。

3.5.2 OSPF 协议报文

OSPF 协议支持基于接口的报文验证以保证路由计算的安全性,并使用 IP 多播方式发送和接收报文。

OSPF 有五种报文类型。

1. HELLO 报文

HELLO 报文(Hello Packet)最常用的一种报文,周期性地发送给本路由器的邻居,内容包括一些定时器的数值、DR、BDR 以及自己已知的邻居。

2. DD 报文

两台路由器进行数据库同步时,用 DD 报文(Database Description Packet)来描述自己的 LSDB,内容包括 LSDB 中每一条 LSA 的摘要(摘要是指 LSA 的 HEAD,通过该 HEAD 可以唯一标识一条 LSA)。这样做是为了减少路由器之间传递信息的量,因为 LSA 的 HEAD 只占一条 LSA 的整个数据量的一小部分,根据 HEAD,对端路由器就可以判断出是否已有这条 LSA。

3. LSR 报文

两台路由器互相交换过 DD 报文之后,知道对端的路由器有哪些 LSA 是本地的 LSDB 所缺少的,这时需要发送 LSR 报文(Link State Request Packet)向对方请求所需的 LSA,内容包括所需要的 LSA 的摘要。

4. LSU 报文

LSU 报文(Link State Update Packet)用来向对端路由器发送所需要的 LSA，内容是多条 LSA(全部内容)的集合。

5. LSAck 报文

LSAck 报文(Link State Acknowledgment Packet)用来对接收到的 LSU 报文进行确认，内容是需要确认的 LSA 的 HEAD(一个报文可对多个 LSA 进行确认)。

3.5.3 OSPF 的链路状态通告 LSA

OSPF 路由器之间交换链路状态通告(LSA)信息。OSPF 的 LSA 中包含连接的接口、使用的 Metric 及其他变量信息。OSPF 路由器收集链接状态信息并使用 SPF 算法来计算到各节点的最短路径。LSA 也有几种不同功能的报文，在这里简单地介绍一下。

1. LSA Type 1

Router LSA 由每台路由器为所属的区域产生的 LSA，描述本区域路由器链路到该区域的状态和代价。一个边界路由器可能产生多个 LSA Type 1，包含了路由器链路 Router ID、接口地址、接口网络、接口花费等信息。

2. LSA Type 2

Network LSA 由 DR 产生，含有连接某个区域路由器的所有链路状态和代价信息。该类 LSA 由广播类型的网络和 NBMA 网络中的 DR 产生，P2P 网络则没有这一类 LSA。它包含了该网段所有路由器的 Router ID，网段掩码信息、DR 和 BDR 信息，且会在本区域中传播。

3. LSA Type 3

Summary LSA 由 ABR 产生，含有 ABR 与本地内部路由器连接信息，可以描述本区域到主干区域的链路信息，以路由条目的形式将本区域的路由信息传递到相邻区域。它通常汇总缺省路由而不是传送汇总的 OSPF 信息给其他网络。

4. LSA Type 4

ASBR Summary LSA 由 ABR 产生，由主干区域发送到其他 ABR，用来通告到达外部自治系统的 ASBR 路由器的 Router ID，含有 ASBR 的链路信息，与 LSA TYPE 3 的区别在于 Type 4 描述到 OSPF 网络的外部路由，而 Type 3 则描述区域内路由。

5. LSA Type 5

AS External LSA 由 ASBR 产生，含有关于自治域外的链路信息，用来向 OSPF 通告到达外部自治系统的路由。除了存根区域和完全存根区域，LSA Type 5 在整个网络中发送。

6. LSA Type 6

Multicast OSPF LSA，MOSF 可以让路由器利用链路状态数据库的信息构造用于多播报文的多播发布树。

7. LSA Type 7

当人为定义一个 NSSA 区域的时候，会产生七类的 LSA，用以通告如何到达自治系统外部。7 类 LSA 在传送到相邻区域的时候又被转换成 5 类 LSA。

3.5.4 与 OSPF 协议相关的基本概念

1. 路由器 ID 号

一台路由器如果要运行 OSPF 协议，必须存在路由器 ID 号，即 Router ID。Router ID 的配置原则如下：

(1) 如果路由器没有手工指定 Router ID，也没有配置 Loopback 接口的地址，此时 OSPF 选择 Router ID 的时候会选择为第一个先激活的接口 IP 地址；若有多个已经激活的接口，则将路由器的最小的接口 IP 地址作为路由器的 Router ID。

(2) 如果路由器没有手工指定 Router ID，配置 Loopback 接口的地址，Router ID 是所有 Loopback 接口中的最小的 IP 地址，而不管其他物理接口的 IP 地址的值。

(3) 路由器手动配置了 Router ID，OSPF 进程启动时就以配置的 Router ID 作为路由器手动配置的 Router ID。路由器手动配置 Router ID 有两种方式，一种是在系统视图下配置；一种是在 OSPF 协议视图下配置。OSPF 协议进程下的 Router ID 优先级比系统视图下的要高，如果两者同时配置，那么 OSPF 在选择 Router ID 的时候首选协议视图下配置的。另外需要说明的一点是，如果在系统视图下配置 Router ID，若路由器同时运行 OSPF 和 BGP，那么如果两个协议都没有指定 Router ID，此时两个协议的 Router ID 都是该系统视图下配置的 Router ID。

Router ID 全局唯一，不能重复，为了避免重复，规划 Router ID 时，建议以某 Loopback 地址作为 Router ID。Router ID 一旦选定，在修改时，若是只修改了 Loopback 地址或 Router ID 的配置参数，正工作的 Router ID 不会改变；如果要新的参数生效，必须重启 OSPF 进程。这也是很多人在维护 OSPF 时经常碰到的，大家只是修改了 Loopback 的地址，或是 Router ID 的值，但是没有重启 OSPF 进程，导致网络中的 Router ID 可能会冲突。

2. 区域(Area)

随着网络规模的日益扩大，当一个巨型网络中的路由器都运行 OSPF 路由协议时，路由器数量的增多会导致 LSDB 非常庞大，占用大量的存储空间，并使得运行 SPF 算法的复杂度增加，导致 CPU 负担很重；并且，网络规模增大之后，拓扑结构发生变化的概率也增大，网络会经常处于"动荡"之中，造成网络中会有大量的 OSPF 协议报文在传递，降低了网络的带宽利用率。而且每一次变化都会导致网络中所有的路由器重新进行路由计算。

OSPF 协议通过将自治系统划分成不同的区域(Area)来解决上述问题。区域是在逻辑上将路由器划分为不同的组。一个区域编号是一个 32 位二进制的数值，它可以以 IP 地址的格式如"区域 0.0.0.0"来定义或者以十进制数字格式如"区域 0"来定义。区域 10 和区域 10.0.0.0 是不一样的，前者如果用 IP 地址格式表示，应该是 0.0.0.10。

1) 骨干区域

OSPF 划分区域之后，并非所有的区域都是平等的关系。其中有一个区域是与众不同的，它的区域号(Area ID)是 0，通常被称为骨干区域(Backbone Area)。骨干区域必须连接所有的非骨干区域，而且骨干区域不可分割，有且只有一个，一般情况下，骨干区域内没有终端用户。

非骨干区域一般根据实际情况而划分，必须连接到骨干区域(不规则区域也需通过 Tunnel 或 Virtual Link 连接到骨干区域)。一般情况下，非骨干区域主要连接终端用户和资源。

2) 虚连接

由于所有区域都必须与骨干区域在逻辑上保持连接，特别引入了虚连接(Virtual Link)的概念，使那些物理上分割的区域仍可保持逻辑上的连通性。

区域划分的规则如下：

• 每一个网段必须属于一个区域，即每个运行 OSPF 协议的接口必须指定属于某一个特定的区域。

• 区域用区域号(Area ID)来标识，区域号是一个从 0 开始的 32 位整数。

• 骨干区域(Area 0)不能被非骨干区域分割开。

• 非骨干区域(非 Area 0)必须和骨干区域相连。

划分区域的优势包括：一是只有同一区域内的路由器之间会保持 LSDB 的同步，网络拓扑结构的变化首先在区域内更新；二是划分区域后，可以在区域边界路由器上进行路由聚合，以减少通告到其他区域的 LSA 数量，还可以将网络拓扑变化带来的影响最小化。

3) 一些人为定义的特殊区域

(1) 末端区域(Stub Area)：当将一个非骨干区域人为指定为 Stub 区域后，该区域将不会接收区域外路由。

末端区域具有这些特性：可以从其他区域来的汇总 LSA 被引入；缺省路由作为一个路由汇总被引入。

(2) 完全末端区域(Totall Stub Area)：当一个非骨干区域被指定为 Totally Stub 区域后，该区域中的路由器仅依靠从 ABR 来的一个缺省路由汇总的引入；没有其他的外部或汇总信息被包含到路由表中。这是对末端区域的扩展。

(3) 非完全末端区域(Not-So-Stubby Area，NSSA)：该种区域是 Stub 区域的一种改进，虽然不让注入 Type 5 类，但是会生成一条 Type 7 的 LSA。

这几种区域的示意图如图 3-14 所示。

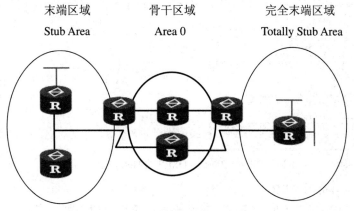

图 3-14　几种区域的示意图

3. OSPF 的路由器

1) 指定路由器 DR

为使每台路由器都能将本地状态信息广播到整个自治系统中,在路由器之间要建立多个邻居关系,但这使得任何一台路由器的路由变化都导致多次传递,浪费了宝贵的带宽资源。为解决这一问题,OSPF 协议定义了指定路由器,即 DR(Designated Router)。所有路由器都只将信息发送给 DR,由 DR 将网络链路状态广播出去,除 DR/BDR 外的路由器(称为 DR Other)之间将不再建立邻居关系,也不再交换任何路由信息。

哪一台路由器会成为本网段内的 DR 并不是人为指定的,而是由本网段中所有的路由器共同选举出来的。

DR 的选举准则如下:

- 网络中最先启动的路由器被选举为 DR。
- 同时启动或重新选举时,则看接口优先级(0~255),优先级最高的被选举为 DR。
- 如果前两者相同,最后看路由器 ID,路由器 ID 最高的被选举成 DR。
- DR 选举是非抢占的,除非重启 OSPF 进程。

2) 备份指定路由器 BDR

如果 DR 由于某种故障而失效,这时必须重新选举 DR,并与之同步。这需要较长的时间,在这段时间内,路由计算是不正确的。为了能够缩短这个过程,OSPF 提出了 BDR(Backup Designated Router)的概念。BDR 实际上是对 DR 的一个备份,在选举 DR 的同时也选举出 BDR,BDR 也和本网段内的所有路由器建立邻接关系并交换路由信息。当 DR 失效后,BDR 会立即成为 DR。

DR 和 BDR 在 OSPF 的 Hello 报文中如图 3-15 所示。

```
⊞ Frame 18 (78 bytes on wire, 78 bytes captured)
⊞ Ethernet II, Src: 10.75.32.1 (00:d0:d0:c6:b1:c1), Dst: 01:00:5e:00:00:05 (01:00:5e:00:00:05)
⊟ Internet Protocol, Src: 10.75.32.1 (10.75.32.1), Dst: 224.0.0.5 (224.0.0.5)
    Version: 4
    Header length: 20 bytes
  ⊞ Differentiated Services Field: 0x00 (DSCP 0x00: Default; ECN: 0x00)
    Total Length: 64
    Identification: 0x8969 (35177)
  ⊞ Flags: 0x00
    Fragment offset: 0
    Time to live: 1
    Protocol: OSPF IGP (0x59)
  ⊞ Header checksum: 0x25ab [correct]
    Source: 10.75.32.1 (10.75.32.1)
    Destination: 224.0.0.5 (224.0.0.5)
⊟ Open Shortest Path First
  ⊟ OSPF Header
      OSPF Version: 2
      Message Type: Hello Packet (1)
      Packet Length: 44
      Source OSPF Router: 10.75.0.1 (10.75.0.1)
      Area ID: 10.128.0.0
      Packet Checksum: 0xc486 [correct]
      Auth Type: Null
      Auth Data (none)
  ⊟ OSPF Hello Packet
      Network Mask: 255.255.248.0
      Hello Interval: 10 seconds
    ⊞ Options: 0x02 (E)
      Router Priority: 1
      Router Dead Interval: 40 seconds
      Designated Router: 10.75.32.1
      Backup Designated Router: 0.0.0.0
```

图 3-15 DR 和 BDR 在 OSPF 的 Hello 报文中的位置

3) 区域边界路由器 ABR

若路由器的接口属于不同的区域,且至少有一个接口位于骨干区域,则此路由器的角色为区域边界路由器(Area Border Routers)。

4) 自治系统边界路由器 ASBR

与其他 AS 交换信息的路由器叫做自治系统边界路由器(Autonomous System Boundary Router，ASBR)。

如果一台 OSPF 路由器属于单个区域，则该路由器的所有接口都属于同一个区域，那么这台路由器称为内部路由器；如果一台 OSPF 路由器属于多个区域，即该路由器的接口不都属于一个区域，那么这台路由器称为区域边界路由器，ABR 可以将一个区域的 LSA 汇总后转发至另一个区域；如果一台 OSPF 路由器将外部路由协议重分布进 OSPF，那么这台路由器称为自治系统边界路由器 ASBR，但是如果只是将 OSPF 重分布进其他路由协议，则不能称为 ASBR。ABR 和 ASBR 的示意图如图 3-16 所示。

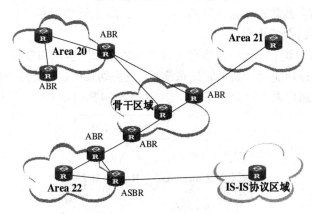

图 3-16　ABR 和 ASBR 的示意图

4. 其他概念

1) 路由聚合

AS 被划分成不同的区域，每一个区域通过 OSPF 区域边界路由器(ABR)相连，区域间可以通过路由汇聚来减少路由信息，减小路由表的规模，提高路由器的运算速度。

ABR 在计算出一个区域的区域内路由之后，查询路由表，将其中每一条 OSPF 路由封装成一条 LSA 发送到区域之外。

例如，图 3-17 中，Area 19 内有三条区域内路由 19.1.1.0/24，19.1.2.0/24，19.1.3.0/24，如果此时配置了路由聚合，将三条路由聚合成一条 19.1.0.0/16，在 RTA 上就只生成一条描述聚合后路由的 LSA。

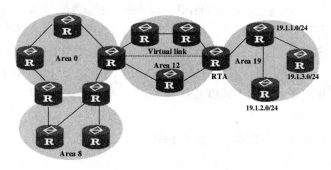

图 3-17　区域及路由聚合示意图

2) Graceful Restart

顾名思义，Graceful Restart 指的是平缓重启路由器的一种功能，不会对其他路由器造成影响。

如果路由器需要关闭很短的一段时间，可能只是几秒钟，就没有必要影响整个网络的拓扑结构。一台路由器关闭之后，与它邻接的路由器就会把它从邻居列表中删除，并通知给其他路由器，这样就要重新计算 SPF。几秒钟之后路由器恢复工作，又需要重新建立邻接关系并计算 SPF。

为了避免不必要的 SPF 计算，当一台路由器重启时，会通知与它邻接的路由器它只是关闭几秒钟，马上就会恢复正常。

这样，邻接路由器就不会将进行 Graceful Restart 的路由器从邻接列表中删除，其他路由器也不会知道有路由器重启。

重启的路由器恢复工作之后，将会通过带外的重新同步从邻接路由器处获取 LSDB。

Graceful Restart 功能用于高可靠性系统。当发生切换时，备份路由器就会进行 Graceful Restart，并与邻接路由器进行带外重新同步。Graceful Restart 的示意图如图 3-18 所示。

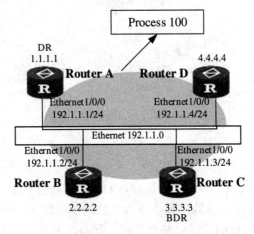

图 3-18   Graceful Restart 示意图

3) 热备份

分布式结构的路由器支持 OSPF HSB(Hot Standby，热备份)特性。OSPF 将会把 AMB(Active Main Board)上必要的信息备份到 SMB(Standby Main Board)上。当 AMB 发生故障时，SMB 将会取代它的功能，使 OSPF 可以不受任何影响，正常运行。

OSPF 热备份是系统特性，无需配置，自动支持。OSPF 支持两种不同的热备份方式：

• 备份所有 OSPF 数据，一旦发生 AMB 和 SMB 切换，OSPF 能够马上恢复正常运行。

• 只备份 OSPF 配置信息，发生 AMB 和 SMB 切换时，OSPF 进行 Graceful Restart，从邻居那里获得邻接关系，并对 LSDB 进行同步。

4) OSPF 支持 VPN

通常情况下，使能 VPN 的客户端通过 BGP 对等体连接，客户端内部则经常以 OSPF 作为内部路由协议。

然而，对于每个普通 OSPF 路由拓扑，即使两个 VPN 边界属于同一客户，它们也会被看做属于不同的自治系统处理。这样，在一个节点学到的路由，将被作为外部路由传送给另一节点。这种处理方式导致了比较高的 OSPF 路由协议流量，并带来了一些原本可以避免的网络管理问题。

目前的 OSPF 版本可以解决上述问题。通过适当配置，运行 OSPF 的不同节点之间彼此看做是直接相连的。这样，PE 路由器交换 OSPF 路由信息时就好像是通过一条专线相连的，改善了网络管理并使 OSPF 的应用更为有效。

5) OSPF 伪连接

OSPF 伪连接(Sham Link)是 MPLS VPN 骨干网上两个 PE 路由器之间的点到点链路，这些链路使用 Unnumbered 的地址。

通常情况下，BGP 对等体之间通过 BGP 扩展团体属性在 MPLS VPN 骨干网上承载路由信息。PE 上运行的 OSPF 可利用这些信息来生成 PE 到 CE 的 Type 3 summary LSA，这些路由是区域间路由。

但是，如果路由器和它同一区域内的 PE 路由器相连，且建立到达特定目的地址的内部区域路由(后门路由)，那么 VPN 流量就将总是穿越这条后门路由，而不是骨干路由。这是因为在路由表中建立的 OSPF 内部区域路由的优先级较高。为了避免这一异常现象，可以在 PE 路由器之间配置一条 Unnumbered 的点到点伪连接。这样，就可以通过一条低开销的内部区域路由到达 PE 路由器。

OSPF 支持 IGP Shortcut 和 Forwarding Adjacency 特性，这两个特性允许 OSPF 使用 LSP 作为到达某个目的地址的出接口；否则，即使存在到达某个目的地址的 LSP，OSPF 也不能使用它作为出接口。

IGP Shortcut 和 Forwarding Adjacency 的区别在于：

(1) 如果仅使能了 Forwarding Adjacency 特性，OSPF 也可以使用 LSP 到达目的地址。

(2) 如果仅使能了 IGP Shortcut 特性，则只有使能此特性的路由器才可以在路由中使用 LSP。

3.5.5　OSPF 协议路由的计算过程

OSPF 协议路由的计算过程可简单描述如下：

每个支持 OSPF 协议的路由器都维护着一份描述整个自治系统拓扑结构的 LSDB。每台路由器根据自己周围的网络拓扑结构生成 LSA，通过相互之间发送协议报文将 LSA 发送给网络中其他路由器。这样每台路由器都收到了其他路由器的 LSA，所有的 LSA 放在一起便组成了链路状态数据库。

由于 LSA 是对路由器周围网络拓扑结构的描述，那么 LSDB 则是对整个网络拓扑结构的描述。路由器很容易将 LSDB 转换成一张带权的有向图，这张图便是对整个网络拓扑结构的真实反映。显然，各个路由器得到的是一张完全相同的图。

每台路由器都使用 SPF 算法计算出一棵以自己为根的最短路径树，这棵树给出了到自治系统中各节点的路由，外部路由信息为叶子节点，外部路由可由广播它的路由器进行标记以记录关于自治系统的额外信息。显然，各个路由器各自得到的路由表是不同的。

此外，为使每台路由器能将本地状态信息(如可用接口信息、可达邻居信息等)广播到整个自治系统中，在路由器之间要建立多个邻接关系，这使得任何一台路由器的路由变化都会导致多次传递，既没有必要，也浪费了宝贵的带宽资源。为解决这一问题，OSPF 协议定义了"指定路由器"(DR)，所有路由器都只将信息发送给 DR，由 DR 将网络链路状态广播出去，这样就减少了多址访问网络上各路由器之间邻接关系的数量。图 3-19 和图 3-20 为 OSPF 的最小生成树算法的示例。

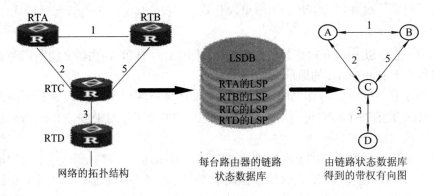

图 3-19　SPF 算法示例(1)

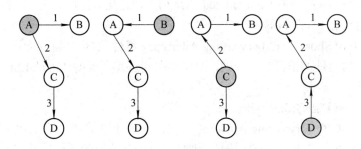

图 3-20　SPF 算法示例(2)

图 3-20 中，每台路由器分别以自己为根节点计算最小生成树。

3.6　OSPF 与 IS-IS 对比

1. IS-IS 与 OSPF 的相同点

从 IS-IS 与 OSPF 的功能上讲，它们之间非常相似，虽然它们在结构上有着差异：

(1) IS-IS 与 OSPF 同属于链路状态路由协议。作为链路状态路由协议，IS-IS 与 OSPF 都是为了满足加快网络的收敛速度，提高网络的稳定性、灵活性、扩展性等这些需求而开发出来的高性能的路由选择协议。

(2) IS-IS 与 OSPF 都使用链路状态数据库收集网络中的链路状态信息，链路状态数据库存放的是网络的拓扑结构图，而且区域中的所有路由器都共享一个完全一致的链路状态数据库。

(3) IS-IS 与 OSPF 都使用泛洪(Flooding)机制来扩散路由器的链路状态信息。

(4) IS-IS 与 OSPF 都使用相同的报文(OSPF 中的 LSA 与 IS-IS 中的 LSP)来承载链路状态信息。

(5) IS-IS 与 OSPF 都分别定义了不同的网络类型,而且在广播网络中都使用指定路由器(OSPF 中的 DR,IS-IS 中的 DIS)来控制和管理广播介质中的链路状态信息的泛洪。

(6) IS-IS 与 OSPF 同样都采用 SPF 算法(Dijkstra 算法)来根据链路状态数据库计算最佳路径。

(7) IS-IS 与 OSPF 同样都采用分层区域结构来描述整个路由域,即骨干区域和非骨干区域。

基于两层的分级区域结构,所有非骨干区域间的数据流都要通过骨干区域进行传输。

(8) IS-IS 与 OSPF 都是支持 VLSM 和 CIDR(Classless Inter-Domain Routing,无类域间路由)的 IP 无类别路由选择协议。

(9) IS-IS 与 OSPF 都是标准协议。

2. IS-IS 与 OSPF 的不同点

在区域设计方面,OSPF 的骨干区域就是区域 0(Area 0),是一个实际的区域。IS-IS 与 OSPF 最大的区别就是 IS-IS 的区域边界位于链路上,OSPF 的区域边界位于路由器上,也就是 ABR 上。ABR 负责维护与其相连的每一个区域各自的数据库,也就是 Area 0 骨干区域数据库和 Area 1 非骨干区域数据库,如图 3-21 所示。

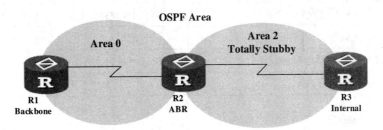

图 3-21　OSPF 区域示意图

IS-IS 的骨干区域是由所有具有 L2 路由选择功能的路由器(L2 路由器或 L1/L2 路由器)组成的,而且必须是物理上连续的,可以说 IS-IS 的骨干区域是一个虚拟的区域。

这点与 OSPF 不同,虽然 IS-IS 中的 L1/L2 路由器的功能类似于 OSPF 中的 ABR,但是对于 L1/L2 路由器来说,它只属于某一个区域,并且同时维护一个 L1 链路状态数据库和一个 L2 链路状态数据库,而且 L1/L2 路由器不像 OSPF 中的 ABR,可以同时属于多个区域。

与 OSPF 相同的是,IS-IS 区域间的通信都必须经过 L2 区域(或者骨干区域),以便防止区域间路由选择的环路,这与 OSPF 非骨干区域间的流量都要经过骨干区域(Area 0)的操作是一样的。IS-IS 区域示意图如图 3-22 所示。

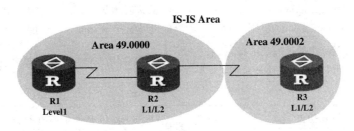

图 3-22　IS-IS 区域示意图

通过上图所示的 IS-IS 区域可以看出，由于 IS-IS 的骨干区域是虚拟的，所以更加利于扩展，灵活性更强。当需要扩展骨干区域时，只需添加 L1/L2 路由器或 L2 路由器即可，这比 OSPF 要灵活得多。

在设计 IS-IS 区域和路由器类型时，可以遵循以下原则：

(1) 不与骨干相连的路由器可以配置为 L1 路由器。

(2) 与骨干相连的路由器必须配置为 L2 路由器或 L1/L2 路由器。

(3) 不与 L1 路由器相连的骨干路由器可以配置为 L2 路由器。

纵观 IS-IS 与 OSPF 大体的功能，包括邻接关系、路由结构、链路状态操作、使用的算法等都存在着许多相似之处。但在这些相似点之中，或者说在这些基础上，IS-IS 与 OSPF 也是存在着很多的不同点。表 3-9 从各个方面列出了 IS-IS 与 OSPF 之间的区别。

表 3-9　IS-IS 与 OSPF 的区别

IS-IS	OSPF
IS-IS 可以支持 CLNP 和 IP 两种网络环境	OSPF 仅支持 IP 网络环境
IS-IS 所使用的数据包被直接封装到数据链路层帧中	OSPF 数据包被封装在 IP 报文中
IS-IS 是 ISO CLNS 中的一个网络层协议	OSPF 不是网络层协议，它运行在 IP 之上
IS-IS 使用 LSP 承载所有的路由选择信息	OSPF 使用不同类型的 LSA 承载路由选择信息
IS-IS 利用 TLV 可以灵活地对协议进行扩展	OSPF 很难进行扩展
IS-IS 可以忽略不支持的 TLV	网络中所有路由器都必须能够识别所有 LSA
IS-IS PDU 可以承载多个 TLV 字段，只有一个报头，节省带宽	1 类、2 类 LSA 承载多个 IP 前缀；3 类、4 类、5 类 LSA 只能承载单个 IP 前缀，如果需要发送多个 IP 前缀信息，需要多个 LSA
IS-IS 仅支持广播类型链路与点到点类型链路	OSPF 支持多种网络类型：广播、点到点、NBMA、点到多点和按需电路(Demand Circuit)
IS-IS 邻接关系建立过程简单，仅 3 步	OSPF 需要通过多种状态建立邻接关系
数据库同步在邻接关系建立之后	数据库同步在邻接关系建立之前
IS-IS 路由器只属于一个区域，基于节点分配区域	OSPF 路由器可以属于多个区域,典型的是 ABR,OSPF 基于接口分配区域
IS-IS 的区域边界在链路上	OSPF 的区域边界在路由器上
IS-IS 的 L1 区域(非骨干区域)为末节(Stub)区域，除非使用路由泄漏(Route Leaking)机制	默认情况下，OSPF 非骨干区域不是 Stub 区域，但可以配置为 Stub 区域
IS-IS 仅在点到点链路上的扩散是可靠的，在广播链路中通过 DIS 周期性地发送 CSNP 来实现可靠性	OSPF 在所有链路上的扩散都是可靠的
IS-IS 中没有备份 DIS	OSPF 中要选举 BDR，以接替 DR 的角色
IS-IS 中的 DIS 可以被抢占	OSPF 中的 DR 不能被抢占
DIS 以 3 倍的频率发送 Hello PDU	DR 以正常的频率发送 Hello 报文

IS-IS	OSPF
默认情况下,IS-IS 的 LSP 最大生存时间为 1200 s,刷新间隔为 900 s,而且定时器的值可调	OSPF 的 LSA 的老化时间为 3600 s,刷新间隔为 1800 s,而且是固定值
默认情况下,IS-IS 的接口 Cost 值为 10	默认情况下,OSPF 的接口 Cost 值根据带宽进行计算
默认情况下,IS-IS 保持时间(Holding Time)为 30 s,而且在建立邻接关系时不需要双方的保持时间匹配	默认情况下,OSPF 的保持时间(Dead Interval)为 40 s,而且为了建立邻接关系,必须使双方的保持时间一致
IS-IS 通过将 Hello PDU 的大小填充至接口 MTU 来检查双方的 MTU 是否匹配	OSPF 通过在 DBD 报文中嵌入接口 MTU 字段来检查双方的 MTU 是否匹配

3.7　动态路由之 BGP 协议

3.7.1　BGP 协议概述

BGP 是一种外部网关协议,与 OSPF、RIP 等内部网关协议 IGP 不同,其着眼点不在于发现和计算路由,而在于控制路由的传播和选择最佳路由。

BGP 是一种路径矢量(Path Vector)路由协议,采用到达目的地址所经过的 AS 列表来衡量到达目的地址的距离。

BGP 使用 TCP 作为其传输层协议(端口号 179),提高了协议的可靠性。

BGP 支持 CIDR。

路由更新时,BGP 只发送更新的路由,大大减少了 BGP 传播路由所占用的带宽,适用于在 Internet 上传播大量的路由信息。

BGP 路由通过携带 AS 路径信息彻底解决路由环路问题。

BGP 提供了丰富的路由策略,能够对路由实现灵活的过滤和选择。

BGP 易于扩展,能够适应网络新的发展。

发送 BGP 消息的路由器称为 BGP 发言者(BGP Speaker),接收或产生新的路由信息,并发布(Advertise)给其他 BGP 发言者。当 BGP 发言者收到来自其他自治系统的新路由时,如果该路由比当前已知路由更优或者当前还没有该路由,把这条路由发布给自治系统内所有其他 BGP 发言者。

相互交换消息的 BGP 发言者之间互称对等体(Peer),若干相关的对等体可以构成对等体组(Peer Group)。

3.7.2　BGP 的消息类型

BGP 有 5 种消息类型,即 Open、Update、Notification、Keepalive 和 Route-refresh,如表 3-10 所示。这些消息有相同的报文头,其格式如图 3-23 所示。

表 3-10　BGP 的 5 种消息

消息类型	描　　述
Open	TCP 连接建立后发送的第一个消息,用于在 BGP 对等体之间建立会话,包含版本号(如 BGP 3/BGP 4)、HoldTime(是一个协商的过程,以较小的 HoldTime 为准)、Router ID(OSPF 和 BGP 可以手动配置)、AS 号(范围为 1~65 535,其中 64 512~65 535 的 AS 编号范围留作私有)
Update	用于在对等体之间交换路由信息,一条 Update 消息可以发布具有相同路径属性的多条可达路由,也可以同时撤销多条不可达路由。 消息包含了三个组件:网络层可达性消息(NLRI)、路径属性和被撤销的路由
Notification	当 BGP 检测到错误状态时,就向对等体发出 Notification 消息,之后 BGP 会话会立即中断
Keepalive	BGP 周期性地向对等体发送 Keepalive 消息,以保持会话的有效性
Route-refresh	用于要求对等体重新发送指定地址族的路由信息

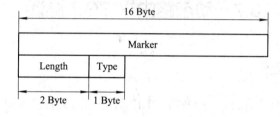

图 3-23　BGP 消息的报文头格式

BGP 消息主要字段的解释如下:

- Marker:16 字节,用于标明 BGP 报文边界,所有比特均为"1"。
- Length:2 字节,BGP 消息总长度(包括报文头在内),以字节为单位。
- Type:1 字节,BGP 消息的类型。其取值从 1 到 5,分别表示 Open、Update、Notification、Keepalive 和 Route-refresh 消息。

3.7.3　BGP 邻居状态及转换

BGP 邻居建立中的状态和过程如下:

(1) Idle 状态:为初始状态,当协议激活后开始初始化,复位计时器,发起第一个 TCP 连接,并开始倾听远程对等体所发起的连接,同时转向 Connect 状态。

(2) Connect 状态:开始 TCP 连接并等待 TCP 连接成功的消息。如果 TCP 连接成功,则进入 OpenSent 状态;如果 TCP 连接失败,进入 Active 状态。

(3) Active 状态:BGP 总是试图建立 TCP 连接,若连接计时器超时,则退回到 Connect 状态,TCP 连接成功就转为 OpenSent 状态。

(4) OpenSent 状态:TCP 连接已建立,自己已发送第一个 Open 报文,等待接收对方的 Open 报文,并对报文进行检查,若发现错误则发送 Notification 消息报文并退回到 Idle 状态。若检查无误则发送 Keepalive 消息报文,Keepalive 计时器开始计时,并转为 OpenConfirm 状态。

(5) OpenConfirm 状态:BGP 等待 Keepalive 报文,同时复位保持计时器。如果收到了

Keepalive 报文，就转为 Established 状态，邻居关系协商完成。如果系统收到一条更新或 Keepalive 消息，将重新启动保持计时器；如果收到 Notification 消息，BGP 就退回到空闲状态。

(6) Established 状态：即建立了邻居(对等体)关系，路由器将和邻居交换 Update 报文，同时复位保持计时器。

BGP 邻居建立过程中的状态迁移示意图如图 3-24 所示。

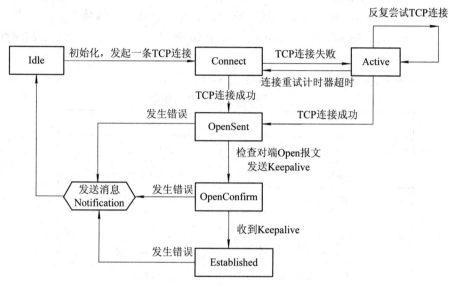

图 3-24　BGP 邻居建立过程状态迁移图

3.7.4　BGP 路由通告原则

BGP 在进行路由通告的时候，需要遵循以下原则：

(1) 多条路径时，BGP Speaker 只选最优的给自己使用(负载均衡和 FRR 除外)。

(2) BGP Speaker 只把自己使用的路由(最优路由)通告给相邻体。

(3) BGP Speaker 从 EBGP 获得的路由会向所有 BGP 相邻体通告(包括 EBGP 和 IBGP)。

(4) BGP Speaker 从 IBGP 获得的路由不向 IBGP 相邻体通告(反射器除外)。

(5) BGP Speaker 从 IBGP 获得的路由是否通告给其 EBGP 相邻体要根据 IGP 和 BGP 同步的情况来决定。

(6) 当收到对端的 Refresh 报文并且本端邻居支持 Refresh 能力时，BGP Speaker 将把自己所有 BGP 路由通告给对等体。

1. 路由属性的分类

BGP 路由协议中定义了各种各样的属性，每个 BGP 属性都有不同的用处，这也使得 BGP 协议成为扩展性最好的、最灵活的以及高度可控的路由协议。

BGP 路由属性是 BGP 路由协议的核心概念，是一组参数，在 Update 消息中被发给连接对等体。这些参数记录了 BGP 路由的各种特定信息，用于路由选择和过滤路由，可以被理解为选择路由的度量尺度(Metric)。

事实上,所有的 BGP 路由属性都可以分为以下四类:

(1) 公认必须遵循(Well-Known Mandatory):所有 BGP 路由器都必须能够识别这种属性,且必须存在于 Update 消息中。如果缺少这种属性,路由信息就会出错。

(2) 公认可选(Well-Known Discretionary):所有 BGP 路由器都可以识别,但不要求必须存在于 Update 消息中,可以根据具体情况来选择。

(3) 可选过渡(Optional Transitive):在 AS 之间具有可传递性的属性。BGP 路由器可以不支持此属性,但仍然会接收带有此属性的路由,并通告给其他对等体。

(4) 可选非过渡(Optional Non-Transitive):如果 BGP 路由器不支持此属性,该属性被忽略,且不会通告给其他对等体。

BGP 路由几种基本属性和对应的类别如表 3-11 所示。

表 3-11　路由基本属性和类别

属性名称	类　别
ORIGIN	公认必须遵循
AS_PATH	公认必须遵循
NEXT_HOP	公认必须遵循
LOCAL_PREF	公认可选
ATOMIC_AGGREGATE	公认可选
AGGREGATOR	可选过渡
COMMUNITY	可选过渡
MULTI_EXIT_DISC (MED)	可选非过渡
ORIGINATOR_ID	可选非过渡
CLUSTER_LIST	可选非过渡

2．几种主要的路由属性

1) 源(ORIGIN)属性

ORIGIN 属性定义路由信息的来源,标记一条路由是怎么成为 BGP 路由的,有以下三种类型:

(1) IGP:优先级最高,说明路由产生于本 AS 内。

(2) EGP:优先级次之,说明路由通过 EGP 学到。

(3) Incomplete:优先级最低,并不是说明路由不可达,而是表示路由的来源无法确定。例如,引入的其他路由协议的路由信息。

2) AS 路径(AS_PATH)属性

AS_PATH 属性按一定次序记录了某条路由从本地到目的地址所要经过的所有 AS 号。当 BGP 将一条路由通告到其他 AS 时,便会把本地 AS 号添加在 AS_PATH 列表的最前面。收到此路由的 BGP 路由器根据 AS_PATH 属性就可以知道去目的地址所要经过的 AS。离本地 AS 最近的相邻 AS 号排在前面,其他 AS 号按顺序依次排列,如图 3-25 所示。

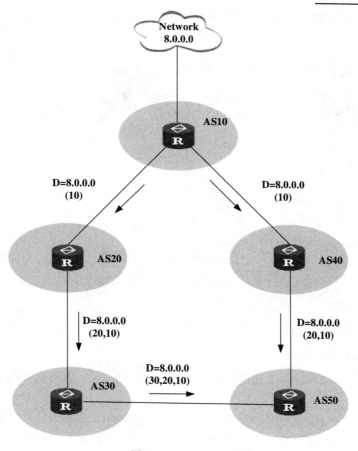

图 3-25　AS_PATH 属性

通常情况下，BGP 不会接受 AS_PATH 中已包含本地 AS 号的路由，从而避免了形成路由环路的可能。

同时，AS_PATH 属性也可用于路由的选择和过滤。在其他因素相同的情况下，BGP 会优先选择路径较短的路由。比如在图 3-25 中，AS50 中的 BGP 路由器会选择经过 AS40 的路径作为到目的地址 8.0.0.0 的最优路由。

在某些应用中，可以使用路由策略来人为地增加 AS 路径的长度，以便更为灵活地控制 BGP 路径的选择。

通过 AS 路径过滤列表，还可以针对 AS_PATH 属性中所包含的 AS 号来对路由进行过滤。

3）下一跳(NEXT_HOP)属性

BGP 的下一跳属性和 IGP 的有所不同，不一定就是邻接路由器的 IP 地址。

下一跳属性取值情况分为三种，如图 3-26 所示。

(1) BGP 发言者把自己产生的路由发送给所有邻居时，将把该路由信息的下一跳属性设置为自己与对端连接的接口地址。

(2) BGP 发言者把接收到的路由发送给 EBGP 对等体时，将把该路由信息的下一跳属性设置为本地与对端连接的接口地址。

(3) BGP 发言者把从 EBGP 邻居得到的路由发送给 IBGP 邻居时，并不改变该路由信息的下一跳属性。如果配置了负载分担，路由被发给 IBGP 邻居时则会修改下一跳属性。

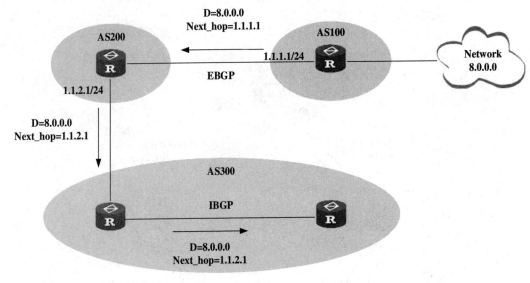

图 3-26　下一跳属性

4) MED 属性

MED 属性仅在相邻两个 AS 之间交换，收到此属性的 AS 一方不会再将其通告给任何其他第三方 AS。

MED 属性相当于 IGP 使用的度量值(Metric)，用于判断流量进入 AS 时的最佳路由。当一个运行BGP 的路由器通过不同的 EBGP 对等体得到目的地址相同但下一跳不同的多条路由时，在其他条件相同的情况下，将优先选择 MED 值较小者作为最佳路由。如图 3-27 所示，从 AS10 到 AS20 的流量将选择 Router B 作为入口。

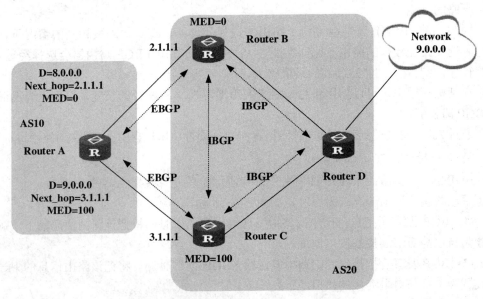

图 3-27　MED 属性

通常情况下，BGP 只比较来自同一个 AS 的路由的 MED 属性值。

5) 本地优先(LOCAL_PREF)属性

LOCAL_PREF 属性仅在 IBGP 对等体之间交换，不通告给其他 AS。表明 BGP 路由器的优先级。

LOCAL_PREF 属性用于判断流量离开 AS 时的最佳路由。当 BGP 的路由器通过不同的 IBGP 对等体得到目的地址相同但下一跳不同的多条路由时，将优先选择 LOCAL_PREF 属性值较高的路由。如图 3-28 所示，从 AS20 到 AS10 的流量将选择 Router C 作为出口。

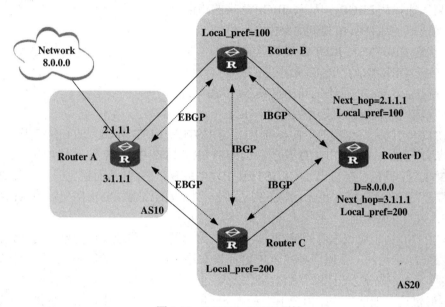

图 3-28　LOCAL_PREF 属性

6) 团体(COMMUNITY)属性

团体属性用来简化路由策略的应用和降低维护管理的难度，是一组有相同特征的目的地址的集合，没有物理上的边界，与其所在的 AS 无关。公认的团体属性有：

(1) INTERNET：缺省情况下，所有的路由都属于 INTERNET 团体。具有此属性的路由可以被通告给所有的 BGP 对等体。

(2) NO_EXPORT：具有此属性的路由在收到后，不能被发布到本地 AS 之外。如果使用了联盟，则不能被发布到联盟之外，但可以发布给联盟中的其他子 AS。

(3) NO_ADVERTISE：具有此属性的路由被接收后，不能被通告给任何其他的 BGP 对等体。

(4) NO_EXPORT_SUBCONFED：具有此属性的路由被接收后，不能被发布到本地 AS 之外，也不能发布到联盟中的其他子 AS。

3.7.5　BGP 的选路规则

1. BGP 的路由策略

在目前的实现中，BGP 选择路由时采取如下策略：

(1) 丢弃下一跳(NEXT_HOP)不可达的路由；

(2) 优选 Peer-Weight 值最大的路由；

(3) 优选本地优先级(LOCAL_PREF)最高的路由；

(4) 优选聚合路由；

(5) 优选 AS 路径(AS_PATH)最短的路由；

(6) 依次选择 ORIGIN 类型为 IGP、EGP、Incomplete 的路由；

(7) 优选 MED 值最低的路由；

(8) 依次选择从 EBGP、联盟、IBGP 学来的路由；

(9) 优选下一跳 Cost 值最低的路由；

(10) 优选 CLUSTER_LIST 长度最短的路由；

(11) 优选 ORIGINATOR_ID 最小的路由；

(12) 优选 Router ID 最小的路由器发布的路由；

(13) 优选地址最小的对等体发布的路由。

CLUSTER_ID 为路由反射器的集群 ID，CLUSTER_LIST 由 CLUSTER_ID 序列组成，反射器将自己的 CLUSTER_ID 加入 CLUSTER_LIST 中，若反射器收到的路由中 CLUSTER_LIST 里包含有自己的 CLUSTER_ID，则丢弃该路由，从而避免群内环路的发生。

如果配置了负载分担，并且有多条到达同一目的地的路由，则根据配置的路由条数选择多条路由进行负载分担。

在 BGP 中，由于协议本身的特殊性，产生的路由的下一跳地址可能不是当前路由器直接相连的邻居。常见的一个原因是：IBGP 之间发布路由信息时不改变下一跳。这种情况下，为了能够将报文正确转发出去，路由器必须先找到一个直接可达的地址(查找 IGP 建立的路由表项)，通过这个地址到达路由表中指示的下一跳。在上述过程中，去往直接可达地址的路由被称为依赖路由，BGP 路由依赖这些路由指导报文转发。根据下一跳地址找到依赖路由的过程就是路由迭代(Recursion)。

目前系统支持基于迭代的 BGP 负载分担，即如果依赖路由本身是负载分担的(假设有三个下一跳地址)，则 BGP 也会生成相同数量的下一跳地址来指导报文转发。需要说明的是，基于迭代的 BGP 负载分担在系统上始终启用。

在实现方法上，BGP 的负载分担与 IGP 的负载分担有所不同：IGP 是通过协议定义的路由算法，对到达同一目的地址的不同路由，根据计算结果，将度量值相等的(如 RIP、OSPF)路由进行负载分担，选择的标准很明确(按 Metric)。BGP 本身并没有路由计算的算法，只是一个选路的路由协议，因此，不能根据一个明确的度量值决定是否对路由进行负载分担，但 BGP 有丰富的选路规则，可以在对路由进行一定的选择后，有条件地进行负载分担，也就是将负载分担加入到 BGP 的选路规则中。

BGP 只对 AS_PATH 属性、ORIGIN 属性、LOCAL_PREF 和 MED 值完全相同的路由进行负载分担；BGP 负载分担特性适用于 EBGP、IBGP 以及联盟之间；如果有多条到达同一目的地址的路由，则根据配置的路由条数选择多条路由进行负载分担。

在 3-29 中，Router D 和 Router E 是 Router C 的 IBGP 对等体。当 Router A 和 Router B 同时向 Router C 通告到达同一目的地址的路由时，如果用户在 Router C 配置了负载分担，则当满足一定的选路规则，并且两条路由具有相同的 AS_PATH 属性、ORIGIN 属性、

LOCAL_PREF 和 MED 值时，Router C 就把接收到的两条路由同时加入到转发表中，实现 BGP 路由的负载分担。Router C 只向 Router D 和 Router E 转发一次该路由，AS_PATH 不变，但 NEXT_HOP 属性改变为 Router C 的地址，而不是原来的 EBGP 对等体地址。其他的 BGP 过渡属性将按最佳路由的属性传递。

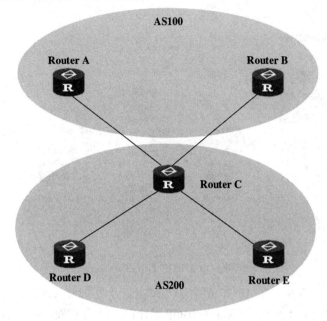

图 3-29 BGP 负载分担示意图

2．BGP 发布路由的策略

在目前的实现中，BGP 发布路由时采用如下策略：

(1) 存在多条有效路由时，BGP 发言者只将最优路由发布给对等体。

(2) BGP 发言者只把自己使用的路由发布给对等体。

(3) BGP 发言者从 EBGP 获得的路由会向所有 BGP 对等体发布(包括 EBGP 对等体和 IBGP 对等体)。

(4) BGP 发言者从 IBGP 获得的路由不向其 IBGP 对等体发布。

(5) BGP 发言者从 IBGP 获得的路由发布给其 EBGP 对等体(关闭 BGP 与 IGP 同步的情况下，IBGP 路由被直接发布；开启 BGP 与 IGP 同步的情况下，该 IBGP 路由只有在 IGP 也发布了这条路由时才会被同步并发布给 EBGP 对等体)。

(6) 连接一旦建立，BGP 发言者将把自己所有的 BGP 路由发布给新对等体。

3．IBGP 和 IGP 同步

BGP 同步是指 IBGP 和 IGP 之间的同步。BGP 同步规则的目的是防止一个 AS(不是所有的路由器都运行 BGP)内部出现路由黑洞，即向外部通告了一个本 AS 不可达的虚假的路由。

如果一个 AS 中有非 BGP 路由器提供转发服务，经该 AS 转发的 IP 报文将可能因为目的地址不可达而被丢弃。如 3-30 所示，Router E 通过 BGP 从 Router D 可以学到 Router A 的一条路由 8.0.0.0/8，于是将到这个目的地址的报文转发给 Router D，Router D 查询路由表，发现下一跳是 Router B。由于 Router D 从 IGP 学到了到 Router B 的路由，所以通过路由迭代，Router D 将报文转发给 Router C。但 Router C 并不知道去 8.0.0.0/8 的路由，于是将报文丢弃。

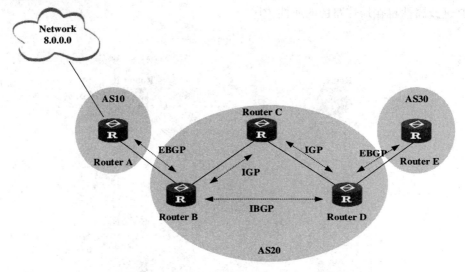

图 3-30　IBGP 和 IGP 同步

如果设置了同步特性，在 IBGP 路由加入路由表并发布给 EBGP 对等体之前，会先检查 IGP 路由表。只有在 IGP 也知道这条 IBGP 路由时，才会被发布给 EBGP 对等体。

在下面的情况中，可以关闭同步特性：本 AS 不是过渡 AS，或者本 AS 内所有路由器建立 IBGP 全连接。

4. 大规模 BGP 网络所遇到的问题

1) 路由聚合

在大规模的网络中，BGP 路由表十分庞大，使用路由聚合(Route Aggregation)可以大大减小路由表的规模。

路由聚合实际上是将多条路由合并的过程。这样 BGP 在向对等体通告路由时，可以只通告聚合后的路由，而不是将所有的具体路由都通告出去。

目前系统支持自动聚合和手动聚合方式。使用手动聚合方式还可以控制聚合路由的属性，以及决定是否发布具体路由。

2) BGP 路由衰减

BGP 路由衰减(Route Dampening)用来解决路由不稳定的问题。路由不稳定的主要表现形式是路由振荡(Route Flap)，即路由表中的某条路由反复消失和重现。发生路由振荡时，路由协议就会向邻居发布路由更新，收到更新报文的路由器需要重新计算路由并修改路由表。所以频繁的路由振荡会消耗大量的带宽资源和 CPU 资源，严重时会影响到网络的正常工作。

在多数情况下，BGP 协议都应用于复杂的网络环境中，路由变化十分频繁。为了防止持续的路由振荡带来的不利影响，BGP 使用衰减来抑制不稳定的路由。

BGP 衰减使用惩罚值来衡量一条路由的稳定性，惩罚值越高则说明路由越不稳定。路由每发生一次振荡(路由从激活状态变为未激活状态，称为一次路由振荡)，BGP 便会给此路由增加一定的惩罚值(1000，此数值为系统固定，不可修改)。当惩罚值超过抑制阈值时，此路由被抑制，不加入到路由表中，也不再向其他 BGP 对等体发布更新报文。

被抑制的路由每经过一段时间，惩罚值便会减少一半，这个时间称为半衰期(Half-Life)。当惩罚值降到再使用阈值时，此路由变为可用并被加入到路由表中，同时向其他 BGP 对等体发布更新报文。BGP 衰减示意图如图 3-31 所示。

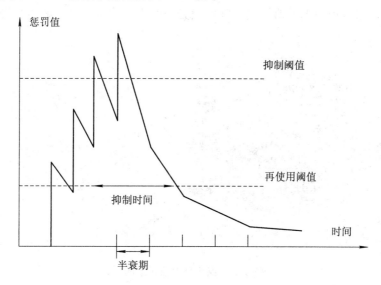

图 3-31　BGP 衰减示意图

3) 对等体组

对等体组(Peer Group)是一些具有某些相同属性的对等体的集合。当一个对等体加入对等体组中时，此对等体将获得与所在对等体组相同的配置。当对等体组的配置改变时，组内成员的配置也相应改变。

在大型 BGP 网络中，对等体的数量会很多，其中很多对等体具有相同的策略，在配置时会重复使用一些命令，利用对等体组在很多情况下可以简化配置。

将对等体加入对等体组中，对等体与对等体组具有相同的路由更新策略，提高了路由发布效率。

4) 团体

对等体组可以使一组对等体共享相同的策略，而利用团体可以使多个 AS 中的一组 BGP 路由器共享相同的策略。团体是一个路由属性，在 BGP 对等体之间传播，并不受到 AS 范围的限制。

BGP 路由器在将带有团体属性的路由发布给其他对等体之前，可以改变此路由原有的团体属性。

除了使用公认的团体属性外，用户还可以使用团体属性列表自定义扩展团体属性，以便更为灵活地控制路由策略。

5) 路由反射器

为保证 IBGP 对等体之间的连通性，需要在 IBGP 对等体之间建立全连接关系。假设在一个 AS 内部有 n 台路由器，那么应该建立的 IBGP 连接数就为 n(n-1)/2。当 IBGP 对等体数目很多时，对网络资源和 CPU 资源的消耗都很大。

利用路由反射可以解决这一问题。在一个 AS 内，其中一台路由器作为路由反射器 RR(Route Reflector)，其他路由器作为客户机(Client)与路由反射器之间建立 IBGP 连接。路由反射器在客户机之间传递(反射)路由信息，而客户机之间不需要建立 BGP 连接。

既不是反射器也不是客户机的 BGP 路由器被称为非客户机(Non-Client)。非客户机与路由反射器之间，以及所有的非客户机之间仍然必须建立全连接关系，如图 3-32 所示。

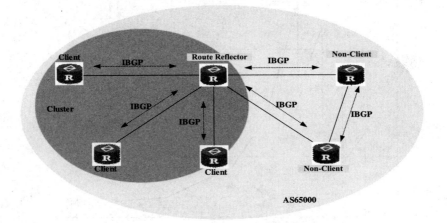

图 3-32　路由反射器示意图

路由反射器和客户机组成了一个集群(Cluster)。某些情况下，为了增加网络的可靠性和防止单点故障，可以在一个集群中配置一个以上的路由反射器。这时，位于相同集群中的每个路由反射器都要配置相同的 Cluster_ID，以避免路由循环，如图 3-33 所示。

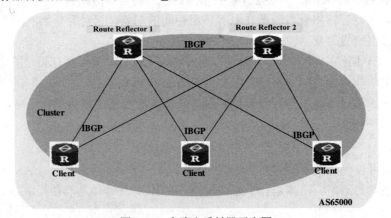

图 3-33　多路由反射器示意图

在某些网络中，路由反射器的客户机之间已经建立了全连接，两者可以直接交换路由信息，此时客户机到客户机之间的路由反射是没有必要的，而且还占用带宽资源。目前，系统支持配置相关命令来禁止在客户机之间反射路由。

说明：禁止客户机之间的路由反射后，客户机到非客户机之间的路由仍然可以被反射。

6) 联盟

联盟(Confederation)是处理 AS 内部的 IBGP 网络连接激增的另一种方法，将一个自治系统划分为若干个子自治系统，每个子自治系统内部的 IBGP 对等体建立全连接关系，子自治系统之间建立联盟内部 EBGP 连接关系，如图 3-34 所示。

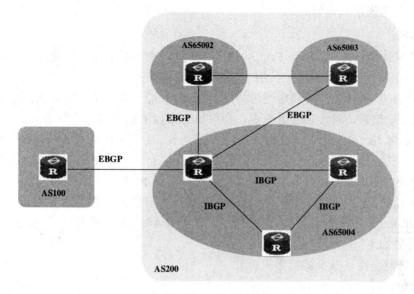

图 3-34 联盟示意图

在不属于联盟的 BGP 发言者看来，属于同一个联盟的多个子自治系统是一个整体，外界不需要了解内部的子自治系统情况，联盟 ID 就是标识联盟这一整体的自治系统号，如图 3-34 中的 AS200 就是联盟 ID。

联盟的缺陷：从非联盟方案向联盟方案转变时，要求路由器重新进行配置，逻辑拓扑也要改变。

在大型 BGP 网络中，路由反射器和联盟可以被同时使用。

5. MP-BGP

1）MP-BGP 概述

传统的 BGP-4 只能管理 IPv4 单播路由信息，对于使用其他网络层协议(如 IPv6 等)的应用，在跨自治系统传播时就受到一定限制。

为了提供对多种网络层协议的支持，IETF 对 BGP-4 进行了扩展，形成 MP-BGP。

支持 BGP 扩展的路由器与不支持 BGP 扩展的路由器可以互通。

2）MP-BGP 的扩展属性

BGP-4 使用的报文中，与 IPv4 地址格式相关的三条信息都由 Update 报文携带，这三条信息分别是 NLRI、路径属性中的 NEXT_HOP、路径属性中的 AGGREGATOR(该属性中包含形成聚合路由的 BGP 发言者的 IP 地址)。

为实现对多种网络层协议的支持，BGP-4 需要将网络层协议的信息反映到 NLRI 及 NEXT_HOP。MP-BGP 中引入了两个新的路径属性：

（1）MP_REACH_NLRI：Multiprotocol Reachable NLRI，多协议可达 NLRI，用于发布可达路由及下一跳信息。

（2）MP_UNREACH_NLRI：Multiprotocol Unreachable NLRI，多协议不可达 NLRI，用

于撤销不可达路由。

这两种属性都是可选非过渡的，因此，不提供多协议能力的 BGP 发言者将忽略这两个属性的信息，不传递给其他邻居。

3）地址族

MP-BGP 采用地址族(Address Family)来区分不同的网络层协议。目前，系统实现了多种 MP-BGP 扩展应用，包括对 VPN 的扩展、对 IPv6 的扩展等。

在以前的 BGP 设计中，向邻居通告某一 NLRI，只能包含一条路径信息。如果通告该 NLRI 的新的路径信息，对于接收者来说，会用新的路径信息覆盖旧的路径信息。

Additional-Paths 功能允许 BGP 向邻居通告同一 NLRI 的多条路径信息，当然接收者也要相应支持该功能，能够保存同一 NLRI 的多条路径信息，而不是新的覆盖旧的。为了能做到不同版本的 BGP 设备相互兼容，该功能的支持需要 BGP 设备之间相互协商，只有协商成功了，才能按照该方式收/发路由，否则仍然按照以前的方式收/发路由。

Additional-Paths 功能应用于 IBGP 环境中，可增加 AS 内部对路径的可见性，这个功能可以带来的好处如下：

(1) 快速恢复链路，减少流量丢失；

(2) 分担负荷；

(3) 减少网络扰动；

(4) 抑制由于 AS 内的 MED 比较引起的永久性的路由震荡。

Additional-Paths 功能常见的应用场景如图 3-35 所示。

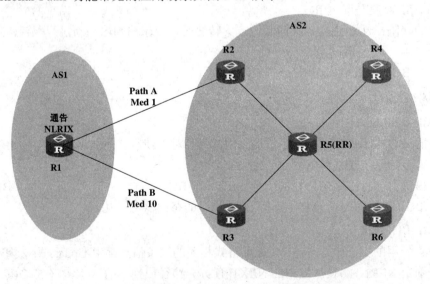

图 3-35　Additional-Paths 快速恢复链路的应用场景

R2 将 Path A 通告给 R5，R3 上使用 BGP Best-Path External 功能，将 Path B 通告给 R5。在 R5 上使能 Additional-Paths 通告能力，在 R6 上使能 Additional-Paths 接收能力，R5 会将这两条路径都反射给 R6。当路由泛洪稳定后，R6 上存在两条去往目的 X 的路径，即主路径 Path A 和备路径 Path B。

MPLS 基础

4.1　MPLS 概述

4.1.1　MPLS 产生的背景

20 世纪 90 年代初，随着 Internet 的快速普及，IP 技术由于简单、成本低，得到了迅速推广。然而，由于当时硬件技术的限制，采用最长匹配算法、逐跳转发方式的路由器成为限制网络转发性能的一大瓶颈。传统的 IP 数据转发是基于逐跳式的，每个转发数据的路由器都要根据 IP 包头的目的地址查找路由表来获得下一跳的出口，这是个繁琐又效率低下的工作，其主要的原因包括：一是有些路由的查询必须对路由表进行多次查找，这就是所谓的递归搜索；二是路由匹配遵循最长匹配原则，所以迫使几乎所有的路由器的交换引擎必须用软件来实现，其速度无法和用硬件实现的相抗衡。

随着互联网应用需求的日益增多，对带宽和时延的要求也越来越高。为了提高转发效率，各路由器生产厂家做了大量的改进工作，如思科在路由器上提供 CEF(Cisco Express Forwarding，思科特快交换)功能，并修改路由表搜索算法。但这些改进和修补并不能完全解决互联网所面临的问题。

而与此同时，面向连接的 ATM 技术，根据虚通道标识符 VPI 和虚通路标识符 VCI 进行寻址，实现 OSI 物理层和链路层功能。因为采用定长标签，并且只需维护比路由表小得多的标签表，所以可以提供比 IP 路由方式更高效的转发性能。

然而，由于 ATM 的完美主义倾向，由此导致的复杂的控制信令和高昂的部署成本让人望而却步。

在对 ATM 和 IP 技术的反复对比和讨论过程中，开始有人尝试把 ATM 和 IP 技术的优势结合起来，在保持 IP 技术简洁性的前提下，提供类似于 ATM 技术的高性能。很多厂商都进行了类似研究，并提出了各自的标签交换解决方案。

1996 年初，美国加州一个名为 IPSilon 的小公司推出了一项具有震撼意义的技术，称为 IP Switching。IP Swiching 技术通过在 ATM 交换机上提供一个额外的 IP 路由引擎，较好地把 ATM 的高速转发能力和 IP 的简洁易部署特点结合了起来。

IP Switching 技术的推出使得 IPSilon 公司由一个默默无闻的小公司，一举成为 IP 通信界的明星，并刺激业界巨头，如思科(提出 Tag Switching)、IBM(提出 ARIS)纷纷推出更易于扩展和升级的三层交换解决方案，由此引发了路由交换技术的一次革命，最终促使了 MPLS 技术的诞生。

除上面提到的三种标签交换技术之外，还有许多其他类似技术，如 3COM FASTIP、Cascade Navigator 等，均能提供支持 IP 的二层交换功能。当时的情形是，各厂商纷纷提出自己的标签交换技术，如果没有一个标准化工作组，将会出现更多的互不兼容的标签交换技术，使市场变得更为混乱。

为了协调各方利益，形成一个统一的标准，1996 年底，IETF 成立了一个工作组，对集成路由和交换技术的标签解决方案进行标准化。到 1997 年初，这个工作组形成了 IETF 认可的章程。工作组的第一次会议在 1997 年 4 月召开。经过多次商讨，最终 MPLS 这个术语被确定下来，作为独立于各厂家私有标准的一系列标准的名称。

随着硬件技术的发展，IP 路由转发已经由原来需要软件干预的"一次路由，多次交换"发展到纯粹的硬件转发，虽然硬件的实现技术仍然比 MPLS 转发要复杂，但是已经完全可以做到线速转发，IP 技术的路由转发速度慢的弊端已经不复存在。

同时 ATM 技术已经逐渐退出舞台，各运营商都已经不再投入，所以统一 IP 和 ATM 的目的也已经不再是 MPLS 存活的强有力的理由。

在这个情况下，MPLS 技术何去何从？

随着数据网络的爆发式增长，IP 设备功能越来越强大，成本越来越低，数据需求越来越大。运营商的很多企业用户的 VPN 业务，都租用的是私有专线，均基于 FR、ATM 等技术，成本昂贵，且业务可扩展性差，不能满足新的数据需求。在这种情况下，有没有新的技术可以在 IP 网络里很好地支持 VPN 业务自然成了一个重要的研究课题。由于 MPLS 支持多重标签嵌套，适合做隧道，也就适合承载 VPN 业务，因此，MPLS 迎来了新的发展机遇。

到 21 世纪初期，城域承载网络在数据业务的驱动下，都开始向 IP 化迈进，即考虑用价格低廉、业务灵活的 IP 以太网设备取代成本相对高、数据业务不灵活的 SDH、SONET 等设备。于是，在 2008 年，分组交换网络(PTN)的概念被引入。在 PTN 网络的边界，要考虑多种接入方式，包括 Ethernet、IP、ATM、SDH/SONET、帧中继等。如何把这些技术都统一到 PTN 里，一个选择就是 MPLS 技术。

综上，MPLS 技术的提出主要是为了更好地将 IP 与 ATM 的高速交换技术结合起来，发挥两者的优势，充分利用 ATM 网络的各种资源，实现 IP 分组的快速转发交换；并对传统的 IP 动态路由进行一些扩展，用基于控制的动态路由实现 IP 业务流量控制、虚拟专网应用(BGP/MPLS VPN)及 IP 级的服务质量。

4.1.2 MPLS 的定义

MPLS(Multiple Protocol Label Switch，多协议标签交换)，直观地理解，就是通过标签来做交换转发，这个标签可以承载多种协议，所以可以将 MPLS 理解成一个适应于多个协议的统一的转发平面。

MPLS 是一种可以在多种二层媒质上进行标签交换的网络技术，支持的二层媒质包括

ATM、帧中继、Ethernet 以及 PPP 等。这一技术结合了二层交换和三层路由的特点，将二层的基础设施和三层的路由有机地结合起来。在 MPLS 网络的边界进行三层路由，在 MPLS 网络的内部进行二层交换。

通过 MPLS 技术，三层路由可以得到二层技术的很好补充，充分发挥二层良好的流量设计管理以及三层"Hop-By-Hop(逐跳寻径)"路由的灵活性，以实现端到端的 QoS 保证。

MPLS 技术自提出以来就引起了各方面的广泛注意，各厂商都相继投入大量的精力进行研究和开发，希望利用 MPLS 技术的快速转发能力为运营商和大型企业带来高收益。国内外的一些运营商以及大型企业已经在它们的骨干网内部，利用 MPLS 技术来提高网络资源的利用率。作为一个大规模运营商网络的关键技术，MPLS 技术具有如下优势：

(1) 功能上的独立性。按照 MPLS 技术的思想，转发功能和路由功能是分开的，这样 MPLS 网络的内部节点只简单地执行转发功能，而无需检查包的全部内容，这就允许仅在网络的边界实施一次路径及策略的选择。

(2) 性能的优化。MPLS 技术很好地结合了二层交换的高效性以及三层路由的灵活性，既简化了 IP 路由的操作，也高效地利用了网络的资源，从而使网络的性能得到优化。

(3) 资源的控制。MPLS 技术可以很好地控制资源，可以通过不同的 COS(Class of Service，服务等级)，来提供原来无法提供的 IP 增值业务。

(4) 网络的演进。MPLS 技术已经演进到一个强大的骨干网络中。在这个网络中，MPLS 作为唯一一个运行在多种二层媒质之上的协议，已经成为承载三层 IP 业务的一项关键技术。

当然，MPLS 技术的优点还有很多，随着 MPLS 技术的逐步成熟，更多的商业价值将被开发出来。

4.2　MPLS 涉及的基本概念

4.2.1　基本概念

首先介绍几个 MPLS 中特有的基本概念。

1．标签

IP 设备和 ATM 设备厂商是在各自原来的基础上实现 MPLS 技术的。对于 IP 设备商，它修改了原来 IP 包直接封装在二层链路帧中的规范，在二层和三层包头之间插了一个标签。而 ATM 设备制造商利用原来 ATM 交换机上的 VPI/VCI 的概念，使用 Label(标签)来代替 VPI/VCI；当然 ATM 交换机上还必须修改信令控制部分，引入路由协议，ATM 交换使用路由协议来和其他设备交换三层的路由信息。

标签是一个短的、长度固定的数值，由报文的头部所携带，不包含拓扑信息，只具有局部意义。MPLS 的标签和 ATM 的 VPI/VCI 标识以及帧中继的 DLCI(Data Link Connection Identifier，数据链路连接标识)类似，是一种连接的标识符。如果链路层协议有标签域，如 ATM 的 VPI/VCI 和帧中继的 DLCI，则标签封装在这些域中；如果不支持，则标签封装在链路层和网络层之间的一个垫层中。这样，标签能够被任意的链路层所支持。

标签的封装结构如图 4-1 所示，它位于链路层包头和网络层分组之间，长度为 4 字节，共 32 位。

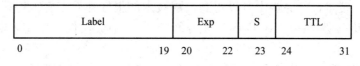

图 4-1　标签的封装结构

标签共有 4 个域：

(1) Label：标签值字段，长度为 20 bit。Label 字段用来表示标签值，由于标签是定长的，所以对于路由器来说，可以用定长的标签来做数据包的转发，这是标签交换的最大优点。定长的标签就意味着可以用硬件来实现数据转发，这种硬件转发方式要比必须用软件实现的路由最长匹配转发方式效率高得多。

(2) Exp：长度为 3 bit，实际常用来表示优先级。

(3) S：长度为 1 bit。MPLS 支持标签的分层结构，即多重标签，或称标签嵌套，或标签栈。S 值用来表示标签栈是否到底了，值为 1 时表明为最底层标签。对于 VPN 等应用，将在二层和三层头之间插入两个以上的标签，形成标签栈。

(4) TTL：长度为 8 bit，和 IP 分组中的 TTL 意义相同，每经过一台设备，TTL 值减 1，用来防止数据在 MPLS 网内形成环路。

图 4-2 所示为 MPLS 标签在不同类型的报文中的位置，包括了以太网分组、帧模式 ATM 分组和信元模式的 ATM 分组。

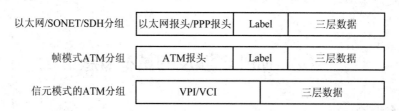

图 4-2　MPLS 标签在报文中的位置

前面提到，MPLS 支持标签的分层结构，图 4-3 所示为两层标签嵌套的模式。

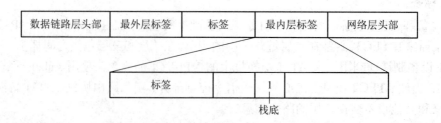

图 4-3　两层标签嵌套模式

MPLS 两层标签嵌套的报文实例如图 4-4 所示，其中 S=0 表示这是外层标签，外层标签值为 1025；S=1 表示这是内层标签，内层标签值为 1031。

```
∨ MultiProtocol Label Switching Header, Label: 1025, Exp: 0, S: 0, TTL: 125
      0000 0000 0100 0000 0001 .... .... .... = MPLS Label: 1025
      .... .... .... .... .... 000. .... .... = MPLS Experimental Bits: 0
      .... .... .... .... .... ...0 .... .... = MPLS Bottom Of Label Stack: 0
      .... .... .... .... .... .... 0111 1101 = MPLS TTL: 125
∨ MultiProtocol Label Switching Header, Label: 1031, Exp: 0, S: 1, TTL: 125
      0000 0000 0100 0000 0111 .... .... .... = MPLS Label: 1031
      .... .... .... .... .... 000. .... .... = MPLS Experimental Bits: 0
      .... .... .... .... .... ...1 .... .... = MPLS Bottom Of Label Stack: 1
      .... .... .... .... .... .... 0111 1101 = MPLS TTL: 125
```

图 4-4　MPLS 两层标签嵌套报文实例

标签的取值为 0～1 048 575，其中 0～15 为系统保留值。表 4-1 列出了一些特殊的固定标签值。

表 4-1　部分特殊的固定标签值

标签值	含　义	描　述
0	IPv4 Explicit Null Label	表示该标签必须弹出，且报文转发必须基于 IPv4
1	Router Alert Label	
2	IPv6 Explicit Null Label	表示该标签必须弹出，且报文转发必须基于 IPv6
3	Implicit NULL Label	倒数第二跳 LSR 进行标签交换时，如果发现交换后的标签值为 3，则将标签弹出
4～1315	保留	
14	OAM Router Alert Label	
16～1023	静态 LSP	
1024 以上	LDP、RSVP-TE、MP-BGP	

2. 转发等价类

FEC(Forwarding Equivalence Class，转发等价类)是在网络中遵循相同转发路径的报文的集合。例如，在传统的最长匹配算法的 IP 转发中，到同一个目的地址的所有报文是一个转发等价类。实际上，转发等价类的划分方式是非常灵活的，可以是依据源地址、目的地址、源端口、目的端口、协议类型、VPN 等信息的任意组合。在 MPLS 中，一个标签标识了一个转发等价类。

图 4-5 中演示了从起点 1 到终点 1 的转发等价类 FEC1 和 FEC2，以及从起点 1 到终点 2 的转发等价类 FEC3 三个等价类。一个等价类就代表了具有某一共同特征的一类数据包。即使是同一个接口进来的数据包，也可以根据 VLAN、地址或协议区分成不同的转发等价类。比如图中的 FEC2 和 FEC3 是从起点 1 的同一个端口进入到 MPLS 网络的两类不同的数据包。

3. 标签交换路径

一个转发等价类在 MPLS 网络中走过的路径称为标签交换路径(LSP)。LSP 在功能上同 ATM 的虚电路是等价的，它是从入口到出口的一个单向路径。一条 LSP 可以看做一条贯穿网络的单向隧道。标签交换路径是在 MPLS 网络中设备已有的静态和动态路由基础上，由专门的协议(比如后面会讲到的标签分发协议 LDP)或在人工指定的情况下，根据将要承载的业务的某些特征，提前在网络中规划好承载业务的路径。

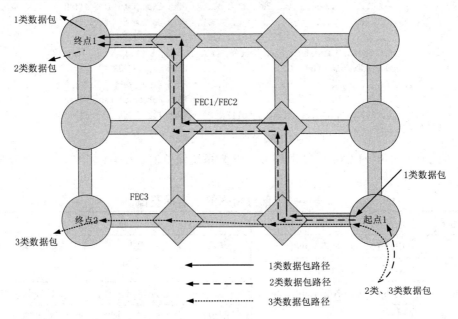

图 4-5　转发等价类 FEC 工作原理图

当有数据包需要从网络中进行转发的时候，除了在网络起点和终点需要查看数据的 IP 地址详细信息外，在其他网元上只需要根据规划好的标签交换路径进行标签的交换和数据转发即可。标签交换路径见图 4-6。需要注意的是，这个标签交换路径是预分配的路径，除非网络出现故障，需要重新计算新的 LSP，否则属于该类 FEC 的数据包都会按照该路径进行转发。

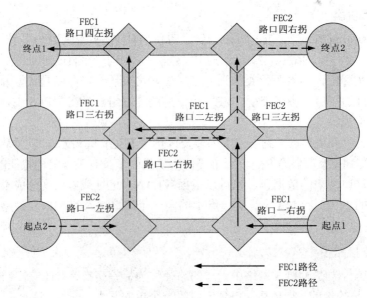

图 4-6　标签交换路径示意图

为了更好地对比与理解标签交换路径，图 4-7 介绍了路由交换路径。在路由交换过程中，一个数据包进入网络中后，每经过一台设备，需要先根据数据中的目的 IP 地址，查询该设备的路由表，确认网络中可以到达目的设备的所有下一跳设备。下一跳设备可能会是一台，也可能是很多台，需要根据最长匹配原则从中选择最优的下一跳设备。路由表的路由可能来自于人工配置的静态路由，也可能来自于各种动态路由。进行路由查询的时候，一般需要对所有的路由全部进行一遍查询，才能确认是否是最优的路由。

在路由转发的时候，到达每一台设备都要进行路由查询，即使是相同类型的数据包，即使网络一直没有变化，即使很多数据包实际走的是同一条路径，仍然要针对每一个数据包逐站做路由查询的动作；而标签交换就可以对上述具有相同特征的一类数据包做相同处理。这是路由转发和标签交换最大的不同。路由交换路径示意图如图 4-7 所示。

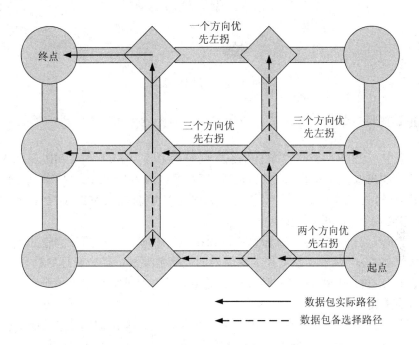

图 4-7　路由交换路径示意图

4．标签交换路由器

一个使用 MPLS 协议的网络称为 MPLS 域或 MPLS 网络。MPLS 网络包含一些基本的元素。位于 MPLS 网络内部的节点称为 LSR(Label Switching Router，标签交换路由器)，位于 MPLS 网络边界的节点称为 LER(Label Edge Router，标签边界路由器)或者称为边缘的标签交换路由器，或边界 LSR。边界 LSR 节点在 MPLS 网络中完成的是 IP 包的进入和退出过程；LSR 节点在网络中提供高速交换功能。在 MPLS 节点之间的路径就是标签交换路径 LSP，其中入口 LSR 叫 Ingress，出口 LSR 叫 Egress。

LER 除对分组的标签进行分配或移除外，还负责对流量进行分类。标签的分配除了基于目的地址外还有其他很多因素。LER 判定流量是否为一个长持续流，采取管理政策和访问控制，并在可能的情况下将普通业务流汇聚成较大的数据流。这些都是在 IP 与 MPLS 网络的边界处所需具有的功能，因此 LER 的能力将会是整个标签交换环境能否成功的关

键环节。对于服务提供者而言,这也是一个管理和控制点。LSR 和 LER 的示意图如图 4-8
所示。

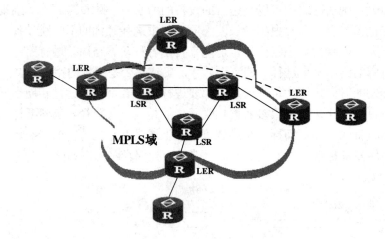

图 4-8　MPLS 域示意图

4.2.2　MPLS-TP 技术

在第一章中,已经介绍过 PTN 技术在发展过程中分为 PBT 和 T-MPLS 两大类。随着
技术的发展,T-MPLS 技术在 OAM 等方面改进后,演进成为 MPLS-TP 技术。目前,MPLS-TP
技术作为 PTN 的关键技术而广泛应用。T-MPLS 之所以演进成 MPLS-TP 技术主要是因为
T-MPLS 技术面临下述一些问题:

(1) 资源管理问题。需将逻辑标签映射到相应的带宽,连接的带宽趋向于动态,需要
有连接接纳控制(CAC),较电路交换的网络中的连接数要多,带宽管理更趋复杂。

(2) 双向非对称的 LSP 问题。双向 LSP 是重叠的,且非对称的;信令需扩展;资源分
配与管理面临挑战。

(3) 嵌套式 LSP 问题。嵌套式 LSP 改善了可扩展性,但保护/恢复面临挑战。

(4) 链路发现与故障管理问题。链路发现是非常有用的,其功能包括自动发现节点间
的链路连接,减少人工配制,以及降低在配置过程中的不可预见性差错。

2007 年,IETF 出于解决 MPLS 利益之争以及兼容性问题的目的,开始阻挠 ITU-T 通
过 T-MPLS 相关标准。IETF 成立 MEAD(MPLS Interoperability Design Team)工作组,专门
研究 T-MPLS 与现有 MPLS 技术的不同之处;ITU-T 成立 T-MPLS 特别工作组(T-MPLS
Adhoc Group),专门负责 T-MPLS 标准的制定。这两个隶属不同标准组织的工作组合在一
起,形成联合工作组 JWT(Joint Working Team),一起开发 T-MPLS/MPLS-TP 标准。

在 2008 年 2~4 月期间,JWT 相关专家深入研讨了 T-MPLS 和 MPLS 技术在数据转发、
OAM、网络保护、网络管理和控制平面五个方面的差异,并于 2008 年 4 月 18 日得出正式
结论:推荐 T-MPLS 和 MPLS 技术进行融合,IETF 将吸收 T-MPLS 中的 OAM、保护和管
理等传送技术,扩展现有 MPLS 技术为 MPLS-TP(Transport Profile for MPLS),以增强其对
ITU-T 传送需求的支持。今后由 IETF 和 ITU-T 的 JWT 共同开发 MPLS-TP 标准,并保证
T-MPLS 标准与 MPLS-TP 一致。

1. MPLS-TP 定义

MPLS-TP 是一种从核心网向下延伸的面向连接的分组传送技术。MPLS-TP 构建于 MPLS 技术之上，它的相关标准为部署分组交换传输网络提供了电信级的完整方案。更重要的是，该技术基于 IP 核心网，对 MPLS/PW 技术进行简化和改造，去掉了那些与传输无关的 IP 功能，更加适合分组传送的需求。为了维持点对点 OAM 的完整性，引入了传送的分层网络、OAM 和线性保护等概念，可以独立于客户信号和控制网络信号，符合传送网的需求。

MPLS-TP 充分利用了面向连接 MPLS 技术在 QoS、带宽共享以及区分服务等方面的技术优势。基于 IP 传送网的分层网络架构可提供以下功能：

- 基于分组的多业务支持；
- 面向连接；
- 可扩展性；
- 电信级 QoS 保证、带宽统计复用功能；
- 高效的带宽管理和流量工程；
- 强大的 OAM 和网管；
- 提供 50 ms 的保护倒换及恢复；
- 动态控制平面支持；
- 较低的 CAPEX + OPEX。

MPLS-TP 技术是 MPLS 的一个子集，其功能示意图如图 4-9 所示。

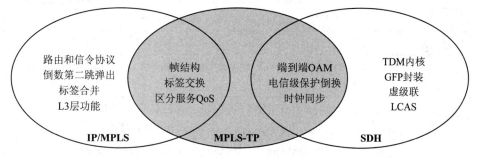

图 4-9　MPLS-TP 功能子集

(1) MPLS-TP 简化和丢弃部分：
- ✓ 简化 MPLS 的复杂协议簇；
- ✓ 简化控制层面；
- ✓ 不支持 PHP(倒数第二跳弹出)；
- ✓ 简化数据转发平面；
- ✓ 不支持标签的合并(Merging)。

(2) MPLS-TP 借用 MPLS 的内容：
- ✓ 帧结构；
- ✓ 标签转发原理；
- ✓ 标签交换路径；
- ✓ 区分业务(Diff-Serv)；

    ✔   标签空间和标签分配；

    ✔   TTL 处理。

(3) MPLS-TP 扩充部分：

    ✔   类似 SDH 的端到端 OAM；

    ✔   增强的类似 SDH 的保护倒换；

    ✔   增加了线性子网保护和环网保护，支持 APS 协议，引入了层网络的概念；

    ✔   时钟同步功能；

    ✔   扩充标签栈深度，不限制标签栈的深度；

    ✔   支持双向 LSP。

简而言之，MPLS-TP = MPLS – IP + OAM + Protection。

MPLS-TP 技术和 MPLS 技术的功能比较如表 4-2 所示。

表 4-2　MPLS-TP 和 MPLS 功能比较

功能项	IP/MPLS	MPLS-TP
IP 路由和控制信令	支持 LDP、RSVP、CR-LDP、RSVPTE 等控制信令	可以支持简化的控制平面 GMPLS
PHP 功能	支持	不支持
标签合并	支持	不支持
帧结构	支持	支持
标签交换	支持，使用单向 LSP，支持 LSP 的聚合	支持，使用双向的 LSP，提供双向的连接，不支持 LSP 的聚合
QoS 区分服务	支持	支持
端到端 OAM	支持 MPLS OAM，功能较弱。仅支持简单的连通性检查和 APS 倒换	全面集成了 T-MPLS 技术的 OAM 功能，进一步完善了 RT、DT-DPL 等功能
1588 时间同步	路由器普遍采用 NTP 协议，精度为 ms 级别；不能满足传送网络同步需求	支持 G.8261 和 1588v2 时间同步协议，满足承载网络同步需求
电信级保护	受制于 MPLS OAM 技术，缺乏环网保护能力	支持路径保护、环网保护、LAG 保护、FRR 保护等技术，提供电信级网络可靠性
与 IP/MPLS 核心网络互通	支持	在吸纳 T-MPLS 优势的基础上，注重同 IP/MPLS 网络的互通设计。更好地支持与运营商的 IP/MPLS 核心网互通

MPLS-TP 网络的分层结构如图 4-10 所示。

(1) TMC(T-MPLS Channel，通道层)：为客户提供端到端的传送网络业务，即提供客户信号端到端的传送。TMC 等效于 PWE3 的伪线层(或虚电路层)。

(2) TMP(T-MPLS Path，通路层)：表示端到端的逻辑连接的特性，提供传送网络隧道，将一个或多个客户业务封装到一个更大的隧道中，以便于传送网络实现更经济有效的传递、交换、OAM、保护和恢复。TMP 等效于 MPLS 中的隧道层。

(3) TMS(T-MPLS Section，段层)：段层可选，表示相邻节点间的虚连接，保证通路层在两个节点之间信息传递的完整性，比如 SDH、OTH、以太网或者波长通道。

(4) 传输媒质层：支持段层网络的传输媒质，比如光纤、无线传输等。

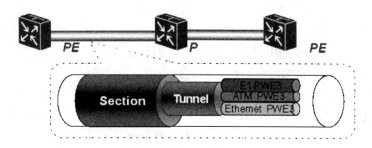

图 4-10　MPLS-TP 网络的分层结构

2．MPLS-TP 报文封装

MPLS-TP 的报文封装格式如图 4-11 所示。

其中，各项的含义如下：

➢　B-DA：以太网封装目的 MAC(Tunnel_L 隧道标签确定转发路径，其中 B-DA 为下一跳节点 MAC 地址)，6 字节。

➢　B-SA：以太网封装源 MAC，6 字节。

➢　0x8100：以太网数据帧标识，2 字节。

➢　B-VID：PTN 封装外层 VLAN Tag，4 字节。

➢　0x8847：Pw Over MPLS-TP 标识，2 字节。

➢　Tunnel_L：隧道标签 Label(TMP)，4 字节。

➢　PW_L：伪线标签(TMC)，4 字节。

➢　CW：伪线控制字，4 字节。

➢　Customer Frame：用户数据，净荷(可包含用户VLAN)。

Customer Frame
CW
PW_L
tunnel_L
0x8847
B-VID
0x8100
B-SA
B-DA

图 4-11　MPLS-TP 报文封装

4.2.3　MPLS 的体系结构

1．原理概述

MPLS 是一种特殊的转发机制，它为进入网络中的 IP 数据包分配标签，并通过对标签的交换来实现 IP 数据包的转发。标签作为 IP 包头在网络中的替代品而存在，在 MPLS 网络内部，数据包沿途通过交换标签(而不是看 IP 包头)来实现转发；当数据包要退出 MPLS 网络时，数据包被解除封装，继续按照 IP 包的路由方式到达目的地。

在对 MPLS 技术进行详细描述前，首先回顾几个与交换技术相关的概念。

(1) 路由协议。路由协议(如 RIP、OSPF)是一种机制，使网络中的每台设备都知道在将一个分组送向其目的地时，传送这个分组的下一跳是哪里。路由器使用路由协议来构建路由表，当它们接收到一个分组且必须进行转发判决时，路由器用分组中的目的 IP 地址作为索引查找路由表，利用特定算法获得下一跳的地址。路由表的构造和它们在转发时的查找基本上是两个独立的操作。

(2) 多协议标签交换。这里的交换概念用来描述从一个设备内的输入端口到输出端口的数据传递，这种传送一般是基于二层的(如 ATM 的 VPI/VCI 标识)信息。

具有交换功能的设备通常包含控制部件和转发部件。

· 控制部件为一个节点建造并维护一个路由转发表。它与其他节点的控制部件共同协作，持续并正确地交换分布路由信息，同时在本地建立转发表。标准的路由协议(如 OSPF、BGP 和 RIP)用于在控制部件之间交换路由信息。

· 转发部件执行分组转发功能。它使用转发表、分组所携带的地址等信息及本地的一系列操作来进行转发判决。在传统路由器中，最长匹配算法将分组中的目的地址与转发表中的条目进行对比，直到获得一个最优的匹配。更为重要的是，从源到目的地的沿路节点都要重复这一操作。在一个标签交换路由器中，最佳匹配标签交换算法使用分组的标签和基于标签的转发表来为分组获取一个新的标签，并确认输出端口。

路由转发表：包含若干条目，提供信息给转发部件，执行其交换功能。转发表必须将每个分组与目的地址关联起来，为分组的下一步路由提供指引。

在 MPLS 骨干网络边界，边界 LSR 对进来的无标签分组按其 IP 头进行归类划分及转发判决，这样 IP 分组在边界 LSR 被打上相应的标签，并被传送至通往目的地址的下一跳。

在后续的交换过程中，由 LSR 所产生的固定长度的标签替代 IP 分组头，大大简化了以后的节点处理操作。后续节点使用这个标签进行转发判决。一般情况下，标签的值在每个 LSR 处交换后改变，这就是标签转发。如果分组从 MPLS 的骨干网络中出来，出口边界 LER 发现它们的转发方向是一个无标签的接口，就简单地移除分组中的标签。这种基于标签转发的最重要的优势在于对多种交换类型只需要唯一一种转发算法，可以用硬件来实现非常高的转发速度。

在 MPLS 技术中，转发表又称为 LFIB(Label Forwarding Information Table，标签转发信息库)，LFIB 的每一个条目中包括输入标签、输出标签、输入接口和输出端口 MAC 地址，依据输入标签对 LFIB 中的条目进行检索查找。

另外，LFIB 既可以在一个标签交换路由器上，也可以存在于一个接口上。

2. MPLS 节点的体系结构

MPLS 节点的体系结构如图 4-12 所示。

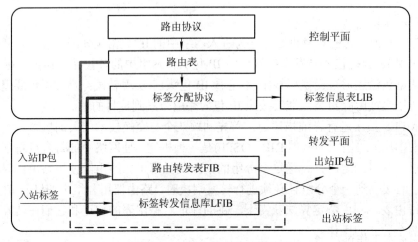

图 4-12　MPLS 节点的体系结构

MPLS 节点的体系结构分为两大部分：控制平面和转发平面。下面分别进行介绍。

1) 控制平面

控制平面也就是我们一般所说的路由引擎模块。它用来和其他 LSR 交换三层路由信息，以建立路由表；交换标签对路由的绑定信息，以建立 LIB(Label Information Table，标签信息表)。LIB 是由标签分发协议生成的，用于管理标签信息。

同时再根据路由表和 LIB 生成 FIB 和 LFIB。FIB 是从路由信息表中提取必要的路由信息生成的，负责普通 IP 报文的转发。LFIB 也称标签转发表，由标签分发协议在 LSR 上建立 LFIB，负责带 MPLS 标签报文的转发。

2) 转发平面

转发平面的功能主要是根据控制平面生成的 FIB 和 LFIB 转发 IP 包和标签包。控制平面中所使用的路由协议，可以使用常见的任何一种路由协议，如 OSPF、RIP、BGP 等，这些协议的主要功能是和其他设备交换路由信息，生成路由表。这是实现标签交换的基础。在控制平面中导入了一种新的协议，即 LDP(Label Distribution Protocol，标签分发协议)。该协议的功能是用来针对本地路由表中的每个路由条目生成一个本地的标签，由此生成 LFIB，再把路由条目和本地标签的绑定通告给邻居 LSR，同时把邻居 LSR 告知的路由条目和标签绑定接收下来放到 LIB 里，最后在网络路由收敛的情况下，参照路由表和 LIB 的信息生成 FIB 和 LFIB。

3. 工作流程

MPLS 的工作流程可以分为三个方面，即网络的边界行为、网络的中心行为以及标签交换路径的建立。下面对前两者予以介绍，标签交换路径的建立在下一节进行详细介绍。

1) 网络的边界行为

当 IP 数据包(也称分组)到达一个 LER 时，MPLS 第一次应用标签。首先，LER 要分析 IP 包头的信息，并且按照它的目的地址和业务等级加以区分。

在 LER 中，MPLS 使用转发等价类 FEC 来将输入的数据流映射到一条 LSP 上。简单地说，FEC 就是定义了一组沿着同一条路径、有相同处理过程的数据包。这就意味着所有 FEC 相同的包都可以映射到同一个标签中。对于每一个 FEC，LER 都建立一条独立的 LSP 穿过网络，到达目的地。数据包分配到一个 FEC 后，LER 就可以根据标签转发表来为其生成一个标签。标签转发表将每一个 FEC 都映射到 LSP 下一跳的标签上。转发数据包时，LER 检查标签转发表中的 FEC，然后将数据包用 LSP 的标签封装，从标签转发表所规定的下一个接口发送出去。

2) 网络的中心行为

当一个带有标签的包到达 LSR 的时候，LSR 提取入标签，同时以它作为索引在标签转发表中查找。当 LSR 找到相关条目后，找到对应的出标签，并由出标签代替入标签，从标签信息库中所描述的下一跳接口送出数据包。最后，经过若干次的标签交换之后，数据包到达了 MPLS 域的出端口，LER 剥去封装的标签，仍然按照 IP 包的路由方式将数据包继续传送到目的地。

MPLS 基本工作过程如图 4-13 所示。

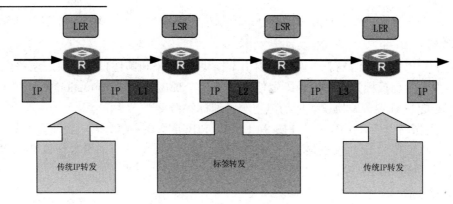

图 4-13　MPLS 基本工作过程

4.3　MPLS 的工作原理

4.3.1　标签的分配和分发

下面从 MPLS 的工作流程方面，介绍如何进行标签的分发、控制和保留。

标签分发是指为某 FEC 建立相应标签交换路径 LSP 的过程。为了便于说明，我们将相对于一个报文转发过程的发送方的路由器称为上游 LSR，接收方称为下游 LSR。

在 MPLS 体系中，将特定标签分配给特定 FEC(即标签绑定)的决定由下游 LSR 作出，下游 LSR 随后通知上游 LSR。也就是说，标签由下游指定，分配的标签按照从下游到上游的方向分发。这里需要注意的是，分配标签的方向和数据转发的方向是相反的，先从下游往上游分发标签。标签分配好了，再将数据包打上分配好的标签从上游往下游转发。

这里还要特别说明一下"入标签"和"出标签"的概念。标签的"入"和"出"是针对数据转发的方向。对于一个 LSR，"入标签"是它发给其他节点的标签，将标签发给其他节点后，该节点会根据这个标签将相应的数据发回来，这就是"入"；而"出标签"是其他节点发给本 LSR 的标签，当收到其他节点发来的标签后，它就按照这个标签将数据包转发出去，这就是"出"。下游往上游分配的标签，对于下游就是"入标签"，对于上游就是"出标签"。

标签的取值只有本地意义，即一个 LSR 对不同的路由分配的"入标签"必然不同，如果对上游分配的"入标签"相同，LSR 就不知道收到的数据包该往哪个方向走，但不同的 LSR 之间并不会协商标签的取值。

1. 标签分配和分发

前面提到，按照数据包的传输方向，标签是具有上下游邻接关系中的下游 LSR 给上游 LSR 分配的。

MPLS 中使用的标签分发方式有两种：DU(Downstream Unsolicited，下游自主分发方式)和 DoD(Downstream on Demand，下游按需分发方式)。

对于一个特定的 FEC，LSR 获得标签请求消息之后才进行标签分配与分发的方式，称为下游按需标签分配。下游按需分发方式(DoD)如图 4-14 所示。

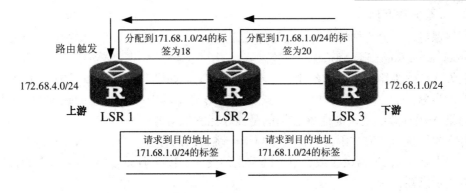

图 4-14　标签分发模式：DoD 模式

对于一个特定的 FEC，LSR 无需从上游获得标签请求消息就进行标签分配与分发的方式，称为下游自主标签分配。下游自主分发方式(DU)如图 4-15 所示。

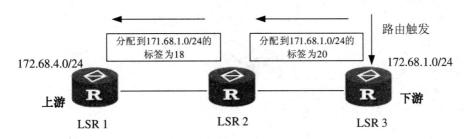

图 4-15　标签分发模式：DU 模式

具有标签分发邻接关系的上游 LSR 和下游 LSR 之间必须对使用哪种标签分发方式达成一致。

在 DoD 模式中，上游 LSR 向下游 LSR 发送标签请求消息(包含 FEC 的描述信息)，下游 LSR 为此 FEC 分配标签，并将绑定的标签通过标签映射消息反馈给上游 LSR。

在 DU 模式中，下游 LSR 在 LDP 会话建立成功后，主动向其上游 LSR 发布标签映射消息，上游路由器保存标签，存放到标签映射表。

2．标签控制方式

标签控制方式分为两种：独立(Independent)标签控制方式和有序(Ordered)标签控制方式。

当使用独立标签控制方式时，每个 LSR 可以在任意时间向和它连接的 LSR 通告标签映射。

当使用有序标签控制方式时，只有当 LSR 收到某一特定 FEC 下一跳的特定标签映射消息或者 LSR 是 LSP 的出口节点时，LSR 才可以向上游发送标签映射消息。图 4-16 所示为有序的标签控制模式。

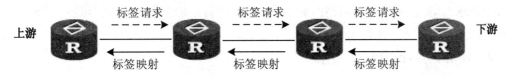

图 4-16　标签控制模式：有序

3．标签保持方式

标签保持方式分为两种：自由标签保持方式(Liberal Retention Mode)和保守标签保持方式(Conservative Retention Mode)。

假设两台路由器 A 和 B，对于一个特定的 FEC，如果 LSR A 收到了来自 LSR B 的标签绑定：当 B 不是 A 的下一跳时，如果 A 保存该绑定，则称 A 使用的是自由标签保持方式；如果 A 丢弃该绑定，则称 A 使用的是保守标签保持方式。

保守的标签保持方式因为只保留来自下一跳邻居的标签，所以可以节省内存和标签空间，其缺点是，当 IP 路由收敛、下一跳发生改变时，LSP 收敛较慢。图 4-17 为保守标签保持方式示意图。

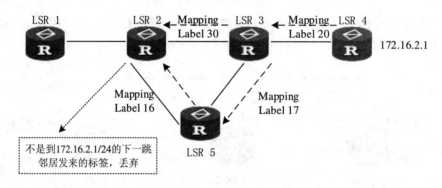

图 4-17　标签保持方式：保守

自由的标签保持方式因为需要保留来自所有邻居发送过来的标签，所以需要更多的内存和标签空间，其优点是当 IP 路由收敛、下一跳发生改变时减少了 LSP 的收敛时间。图 4-18 为自由标签保持方式示意图。

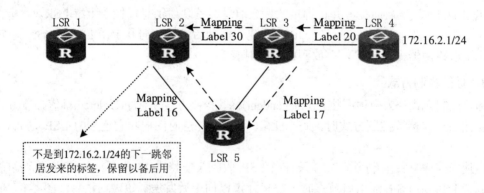

图 4-18　标签保持方式：自由

当要求 LSR 能够迅速适应路由变化时，可使用自由标签保持方式；当要求 LSR 中保存较少的标签数量时，可使用保守标签保持方式。

4．MPLS 标签的识别

图 4-19 所示为以太网帧结构、IP 包结构和 MPLS 包结构的示意图。

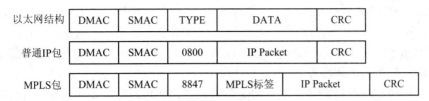

图 4-19　各种结构帧的识别

通过数据链路层帧头中相应字段可以识别出某个报文是否为 MPLS 报文。比如在以太网中，指示上层协议的类型字段使用 0x8847 来表示 MPLS 报文(0x0800 是 IP 报文)。

4.3.2　标签交换的实现

1. LFIB

在标签分发协议完成自己的工作后，每个 LSR 都会形成一张 LFIB。LFIB 通常包括入接口(IN　Interface)、入标签(IN　Label)、FEC　前缀和掩码(Prefix/MASK)、出接口(OUT Interface)、出标签(OUT Label)等信息。表 4-3 为 LFIB 示意。

表 4-3　LFIB 示意

IN Interface	IN Label	Prefix/MASK	OUT Interface(Next_hop)	OUT Label
fei_1/1	50	10.1.1.0/24	fei_2/1(3.3.3.3)	70
fei_1/2	51	10.1.1.0/24	fei_2/1(3.3.3.3)	70
fei_1/3	62	70.1.2.0/24	fei_2/3(4.4.4.4)	56
fei_1/4	63	30.1.2.0/24	fei_2/4(5.5.5.5)	51
fei_1/5	77	20.1.1.0/24	fei_2/5(6.6.6.6)	3(pop)

可以看出，在该表中所有的入标签都是不一样的。前面提到，入标签是本设备分配给其他 LSR 的标签，将标签发给其他节点后，该节点会根据这个标签将相应的数据发回来，所以入标签一定不能重复。而出标签是其他节点发给本设备的，所以发生重复也没有影响，因为标签只具有本地意义。

2. 分组数据包的转发

数据包在 MPLS 网络的 LSR 处的转发步骤如下：

第一步，从分组中获取一个标签。

第二步，从 LFIB 中查找一条入标签等于分组标签的条目。

第三步，将条目中的出标签替代分组中的标签。

第四步，将分组从条目中所指定的输出端口送出。当中间 LSR 收到一个带标签的分组时，该分组标签首先被提取出来，并作为索引在 LSR 中的标签转发表中进行查寻检索，一旦发现了与入标签匹配的条目，就提取出条目中的出标签与入标签进行交换。标签转发表可以在节点级(即每个节点一个表)或在接口级(每个接口一个表)来实现。

如果分组从 MPLS 的骨干网络中出来，到达 LER，Egress 发现其转发方向是一个无标签的接口，就简单地移除分组中的标签。这种基于标签转发的最重要的优势在于，对多种交换类型只需要唯一一种转发算法，可以用硬件来实现非常高的转发速度。

IP 分组包在 LER 处被添加上一个"标签",并按照这种标签在 LSR 中进行转发。这些标签的值在每一个 LSR 处只具有本地意义,标签用来决定该分组的路径并在下一个 LSR 更换上新的标签。在到达标签交换路径的最后一个 LER 时(即下一跳不支持标签交换),标签就被剥除,分组被正常转发。

由于沿路转发节点只需要读取非常简单的标签,而不需要读取分组数据包头部的 IP 地址,来进行转发判决。因此,IP 通过网络的交换速度将大大增加,并且在同一个消息中的所有其他分组也会沿着相同的路径通过网络。

3. 标签与分组的绑定

标签由标签交换路径 LSP 的上游 LSR 节点来附加至分组中,下游 LSR 收到标签分组后进行判决处理,这由标签交换的控制部件来完成。它使用标签转发表中的条目内容作为引导。标签交换控制部件除了基本的标签转发表的建立和维护外,还负责以一种连续的方式在 LSR 之间进行路由的分布及进行将这些信息生成为转发表的操作。标签交换控制部件包括所有的传统路由协议(如 OSPF、BGP、IS-IS 等)。这些路由协议为 LSR 提供了 FEC 与地址的映射。另外,LSR 还必须在标签与 FEC 之间建立绑定;将这些绑定向其他 LSR 分布;构建自己的转发表。

标签与分组的绑定有若干种方式。对一些网络可以将标签嵌入到链路层的头部(ATM VCI/VPI 和帧中继的 DLCI)。有时也可以将它嵌入至位于数据链路头端和数据链路协议数据单元(PDU)之间的小标签头部(如,位于第二层头端与第三层数据负载之间),称为"Shim"。这种标签信息能够在链路层进行承载,"Shim"结构可以用于 Ethernet、IEEE 802.3 或点对点(PPP)链路上,其中一个为单播广播(Unicast),另一个为多播广播(Multicast)。

绑定技术有多种选择,建立标签流的决定可以基于多个标准(如数据源地址),常见的选择有流驱动(也称数据驱动)、拓扑驱动和应用驱动等。数据驱动的标签绑定技术仅当有需求时才建立激活的标签绑定。当网络拓扑和流量有变化时,绑定信息需要重新分布。

拓扑驱动又称为控制驱动绑定,是基于对路由处理和资源预留所产生的管理信息。

拓扑驱动以网络的拓扑结构为基础进行标签的分配。网络上各路由器需要了解当前网络的状况,以决定分组的转发路径,这些工作是由路由协议辅助完成的。例如,各路由节点利用 OSPF 定期地向其他节点分发网络状态信息,各节点根据收到的信息在本地生成或维护一个网络拓扑图并以此为根据计算路由。如果网络状态发生变化(某条链路或某个节点出现故障),则需要更新本地的网络拓扑图,并重新计算路由。拓扑驱动以路由表为基础,沿路由方向逐跳进行标签的分配,由于去往不同目的地址的路由事先已经计算好了,拓扑驱动的标签分配方式相当于一种"预分配"的方式,与实际到达的分组无关。

应用驱动是利用应用(如 QoS)驱动来建立 LSP 的方式。

拓扑驱动和其他两种方式相比,有下述的明显优势:

(1) 标签赋值和分发对应于控制信息,因此不会造成大的网络开销。

(2) 在数据到达之前建立标签赋值和分发,没有标签建立时延。

因此网络中常用拓扑驱动的方式来分配标签。

4. MPLS 工作过程总结

MPLS 的工作过程总结如下:

(1) 使用现有的路由协议，如 OSPF、IS-IS 等，建立到终点网络的连接，LDP 完成标签到终点的映射。

(2) 输入端边缘路由器接收到分组，完成第三层功能，并给分组打上标签。

在 Ingress 入口节点，将进入网络的分组根据其特征划分成转发等价类 FEC。相同 FEC 分组在 MPLS 区域中将经过相同的路径，即 LSP。LSR 对到来的 FEC 分组分配一个短而定长的标签，然后从相应的接口转发出去。

在 LSP 沿途的 LSR 上都已建立了输入/输出标签的映射表，该表的元素叫 NHLFE(Next Hop Label Forwarding Entry，下一跳标签转发条目)。对于接收到的标签分组，LSR 只需根据标签从表中找到相应的 NHLFE，并用新的标签来替换原来的标签，然后对标签分组进行转发，这个过程叫 ILM(Incoming Label Map，输入标签映射)。

MPLS 在网络入口处指定特定分组的 FEC，后续路由器只需简单地转发即可，比常规的网络层转发要简单得多，转发速度得以提高。

(3) 标签交换路由器对带有标签的分组进行交换。

(4) 在输出端的 MPLS 边缘路由器中去掉标签，并将分组传送给终端用户。

现通过一个链型组网的简单例子，形象说明一下 MPLS 的工作过程，组网图如图 4-20 所示。

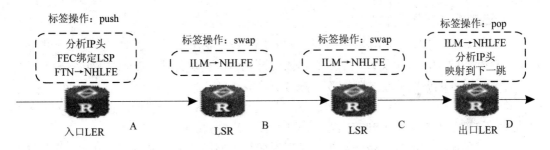

图 4-20　MPLS 工作过程

在节点 A，即入口 LER 处，传统路由协议和标签分发协议 LDP 一起在各个 LSR 中为有业务需求的 FEC 建立路由表和标签映射表(FEC-Label 映射)，即成功建立 LSP。Ingress 接收分组，判定分组所属的 FEC，给分组加上 Label。节点 A 的标签交换动作如表 4-4 所示。

表 4-4　节点 A 的标签交换动作

FEC	NHLFE			
	下一跳	发送接口	标签操作	其他
10.0.1.0/24	B	Eth1	加上标签 L1	…

在节点 B 和节点 C 处，标签交换路由器对带有标签的分组进行交换，如表 4-5 和表 4-6 所示，在 MPLS 域中只依据标签和标签转发表通过转发单元进行转发。

表 4-5　节点 B 的标签交换动作

入标签	NHLFE			
	下一跳	发送接口	标签操作	其他
L1	C	Eth0	去掉原来的标签，加上标签 L2	…

表 4-6　节点 C 的标签交换动作

入标签	NHLFE			
	下一跳	发送接口	标签操作	其他
L2	D	Eth0	去掉原来的标签，加上标签 L3	…

在节点 D 处，即在输出端的 MPLS 边缘路由器中去掉标签，并将分组传送给终端用户，即 Egress 将标签去掉，如表 4-7 所示。

表 4-7　节点 D 的标签交换动作

入标签	NHLFE			
	下一跳	发送接口	标签操作	其他
L3			去掉标签	…

MPLS 体系结构既使用了本地控制(LSR 无需等待接收到从邻居发来的 FEC 绑定，就可以决定创建并广播一个 FEC 的绑定信息)，也使用了出口控制(LSR 在分配一个标签并向它的上游广播前必须等待来自它的下游节点邻居的绑定信息)。FEC 与标签的绑定信息向邻居进行广播，从而建立各自的转发表。在转发表中的信息也必须持续地跟踪变化，这样不会导致基于标签的交换出现错误。

5．倒数第二跳弹出机制

在 MPLS 网络中，出口 LSR 应该将 MPLS 转发变为 IP 的路由查找，但它收到的报文仍是含有标签的 MPLS 报文，这个报文本该交给 MPLS 模块处理，而此时 MPLS 模块不需要做标签转发，能做的只是去除标签，然后交给 IP 层。

总之，对于出口 LSR，处理 MPLS 报文是没有意义的，最好能保证它直接收到的就是 IP 报文，这就需要在出口 LSR 的上游，即倒数第二跳把标签弹出。

上游设备如何知道自己是倒数第二跳呢？最简单的做法是为最后一跳分配一个特殊的标签(比如特殊的标签值 3)。

4.3.3　LDP 协议

标签信息分配常见的有两种方式，第一种是在传统路由协议上捎带确认(Piggybacking)，即将 MPLS 标签绑定信息符加在传统的路由协议中进行分布，这只能由控制驱动的方案来支持。在正常的路由协议上承载，确保了转发信息的一致性，避免使用其他附加协议。其不足之处在于，并非所有子网都使用路由，也并非所有路由协议都容易对标签进行处理，因此这不是完善的标签分配解决办法。第二种是使用标签分配协议。思科基于其标签交换(Tag Switching)技术提出了标签分配协议(TDP)，MPLS 工作组以它为基础又定义了一种新的标签绑定信息的分布，称为标签分发协议(LDP)。LDP 适用于控制驱动和数据驱动两种方案。而 LDP 的缺点就是它增加了实现的复杂性(对新协议的支持)，并且它仍需与相关的动态路由协议配合使用。有关 MPLS 中 LDP 的更为深入的研究还在进行中。

LSP 的建立其实就是将 FEC 和标签进行绑定，并将这种绑定通告 LSP 上相邻 LSR 的过程。这个过程是通过标签分发协议 LDP 来实现的。

LDP 协议是一种动态生成标签的协议，建立在 UDP/TCP 协议基础之上，根据路由表逐跳路由传输协议消息。

LDP 协议与动态路由协议十分相像，可以自动发现邻居并建立会话，然后使用通告消息创建、改变和删除特定 FEC—标签的绑定，并通过通知消息进行差错通知。LDP 协议的优势是简单、可以动态形成隧道。

LDP 在标签交换路由器节点之间相互通告 FEC 与标签映射关系，最终生成标签交换路径。LDP 将 FEC 与标签交换路径相关联，映射网络前缀流量到该标签交换路径上。LSR 根据标签与 FEC 之间的绑定信息建立和维护标签转发表。两个使用标签分发协议交换 FEC—标签绑定的 LSR 就称为 LDP 对等体(LDP Peer)。

RFC3036 规定 LDP 规程包括邻居发现、标签请求、标签映射、标签撤销、标签释放、错误处理等机制。

LDP 规定了 LSR 间的消息交互过程和消息结构，以及路由选择方式。

1. LDP 的工作过程

LDP 协议是标签分发协议，即在 MPLS 网络中为转发等价类(FEC)分发标签捆绑，要让报文在 MPLS 网络中进行标签交换路径传输的话，所有的 LSR 都必须运行某种标签分发协议和标签捆绑交换，在所有的 LSR 都为每一个转发等价类分配了特定的标签以后，报文就可以在 LSP 上转发了。转发的过程是：首先在每一台 LSR 上查找 LFIB 来确定标签的移除、交换、添加，然后处理报文标签，并发送出接口。

LDP 是一个动态的生成标签的协议，与动态路由协议(如 OSPF)十分相像，都具备如下的几大要素：报文(或者叫消息)；邻居的自动发现和维护机制；一套算法，用来根据搜集到的信息计算最终结果。不同的是，LDP 计算的结果是标签，而动态路由协议计算的结果是路由。

LDP 协议有四大主要功能：

(1) 发布 Label-FEC 映射；

(2) 建立与维护标签交换路径；

(3) 标签映射通告；

(4) 使用通知来进行管理。

当两台 LSR 都运行了 LDP，且它们之间共享一条或多条链路的时候，其间可以通过 Hello 报文发现对方，然后通过 TCP 协议建立会话，LDP 就在这两个对等体之间通告标签映射消息。

在 LDP 协议中，LDP 的协议报文除了 Hello 报文基于 UDP 之外，其他报文都是基于 TCP 的，端口号为 646。与 BGP 相似，这种基于 TCP 的可靠连接使得协议状态机较为简单。

在 LDP 协议中，存在 4 种 LDP 消息：

- 发现(Discovery)消息：用于通告和维护网络中 LSR 的存在。
- 会话(Session)消息：用于建立、维护和结束 LDP 对等实体之间的会话连接。
- 通告(Advertisement)消息：用于创建、改变和删除特定 FEC—标签绑定。
- 通知(Notification)消息：用于提供消息通告和差错通知。

下面进行详细介绍。

1) 发现阶段

在这一阶段，希望建立会话的 LSR 向相邻 LSR 周期性地发送 Hello 消息，通知相邻节点本地对等关系。通过这一过程，LSR 可以自动发现它的 LDP 对等体，而无需进行手工配置。

LDP 有两种发现机制：

(1) 基本发现机制。基本发现机制用于发现本地的 LDP 对等体，即通过链路层直接相连的 LSR，建立本地 LDP 会话。LSR 通过周期性地发送 LDP Hello 报文，实现 LDP 基本发现机制，建立本地 LDP 会话。Hello 报文中携带 LDP Identifier 及一些其他消息(例如 Hold Time、Transport Address)。如果 LSR 在特定接口接收到 LDP Hello 消息，表明该接口存在 LDP 对等体。通过 Hello 消息携带的信息，LSR 还可获知在特定端口使用的标签空间。

(2) 扩展发现机制。扩展发现机制用于发现链路上非直连 LSR。LSR 周期性地发送 Targeted Hello 消息到指定地址，实现 LDP 扩展发现机制，建立远端 LDP 会话。Targeted Hello 消息使用 UDP 报文，目的地址是指定地址，目的端口是 LDP 端口(646)。Targeted Hello 消息同样携带 LDP Identifier 及一些其他信息(例如 Transport Address、Hold Time)。如果 LSR 在特定接口接收到 Targeted Hello 消息，表明该接口存在 LDP 对等体。

两个 LSR 为基本发现机制和扩展发现机制配置的传输地址(用来建立 TCP 连接的源 IP 地址)相同时，这两个 LSR 之间可以同时建立 Link Hello 邻接关系和 Targeted Hello 邻接关系，并且 Link Hello 邻接关系和 Targeted Hello 邻接关系关联到同一个会话。在 LDP 对等体之间存在直连(只有一跳)和非直连(多于一跳)多条路径的组网环境中，同时建立 Link Hello 邻接关系和 Targeted Hello 邻接关系可以实现利用扩展发现机制来保护与对等体的会话。当直连链路出现故障时，Link Hello 邻接关系将被删除。如果此时非直连链路正常工作，则 Targeted Hello 邻接关系依然存在，因此，LDP 会话不会被删除，基于该会话的 FEC—标签绑定等信息也不会删除。直连链路恢复后，不需要重新建立 LDP 会话、重新学习 FEC—标签绑定等信息，从而加快了 LDP 收敛速度。

两个 LSR 为基本发现机制和扩展发现机制配置的传输地址不同时，如果在这两个 LSR 之间已经建立了一种邻接关系，则无法再建立另一种邻接关系。

2) 会话建立与维护

对等关系建立之后，LSR 开始建立会话。这一过程又可分为两步：首先建立传输层连接，即，在 LSR 之间建立 TCP 连接；随后对 LSR 之间的会话进行初始化，协商会话中涉及的各种参数，如 LDP 版本、标签分发方式、定时器值、标签空间等。会话建立后，LDP 对等体之间通过不断地发送 Hello 消息和 Keepalive(存活检测机制)消息来维护这个会话。

3) LSP 建立与维护

LSP 的建立过程实际就是将 FEC 和标签进行绑定，并将这种绑定通告 LSP 上相邻 LSR。这个过程是通过 LDP 实现的，主要步骤如下：

(1) 当网络的路由改变时，如果有一个边缘节点发现自己的路由表中出现了新的目的地址，并且这一地址不属于任何现有的 FEC，则该边缘节点需要为这一目的地址建立一个新的 FEC。边缘 LSR 决定该 FEC 将要使用的路由，向其下游 LSR 发起标签请求消息，并指明是要为哪个 FEC 分配标签。

(2) 收到标签请求消息的下游 LSR 记录这一请求消息，根据本地的路由表找出对应该 FEC 的下一跳，继续向下游 LSR 发出标签请求消息。

(3) 当标签请求消息到达目的节点或 MPLS 网络的出口节点时，如果这些节点尚有可供分配的标签，并且判定上述标签请求消息合法，则该节点为 FEC 分配标签，并向上游发送标签映射消息，标签映射消息中包含分配的标签等信息。

(4) 收到标签映射消息的 LSR 检查本地存储的标签请求消息状态。对于某一 FEC 的标签映射消息，如果数据库中记录了相应的标签请求消息，LSR 将为该 FEC 进行标签分配，并在其标签转发表中增加相应的条目，然后向上游 LSR 发送标签映射消息。

(5) 当入口 LSR 收到标签映射消息时，它也需要在标签转发表中增加相应的条目。这时，就完成了 LSP 的建立，接下来就可以对该 FEC 对应的数据分组进行标签转发了。

4) 会话撤销

LDP 通过检测会话连接上传输的 LDP PDU 来判断会话的完整性。在以下情况下，LSR 将撤销 LDP 会话：

(1) LSR 通过周期性发送 Hello 消息表明自己希望与邻居 LSR 继续维持这种邻接关系。如果 Hello 保持定时器超时仍没有收到新的 Hello 消息，则删除 Hello 邻接关系。一个 LDP 会话上可能存在多个 Hello 邻接关系。当 LDP 会话上的最后一个 Hello 邻接关系被删除后，LSR 将发送通知消息，结束该 LDP 会话。

(2) LSR 通过 LDP 会话上传送的 LDP PDU(LDP PDU 中携带一个或多个 LDP 消息)来判断 LDP 会话的连通性。如果在会话保持定时器(Keepalive 定时器)超时前，LDP 对等体之间没有需要交互的信息，LSR 将发送 Keepalive 消息给 LDP 对等体，以便维持 LDP 会话。如果会话保持定时器超时，没有收到任何 LDP PDU，LSR 将关闭 TCP 连接，结束 LDP 会话。

(3) LSR 还可以发送 Shutdown 消息，通知它的 LDP 对等体结束 LDP 会话。因此，LSR 收到 LDP 对等体发送的 Shutdown 消息后，将结束与该 LDP 对等体的会话。

2. LDP Session 建立过程

两台 LSR 之间通过交换 Hello 消息触发 LDP Session 的建立。LDP Session 的建立过程如图 4-21 所示。

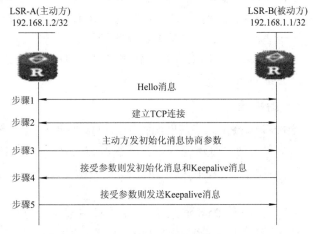

图 4-21　LDP Session 建立过程

(1) 两个 LSR 之间互相发送 Hello 消息。Hello 消息中携带传输地址，双方使用传输地址建立 LDP 会话。首先选择传输地址较大的一方作为主动方，发起建立 TCP 连接。如图 4-2 所示，LSR-A 作为主动方发起建立 TCP 连接，LSR-B 作为被动方等待对方发起连接。

(2) TCP 连接建立成功后，由主动方 LSR-A 发送初始化 Initialization 消息，协商建立 LDP 会话的相关参数，包括 LDP 协议版本、标签分发方式、会话保持定时器 Keepalive 的值、最大 PDU 长度和标签空间等。

(3) 被动方 LSR-B 收到 Initialization 消息后，如果不能接受相关参数，则发送通知 Notification 消息终止 LDP 会话的建立；如果被动方 LSR-B 能够接受相关参数，则发送 Initialization 消息，同时发送 Keepalive 消息给主动方 LSR-A。

(4) 主动方 LSR-A 收到 Initialization 消息后，如果不能接受相关参数，则发送 Notification 消息给被动方 LSR-B，终止 LDP 会话的建立；如果能够接受相关参数，则发送 Keepalive 消息给被动方 LSR-B。

当双方都收到对端的 Keepalive 消息后，LDP 会话建立成功。

LSR 通过周期性地发送 Hello 消息来发现 LSR 邻居，然后与新发现的相邻 LSR 间建立 LDP 会话。通过 LDP 会话，相邻 LSR 间通告标签交换方式、标签空间、会话保持定时器值等信息。LDP 会话是 TCP 连接，需通过 LDP 消息来维护，如果在会话保持定时器值规定的时间内没有其他 LDP 消息，那么必须发送会话保持消息来维持 LDP 会话的存在。

3．基于约束路由的 LDP

MPLS 还支持 CR-LDP(Constrain-based Routing LDP，基于约束路由的 LDP 机制)。所谓 CR-LDP，就是入口节点在发起建立 LSP 时，在标签请求消息中对 LSP 路由附加了一定的约束信息。这些约束信息可以是对沿途 LSR 的精确指定，此时叫严格的显式路由；也可以是对选择下游 LSR 时的模糊限制，此时叫松散的显式路由。

4．LSP 的环路控制

在 MPLS 域中建立 LSP 也要防止路径循环。防止 LSP 的路径循环有最大跳数和路径向量两种方式。

最大跳数方式是在传递标签绑定的消息中包含跳数信息，每经过一跳，该值就加一，当该值超过规定的最大值时就认为出现了环路，从而终止 LSP 的建立过程。

路径向量方式是在传递标签绑定的消息中记录路径信息，每经过一跳，相应的路由器就检查自己的 ID 是否在此记录中，如果没有，就将自己的 ID 添加到该记录中；若有，就说明出现了环路，终止 LSP 的建立过程。

5．RSVP 对 MPLS 的扩展

RSVP(Resource Reservation Protocol，资源预留协议)经扩展后可以支持 MPLS 标签的分发，同时，在传送标签绑定消息时还能携带资源预留的信息。通过这种方法建立的 LSP 可以具有资源预留功能，即沿途的 LSR 可以为该 LSP 分配一定的资源，使在此 LSP 上传送的业务得到保证。

RSVP 协议的扩展主要是在其 Path 消息和 Resv 消息中增加新的对象，这些新对象除了可以携带标签绑定信息外，还可以携带对沿途 LSR 寻径时的限制信息，从而支持 LSP 约束

路由的功能。扩展的 RSVP 协议还支持快速重路由,即在一定条件下 LSP 需要改变时,可以在不中断用户业务的同时,将原来的业务流重新路由到新建立的 LSP 上。

4.4　伪线和隧道

PWE3(Pseudo Wire Edge to Edge Emulation,端到端的伪线仿真)又称 VLL(Virtual Leased Line,虚拟专线),是一种业务仿真机制。它指定了在 IETF 特定的 PSN(包交换网络)上提供仿真业务的封装、传送、控制、管理、互联、安全等一系列规范。PWE3 是在包交换网络上仿真电信网络业务的基本特性,以保证其穿越 PSN 而性能只受到最小的影响,而不是许诺完美再现各种仿真业务。简单来说,就是在分组交换网络上搭建一个"通道",实现各种业务的仿真及传送。

为什么需要 PWE3 技术呢?主要是来自运营商的 PWE3 需求动力。首先,电信运营商需要统一的网络业务平台,方便统一规划、建设、运营、管理和维护。当前的网络趋势是统一融合且优化的 PSN,并具备流量工程、业务分类、QoS 三大能力。其次,电信运营商需要建设维护高回报率的网络业务:目前 FR/TDM 专线业务的回报率仍然超过 Internet 接入业务,但基础网络结构已经 PSN 化了。考虑到网络业务的后向兼容性,需要不同网络之间互联互通。针对已经建设好的大量 TDM 业务设备,需要保护已有投资,最大化进行利用。因此,我们需要一种技术,能将 FR/TDM 业务在 PSN 网络上顺利传送,继续获得来自 FR/TDM 等业务的收益。因此,PWE3 技术应运而生。

PWE3 的功能如下:
(1) 对信元、PDU 或者特定业务比特流的入端口进行封装。
(2) 携带它们通过 IP 或者 MPLS 网络进行传送。
(3) 在隧道端点建立 PW,包括 PW ID 的交换和分配。
(4) 管理 PW 边界的信令、定时、顺序等与业务相关的信息。
(5) 业务的告警及状态管理等。

4.4.1　PWE3 的仿真原理

PWE3 建立的是一个点到点通道,通道之间互相隔离,用户二层报文在 PW(Pseudo Wire,伪线)间透传。对于 PE(Provider Edge,运营商边缘)设备,PW 连接建立后,用户接入接口和 PW 的映射关系就已经完全确定了;对于 P 设备(Provider,运营商网络骨干路由器),只需要依据 MPLS 标签进行转发,不关心 MPLS 报文内部封装的二层用户报文。

PWE3 属于点到点方式的二层 VPN 技术,Martini 方式的 L2VPN 是 PWE3 的一个子集(有关 L2VPN 的内容会在下一节中进行详细介绍)。PWE3 采用了 Martini L2VPN 的部分内容,包括信令 LDP 和封装模式。同时,PWE3 对 Martini 方式的 L2VPN 进行了扩展,两者基本的信令过程是一样的。

PWE3 适用于将多种业务平台转移到单一的 PSN 承载网。随着基于 IP 的数据业务成为主流,IP 承载网日益体现其优势。但是,部分专线 TDM 业务具有更高的每比特利润,大量不支持 IP 协议的设备依然存在。因此，PWE3 有助于运营商在使用 PTN 网络解决带宽瓶颈的同时，保护其已有投资和利润来源。

PWE3 技术利用隧道提供端到端(即 PE 的 NNI 端口之间)的连通性，在隧道端点建立和维护 PW，用来封装和传送业务。用户的数据报经封装为 PW PDU 之后通过隧道 Tunnel 传送。对于客户设备而言，PW 表现为特定业务独占的一条链路或电路，称为虚电路 VC。不同的客户业务由不同的伪线承载，此仿真电路行为称作"业务仿真"。伪线在 PTN 内部网络不可见，网络的任何一端都不必去担心其所连接的另外一端是否是同类网络。边缘设备 PE 执行端业务的封装/解封装，管理 PW 边界的信令、定时、顺序等与业务相关的信息，管理业务的告警及状态等；并尽可能真实地保持业务本身具有的属性和特征。客户设备 CE 感觉不到核心网络的存在，认为处理的业务都是本地业务。

PWE3 业务的参考模型如图 4-22 所示。

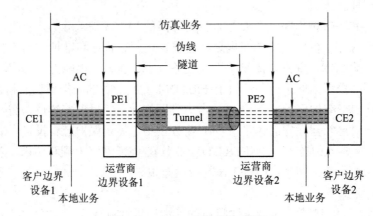

图 4-22　PWE3 业务的参考模型

其中，PE(Provider Edge)是运营商边界设备，而 CE(Customer Edge)是客户边界设备。由图 4-22 可以看出，PWE3 业务网络基本组件包括 AC(Access Circuit，接入链路)、伪线、转发器(Forwarders)、隧道(Tunnels)、封装(Encapsulation)、PW 信令协议(Pseudowire Signaling)、服务质量等。下面分别进行介绍。

1. AC

AC 是指 CE 到 PE 之间的连接链路或虚链路。AC 上的所有用户报文一般都要求原封不动地转发到对端设备，包括用户的二、三层协议报文。

2. 伪线

简单地说，虚连接就是 VC 加隧道，隧道可以是 LSP、L2TPV3(Layer Two Tunneling Protocol - Version 3，工业标准的 Internet 隧道协议)，或者是 TE(流量工程)。虚连接是有方向的，PWE3 中虚连接的建立是需要通过信令(LDP 或者 RSVP)来传递 VC 信息，将 VC 信息和隧道结合起来，形成一个 PW。PW 对于 PWE3 系统来说，就像一条本地 AC 到对端 AC 的直连通道，完成用户的二层数据透传。也可以简单理解为一条 PW 代表一条业务。

3. 转发器

PE 收到 AC 上送的数据帧，由转发器选定转发报文使用的 PW，即分配 PW 标签，而转发器事实上就是 PWE3 的转发表。

4．隧道

隧道用于承载 PW，一条隧道上可以承载多条 PW。隧道是一条本地 PE 与对端 PE 之间的直连通道，完成 PE 之间的数据透明传输。

5．封装

PW 上传输的报文使用标准的 PW 封装格式和技术，PW 上的 PWE3 报文封装有多种，在 IETF 的草案 draft-ietf-pwe3-iana-allocation-X 中有具体的定义。

6．PW 信令协议

PW 信令协议是 PWE3 的实现基础，用于创建和维护 PW。目前，PW 信令协议主要有 LDP 和 RSVP。

7．服务质量

根据用户二层报文头的优先级信息，映射成在公用网络上传输的 QoS 优先级来转发，这个一般需要应用支持 MPLS QoS。

4.4.2 PWE3 多业务统一承载特性

PWE3 支持 TDM E1/ IMA E1/ POS STM-n//FE/GE/10GE 等多种接口，PWE3 可实现 TDM、ATM/IMA(Inverse Multiplexing for ATM，ATM 反向复用技术)、Ethernet 等多种业务的统一承载，统一的分组传送平台，降低 CapEx 和 OpEx。PWE3 多业务统一承载模型如图 4-23 所示。

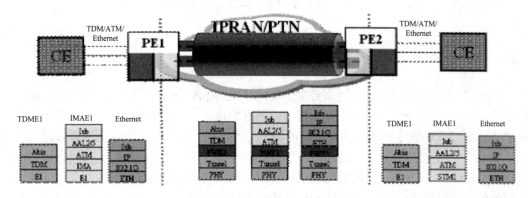

图 4-23　PWE3 多业务统一承载模型

如图 4-23 所示，在 PWE3 的多业务统一承载模型中，客户侧设备 CE 传送到 PE 设备上的业务模式是多种多样的，包括图中描述的 TDM E1、IMA E1 及以太网业务。这些业务流在 PE 节点上完成封装，添加上相应标签后，就可以通过标签交换的方式通过图示的 PTN/IPRAN 网络；到达对端 PE 后，将在入口 PE 处加上的封装解除。在数据传输过程中，运营商骨干设备不会解析数据的内容和形式，实现用户数据的透明传输。不论是何种类型的客户侧业务，都可以采用类似的形式进行数据传输，这就是 PWE3 多业务统一承载的特性。

PWE3 协议栈模型如图 4-24 所示。

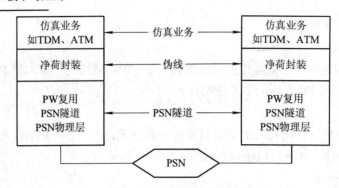

图 4-24　PWE3 协议栈模型

如图 4-24 所示，PW 为远端对等层提供一条仿真物理或虚拟连接。本地业务 PDU 经发送端 PE 封装后通过 PSN 传送。接收端 PE 剥离封装，还原为本地格式之后传送给目的 CE。PWE3 完成协议层次模型中的封装、PW 复用、PSN 汇聚三层功能。

(1) 封装层主要包括帧序控制、定时、分段传送三个方面的内容，其中的分段传送与帧序控制密切相关。封装层是 PWE3 的可选功能，可以为空。

(2) 当业务 PDU 附加 PW 封装和 PSN 头部信息后，如果分组长度大于 PSN 支持的最大传输单元(MTU)，PW 净荷必须在入口 PE 分段传送，在出口 PE 重组。

(3) PSN 汇聚层提供了保障业务要求的增强功能，并为 PW 层提供统一的接口，使得 PW 独立于 PSN 的类型。如果 PSN 层本身已经能够满足业务的要求，这一层可以为空。

4.5　基于 MPLS 的 VPN

4.5.1　VPN 简介

VPN 指的是依靠 ISP(互联网服务提供商)和其他 NSP(Network Service Provider，网络服务提供商)，在公用网络中建立专有数据通信网络的技术。在虚拟专网中，任意两个节点之间的连接并没有传统专网所需的端到端的物理链路，而是利用某种公共网的资源动态组成的。VPN 技术采用存取控制、机密性、数据完整性等措施，以保证信息在传输过程中的机密性、完整性和可用性。它是在公共 Internet 之上为政府、企业构筑安全可靠、方便快捷的专用网络，并可节省资金。VPN 技术是广域网建设的最佳解决方案，它不仅会大大节省广域网的建设和运行维护费用，而且拥有成本低、便于管理、开销少、灵活度高、保密性好等优点。

VPN 服务是很早就提出的概念，不过以前电信提供商提出的 VPN 是在传输网上提供的覆盖型的 VPN 服务。电信运营商给用户出租线路，用户上层使用何种路由协议、路由怎么选路等，这些电信运营商并不关注。这种租用线路来搭建 VPN 的好处是安全，但是价格昂贵，线路资源浪费严重。

后来随着 IP 网络的全面铺开，电信服务提供商在竞争的压力下，不得不提供更加廉价的 VPN 服务，也就是三层 VPN 服务。通过提供给用户一个 IP 平台，用户通过 IP Over IP

的封装格式在公网上打隧道，同时也提供了加密等手段提供安全保障。这类 VPN 用户在目前的网络上数量还是相当巨大的，但是这类 VPN 服务因大量的加密工作、传统路由器根据 IP 包头的目的地址进行转发的转发效率不高等原因，VPN 服务还不是非常令人满意。

传统的基于 ATM 或 FR 的 VPN 应用非常广泛，它们能在不同 VPN 间共享运营商的网络结构。这种 VPN 的不足在于：

(1) 依赖于专用的介质(如 ATM 或 FR)：为提供基于 ATM 的 VPN 服务，运营商必须建立覆盖全部服务范围的 ATM 网络；为提供基于 FR 的 VPN 服务，又需要建立覆盖全部服务范围的 FR 网络，在网络建设上造成浪费。

(2) 部署复杂：尤其是向已有的 VPN 加入新的 Site(站点)时，需要同时修改所有接入此 VPN 站点的边缘节点的配置。

由于以上缺点，新的 VPN 替代方案应运而生，MPLS VPN 就是其中的一种。

MPLS 技术的出现和 BGP 协议的改进，让大家看到了另一种实现 VPN 的曙光。

MPLS 技术提供了类似于虚电路的标签交换业务，这种基于标签的交换可以提供类似于帧中继、ATM 的网络安全性。同时相对于传统的 VPN 技术来说，MPLS VPN 可以实现底层标签的自动分配，在业务的提供上比传统的 VPN 技术更廉价，更快速。同时，MPLS VPN 可以充分地利用 MPLS 技术的一些优良的特性，比如 MPLS 流量工程能力、MPLS 的服务质量保证，结合这些能力，MPLS VPN 可以向客户提供不同质量等级的服务，也更容易保障跨运营商骨干网的服务质量。

同时 MPLS VPN 还可以向客户提供传统的基于路由技术的 VPN 无法提供的业务种类，比如支持 VPN 地址空间复用。对于 MPLS 的客户来说，运营商的 MPLS 网络可以提供客户需要的安全机制，以及组网的能力；VPN 底层连接的建立、管理和维护主要由运营商负责，客户运营其 VPN 的维护和管理都将比传统的 VPN 解决方案简单，也降低了企业在人员和设备维护上的投资和成本。基于 MPLS 的 VPN 可以作为传统的基于二层专线的 VPN、纯三层的 IP VPN 和隧道方式的 VPN 的替代技术，在现阶段可以作为传统 VPN 技术的有效补充。

具体到 MPLS VPN 的实现方式，根据运营商边界设备 PE 是否参与客户的路由，运营商在建立基于 IP/MPLS 的 VPN 时有两种选择：

- 第三层的解决方案，通常称作 Layer3 MPLS VPN。
- 第二层的解决方案，通常称作 Layer2 MPLS VPN。

衡量一个 VPN 解决方案的优劣主要基于这几种考虑：支持的业务种类；可以向用户提供的连接的种类；扩展性；部署的复杂度；业务开展的复杂度；管理和维护的复杂度；部署的成本；管理和维护的成本等。当然这些因素并不是绝对的，实际的应用中很难简单地说两个方案谁优谁劣。两个方案都有其特定的业务模式，也都还处在不断完善发展的阶段，选择方案的关键是运营商实际的网络运营环境和运营商自身的业务定位，以及要向客户提供什么样的服务模式。

二层 VPN 对用户来说就是一个二层通道，相当于在各个用户之间铺设了专线或者专网，运营商的承载网不需要对其维护三层路由，即用户的路由不需要告诉运营商。

三层 VPN 是要求用户和运营商之间要建立一个三层连接，用户把自己的路由告诉运营商，让运营商在全网中打通路由通道，从而使不同节点的用户站点之间可以通行，但是用户路由也是保密的，其他 VPN 用户无法访问。

4.5.2 基于 MPLS 的二层 VPN

1. MPLS L2VPN 的基本概念

MPLS L2VPN 的出现是 MPLS VPN 技术的一个新亮点，使用基于 MPLS 的 L2VPN 解决方案，运营商可以在统一的 MPLS 网络上提供基于不同媒介的二层 VPN 服务，包括 ATM、FR、VLAN、Ethernet、PPP 等。同时，这个 MPLS 网络仍然可以提供通常的 IP、三层 VPN、流量工程和 QoS 等其他服务，极大地节省网络建设的投资，是迈向 IP/MPLS 全业务网的关键一步，可以实现真正意义上的多网合一。而且，在演进的过程中对原有的非 IP 接入电路技术(FR、ATM)可以实现重复利用，最大限度地为运营商节省网络升级的投资。

简单来说，MPLS L2VPN 就是在 MPLS 网络上透明传递用户的二层数据。从用户的角度来看，这个 MPLS 网络就是一个二层的交换网络，通过这个网络，可以在不同站点之间建立二层的连接。在客户端，客户使用 ATM/FR 等各种链路连接各个站点，每个客户边界(CE)设备配置一个 VC ID，并通过这个 VC ID 与其他 CE 通话。但在运营商网络内部，第二层分组是在 MPLS 标签交换路径(LSP)内部传送的。MPLS L2VPN 业务的开通需要运营商网络的 PE(运营商边界设备)设备支持基于 MPLS 的 L2VPN，要求 P(Provider router，骨干设备)设备支持传统的 MPLS 交换。

在这种实现方案中，利用了 MPLS 的两级标签栈：

- 一个外部标签，指明到达信宿 PE 的一条 LSP 隧道。
- 一个内部标签，指明到达目的 CE 的逻辑链路。

PE 上的信令协议如下：

- LDP/RSVP，用来建立 PE 之间的 LSP。
- LDP/BGP，用来交换本地 CE 的 VPN 信息。

这种方法对运营商和客户都有许多好处。使用标签栈降低了配置复杂度，减少了要管理的 LSP 数量。VPN 路由在 CE 级执行，由于核心路由器(P 设备)和 PE 都不必维护 VPN 路由，因此保证了 P 和 PE 设备的性能和网络服务的扩充能力。

基于 MPLS 的第二层 VPN 解决方案保留了传统基于第二层 VPN 解决方案的优势。该技术降低了 VPN 业务开通的复杂度，特别是在现有的 VPN 中增加站点时，在大多数情况下只需把供应商边界(PE)路由器连接到新站点上即可，相应也减小了业务提供的周期。通过采用 MPLS 技术，可以在多元融合的网络中运行二层 VPN、三层 VPN、流量工程、Diffserv 及许多其他业务，服务提供商可以为 IP、第三层(MPLS/IP)和二层 VPN 共同管理及维护单一的基于 MPLS 的网络。

基于第二层的 MPLS VPN 解决方案提供了运营商网络和客户的 VPN 网络之间的完全独立性，也就是说，运营商边界的 PE 设备和 CE 设备之间没有进行路由交换，运营商只是简单向客户提供一些基于二层的网络功能。运营商的网络和客户的 VPN 网络完全架构在层叠的网络模型上，从客户的角度看运营商只是提供了一个简单的二层连接。这种透明简化了运营商网络的结构和配置管理，同时也提供了对客户的多业务支持能力，运营商除了传统的 IP 业务以外，还可以向客户提供 IPv4、IPv6、IPX、DECNet、OSI、SNA 等业务，以及一些传统基于电路业务的仿真，比如说 FR、ATM 等。

目前 MPLS L2VPN 的解决方案可以提供以下两种连接方式的服务：点到点连接(VLL，或称 VPWS)和点到多点连接(VPLS)。

2．点到点仿真虚电路(VLL)

可以将 MPLS L2VPN 划分成两个主要的技术流派：Martini 和 Kompella。这两者在数据层面非常相似，都支持多种二层技术。区别主要在控制层面，前者以 LDP 扩展协议作为信令传递二层可达信息，后者以 MP-BGP 扩展为信令传递二层可达信息。

在 MPLS L2VPN 中，定义了一些基本概念，如 CE、PE、P 等，其中 PE 相当于 MPLS 协议中的 LER 路由器，而 P 相当于 MPLS 协议中的 LSR 路由器。下面进行简单介绍。

(1) CE 设备：用户网络边缘设备，有接口直接与运营商网络相连。CE 可以是路由器或交换机，也可以是一台主机。CE "感知"不到 VPN 的存在，也不需要必须支持 MPLS。

(2) PE 路由器：服务提供商边缘路由器，是服务提供商网络的边缘设备，与用户的 CE 直接相连。在 MPLS 网络中，对 VPN 的所有处理都发生在 PE 上。

(3) P(Provider)路由器：服务提供商网络中的骨干路由器，不与 CE 直接相连。P 路由器设备只需要具备基本 MPLS 转发能力。

MPLS L2VPN 通过标签栈实现用户报文在 MPLS 网络中的透明传送：外层标签(称为 Tunnel 标签)用于将报文从一个 PE 传递到另一个 PE，内层标签(称为 VC 标签)用于区分不同 VPN 中的不同连接，接收方 PE 根据 VC 标签决定将报文转发给哪个 CE。

图 4-25 所示为 MPLS L2VPN 转发过程中报文标签栈变化的示意图。

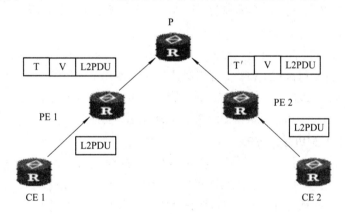

图 4-25　MPLS L2VPN 标签栈处理

图中，L2PDU 是链路层报文，PDU 即 Protocol Data unit(协议数据单元)。T 是 Tunnel 标签；V 是 VC 标签，T'表示转发过程中替换后的新外层标签。在 MPLS L2VPN 的数据转发过程中，外层的隧道标签每经过一个节点，都会进行变更，而内层标签不变。

3．MPLS L2VPN 的实现方式

MPLS L2VPN 主要有以下几种实现方式：

(1) CCC(Circuit Cross Connect，电路交叉连接)方式：采用静态配置 VC 标签的方式用于实现 MPLS L2VPN 的方法。

(2) SVC(Static Virtual Circuit，静态虚拟电路)方式：也是一种静态的 MPLS L2VPN，用手工配置标签的方式来实现 MPLS L2VPN。

(3) Martini 方式：通过建立点到点链路来实现 MPLS L2VPN 的方法，它以 LDP 为信令协议来传递双方的 VC 标签。

(4) Kompella 方式：在 MPLS 网络上以端到端(CE 到 CE)方式建立 MPLS L2VPN 的方法。目前，它采用扩展了的 BGP(Border Gateway Protocol，边界网关协议)为信令协议来发布二层可达信息和 VC 标签。

下面分别介绍这几种 MPLS L2VPN 实现方式。

1) CCC 方式 MPLS L2VPN

与普通 MPLS L2VPN 不同，CCC 采用一层标签传送用户数据，因此，CCC 对 LSP(标签交换路径)的使用是独占性的。CCC 的 LSP 只用于传递这个 CCC 连接的数据，不能用于其他 MPLS L2VPN 连接，也不能用于 MPLS L3VPN 或承载普通的 IP 报文。

这种方式的最大优点是：不需要任何标签信令传递二层 VPN 信息，只要能支持 MPLS 转发即可，保证在任何情况下运营商之间可以进行互连。此外，由于 LSP 是专用的，可以提供 QoS 保证。

CCC 连接有两种：本地连接和远程连接。

(1) 本地连接：在两个本地 CE 之间建立的连接，即两个 CE 连在同一个 PE 上。PE 的作用类似二层交换机，可以直接完成交换，不需要配置静态 LSP。

(2) 远程连接：在本地 CE 和远程 CE 之间建立的连接，即两个 CE 连在不同的 PE 上，需要配置静态 LSP 来把报文从一个 PE 传递到另一个 PE。

远程连接中的 P 设备上必须单独为每一个 CCC 连接手工配置两条不同方向的 LSP。

2) SVC 方式 MPLS L2VPN

SVC 也是一种静态的 MPLS L2VPN，在 L2VPN 信息传递中不使用信令协议。SVC 方式与 Martini 方式的 MPLS L2PVN 非常相似，但它不使用 LDP 传递二层 VC 和链路信息，手工配置 VC 标签信息即可。其实 SVC 方式是 Martini 方式的一种静态实现。CCC 和 SVC 使用的标签范围是 16～1023，即保留给静态 LSP 使用的标签。

3) Martini 方式 MPLS L2VPN

Martini 方式 MPLS L2VPN 着重于在两个 CE 之间建立 VC(Virtual Circuit，虚电路)。Martini 方式采用 VC-TYPE 加上 VC ID 来标识一个 VC。VC-TYPE 表明 VC 的封装类型：取值为 ATM、VLAN 或 PPP；VC ID 则用于唯一标识一个 VC。同一个 VC-TYPE 的所有 VC 中，其 VC ID 必须在整个 PE 中唯一。

连接两个 CE 的 PE 通过 LDP 交换 VC 标签，并通过 VC ID 绑定对应的 CE。当连接两个 PE 的 LSP 建立成功，双方的标签交换和绑定完成后，一个 VC 就建立起来了，CE 之间可以通过此 VC 传递二层数据。

为了在 PE 之间交换 VC 标签，Martini 方式对 LDP 进行了扩展，增加了 VC FEC 的 FEC 类型。此外，由于交换 VC 标签的两个 PE 可能不是直接相连的，所以 LDP 必须使用 Remote Peer 来建立会话(Session)，并在这个会话上传递 VC FEC 和 VC 标签。

在 Martini 方式中，由于在运营商网络中只有 PE 设备需要保存少量的 VC Label 与 LSP 的映射等信息，P 设备不包含任何二层 VPN 信息，所以扩展性很好。服务运行商网络中的一条隧道可以被多条 VC 共享使用，所以，当需要新增加一条 VC 时，只在相关的两端 PE

设备上各配置一个单方向 VC 连接即可，不影响网络的运行。

4) Kompella 方式 MPLS L2VPN

与 Martini 方式不同，Kompella 方式的 MPLS L2VPN 不直接对 CE 与 CE 之间的连接进行操作，而是在整个运营商网络中划分不同的 VPN，在 VPN 内部对 CE 进行编号。要建立两个 CE 之间的连接，只需在 PE 上设置本地 CE 和远程 CE 的 CE ID，并指定本地 CE 为这个连接分配的 Circuit ID。

Kompella 方式 MPLS L2VPN 以 BGP 扩展为信令协议来分发 VC 标签。在分发标签时，Kompella 方式采用标签块(Label Block)的方式，一次为多个连接分配标签。

用户可以指定一个 VPN 的 CE 的范围，表明当前 VPN 上最多可连接的 CE 数。系统一次为这个 CE 分配一个标签块，标签块的大小等于 CE 的范围。这种方式允许用户为 VPN 分配一些额外的标签，留待以后使用。这样短期来看会造成标签资源的浪费，但是却带来一个很大的好处，即可以减少 VPN 部署和扩容时的配置工作量。

假设一个企业的 VPN 包括 10 个 CE，但是考虑到企业会扩展业务，将来可能会有 20 个 CE。这样可以把每个 CE 的范围设置为 20，系统会预先为未来的 10 个 CE 分配标签。以后 VPN 添加 CE 节点时，配置的修改仅限于与新 CE 直接相连的 PE，其他 PE 不需要作任何修改。这使得 VPN 的扩容变得非常简单。

4. Martini 方式的 MPLS L2VPN

基于 Martini 方式的 MPLS L2VPN 使用 LDP 作为传递 VC 信息的信令。

PE 之间建立 LDP 的 Remote Session(远程会话)，PE 为 CE 之间的每条连接分配一个 VC 标签。二层 VPN 信息将携带着 VC 标签，通过 LDP 建立的 LSP 转发到 Remote Session 的对端 PE。

在这种方式的 L2VPN 中，服务运营商网络中的一条隧道可以被多条 VC 共享使用。

Martini 草案的基于 MPLS 的二层 VPN 是一种点对点的解决方案，可以支持的二层技术主要有帧中继、ATM AAL5 CPCS 模式、ATM 透明信元模式、以太网、以太网 VLAN、HDLC、PPP。为了通过运营商 MPLS 网络承载 L2 帧，Martini 草案引入 VC 的概念。以 VC ID 来唯一标识一个点到点的连接，多个 VC 可以在同一个 LSP 隧道中进行复用，其标签的结构如图 4-26 所示。

外层标签	VC标签	二层头部	数据

图 4-26 MPLS 标签结构

连接控制是用 LDP 协议实现的，LDP 协议用于 VC-Label 协商、撤销和差错通告。前面提到，基于 Martini 方式的 MPLS L2VPN 使用二层标签嵌套的方式来实现数据在 MPLS 网络中的传输，其中外层 Tunnel 标签的作用是从入口 PE 到出口 PE 获得 PDU，可以是 MPLS Label 或 GRE Tunnel；内层的 VC 标签用于在相同的 Tunnel 上标识不同的虚电路。

LSP 可以看作承载多条 VC 的隧道，VC 可以看作实际承载 VPN 用户二层数据帧的虚拟电路。隧道 LSP 的建立方式可以有多种，可以使用普通的 LDP 协议或者是 RSVP/CR-LDP 等信令协议。VC 和 LSP 一样也是单向的，为了获得双向的 VC 连接，必须对 VC 两端的 PE 都进行配置。在 VPN 用户的数据帧穿透运营商的网络时被打上了两层标签：外层标签是隧道标签，标识隧道 LSP，用于定位特定的目的 PE 路由器；内层标签叫作 VC 标签，标识用户的连接，定位目的 PE 路由器上特定的 CE(VPN 成员)站点。图 4-27 所示为 Martini 方式网络结构图。

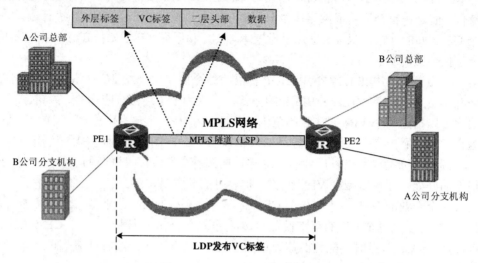

图 4-27　Martini 方式网络结构

　　图中，A、B 两公司是两个 VPN 用户，各自有总部和分支机构，希望通过公共的运营商网络进行通信，该运营商网络采用 MPLS 技术实现分组交换。为保证客户数据的安全性，使用二层 VPN 来实现用户数据在运营商网络的安全传输。两公司总部和其分支机构之间通过虚拟的管道即 MPLS 隧道进行通信，数据报文在到达运营商边界设备 PE 时会加上两层标签，外层标签是隧道标签，VPN 用户 A 和用户 B 的数据包通过 MPLS 网络时外层隧道标签可能会相同，但不会影响数据传输，因为内层标签，即标识数据包来自于哪个 VPN 用户的 VC 标签是不会冲突的。MPLS L2VPN 技术针对不同 VPN 用户采用的细粒度管道即伪线是独立分配的，这样就保证了用户数据在公共网络上的安全传输。

Martini 的协议工作过程包括两部分：建立 Tunnel 和建立 VC。

1）建立 Tunnel

利用标签分发协议 LDP 来在 PE 之间建立 Tunnel，其他的 Tunnel 协议比如 GRE 协议也可以用来建立 Tunnel。

2）建立 VC

通过 LDP 在两个 PE 之间建立远程邻居，通过 VC ID 来建立绑定关系，LDP 协议为 VC 分配标签。Martini 协议的处理过程如图 4-28 所示。

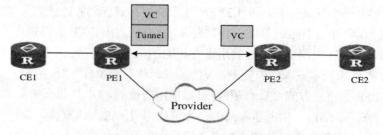

图 4-28　Martini 协议的处理过程

如图 4-28 所示，以 PE1 为源端、PE2 为目的端为例，当 PE1 发送一个二层数据帧到 PE2 时，PE1 首先为二层净荷添加一个 VC 标签，然后添加一个隧道标签。隧道标签用来确定 MPLS 分组从 PE1 到 PE2 的公共通道；只有 MPLS 分组到达 PE2 时，VC 标签才可见，PE2 把用户的二层数据帧发往哪个 CE 取决于 VC 标签的内容。

Martini 方式实现的 MPLS L2VPN 网络中，只有 PE 设备需要保存 VC Label&LSP 的映射等少量信息，P 设备不包含任何二层 VPN 信息，所以扩展性很好。此外，当需要新增加一条 VC 时，只在相关的两端 PE 设备上各配置一个单方向 VC 连接即可，不影响网络的运行。

Martini 方式适合稀疏的二层连接，例如星形连接。利用 Martini 方式的 MPLS L2VPN 可以很容易地替代旧有的 VPN，VPN 用户的配置不需做任何修改，而且费用大大降低。

在 Martini 中用 LDP 进行 VC 标签的交互，如果不使用 LDP，而是在 PE 上直接根据 VC ID 来分配内层标签，这就是静态 VC 的模式，可以认为静态 VC 是 Martini 的简化。

静态 VC 的外层标签(公网隧道)建立的方法与 Martini 相同，静态 VC 的网络拓扑模型和报文交互过程与 Martini 相同。

5. Kompella 方式的 MPLS L2VPN

Kompella 方式与 MPLS L3VPN 类似，各个 PE 之间通过建立 BGP 会话自动发现 L2VPN 的各个节点，使用 BGP 作为传递二层信息和 VC 标签的信令协议。Kompella 方式使用 VPN Target 来进行 VPN 路由收/发的控制，给组网带来了很大的灵活性。有关 VPN Target 的内容会在 4.5.3 节进行介绍。Kompella 传送的是二层信息，而 MPLS BGP VPN 传送的是三层路由信息，为此 Kompella 进行了相应的 BGP NLRI(Network Layer Reachability Information，网络层可达信息)扩展。

在内层标签的分配上，Kompella 方式与 Martini 方式完全不同。Kompella 采取标签块(Label Block)的方式，事先为每个 CE 分配一个标签块，这个标签块的大小决定了这个 CE 可以与其他 CE 建立多少个连接。这样做的好处是允许为 VPN 分配一些额外的标签，留待以后扩容使用。PE 根据这些标签块进行计算，得到实际的内层标签，用于报文的传输。

关于标签块的几个相关概念如下：

(1) Label Base：标签块的起始标签。

(2) Label Range(LR)：为 CE 分配的标签块大小，表明这个 CE 能与多少个 CE 建立连接。

(3) Label-block Offset(LO)：为同一个 CE 分配的多个标签块之间的偏移量。

(4) CE ID：在同一个 VPN 内唯一标识 CE 的参数，并用于 VC 标签的计算。

当 PE 上增加一个 CE 的相关配置时，需要指定标签块的大小 Label Range。随着网络的扩容和 VC 数量的增加，会出现标签不够用的时候，这时需要重新定义 LR 的大小，给一个更大的标签空间。为了不破坏原有的 VC 连接，给这个 CE 分配一个新的标签块，所以 CE 的标签空间可能是由多个标签块组成的。多个标签块之间的关系通过偏移量 LO 来定义。LO 表示前面所有标签块的总数。

这里我们按照图 4-29 所示的组网图来看一下 VC 标签的计算过程。假设 PE1、PE2 为同属于 VPN_X 的 CE1 和 CE2 建立一条 VC。假定 PE1 为 CE1 分配的 Label Block 为 Lm；Lm 的 Label Block Offset 为 LOm；Lm 的 Label Base 为 LBm；Lm 的 Label Range 为 LRm。

假定 PE2 为 CE2 分配的 Label Block 为 Ln；Ln 的 Lable Block Offset 为 LOn；Ln 的 Label Base 为 LBn；Ln 的 Label Range 为 LRn。那么 PE2 收到 PE1 发送过来的信息后会进行如下处理：

检查从 PE2 收到 CE2 的封装类型是否与 CE1 的相同。如果封装类型不一致，则停止处理。检查 CE ID，看是否 m=n，如果 m 与 n 的值相同，则报错并停止处理。如果 CE1 有多个标签块，找出其中满足 $LOm <= n < LOm + LRm$ 的标签块。如果任何一个标签块都不满足此条件，则报错并停止处理。同理，找出 CE2 标签块中满足 $LOn <= m < LOn + LRn$ 的标签块，如果没有任何一个标签块满足此条件，则修改 CE2 的 LR，并为 CE2 分配一个新的标签块。这个标签块作为一个 NLRI 条目通过 BGP 传递到 PE1。

检查 PE1 和 PE2 之间的外层通道是否正常建立。如果没有正常建立，就停止处理，这里假设为 LSP 隧道，标签为 Z。PE1 为 CE2 分配内层标签($LBn + m - LOn$)，即 VC 的出标签；PE1 为 CE1 分配内层标签($LBm + n - LOm$)，即 VC 的入标签。PE2 到 PE1 的外层隧道的标签为 Z。内外层标签都已经计算出来并且 VC 处于 UP 状态后，就可以继续进行二层报文的传输。

图 4-29　VC 标签的计算过程

和 Martini 方式相比，Kompella 的优势是引入了 VPN 的自动发现机制，像 L3 MPLS VPN 一样，各 PE 之间通过建立 IBGP 会话，可自动发现二层 VPN 的各站点。在初始时已经为各 CE 分配了标签块，通过特定算法可以自动计算出每条连接所需要的标签。二层 VPN 信息是通过扩展的 BGP 在 PE 之间传播；据此，通过 MPLS LSP 实现转发。Kompella 方式的 VPN 建立的过程充分借鉴了 L3 MPLS VPN 实现思想。

对于大型的 IP 运营商来说，其网络中原有运行的 BGP 可以作为 Kompella 方式 MPLS L2VPN 的信令载体，对于网络的运营和维护来说也不会增加很大的负担。基于 MPLS L3VPN 的运营商经验也完全可以被 Kompella VPN 借鉴，比如说 VPN 跨域的问题，Kompella 就可以采用和 MPLS L3VPN 相似的方法实现，而 Martini VPN 的跨域问题解决起来就比较困难。

在数据层面上，Kompella 可以支持帧中继、ATM AAL5 CPCS 模式、ATM 透明信元模式、以太网、以太网 VLAN、HDLC、PPP 等二层技术。当企业用户需要建立多点全连接的 VPN 网络时，建议使用 Kompella 方式的 MPLS L2VPN，这样既可以极大地降低企业通信费用，又可以简化 VPN 组网，把网络拓扑的维护交给运营商完成。

6. 点到多点的 L2VPN 实现方案

目前在 IETF 中有多个草案解决 L2 多点连接的问题，这些草案的主要目标都是解决 L2 以太帧透过运营商 IP/MPLS 网络进行点到多点传送的问题。通过运营商的 IP/MPLS 网络，MPLS L2 VPN 可以仿真一个局域网交换机，具有基于 MAC 地址对用户的数据帧进行转发的能力。最终的目的是构架客户端基于 L2 交换的 VPN 网络。这种解决方案一般也称作 VPLS(Virtual Private LAN Services)。VPLS 技术的核心思想在草案 "draft-lasserrevkompellappvpn-vpls-0x.txt"中有详细的描述。

VPLS 的解决方案实际上是对 Martini 解决方案中 VC 概念的扩展。VPLS 实际上是通过在 PE 之间建立一个全网状的 VC 连接来仿真点到多点的连接。VC 标签信息的交换主要有两种方法,一种是 LDP 标签分配方式;另外一种是 BGP 标签分配方式。还有一种解决方案是将 VPN ID 存储在 DNS 系统中进行统一的管理控制,可以简化业务提供的过程。PE 设备的功能是(多数情况下是 PE 路由器)像普通的二层交换机一样进行 MAC 地址的学习,通过 MAC 地址的学习,每个承载 VPN 的 PE 上都会生成相应的 MAC 地址转发表,这个转发表称作 VFI(Virtual Forwarding Instance)。对于目的 MAC 地址,在 MAC 地址转发表中能找到的就按转发表进行转发;对于所有目的 MAC 地址不能识别的以太帧(如广播、组播报文等),必须泛洪到该 VPLS 域中其他所有相关的 PE 设备上。和 MPLS L3VPN 一样,为了合理利用设备的资源,MPLS L2VPN 的 PE 设备上只存储它承载的 VPLS 的 MAC 转发表,而不是网络中所有 VPLS 的 MAC 转发表。P 路由器不进行任何的 MAC 地址学习,整个 MPLS L2VPN 的建立过程对 P 路由器是透明的。

如图 4-30 所示,在数据平面上不同企业 VPN 的数据可以通过使用不同的 VLAN ID 复用到单一物理接入链路上。各个企业的分支就像工作在同一个局域网内。在控制平面,客户需要对其路由协议的发布进行一定的策略控制,决定路由发布和 VPN 之间的对应关系。对运营商而言,路由的管理和控制是由用户进行的,运营商的维护管理工作比较简单。

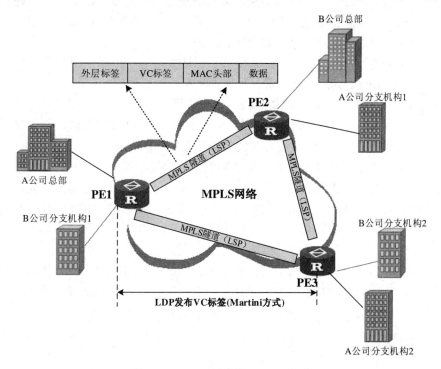

图 4-30 VPLS 示意图(Martini 方式)

通过 VPLS 可以实现 LAN 网段的远程多点连接,两个企业分支通过 Ethernet/VLAN 接入 MPLS 网络中,通过 MPLS LSP 连接在一起,LSP 上承载 MAC 报文,从而使得处在不同地区的分支可以工作在同一局域网中。

利用 VPLS 技术可以将企业处在不同地域的分支通过多个 LAN 网段连接在一起,在企业看来,整个 MPLS 网络就好像一个大交换机一样。总之,VPLS 技术结合了 MPLS 技术和以太网技术各自的优点,扩展了 Ethernet/VLAN 技术的使用范围,使得构建跨城域网、跨广域网的 Ethernet 网络成为可能。

7. MPLS L2VPN 小结

概括地讲,MPLS L2VPN 主要具有以下优点:

(1) 扩展了运营商的网络功能和服务能力。MPLS L2VPN 可以连接不同地域的二层运营商网络,使运营商可以在一个更大的网络范围内为更多用户提供 FR/ATM 专线服务,从而获得更多的盈利。

(2) 具有更高的可扩展性。MPLS L2VPN 克服了传统的 ATM 或 FR 网络中扩展复杂的缺点,MPLS L2VPN 通过使用标签栈技术,可以在一条 LSP 中复用多条 VC,PE 只要维护一条 LSP 信息就可以了,因此大大提高了系统的可扩展性。

(3) 管理责任分明。在 MPLS L2VPN 中,运营商仅负责提供二层的连接性,客户负责三层的连接性,如路由等。这样,当用户由于配置错误,引起路由振荡时,不会影响运营商网络的稳定性。

(4) 提供更好的安全性和保密性。能提供等同于 ATM 或 FR VPN 网络所提供的安全性和保密性。由于用户自己维护其路由信息,运营商不必考虑用户的地址重叠问题,也不用担心一个用户的路由信息会泄漏到其他用户的私有网络中。这一方面减少了运营商的管理负担,另一方面也增加了用户信息的安全性。

(5) 多网络协议支持。由于运营商只提供二层连接,客户可以使用其愿意使用的任何三层协议,如 IP、IPv6、IPX、SNA 等,所以说支持多网络协议。

(6) 对于传统的 L2VPN 客户能做到网络平滑升级。由于 MPLS L2VPN 对用户是透明的,当运营商从 ATM、FR 等传统的二层 VPN 向 MPLS L2VPN 升级时,不需要用户重新进行任何配置,除了切换时可能造成短时间的数据丢失外,对用户来说几乎没有任何影响。

就目前来说,MPLS L2VPN 面临的最大问题就是协议不够成熟,没有标准化。目前设备厂家之间解决方案的种类繁多,大多数的设备只实现了协议定义的基本功能,还不具备全业务支持的能力,各种解决方案之间互通还存在问题。MPLS L2VPN 协议本身的不完善也是制约其应用的一个重要因素,目前大多数的 MPLS L2VPN 的配置过程都需要进行大量的手工配置。对于一个适合进行大规模部署的网络解决方案来说,必须支持自动发现机制,减少配置过程中因为人为失误造成配置错误的可能性。另外,除了以 BGP 作为信令协议的解决方案以外,MPLS L2VPN 的跨域问题还没有完全解决。MPLS L2VPN 业务的成熟需要运营商积累一定的运营经验,其业务本身也需要市场和客户的认可。

4.5.3 基于 MPLS 的三层 VPN

1. MPLS L3VPN 概述

基于 MPLS 的三层 VPN 简称为 MPLS L3VPN,它是服务提供商 VPN 解决方案中一种基于 PE 的 L3VPN 技术,它使用 BGP 在服务提供商骨干网上发布 VPN 路由,使用 MPLS 在服务提供商骨干网上转发 VPN 报文。

MPLS L3VPN 组网方式灵活、可扩展性好,并能够方便地支持 MPLS QoS 和 MPLS TE,因此得到越来越多的应用。

MPLS L3VPN 是一种基于路由方式的 MPLS VPN 解决方案,IETF RFC2547 中对这种 VPN 技术进行了描述,MPLS L3VPN 也被称作 BGP/MPLS VPN。MPLS L3VPN 使用类似传统路由的方式进行 IP 分组的转发,在路由器接收到 IP 数据包以后,通过在转发表查找 IP 数据包的目的地址,然后使用预先建立的 LSP 进行 IP 数据跨运营商骨干的传送。为了使运营商的路由器可以感知客户网络的可达性信息,运营商的边界路由器和客户端路由器进行路由信息的交互。PE 和 CE 之间的路由交换可以采用静态路由,也可以采用 RIP、OSPF、ISIS 或 BGP 等动态的路由协议。

BGP/MPLS VPN 的解决方案支持对等方式的 VPN 网络结构。PE 之间属于同一 MPLS VPN 的路由信息通过 BGP 协议承载进行交互。PE 路由器使用 LSP 进行路由转发,运营商路由器 P 并不需要知道客户 VPN 网络的信息,这种透明可以有效减小 P 路由器的负担,提高网络的扩展性和业务开展的灵活性。通过 PE 之间、PE 和 CE 之间的路由交互,客户的路由器可以知道属于同一个 VPN 的网络拓扑信息。

BGP/MPLS VPN 可以解决基于纯 IP L3VPN 无法实现的一些功能,主要指:① 支持地址重叠,即同时支持使用公有地址的客户端设备和私有地址的客户端设备,或者多个 VPN 使用同一个地址空间;② 支持重叠 VPN,即一个站点可以同时属于多个 VPN。

对于传统基于路由的 VPN 来说,解决以上问题有一定的挑战。MPLS VPN 使用 VRF(VPN Routing and Forwarding Instances,VPN 路由转发实例)解决地址重叠的问题。在运营商 PE 路由器上,使用基于每个 VPN 的路由转发表隔离不同 VPN 的路由;通过路由信息的隔离,实现支持 VPN 地址的重叠。

如果一个 PE 上有多个 CE 属于同一个 VPN,那么这些 CE 共享 PE 上的 VPN 路由转发表。对于重叠 VPN 的情况,重叠发生的站点需要使用独立的 VRF 表存储来自其所属 VPN 的路由信息。地址重叠的另一个问题是,PE 路由器从邻居的 BGP 更新中会收到属于不同 VPN 的重叠路由信息。为了区别来自不同 VPN 的路由信息,PE 使用 8 字节的 RD(Route Distinguisher,路由标识符)对来自不同 VPN 的路由信息进行标识。这个 8 字节的路由标识作为 4 字节的 IP 地址前缀的扩展构成了一个新的地址类,VPN-IPv4 地址,也称为 VPNv4 地址。RD 不参与路由发布的过程,它所起的作用仅仅是区分属于不同 VPN 站点的路由。RD 和 VRF 之间建立了一种一一映射的关系,VRF 在发布路由信息时将同时附带相应的 RD 信息。

对于重叠 VPN 的情况,这类站点虽然同时属于多个 VPN,但是它只需要一个 RD,并不需要多个 RD 以对应多个 VRF,其主要的目的是节省 PE 路由器上的存储资源。对于这类 VPN 成员站点,路由分布的策略和单一 VPN 成员站点是一致的。为了防止 PE 路由器接收到不属于该 PE 上 VPN 成员的路由信息而浪费 PE 的资源,MPLS VPN 使用 BGP 的扩展属性来控制运营商网络中路由信息的发布。这个功能是通过 BGP 的团体属性来实现的,所有的客户 VPN 都被赋予一个唯一的团体属性值。在 PE 接收到一条路由时,BGP 进程将检查该路由的扩展属性,如果该属性和该 PE 上承载的 VPN 的扩展属性相同,PE 将接收该路由;如果不同,PE 将忽略这些 BGP 路由。

通过这种方式,PE 路由器可以避免存储一些不必要的路由信息,提高网络的可扩展性。

从以上的分析可以看出,MPLS L3VPN 可以支持创建重叠 VPN;所谓重叠 VPN 是指同一个站点同时属于多个 VPN 的情况。这种功能特别适用于企业之间并购时的网络整合或者企业之间由于合作的需要相互之间需要共享网络资源。用户将依靠服务提供商来实现特定的路由控制，也就是说，路由控制来自于 CE 路由器并且派送到 PE 路由器。

当通告一个 VPN-IPv4 路由时，BGP 信息中携带了 VPN 的内层标签信息和相关 VPN 的 BGP 下一跳信息。PE 路由器可以通过 LSP 建立两两之间的通信。这些 LSP 可以看做 MPLS VPN 的外层标签，可以通过多种信令协议方式建立，比如 LDP 或者 RSVP-TE。当 PE 接收到一个目的为远端 VPN 站点的 IP 分组时，PE 给分组包附加两层 MPLS 标签。外层标签称作隧道标签，用于标识 BGP 的下一跳即远端 PE 的地址；内层标签称为 VPN 标签，用来标识 PE 上特定的 VPN 成员，具体地说是标识到 PE 上的 VRF。P 路由器只是根据标签进行数据转发，整个 VPN 过程对于 P 路由器透明。

MPLS L3VPN 模型由三部分组成：CE、PE 和 P。这三个概念已经在前面介绍过，这里不再赘述。图 4-31 是一个 MPLS L3VPN 组网方案的示意图。

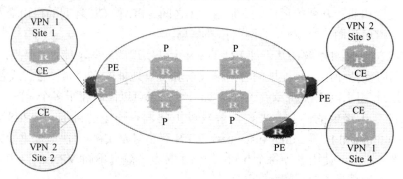

图 4-31　MPLS L3VPN 组网方案示意图

CE 和 PE 的划分主要是根据服务提供者与用户的管理范围，CE 和 PE 是两者管理范围的边界。

CE 设备通常是一台路由器，当 CE 与直接相连的 PE 建立邻接关系后，CE 把本站点的 VPN 路由发布给 PE，并从 PE 学到远端 VPN 的路由。CE 与 PE 之间使用 BGP/IGP 交换路由信息，也可以使用静态路由。

PE 从 CE 学到 CE 本地的 VPN 路由信息后，通过 BGP 与其他 PE 交换 VPN 路由信息。PE 路由器只维护与它直接相连的 VPN 的路由信息，不维护服务提供商网络中的所有 VPN 路由。

P 路由器只维护到 PE 的路由，不需要了解任何 VPN 路由信息。

当在 MPLS 骨干网上传输 VPN 流量时，入口 PE 作为 Ingress LSR，出口 PE 作为 Egress LSR，P 路由器则作为 Transit LSR。

2. MPLS L3VPN 中涉及的基本概念

1) Site

在介绍 VPN 时经常会提到"Site"，Site(站点)的含义可以从下述几个方面理解：

Site 是指相互之间具备 IP 连通性的一组 IP 系统，并且，这组 IP 系统的 IP 连通性不需通过服务提供商网络实现。Site 的划分是根据设备的拓扑关系，而不是地理位置，尽管在大多数情况下一个 Site 中的设备地理位置相邻。一个 Site 中的设备可以属于多个 VPN，换言之，一个 Site 可以属于多个 VPN。Site 通过 CE 连接到服务提供商网络，一个 Site 可以包含多个 CE，但一个 CE 只属于一个 Site。

对于多个连接到同一服务提供商网络的 Site，通过制定策略，可以将它们划分为不同的集合，只有属于相同集合的 Site 之间才能通过服务提供商网络互访，这种集合就是 VPN。

2）地址空间重叠

VPN 是一种私有网络，不同的 VPN 独立管理自己使用的地址范围，也称为地址空间(Address Space)。不同 VPN 的地址空间可能会在一定范围内重合，比如，VPN1 和 VPN2 都使用了 10.110.10.0/24 网段的地址，这就发生了地址空间重叠(Overlapping Address Spaces)。

为了让 PE 路由器能区分是哪个本地接口上送来的 VPN 用户路由，在 PE 路由器上创建了大量的虚拟路由器，每个虚拟路由器都有各自的路由表和转发表，每个虚拟的路由表和转发表被称为一个 VRF。一个 VRF 定义了连到 PE 路由器上的 VPN 成员。VRF 中包含了 IP 路由表，IP 转发表(也称为 CEF 表)，使用该 CEF 表的接口集、路由协议参数和路由导入导出规则等。

在 VRF 中定义的和 VPN 业务有关的两个重要参数是 RD 和 RT(Route Target，路由目标)。RD 和 RT 长度都是 64 比特。

有了虚拟路由器就能隔离不同 VPN 用户之间的路由，也能解决不同 VPN 之间 IP 地址空间重叠的问题。

3）VPN 实例

在 MPLS VPN 中，不同 VPN 之间的路由隔离通过 VPN 实例(VPN-Instance)实现。

PE 为每个直接相连的 Site 建立并维护专门的 VPN 实例。VPN 实例中包含对应 Site 的 VPN 成员关系和路由规则。如果一个 Site 中的用户同时属于多个 VPN，则该 Site 的 VPN 实例中将包括所有这些 VPN 的信息。

为保证 VPN 数据的独立性和安全性，PE 上每个 VPN 实例都有相对独立的路由表和 LFIB(标签转发表)。

具体来说，VPN 实例中的信息包括标签转发表、IP 路由表、与 VPN 实例绑定的接口以及 VPN 实例的管理信息。VPN 实例的管理信息包括路由标识符 RD、路由过滤策略、成员接口列表等。

4）VPN-IPv4 地址

传统 BGP 无法正确处理地址空间重叠的 VPN 的路由。假设 VPN1 和 VPN2 都使用了 10.110.10.0/24 网段的地址，并各自发布了一条去往此网段的路由，BGP 将只会选择其中一条路由，从而导致去往另一个 VPN 的路由丢失。

PE 路由器之间使用 MP-BGP(扩展的 BGP 协议)来发布 VPN 路由，并使用 VPN-IPv4 地址族来解决上述问题。VPN-IPv4 地址共有 12 个字节，包括 8 字节的 RD 和 4 字节的 IPv4 地址前缀，如图 4-32 所示。

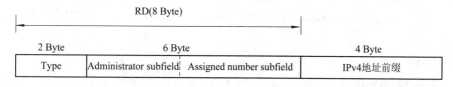

图 4-32　VPN-IPv4 地址结构

PE 从 CE 接收到普通 IPv4 路由后，需要将这些私网 VPN 路由发布给对端 PE。私网路由的独立性是通过为这些路由附加 RD 实现的。

服务提供商可以独立地分配 RD，但必须保证 RD 的全局唯一性。这样，即使来自不同服务提供商的 VPN 使用了同样的 IPv4 地址空间，PE 路由器也可以向各 VPN 发布不同的路由。

建议为 PE 上每个 VPN 实例配置专门的 RD，以保证到达同一 CE 的路由都使用相同的 RD。RD 为 0 的 VPN-IPv4 地址相当于全局唯一的 IPv4 地址。

RD 的作用是添加一个特定的 IPv4 前缀，使之成为全局唯一的 VPN-IPv4 前缀。

RD 与自治系统号相关时，RD 是由一个自治系统号和一个任意的数组成的；与 IP 地址相关时，RD 是由一个 IP 地址和一个任意的数组成的。

RD 有三种格式，通过 2 字节的 Type 字段区分：

(1) Type 为 0 时，Administrator 子字段占 2 字节，Assigned number 子字段占 4 字节，格式为“16bit 自治系统号:32bit 用户自定义数字”。例如，100:1。

(2) Type 为 1 时，Administrator 子字段占 4 字节，Assigned number 子字段占 2 字节，格式为“32bit IPv4 地址:16bit 用户自定义数字”。例如，172.1.1.1:1。

(3) Type 为 2 时，Administrator 子字段占 4 字节，Assigned number 子字段占 2 字节，格式为“32bit 自治系统号:16bit 用户自定义数字”，其中的自治系统号最大值为 65536。例如，65536:1。

为保证 RD 的全局唯一性，建议不要将 Administrator 子字段的值设置为私有 AS 号或私有 IP 地址。

5) VPN Target 属性

MPLS L3VPN 使用 BGP 扩展团体属性——VPN Target(也称为 Route Target)来控制 VPN 路由信息的发布。

PE 路由器上的 VPN 实例有两类 VPN Target 属性：

(1) Export Target 属性：在本地 PE 将从与自己直接相连的 Site 学到的 VPN-IPv4 路由发布给其他 PE 之前，为这些路由设置 Export Target 属性。

(2) Import Target 属性：PE 在接收到其他 PE 路由器发布的 VPN-IPv4 路由时，检查其 Export Target 属性，只有当此属性与 PE 上 VPN 实例的 Import Target 属性匹配时，才把路由加入到相应的 VPN 路由表中。

也就是说，VPN Target 属性定义了一条 VPN-IPv4 路由可以为哪些 Site 所接收，PE 路由器可以接收哪些 Site 发送来的路由。

与 RD 类似，VPN Target 也有三种格式：

(1) “16bit 自治系统号:32bit 用户自定义数字”，例如，100:1。

(2) “32bit IPv4 地址:16bit 用户自定义数字”，例如，172.1.1.1:1。

(3) “32bit 自治系统号:16bit 用户自定义数字”，其中的自治系统号最大值为 65536。例如，65536:1。

6) MP-BGP

MP-BGP(Multiprotocol extensions for BGP-4，扩展的 BGP 协议)在 PE 路由器之间传播

VPN 组成信息和路由。MP-BGP 向下兼容, 既可以支持传统的 IPv4 地址族, 又可以支持其他地址族(比如 VPN-IPv4 地址族)。使用 MP-BGP 既确保 VPN 的私网路由只在 VPN 内发布, 又实现了 MPLS VPN 成员间的通信。

7) 路由策略(Routing Policy)

在通过入口、出口扩展团体来控制 VPN 路由发布的基础上, 如果需要更精确地控制 VPN 路由的引入和发布, 可以使用入方向或出方向路由策略。

入方向路由策略对根据上面提到的路由的 VPN Target 属性, 可以进一步过滤引入到 VPN 实例中的路由, 它可以拒绝接收引入列表中的团体选定的路由, 而出方向路由策略则可以对原有的可发布的路由进一步细分, 拒绝发布那些输出列表中的团体选定的路由。

VPN 实例创建完成后, 可以选择是否需要配置入方向或出方向路由策略。

8) 隧道策略(Tunneling Policy)

隧道策略用于选择给特定 VPN 实例的报文使用的隧道。

隧道策略是可选配的, VPN 实例创建完成后, 就可以配置隧道策略。缺省情况下, 选择 LSP 作为隧道, 不进行负载分担(负载分担条数为 1)。另外, 隧道策略只在同一 AS 域内生效。

3. MPLS L3VPN 的报文转发

在基本 MPLS L3VPN 应用中(不包括跨域的情况), VPN 报文转发采用两层标签方式:

第一层(外层)标签在骨干网内部进行交换, 指示从 PE 到对端 PE 的一条 LSP。VPN 报文利用这层标签, 可以沿 LSP 到达对端 PE。

第二层(内层)标签在从对端 PE 到达 CE 时使用, 指示报文应被送到哪个 Site, 或者更具体一些, 到达哪一个 CE。这样, 对端 PE 根据内层标签可以找到转发报文的接口。

特殊情况下, 属于同一个 VPN 的两个 Site 连接到同一个 PE, 这种情况下只需要知道如何到达对端 CE。

以图 4-33 所示组网为例, 说明 VPN 报文的转发。

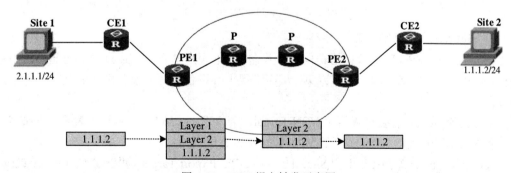

图 4-33　VPN 报文转发示意图

(1) Site1 发出一个目的地址为 1.1.1.2 的 IP 报文, 由 CE1 将报文发送至 PE1。

(2) PE1 根据报文到达的接口及目的地址查找 VPN 实例表项,匹配后将报文转发出去,同时打上内层和外层两个标签。

(3) MPLS 网络利用报文的外层标签, 将报文传送到 PE2(报文在到达 PE2 前一跳时已经被剥离外层标签, 仅含内层标签)。

(4) PE2 根据内层标签和目的地址查找 VPN 实例表项，确定报文的出接口，将报文转发至 CE 2。

(5) CE2 根据正常的 IP 转发过程将报文传送到目的地。

4. MPLS L3VPN 的网络架构

在 MPLS L3VPN 网络中，通过 VPN Target 属性来控制 VPN 路由信息在各 Site 之间的发布和接收。VPN Export Target 和 Import Target 的设置相互独立，并且都可以设置多个值，能够实现灵活的 VPN 访问控制，从而实现多种 VPN 组网方案。

1) 基本的 VPN 组网方案

最简单的情况下，一个 VPN 中的所有用户形成闭合用户群，相互之间能够进行流量转发，VPN 中的用户不能与任何本 VPN 以外的用户通信。

对于这种组网，需要为每个 VPN 分配一个 VPN Target，作为该 VPN 的 Export Target 和 Import Target，并且，此 VPN Target 不能被其他 VPN 使用。

在图 4-34 中，PE 上为 VPN1 分配的 VPN Target 值为 100:1，为 VPN2 分配的 VPN Target 值为 200:1。VPN1 的两个 Site 之间可以互访，VPN2 的两个 Site 之间也可以互访，但 VPN1 和 VPN2 的 Site 之间不能互访。

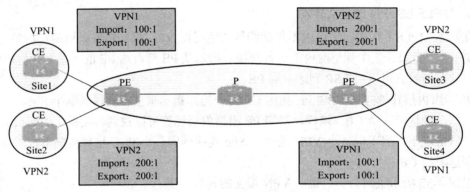

图 4-34　基本的 VPN 组网方案

2) Hub&Spoke 组网方案

如果希望在 VPN 中设置中心访问控制设备，其他用户的互访都通过中心访问控制设备进行，可以使用 Hub&Spoke 组网方案，从而实现中心设备对两端设备之间的互访进行监控和过滤等功能。

对于这种组网，需要设置两个 VPN Target，一个表示 "Hub"，另一个表示 "Spoke"。

各 Site 在 PE 上的 VPN 实例的 VPN Target 设置规则为：

(1) 连接 Spoke 站点(Site1 和 Site2)的 Spoke-PE：Export Target 为 "Spoke"，Import Target 为 "Hub"。

(2) 连接 Hub 站点(Site3)的 Hub-PE：Hub-PE 上需要使用两个接口或子接口，一个用于接收 Spoke-PE 发来的路由，其 VPN 实例的 Import Target 为 "Spoke"；另一个用于向 Spoke-PE 发布路由，其 VPN 实例的 Export Target 为 "Hub"。

在图 4-35 中，Spoke 站点之间的通信通过 Hub 站点进行(图中箭头所示为 Site2 的路由向 Site1 的发布过程)：

（1）Hub-PE 能够接收所有 Spoke-PE 发布的 VPN-IPv4 路由；

（2）Hub-PE 发布的 VPN-IPv4 路由能够为所有 Spoke-PE 接收；

（3）Hub-PE 将从 Spoke-PE 学到的路由发布给其他 Spoke-PE，因此，Spoke 站点之间可以通过 Hub 站点互访。

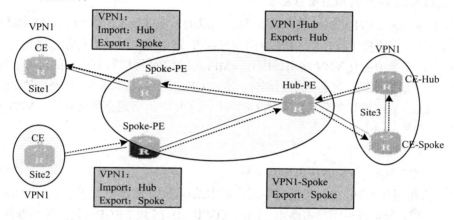

图 4-35　Hub&Spoke 组网方案

任意 Spoke-PE 的 Import Target 属性不与其他 Spoke-PE 的 Export Target 属性相同。因此，任意两个 Spoke-PE 之间不直接发布 VPN-IPv4 路由，Spoke 站点之间不能直接互访。

3）Extranet 组网方案

如果一个 VPN 用户希望提供部分本 VPN 的站点资源给非本 VPN 的用户访问，可以使用 Extranet 组网方案。

对于这种组网，如果某个 VPN 需要访问共享站点，则该 VPN 的 Export Target 必须包含在共享站点的 VPN 实例的 Import Target 中，而其 Import Target 必须包含在共享站点 VPN 实例的 Export Target 中。

在图 4-36 中，VPN1 的 Site3 能够被 VPN1 和 VPN2 访问：PE3 能够接受 PE1 和 PE2 发布的 VPN-IPv4 路由；PE3 发布的 VPN-IPv4 路由能够为 PE1 和 PE2 接受。基于以上两点，VPN1 的 Site1 和 Site3 之间能够互访，VPN2 的 Site2 和 VPN1 的 Site3 之间能够互访。

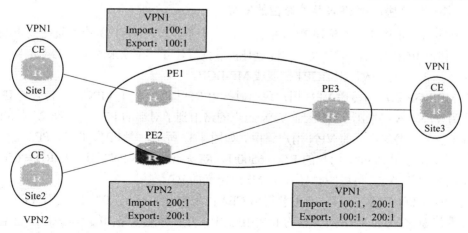

图 4-36　Extranet 组网方案

PE3 不把从 PE1 接收的 VPN-IPv4 路由发布给 PE2，也不把从 PE2 接收的 VPN-IPv4 路由发布给 PE1(IBGP 邻居学来的条目是不会再发送给别的 IBGP 邻居的)，因此，VPN1 的 Site1 和 VPN2 的 Site2 之间不能互访。

5．MPLS L3VPN 的路由信息发布

在基于 MPLS L3VPN 组网中，VPN 路由信息的发布涉及 CE 和 PE，P 路由器只维护骨干网的路由，不需要了解任何 VPN 路由信息。PE 路由器也只维护与它直接相连的 VPN 的路由信息，不维护所有 VPN 路由。因此，MPLS L3VPN 网络具有良好的可扩展性。

VPN 路由信息的发布过程包括三部分：本地 CE 到入口 PE、入口 PE 到出口 PE、出口 PE 到远端 CE。完成这三部分后，本地 CE 与远端 CE 之间将建立可达路由，VPN 私网路由信息能够在骨干网上发布。

下面分别对这三部分进行介绍。

1) 本地 CE 到入口 PE 的路由信息交换

CE 与直接相连的 PE 建立邻接关系后，把本站点的 VPN 路由发布给 PE。

CE 与 PE 之间可以使用静态路由、RIP、OSPF、IS-IS 或 EBGP。无论使用哪种路由协议，CE 发布给 PE 的都是标准的 IPv4 路由。

2) 入口 PE 到出口 PE 的路由信息交换

PE 从 CE 学到 VPN 路由信息后，为这些标准 IPv4 路由增加 RD 和 VPN Target 属性，形成 VPN-IPv4 路由，存放到为 CE 创建的 VPN 实例中。

入口 PE 通过 MP-BGP 把 VPN-IPv4 路由发布给出口 PE。出口 PE 根据 VPN-IPv4 路由的 Export Target 属性与自己维护的 VPN 实例的 Import Target 属性，决定是否将该路由加入到 VPN 实例的路由表。

PE 之间通过 IGP 来保证内部的连通性。

3) 出口 PE 到远端 CE 的路由信息交换

远端 CE 有多种方式可以从出口 PE 学习 VPN 路由，包括静态路由、RIP、OSPF、IS-IS 和 EBGP，与本地 CE 到入口 PE 的路由信息交换相同。

6．MP-BGP 协议对 VPN 用户路由的发布

正常的 BGP4 协议只能传递 IPv4 的路由，由于不同 VPN 用户具有地址空间重叠的问题，必须修改 BGP 协议。BGP 最大的优点是扩展性好，可以在原来的基础上再定义新的属性，通过对 BGP 的修改，把 BGP4 扩展成 MP-BGP。

在 MP-BGP 邻居间传递 VPN 用户路由时打上 RD 标签，这样 VPN 用户传来的 IPv4 路由转变为 VPN-IPv4 路由，这样保证 VPN 用户的路由到了对端的 PE 上，能够使对端 PE 区分开地址空间重叠但不同的 VPN 用户路由。如图 4-37 所示，在 PE1、PE2、PE3 上分别配置 VRF 参数，其中 VPN1 用户的 RD = 6500:1，RT = 100:1，VPN2 用户的 RD = 6500:2，RT = 100:2。所有 VRF 可以同时导入和导出所定义的 RT。

以 PE2 为例，PE2 从接口 S0 上获得由 CE4 传来的有关 10.1.1.0/8 的路由，PE2 把该路由放置到和 S0 有关的 VRF 所管辖的 IP 路由表中，并且分配该路由的本地标签，注意该标签是本地唯一的。通过路由重新发布把 VRF 所管辖的 IP 路由表中的路由重新发布到 BGP

表中。此时通过参考 VRF 表的 RD、RT 参数，把正常的 IPv4 路由变成 VPN-IPv4 路由，如 10.1.1.0/8 变成 6500:1:10.1.1.0/8，同时把导出(Export)RT 值和该路由的本地标签值等等的属性全部加到该路由条目中。通过 MP-BGP 会话，PE2 把这条 VPN-IPv4 路由发送的 PE1处，PE1 收到了两条有关 10.1.1.0/8 的路由，其中一条是由 PE3 发来的，由于 RD 的不同，这两条路由不会产生冲突。MP-BGP 接收到这两条路由后的后继工作是：去掉 VPN-IPv4路由所带的 RD 值，使之恢复 IPv4 路由原貌，并且根据各 VRF 配置的允许导入(Import)的RT 值，把 IPv4 导到各 VRF 管辖的路由表和 CEF 表中，也就是说带有 RT = 100:1 的 10.1.1.0/8的路由导入到 VRF1 所管的路由表和 CEF 表中，带有 RT = 100:2 的 10.1.1.0/8 的路由导入到 VRF2 所管辖的路由表和 CEF 表中。再通过 CE 和 PE 之间的路由协议，PE 把不同的 VRF管辖的路由表内容通告到各自相关联的 CE 中。

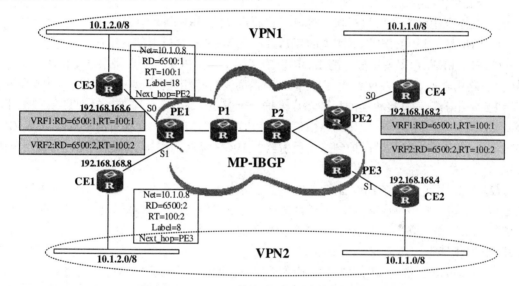

图 4-37　MP-BGP 协议对 VPN 用户路由的发布

目前 PE 和 CE 之间可支持的路由协议只有四种：BGP、OSPF、RIP2 或者静态路由。

7. MPLS BGP VPN 中标签分组的转发

通过 MP-BGP 协议，各 VPN 用户路由器学习到正确的路由，基于路由信息来看如何转发用户数据。依照图 4-37 所示的组网，步骤如下：

(1) CE1 接收到发往 10.1.1.1 的 IP 数据包，查询路由表，把该 IP 数据包发送到 PE1。

(2) PE1 从 S1 口上收到 IP 数据包后，根据 S1 所在的 VRF，查询对应的标签转发表，数据包打上内层标签，假设为 8，注意该标签就是通过 MP-BGP 协议传来的。PE1 继续查询全局 CEF 表，获知要把数据发往 10.1.1.1，必须先发送到 PE2，而要发送到 PE2，则必须打上由 P1 告知的外层隧道标签，假设为 2。所以该 IP 包被打上了两个标签。

(3) P1 接收到标签包后，分析外层的标签，把外层标签换成 4，继续发送到 P2。

(4) P2 和 P1 做同样的操作，由于倒数第二跳弹出机制，P2 去掉外层标签 4，直接把只带有一个内层标签的标签包发送给 PE2。

(5) PE2 收到标签包后，分析标签头，由于该内层标签 8 是本地产生的，而且是本地唯一的，所以 PE2 很容易查出带有标签 8 的标签包应该去掉标签，恢复 IP 包原貌，从 S1 端口发出。

(6) CE2 获得 IP 数据包后，进行路由查找，把数据发送到 10.1.1.0/8 网段上。

8. MPLS BGP VPN 配置实例

提供 VPN 服务的前提是：服务提供商的网络必须启用标签交换功能，即把以前的数据网络升级为 MPLS 网络。然后具体配置 PE，PE 上的配置依照下述六个步骤：

(1) 定义并且配置 VRF；

(2) 定义并且配置 RD；

(3) 定义 RT，并且配置导入导出策略；

(4) 配置 MP-BGP 协议；

(5) 配置 PE 到 CE 的路由协议；

(6) 配置连接 CE 的接口，将该接口和前面定义的 VRF 联系起来。

综上所述，基于 BGP 扩展实现的 MPLS 三层 VPN 包含以下基本组件：

(1) PE：PE 路由器使用静态路由、RIPv2、OSPF 或 EBGP 与 CE 路由器交换路由信息。尽管 PE 路由器维护着 VPN 路由信息，但它只需为其直接相连的那些 VPN 维护 VPN 路由。每台 PE 路由器为其直接相连的每个站点维护一个 VRF，每个客户连接映射到某个 VRF 上。再从 CE 路由器上学习本地 VPN 路由信息。PE 路由器使用 IBGP 与其他路由器交换 VPN 路由信息。PE 路由器可以保护到路由反射器的 IBGP 会话，作为全网状 IBGP 会话的替代方案。

(2) CE：客户边缘(CE)设备允许客户通过连接一台或多台供应商边缘(PE)路由器的一条数据链路接入服务供应商网络。CE 设备是一台 IP 路由器，它与直接连接的 PE 路由器建立邻接关系。在建立邻接关系后，CE 路由器把站点的本地 VPN 路由广播到 PE 路由器，并从 PE 路由器上学习远程 VPN 路由。

(3) P Router：供应商路由器 P 是没有连接 CE 设备的供应商网络中的任何路由器。在 PE 路由器转发 VPN 数据流量时，供应商路由器作为 MPLS 连接 LSR 使用。由于是在采用两层标签堆栈的 MPLS 骨干中转发流量，因此供应商路由器只需维护到供应商 PE 路由器的路由，而不需维护每个客户站点专用的 VPN 路由信息。

(4) RR：Route Reflector，BGP 路由反射器。在第 3.7.5 节中已经介绍过路由反射器，它提供了在大型 IBGP 实现中 IBGP 全网状连接问题的一个简单解决方案。在一个 AS 内，其中一台路由器作为路由反射器，其他路由器作为客户机(Client)与路由反射器之间建立 IBGP 连接。路由反射器在客户机之间传递(反射)路由信息，而客户机之间不需要建立 BGP 连接。集群内的客户不应再与群外的 BGP 邻居形成 IBGP 连接。一个 AS 内所有的路由反射器和非客户邻居形成全网状邻居关系。反射器反射路由时，不会修改 NEXT_HOP、AS_PATH、MED 以及 LOCAL_PREF 等 BGP 属性。RR 突破了"从 IBGP 对等体获得的 BGP 路由，BGP 设备只发布给它的 EBGP 对等体"的限制，并采用独有的 Cluster_List 属性和 Originator_ID 属性防止路由环路。

(5) ASBR：自治系统边界路由器，在实现跨自治系统的 VPN 时，与其他自治系统交换 VPN 路由。

(6) MP-BGP：多协议扩展 BGP，承载携带标签的 VPN-IPv4 路由，包括 MP-IBGP、

MP-EBGP。

(7) PE-CE 路由协议：在 PE、CE 之间传递用户网络路由，可以是静态路由，或 RIP、OSPF、ISIS、BGP 协议。

(8) LDP：LDP 标签分发协议通过分配外层标签，在 PE 之间建立 LSP，经过 P 路由器，所有 PE、P 路由器均需要支持。外层标签的分配除了可以使用 LDP 协议，也可以使用 RSVP-TE 协议，在 VPN 需要 QoS 保障时，RSVP-TE 协议可以在 PE 之间建立具有 QoS 能力的 ER-LSP。

(9) VRF：虚拟路由转发表，它包含同一个 Site 相关的路由表、转发表、接口(子接口)、路由实例和路由策略等。在 PE 设备上，属于同一 VPN 的物理端口或逻辑端口对应一个 VRF，可通过命令行或网管工具进行配置，主要参数包括 RD、Import Target、Export Target 等。

(10) VPN 用户站点：Site 是 VPN 中的一个孤立的 IP 网络，一般来说，它不通过骨干网。公司总部、分支机构都是 Site 的具体例子。CE 路由器通常为 VPNSite 中的一个路由器或交换设备，Site 通过一个单独的物理端口或逻辑端口(通常是 VLAN 端口)连接到 PE 设备。

MPLS BGP 三层 VPN 适用于固定的 Internet/Extranet 用户，每个 Site 可代表 Internet/Extranet 的总部或分支机构。MPLS 三层 VPN 的 CE 与 PE 设备之间只需要一条物理或逻辑链路，但 PE 设备必须保存多个路由表。如果在 CE 或 PE 之间运行动态路由协议，则 PE 还必须支持多实例，对 PE 性能要求较高。PE 与 PE 之间需要运行 BGP 协议，可扩展性较差，目前可通过一个或多个路由反射器解决这一问题。对于同一 AS 域的 VPN，必须建立运营商之间路由器 IBGP 连接的 PE，与路由反射器建立 IBGP 连接即可。

MPLS BGP 三层 VPN 可通过与 Internet 路由之间配置一些静态路由的方式，实现 VPN 的 Internet 上网服务，并可为跨不同地域的、属于同一个 AS 但没有骨干网的运营商提供 VPN 互连，即提供"运营商的运营商"模式的 VPN 网络互连。

上面的配置展现了在单个 AS 内部实现 VPN 的配置，当然 VPN 用户的各接入点往往是地域跨度很大的，所以经常要涉及跨 AS 提供 VPN 业务的需求。这样的配置会更加复杂，而且需要各电信运营商配合行动才行，这里就不再具体展开叙述了。

MPLS 是一种结合了链路层和 IP 层优势的新技术。在 MPLS 网络上不仅能提供 VPN 业务，也能够开展 QoS、TE、组播等等的业务。

4.5.4 MPLS VPN 的应用

MPLS VPN 的应用场景如下所述：

(1) 用 MPLS VPN 构建企业视频会议专网：目前，很多企业都采用视频会议，但往往普通的网络无法满足这种视频会议的需要，利用 MPLS VPN 企业就可以构建比较好的通信网络。

(2) 利用 MPLS VPN 构建运营支撑网：利用 MPLS VPN 技术可以在一个统一的物理网络上实现多个逻辑上相互独立的 VPN 专网，该特性非常适合于构建运营支撑网。

(3) MPLS VPN 在运营商城域网中的应用：宽带城域网需同时服务多种不同的用户，承载多种不同的业务，存在多种接入方式，这一特点决定城域网需同时支持 MPLS L3VPN、MPLS L2VPN 及其他 VPN 服务，根据网络实际情况及用户需求开通相应的 VPN 业务，例如，为用户提供 MPLS L2VPN 服务以满足用户节约专线租用费用的要求。

(4) MPLS VPN 在企业网中同样有广泛应用：例如，在电子政务网中，不同的政府部门有着不同的业务系统，各系统之间的数据多数是要求相互隔离的，同时各业务系统之间又存在着互访的需求，因此大量采用 MPLS VPN 技术实现这种隔离及互访需求。

4.6　MPLS 的优点

MPLS 是一种结合了链路层和 IP 层优势的新技术。在 MPLS 网络上不仅能提供 VPN 业务，也能够开展 QoS、TE、组播等等的业务。随着 MPLS 应用的不断升温，不论是产品还是网络，对 MPLS 的支持已不再是额外的要求。VPN 虽然是一项刚刚兴起的综合性的网络新技术，但却已经显示了其强大的生命力。在我国，网络基础薄弱，政府和企业对 IP 虚拟专用网的需求不高，但相信随着政府上网，特别是在电子商务的推动下，基本 MPLS 的 IP 虚拟专用网技术的解决方案必将有不可估量的市场前景。总结起来，MPLS 技术有下述优点：

(1) 高安全性。MPLS 的标签交换路径具有与 FR 和 ATMVCC 相似的安全性；另外，MPLS VPN 还集成了 IPSEC 加密，同时也实现了对用户透明传输，用户可以采用防火墙、数据加密等方法，进一步提高安全性。

(2) 强大的扩展性。第一，网络可以容纳的 VPN 数目很大；第二，同一 VPN 的用户很容易扩充。

(3) 业务的融合能力。MPLS VPN 提供了数据、语音和视频三网融合的能力。

(4) 灵活的控制策略。可以制定特殊的控制策略，同时满足不同用户的特殊需求，实现增值服务。

(5) 强大的管理功能。采用集中管理的方式，业务配置和调度统一平台，减少了用户的负担。

(6) 服务级别协议(SLA)。目前利用差别服务、流量控制和服务级别来保证一定的流量控制，将来可以提供宽带保证以及更高的服务质量保证。

(7) 为用户节省费用。

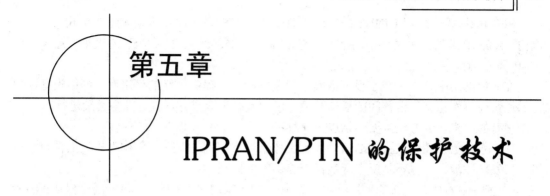

第五章

IPRAN/PTN 的保护技术

IPRAN 的保护技术很多，保护的主要分类如表 5-1 所示。

表 5-1　IPRAN 的保护倒换分类

保护分类	具 体 类 型
检测手段	BFD
路由保护	VRRP，ECMP，FRR
端口级保护	LAG，MSP
隧道级/伪线级保护	线性保护，DNI-PW
环网保护	Wrapping，Steering，共享环保护

本章介绍下面几种技术：

- 检测通道的 BFD(Bidirectional Forwarding Detection，双向转发检测)技术；
- 跨接二层三层数据转发的 VRRP(Virtual Router Redundancy Protocol，虚拟路由器冗余协议)；
- 三层路由转发的 ECMP(Equal-Cost Multi-path Routing，等价多路由)；
- 三层路由保护快速倒换的 FRR(Fast ReRoute，快速重路由)；
- 数据端口之间的 LAG(Link Aggregation Group，链路聚合组)保护；
- SDH 端口之间的 MSP(Multiplex Section Protection，复用段保护)保护；
- 用于 MPLS-TP 连接的线性保护；
- 双节点互联伪线 DNI-PW 保护；
- 采用 TMS 段层 OAM 检测告警和传递 APS 消息的环网保护。

5.1　BFD

5.1.1　BFD 概述

BFD 是一个用于检测两个转发点之间故障的网络协议，在 RFC 5880 有详细的描述。BFD 作为一种双向转发检测机制，可以提供毫秒级的链路快速检测。BFD 通过与上层路由协议联动，可以实现路由的快速收敛，确保业务的连续性。

BFD Echo 报文采用 UDP 封装，目的端口号为 3784，源端口号在 49152 到 65535 的范围内。目的 IP 地址为发送接口的地址，源 IP 地址由配置产生(配置的源 IP 地址要避免产生 ICMP 重定向)。

在通信网络中，为了减小设备故障对业务的影响，提高网络的可用性，网络设备需要能够尽快检测到与相邻设备间的通信故障，以便及时采取措施，保证业务继续进行。

现有的故障检测方法主要包括以下几种：

(1) 硬件检测：例如通过 SDH(同步数字体系)告警检测链路故障。硬件检测的优点是可以很快发现故障，但并不是所有介质都能提供硬件检测。

(2) 慢 Hello 机制：通常采用路由协议中的 HELLO 报文机制。这种机制检测到故障所需时间为秒级。对于高速数据传输，例如吉比特速率级，超过 1 s 的检测时间将导致大量数据丢失；对于时延敏感的业务，例如语音业务，超过 1 s 的延迟也是不能接受的。并且，这种机制依赖于路由协议。

(3) 其他检测机制：不同的协议有时会提供专用的检测机制，但在系统间互联互通时，这样的专用检测机制通常难以部署。

BFD 协议可以解决这个问题，并提高故障检测与恢复速度。作为一项 IETF 草案标准，BFD 提供了一种检测链路或系统转发传输流能力的简单方法。

BFD 是从基础传输技术中经过逐步发展而来的，因此它可以检测网络各层的故障。它可以用以太网、MPLS 路径、普通路由封装以及 IPSec 隧道在内的多种类型来保证传输正确性。

从本质上讲，BFD 是一种高速的独立 HELLO 协议(类似于那些在路由协议中使用的协议，如 OSPF，或可以与链路、接口、隧道、路由或其他网络转发部件建立联系的 IS-IS 协议)。

BFD 能够与相邻系统建立对等关系，然后，每个系统以协商的速率监测来自其他系统的 BFD 速率。监测速率能够以毫秒级增量设定。当对等系统没有接到预先设定数量的数据包时，它推断 BFD 保护的软件或硬件基础设施发生故障，不管基础设施是标签交换路径、其他类型的隧道还是交换以太网络。BFD 部署在路由器和其他系统的控制平面上。BFD 检测到的网络故障可以由转发平面恢复或由控制平面恢复。

BFD 提供了一个标准化的与介质和上层协议无关的快速故障检测机制，该技术具有以下优点：

• 对不同类型的介质、协议层实施全网统一的检测机制。对两个网络节点之间的链路进行双向故障检测，链路可以是物理链路，也可以是逻辑链路。BFD 可检测任何形式的路径，包括直接相连的物理链路、虚电路、隧道、MPLS LSP、多跳的路由通道以及单向链路。对于单向链路(如 MPLS TE 隧道)，只要有返回的路径，都可以通过 BFD 检测该链路状态。

• 可以为不同的上层应用(如 MPLS、OSPF、IS-IS 等)提供故障检测的服务，并提供相同的故障检测时间。BFD 为各种上层控制协议提供通用的低开销快速故障检测服务。上层控制协议利用 BFD 提供的服务决定是否采取相应的操作(例如，重新选路)。BFD 可以快速检测到转发路径上的接口和链路故障、节点的转发引擎故障等，并把故障通知上层协议，使上层协议能够快速收敛。

• BFD 检测信息负载轻、持续时间短，BFD 的故障检测时间远小于 1 s，可以更快地加速网络收敛，减少上层应用中断的时间，提高网络的可靠性和服务质量。

BFD 的主要工作过程如下：

(1) BFD 在两个端点之间的一条链路上先建立一个 BFD 会话(依靠上层协议建立，例如 OSPF 的邻居建立时，会将邻居信息告知 BFD，BFD 根据这个信息再建立 BFD 邻居)，如果两个端点之间存在多条链路，则可以为每条链路建立一个 BFD 会话。

(2) BFD 在建立会话的两个网络节点之间进行 BFD 检测。如果发现链路故障就拆除 BFD 邻居，并立刻通知上层协议，则上层协议会立刻进行相应的切换。

当前 BFD 以异步模式实现故障的侦测。根据不同的连通性检测需求，可采取不同的 BFD 管理方式。BFD 管理方式包括接口 BFD、协议 BFD 和静态 BFD。

不同 BFD 管理方式的检测功能参见表 5-2。

表 5-2　不同 BFD 管理方式的检测功能

BFD 管理方式	功　　能
接口 BFD	基于 OSPF 的 IP FRR 的检测； 基于 IS-IS 的 IP FRR 的检测； 基于 RSVP-TE 的 FRR 的检测
协议 BFD	静态路由的连通性检测； 伪线、隧道的连通性检测； LDP 隧道、LDP 会话的连通性检测
静态 BFD	二层链路的连通性检测； 三层链路的连通性检测； 网元间的连通性检测

5.1.2　BFD 实现方式

BFD 的实现包含两部分，即会话建立和故障检测。交互过程如下：

(1) BFD 会话建立。

① 建立协议邻居。

② 路由协议在发送 Hello 包时触发本端的 BFD 模块初始化 BFD 会话。

③ 邻居间进行 BFD 的三次握手，建立 BFD 会话。

(2) BFD 故障检测。

① BFD 检测到故障，BFD 邻居撤消。

② BFD 通知其支撑的应用模块连接断链。

③ BFD 支撑的应用协议通知邻居断链。

BFD 发送的检测报文是 UDP 报文，分为控制报文和回声报文两种。下面对 BFD 的会话建立和故障检测进行详细介绍。

1. BFD 会话的建立

1) BFD 控制报文

BFD 协议的控制报文参见表 5-3，使用的 UDP 目的端口号为 3784。

表 5-3　BFD 协议的控制报文

报文	字段名称	说　　明
强制部分	Vers	BFD 协议版本号，目前为 1
	Diag	诊断字，标明本地 BFD 系统最后一次会话 Down(失效或关闭)的原因
	Sta	BFD 本地状态
	P	如果标记该标志，表示参数发生改变或发送系统进行连接时，请求对方立即进行确认和响应。否则，不请求对方进行确认和响应
	F	响应 P 标志置位的回应报文中必须将 F 标志置位
	C	转发/控制分离标志，一旦置位，控制平面的变化不影响 BFD 检测。例如：控制平面为 IS-IS，当 IS-IS 重启或者 GR(Graceful restart，平缓重启)时，BFD 可以继续检测链路状态
	A	认证标识，置位代表会话需要进行验证
	D	查询请求，置位代表发送方期望采用查询模式对链路进行检测
	R	预留位
	Detect Mult	检测超时倍数，用于检测方计算检测超时时间
	Length	报文长度
	My Discriminator	BFD 会话连接本地标识符
	Your Discriminator	BFD 会话连接远端标识符
	Desired Min Tx Interval	本地支持的最小 BFD 报文发送间隔
	Required Min Rx Interval	本地支持的最小 BFD 报文接收间隔
	Required Min Echo Rx Interval	本地支持的最小 Echo 报文接收间隔(如果本地不支持 Echo 功能，则设置为 0)
可选部分	Auth Type	认证类型，目前协议提供下面 5 种类型：Simple Password、Keyed MD5、Meticulous Keyed MD5、Keyed SHA1、Meticulous Keyed SHA1
	Auth Length	认证数据的长度
	Authentication Data	认证数据的内容

2) 回声报文

回声报文(Echo)所使用的 UDP 目的端口号为 3785。BFD 协议并未定义回声报文的格式。回声报文的格式与本地系统相关，远端系统只需在反向路径上返回此报文。本地系统必须能够根据报文中的内容将其分离到相应的会话上。

2. BFD 故障检测

BFD 的检测模式有两种：异步模式和查询模式。两种不同检测模式的对比参见表 5-4。

表 5-4　两种检测模式的对比

检测模式	异 步 模 式	查 询 模 式
控制报文检测点	本端按一定的发送周期发送 BFD 控制报文到远端，在远端进行检测	BFD 控制报文的检测在本端系统进行
连通性检测方式	该模式下，BFD 会话建立后设备之间仍周期性互发 BFD 报文。 当某个设备在检测时间内未收到对端设备发送过来的 BFD 报文时，该设备认为与对端设备无法连通，并使 BFD 会话进入 Down 状态	该模式下，BFD 会话建立后停止发送 BFD 报文。当某个设备需要显式地验证连通性时，该设备发送一个短系列的 BFD 报文。当该设备在检测时间内未收到对端设备的回应报文时，该设备认为与对端设备无法连通，并使 BFD 会话进入 Down 状态。如果收到对端的回应报文，协议再次保持沉默

回声功能可以和异步模式或查询模式一起使用，代替 BFD 控制报文的检测任务。

回声功能的原理是本地发送一系列 BFD 回声报文，远端系统通过该报文的转发通道将报文环回到本地。如果本地系统连续的几个回声报文都没有接收到，就宣布会话为 Down。

回声功能可以在异步模式下降低控制报文的发送周期，在查询模式下取消 BFD 控制报文。

BFD 模式共分三种：异步模式、查询模式、回声模式。

1) 异步模式

在异步模式下，系统之间相互周期性地发送 BFD 控制包，如果某个系统在检测时间内没有收到对端发来的 BFD 控制报文，宣布 BFD 会话 Down。

2) 查询模式

在查询模式下，每个系统都通过独立的方法确认是否与其他系统建立了 BFD 链接。一旦一个 BFD 会话建立起来，系统停止发送 BFD 控制报文。若某个系统需要显式地验证连接性，发送一个短系列的 BFD 控制包，如果在检测时间内没有收到返回的报文，宣布会话为 Down。如果收到对端的回应报文，协议再次保持沉默。

3) 回声模式

本地发送一系列 BFD 回声报文，远端系统通过该报文的转发通道将报文环回到本地。如果本地系统对连续几个回声报文都没有接收到，宣布会话为 Down。

5.1.3　BFD 会话建立与管理

实施 BFD 检测之前，需要在本端和对端系统之间建立 BFD 会话。BFD 会话分两个阶段，会话初始阶段和会话建立过程。

1. 会话初始阶段

根据会话双方的角色，会话初始阶段可分为如下两种方式。

1) 两端都为主动方

若两端都为主动方，则两端都向对端发送 Your Discriminator(标识符)为 0 的 BFD 控制报文，直到两端都学习到对端的 Discriminator，开始建立会话。例如：由 OSPF 或者 IS-IS

建立的 BFD 会话，两端系统都为主动方。

依据 BFD 协议，Your Discriminator 字段为 0 的报文无法分离到相应的会话上。所以协议根据不同的场景处理初始化报文。

单跳场景下，依据接收报文的接口(无论是物理链路还是逻辑链路)分离第一个报文，同时收到报文的 TTL 必须为 255。

表 5-5 所示是两端都为主动方时多跳场景的 BFD 会话初始操作方法。

表 5-5 多跳场景 BFD 会话初始操作方法

方法	操　　作
1	在单一 BFD 会话上配置唯一的"源地址+目的地址"对。在 OSPF 的虚链路上建立 BFD 会话时可使用本方法
2	会话建立之前，先用带外方式获得对端 Discriminator。在 MPLS 的 LSP 上建立会话时可使用这种方法
3	使用两条单向链路。分离初始化报文的方式类似单跳场景。对其中的一条单向链路来说，会话建立前一端为主动方，另一端为被动方，被动方根据接收报文的接口分离 Your Discriminator 为 0 的 BFD 控制报文

2) 一端为主动方，另一端为被动方

一端为主动方，另一端为被动方时，由应用决定会话双方谁为主动方，谁为被动方。主动方发送报文，由应用把对端的 Discriminator 携带回来给主动方。被动方在收到主动方的报文后也开始发送报文。主动方和被动方发送报文中的 Your Discriminator 都不为 0，每端都依据相应的 Discriminator 把控制报文分离到本端相应的会话上，例如，由 LSP-Ping 建立的 BFD 会话。

建立 BFD 会话需经过如下三次握手：

(1) Down：会话断开。

(2) Init：尝试建立会话。

(3) Up：会话建立成功。

会话建立前的 BFD 状态为 Down，建立过程中为 Init，三次握手成功后会话状态转为 Up。状态为 Up 后开始定期发送 BFD 协议控制报文进行故障检测。

2. 会话建立过程

BFD 会话建立过程如图 5-1 所示。

按照图 5-1，三次握手过程具体如下：

(1) A、B 两点启动 BFD，各自初始状态为 Down，互发携带 Down 状态的 BFD 报文。

(2) A、B 两点收到携带 Down 状态的 BFD 报文后，将各自切换到 Init 状态，并发送携带 Init 状态的 BFD 报文到对端。A、B 两站的 BFD 状态为 Init 后，不再处理后续接收到的、携带 Down

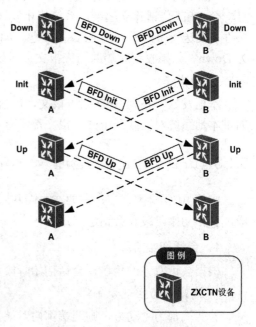

图 5-1 BFD 会话建立过程

状态的 BFD 报文。A、B 两站的 BFD 状态为 Init 后，会启动一个超时定时器。如果定时器超时仍未收到携带 Init 或 Up 状态的 BFD 报文，则 BFD 状态自动切换回 Down 状态。

（3）A、B 两站收到携带 Init 状态的 BFD 报文后，将各自切换到 Up 状态，并发送携带 Up 状态的 BFD 报文。A、B 两站的 BFD 状态都为 Up 时，BFD 会话建立成功。

5.1.4　BFD 和动态路由协议的结合应用

BFD 本身不是一种保护技术，其更多的用途是和各种保护技术关联后，为各种保护技术提供检测手段，实现更快速的倒换。BFD 既可以关联直连的端口、协议、保护，也可以关联跨设备的路由、协议、保护。本节接下来介绍 BFD 和不同的动态路由协议的结合应用，关于 BFD 和 IPRAN/PTN 各种保护协议的关联应用，会在各种保护技术中进行简单的介绍。

1. BFD for OSPF

BFD for OSPF 是将 BFD 和 OSPF 协议关联起来，利用 BFD 对链路故障的快速感应，通知 OSPF 协议，加快 OSPF 协议对网络拓扑变化的响应。

OSPF 协议的 BFD 会话开始于 OSPF 邻居建立时，OSPF 发送 HELLO 包触发本端的 BFD 模块。

OSPF 邻居间的链路出现故障时，BFD 模块会先检测到故障，BFD 模块撤销邻居后，OSPF 协议通知邻居断链。

2. BFD for IS-IS

BFD for IS-IS 是将 BFD 和 IS-IS 协议关联起来，利用 BFD 对链路故障的快速感应，通知 IS-IS 协议，加快 IS-IS 协议对于网络拓扑变化的响应。

IS-IS 协议的 BFD 会话开始于 IS-IS 邻居建立时，IS-IS 协议向邻居发送 IIH 报文的时候触发本端的 BFD 模块。

IS-IS 邻居间的链路出现故障，BFD 模块会先检测到。BFD 模块撤销邻居后，IS-IS 协议会通知邻居断链。IS-IS 协议会快速更新 LSP 信息和计算增量路由，使 IS-IS 路由快速收敛。

3. BFD for BGP

BFD for BGP 是将 BFD 和 BGP 协议关联起来，利用 BFD 的快速检测机制，发现 BGP 对等体间的链路故障并报告给 BGP 协议，从而实现 BGP 路由的快速收敛。

BGP 协议的 BFD 开始于 BGP 邻居建立时，BGP 协议向邻居发送 OPEN 报文时触发 BFD 模块。

BGP 邻居断链时，BFD 模块会先检测到。BFD 模块撤销邻居后，BGP 协议通知邻居断链。

5.2　VRRP

VRRP 将可以承担网关功能的路由器加入到备份组中，形成一台虚拟路由器，由 VRRP 的选举机制决定哪台路由器承担转发任务，局域网内的主机只需将虚拟路由器配置为缺省网关。

VRRP 是一种容错协议，在提高可靠性的同时，简化了主机的配置。在具有多播或广播能力的局域网(如以太网)中，借助 VRRP 能在某台设备出现故障时仍然提供高可靠的缺省链路，有效避免单一链路发生故障后网络中断的问题，而无需修改动态路由协议、路由发现协议等配置信息。VRRP 协议的实现有 VRRPv2 和 VRRPv3 两个版本。其中，VRRPv2 基于 IPv4，VRRPv3 基于 IPv6。

5.2.1 VRRP 备份组简介

VRRP 将局域网内的一组路由器划分在一起，称为一个备份组。备份组由一个 Master 路由器和多个 Backup 路由器组成，功能上相当于一台虚拟路由器。

虚拟路由器具有 IP 地址。局域网内的主机仅需要知道这个虚拟路由器的 IP 地址，并将其设置为缺省路由的下一跳地址，网络内的主机通过这个虚拟路由器与外部网络进行通信。备份组内的路由器根据优先级，选举出 Master 路由器，承担网关功能。当备份组内承担网关功能的 Master 路由器发生故障时，其余的路由器将取代它继续履行网关职责，从而保证网络内的主机不间断地与外部网络进行通信。VRRP 备份组实例如图 5-2 所示。Router A、Router B 和 Router C 组成一个虚拟路由器，此虚拟路由器有自己的 IP 地址。局域网内的主机将虚拟路由器设置为缺省网关，Router A、Router B 和 Router C 中优先级最高的路由器作为 Master 路由器，承担网关的功能。其余两台路由器作为 Backup 路由器。

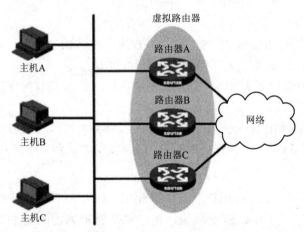

图 5-2　VRRP 备份组实例

虚拟路由器的 IP 地址可以是备份组所在网段中未被分配的 IP 地址，也可以和备份组内的某个路由器的接口 IP 地址相同，接口 IP 地址与虚拟 IP 地址相同的路由器被称为"IP 地址拥有者"。

在同一个 VRRP 备份组中，只允许配置一个 IP 地址拥有者。路由器在备份组中的状态可以为 Master、Backup 和 Initialize。

1. 备份组中的优先级

VRRP 根据优先级来确定备份组中每台路由器的角色(Master 路由器或 Backup 路由器)。优先级越高，则越有可能成为 Master 路由器。VRRP 优先级的取值范围为 0~255(数值越大表明优先级越高)，可配置的范围是 1~254；优先级 0 为系统保留给特殊用途来使用，

255 则是系统保留给 IP 地址拥有者。当路由器为 IP 地址拥有者时，其优先级始终为 255。因此，当备份组内存在 IP 地址拥有者时，只要其工作正常，则为 Master 路由器。

2. 备份组中路由器的工作方式

备份组中路由器的工作方式分为两种：非抢占方式和抢占方式。

(1) 非抢占方式：如果备份组中的路由器工作在非抢占方式下，则只要 Master 路由器没有出现故障，Backup 路由器即使随后被配置了更高的优先级，也不会成为 Master 路由器。

(2) 抢占方式：如果备份组中的路由器工作在抢占方式下，它一旦发现自己的优先级比当前的 Master 路由器的优先级高，就会对外发送 VRRP 通告报文。导致备份组内路由器重新选举 Master 路由器，并最终取代原有的 Master 路由器。相应地，原来的 Master 路由器将会变成 Backup 路由器。

3. 备份组中路由器的认证方式

备份组中路由器的认证方式分为 Simple 认证和 MD5 认证两种。

(1) Simple：简单字符认证。在一个有可能受到安全威胁的网络中，可以将认证方式设置为 Simple。发送 VRRP 报文的路由器将认证字填入到 VRRP 报文中，而收到 VRRP 报文的路由器会将收到的 VRRP 报文中的认证字和本地配置的认证字进行比较。如果认证字相同，则认为接收到的报文是真实、合法的 VRRP 报文；否则认为接收到的报文是一个非法报文。

(2) MD5：MD5 认证。在一个非常不安全的网络中，可以将认证方式设置为 MD5。发送 VRRP 报文的路由器利用认证字和 MD5 算法对 VRRP 报文进行加密，加密后的报文保存在 Authentication Header(认证头)中。收到 VRRP 报文的路由器会利用认证字解密报文，检查该报文的合法性。

注：在一个安全的网络中，用户也可以不设置认证方式。

4. VRRP 的定时器

1) VRRP 通告报文时间间隔定时器

VRRP 备份组中的 Master 路由器会定时发送 VRRP 通告报文，通知备份组内的路由器自己工作正常。用户可以通过设置 VRRP 定时器来调整 Master 路由器发送 VRRP 通告报文的时间间隔。如果 Backup 路由器在等待了 3 个间隔时间后，依然没有收到 VRRP 通告报文，则认为自己是 Master 路由器，并对外发送 VRRP 通告报文，重新进行 Master 路由器的选举。

2) VRRP 抢占延迟时间定时器

为了避免备份组内的成员频繁进行主备状态转换，让 Backup 路由器有足够的时间搜集必要的信息(如路由信息)，Backup 路由器接收到优先级低于本地优先级的通告报文后，不会立即抢占成为 Master，而是等待一定时间——抢占延迟时间后，才会对外发送 VRRP 通告报文来取代原来的 Master 路由器。

5.2.2　VRRP 的报文格式

VRRP 的报文格式如图 5-3 所示。

0 3	7	15	23	31
Version	Type	Virtual Rtr ID	Priority	Count IP Addrs
AuthType		Adver Int	Checksum	
IP Address 1				
...				
IP Address n				
Authentication Data 1				
Authentication Data 2				

图 5-3　VRRP 报文格式

其中，

• Version：协议版本号，VRRPv2 对应的版本号为 2。

• Type：VRRP 报文的类型。VRRP 报文只有一种类型，即 VRRP 通告报文 (Advertisement)，该字段取值为 1。

• Virtual Rtr ID(VRID)：虚拟路由器号(即备份组号)，取值范围为 1～255。

• Priority：路由器在备份组中的优先级，范围为 0～255，数值越大表明优先级越高。

• Count IP Addrs：备份组虚拟 IP 地址的个数。1 个备份组可对应多个虚拟 IP 地址。

• Auth Type：认证类型。该值为 0 表示无认证，为 1 表示简单字符认证，为 2 表示 MD5 认证。

• Adver Int：发送通告报文的时间间隔，单位为秒，缺省为 1 秒。

• Checksum：16 位校验和，用于检测 VRRP 报文中的数据破坏情况。

• IP Address：备份组虚拟 IP 地址表项。所包含的地址数定义在 Count IP Addrs 字段。

• Authentication Data：验证字，目前只用于简单字符认证，对于其他认证方式一律填 0。

为了更好地理解 VRRP 的报文，附有一份 VRRP 抓包截图，如图 5-4 所示。

```
 Ethernet II, Src: 10.75.32.3 (00:00:5e:00:01:05), Dst: 01:00:5e:00:00:12 (01:00:5e:00:00:12)
    Destination: 01:00:5e:00:00:12 (01:00:5e:00:00:12)
    Source: 10.75.32.3 (00:00:5e:00:01:05)
    Type: IP (0x0800)
    Trailer: 000000000000
 Internet Protocol, Src: 10.75.32.1 (10.75.32.1), Dst: 224.0.0.18 (224.0.0.18)
    Version: 4
    Header length: 20 bytes
  Differentiated Services Field: 0x00 (DSCP 0x00: Default; ECN: 0x00)
    Total Length: 40
    Identification: 0x0415 (1045)
  Flags: 0x00
    Fragment offset: 0
    Time to live: 255
    Protocol: VRRP (0x70)
  Header checksum: 0xacf2 [correct]
    Source: 10.75.32.1 (10.75.32.1)
    Destination: 224.0.0.18 (224.0.0.18)
 Virtual Router Redundancy Protocol
  Version 2, Packet type 1 (Advertisement)
    Virtual Rtr ID: 5
    Priority: 100 (Default priority for a backup VRRP router)
    Count IP Addrs: 1
    Auth Type: No Authentication (0)
    Adver Int: 1
    Checksum: 0x50aa [correct]
    IP Address: 10.75.32.3 (10.75.32.3)
```

图 5-4　VRRP 报文抓包截图

VRRPv3 的报文格式如图 5-5 所示。

Version	Type	Virtual Rtr ID	Priority	Count IP Addrs
Auth Type		Adver Int	Checksum	
IPv6 Address 1				
...				
IPv6 Address n				
Authentication Data 1				
Authentication Data 2				

图 5-5　VRRPv3 的报文格式

VRRPv3 报文中的大多数字段和 VRRPv2 中的相同，下面仅对于不同的项进行补充说明。

- Version：协议版本号。VRRPv3 对应的版本号为 3。
- Auth Type：认证类型。VRRPv3 不支持 MD5 认证。
- Adver Int：发送通告报文的时间间隔。VRRPv3 中单位为厘秒，缺省为 100 厘秒。100 厘秒=1 秒。
- IP Address/IPv6 Address：备份组虚拟 IP 地址表项。所包含的地址数定义在 Count IP Addrs/Count IPv6 Addrs 字段。

5.2.3　VRRP 的工作过程

路由器使能 VRRP 功能后，会根据优先级确定自己在备份组中的角色。优先级高的路由器成为 Master 路由器，优先级低的成为 Backup 路由器。Master 路由器定期发送 VRRP 通告报文，通知备份组内的其他设备自己工作正常；Backup 路由器则启动定时器等待通告报文的到来。

在抢占方式下，当 Backup 路由器收到 VRRP 通告报文后，会将自己的优先级与通告报文中的优先级进行比较。如果大于通告报文中的优先级，则成为 Master 路由器；否则将保持 Backup 状态。

在非抢占方式下，只要 Master 路由器没有出现故障，备份组中的路由器始终保持 Master 或 Backup 状态，Backup 路由器即使随后被配置了更高的优先级，也不会成为 Master 路由器。如果 Backup 路由器的定时器超时后仍未收到 Master 路由器发送来的 VRRP 通告报文，则认为 Master 路由器已经无法正常工作，此时 Backup 路由器会认为自己是 Master 路由器，并对外发送 VRRP 通告报文。备份组内的路由器根据优先级选举出 Master 路由器，承担报文的转发功能。

1. VRRP 的监视功能

1）监视接口功能

VRRP 的监视接口功能更好地扩充了备份功能：不仅能在备份组中某路由器的接口出现故障时提供备份功能，还能在路由器的其他接口不可用时提供备份功能。当被监视的接口处于 Down 状态时，拥有该接口的路由器的优先级会自动降低一个指定的数字，从而可能导致备份组内其他路由器的优先级高于这个路由器的优先级，使优先级高的 Backup 路由器转变为 Master 路由器。

2) 监视 Track 项功能

对上行链路的监控：当上行链路出现故障，局域网内的主机无法通过路由器访问外部网络时，被监视 Track 项的状态会变为 Negative，并将路由器的优先级降低指定的数字。从而，备份组内其他路由器的优先级高于这个路由器的优先级，成为 Master 路由器，保证局域网内主机与外部网络的通信不会中断在 Backup 路由器上监视 Master 路由器的状态。当 Master 路由器出现故障时，工作在切换模式的 Backup 路由器能够迅速成为 Master 路由器，以保证通信不会中断。

2．VRRP 的应用

VRRP 的应用分三种，分别是主备备份，负载分担，基于虚拟 MAC 地址的负载均衡。

1) 主备备份

采用主备备份方式进行 VRRP 时，在同一时刻，每个路由器的接口只能属于一个 VRRP 组。该 VRRP 组中所有路由器的所有端口中，只有 Master 路由器的端口具有虚拟路由器的 IP 地址，该组中其他 Backup 路由器的端口都只能处于备份状态，不具有虚拟路由器的 IP 地址。主备备份方式的 VRRP 工作原理如图 5-6 所示。

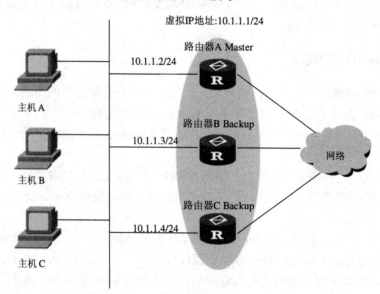

图 5-6　主备备份方式的 VRRP 工作原理

2) 负载分担

采用负载分担方式进行 VRRP 时，同一台路由器的端口可以同时加入多个 VRRP 备份组，且在不同备份组中有不同的优先级。在同一时刻，某一 VRRP 组中所有路由器的所有端口中，只有 Master 路由器的端口具有虚拟路由器的 IP 地址，每个 VRRP 组中其他 Backup 路由器的端口在该组中只能处于备份状态，不具备该组的虚拟路由器 IP 地址。特定情况下，某台路由器的端口可能是某一 VRRP 组中的 Master，同时又是另一 VRRP 组中的 Backup。在端口允许的情况下，通过合理的优先级配置，保证相同时刻 Master 尽可能分散分布。负载分担方式的 VRRP 工作原理如图 5-7 所示。

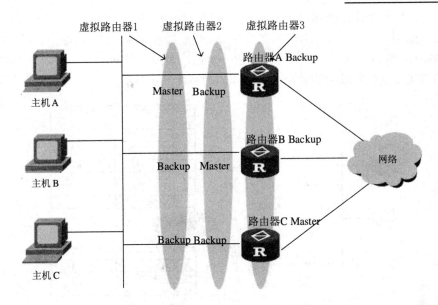

图 5-7　负载分担方式的 VRRP 工作原理

3) 基于虚拟 MAC 地址的负载均衡

基于虚拟 MAC 地址的负载均衡的 VRRP 技术，有两种实现方式。

方式一：每一个路由器端口只能在一个 VRRP 组中，该组中所有的端口都具备相同的虚拟路由器的 IP 地址，不同的接口虚拟的 MAC 地址不同，这样在不同的电脑上通过配置相同的网关 IP 地址，以及不同的 MAC 地址，巧妙地利用交换机的二层交换原理实现了负载均衡。在相同时刻，VRRP 组中所有的端口都可能收到电脑发送过来的数据。其工作原理如图 5-8 所示。

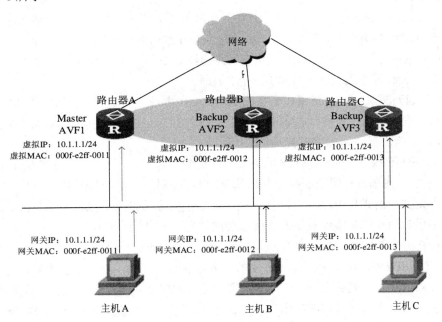

图 5-8　基于虚拟 MAC 地址的负载均衡(1)

方式二：每一个路由器端口可以在多个 VRRP 组中，同一 VRRP 组中所有的端口都具备相同的虚拟 MAC 地址以及相同的虚拟 IP 地址。通过配置优先级，尽可能让不同的 VRRP 组中的 Master 端口分散分配。与方式一的区别是，在同一时刻，同一 VRRP 组中，只有 Master 端口接收电脑发过来的数据。其工作原理如图 5-9 所示。

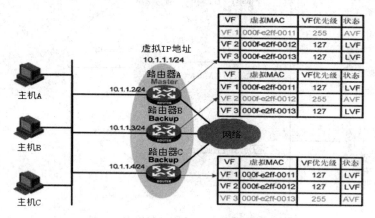

图 5-9 基于虚拟 MAC 地址的负载均衡(2)

VF(Virtual Forwarder，虚拟转发器)的优先级用来决定虚拟转发器的状态：优先级最高的 VF 处于 Active 状态，称为 AVF (Active Virtual Forwarder)，负责转发流量；其他 VF 处于 Listening 状态，称为 LVF(Listening Virtual Forwarder)，监听 AVF 的状态。VF 的优先级取值范围为 0～255，其中，255 保留给 VF Owner(虚拟转发器拥有者)使用，VF Owner 所配置的虚拟路由器 IP 地址是本设备 VRRP 接口的真实 IP 地址。

路由器根据 VF 的权重计算 VF 的优先级，为了实现负载均衡，VRRP 负载均衡模式中定义了四种报文：

(1) Advertisement 报文：不仅用于通告本路由器上备份组的状态，还用于通告本路由器上处于 Active 状态的 VF 信息。Master 和 Backup 路由器均周期性发送该报文。

(2) Request 报文：处于 Backup 状态的路由器如果不是 VF Owner，则发送 Request 报文，请求 Master 路由器为其分配虚拟 MAC 地址。

(3) Reply 报文：Master 路由器接收到 Request 报文后，将通过 Reply 报文为 Backup 路由器分配虚拟 MAC 地址。收到 Reply 报文后，Backup 路由器会创建虚拟 MAC 地址对应的 VF，该路由器称为此虚拟转发器的拥有者。

(4) Release 报文：VF Owner 的失效时间达到一定值后，接替其工作的路由器将发送 Release 报文，通知备份组中的路由器删除 VF Owner 对应的虚拟转发器。

上述报文的格式与 VRRP 标准协议模式中定义的报文格式类似，只是在其基础上增加了选项字段，用来携带实现负载均衡所需要的信息。

VRRP 的工作模式可按照如下方式进行配置，如表 5-6 所示。

在 PTN/IPRAN 设备中，有一种技术，称为双网关技术。双网关技术从某些方面讲可以算是 VRRP 的一种特殊应用，同时又和普通的 VRRP 存在一些不同。在 LTE 组网中，基站业务在接入汇聚层时采用 PW 承载，核心层启用 L3VPN 功能。下面两小节将依次介绍双网关用到的虚接口以及双网关的功能和实现方式。

表 5-6　配置 VRRP 的工作模式

操　作	命　令	说　明
进入系统视图	system-view	—
配置 VRRP 工作在标准协议模式	undo vrrp mode	可选 缺省情况下，VRRP 工作在标准协议模式
配置 VRRP 工作在负载均衡模式	vrrp mode load-balance	可选 缺省情况下，VRRP 工作在标准协议模式

注：vrrp mode load-balance 支持高端路由器和交换机，类似于思科的 GLBP。

5.2.4　L2/L3VPN 桥接技术

1. L2VE 和 L3VE 介绍

在 IPRAN 设备双网关配置中，经常会用到 L2/L3VPN 桥接技术，桥接中会用到两类虚接口，L2VE(L2 Virtual Ethernet，二层虚拟以太网口)主要负责二层相关的 VLAN 的处理，用于终结二层 VPN，用在 AC 侧。L3VE(L3 Virtual Ethernet，三层虚拟以太网口)主要负责三层 IP 相关信息的处理，用于三层 VPN 的接入。两类虚接口通过虚拟组关联，相互转发报文(相当于用一根网线把两个口连起来了)。当二层 VPN 的本地或者远端成员转发流量需要跨越三层 VPN 网络时，首先转发至 L2VE 进行 VLAN 终结，再查找虚拟组，确认关联的 L3VE，由此接入 L3VPN 转发到公网。

2. 二三层 VPN 桥接技术

L2VPN 提供基于 MPLS 网络的二层 VPN 服务，在 MPLS 网络上透明传输用户二层数据，能够为用户提供隧道化的路径，同时减少了中间设备需要维护的 LSP 链路。通过 L2VPN 隧道将用户接入承载网的 L3VPN 业务，可以减少接入网设备中需要维护的用户信息，从而在接入网中使用较低端的设备，降低了组网成本。接入网对用户来说是透明的，用户好像以直连方式接入公网或 L3VPN，组网方式更加灵活。

在传统的组网环境中，为实现 L2VPN 接入 L3VPN 业务，在接入网和承载网的交接处，一般需要两台设备，即 PE-AGG(Provider Edge AGGregation，提供者边缘聚合)和 NPE(Network Provider Edge，网络提供商边缘)，组网如图 5-10 所示。

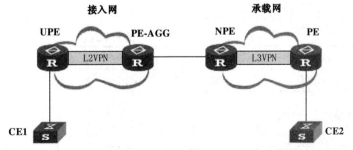

图 5-10　传统的 L2VPN 接入 L3VPN 组网图

UPE(User Provider Edge，用户提供者边缘)负责用户站点的接入，并在接入网中与 PE-AGG 建立 L2VPN 隧道，PE-AGG 负责终结 L2VPN 并接入 NPE，NPE 与运营商承载网中的其他普通 PE 之间建立 L3VPN，并作为 L2VPN 的 CE 接入 PE-AGG。对于承载网中的 L3VPN 来说，CE1 通过 L2VPN 模拟的专线直接接入 L3VPN。

如果一台 NPE 设备能够同时具备 PE-AGG 和 NPE 的功能，就可以节省组网成本并且简化网络的复杂度。如图 5-11 所示，ZXCTN 9000(IPRAN/PTN 设备，本书第七章将介绍)作为 NPE，通过创建多业务接入虚拟以太网接口组 VE-Group(Virtual Ethernet Group)，可以在一台设备上同时完成 L2VPN 和 L3VPN 的接入和终结功能，从而使 ZXCTN 9000 可以同时完成传统组网中 PE-AGG 和 NPE 设备的功能。

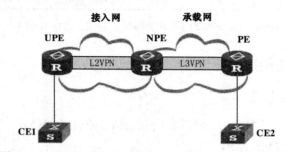

图 5-11 ZXCTN9000 支持的 L2VPN 接入 L3VPN 组网图

在 VE-Group 中，用于终结 L2VPN 的 VE 接口称为 L2VE，用于接入 L3VPN 的 VE 接口称为 L3VE。

说明：

(1) L2VPN 接入包括 VPLS 和 VPWS。

(2) 在 Bridge PE(桥接 PE)设备上，也可配置 L2VPN 和 L3VPN 的接入，如图 5-12 中的 L2CE3 和 L3CE1。

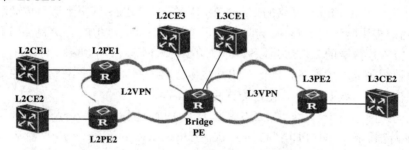

图 5-12 L2VPN 接入 L3VPN 组网图

L2VPN 到 L3VPN 的转发过程如表 5-7 所示。

表 5-7 L2VPN 到 L3VPN 转发过程

序号	转发情况	举　　例
1	L2VPN 域内单播	L2CE1---L2PE1---Bridge PE---L2PE2---L2CE2
2	L2VPN 域向 L3VPN 域单播	L2CE1---L2PE1---Bridge PE---L3PE2---L3CE2 或者 L2CE3---Bridge PE---L3PE2---L3CE2
3	L3VPN 向 L2VPN 转发	L3CE2---L3PE2---Bridge PE---L2PE1---L2CE1
4	L3VPN 域内转发	L3CE2---L3PE2---Bridge PE--- L3CE1
5	L2VPN 域 ARP 广播	L2CE1 发起

桥接设备 Bridge PE 收到来自 L2VPN 域的报文，可能有情况 1、情况 2、情况 5，Bridge PE 需要能够识别并分别处理。对于情况 1，L2CE1 设置目的 MAC 为 L2CE2 的 MAC；对于情况 2，L2CE1 设置目的 MAC 为 Bridge PE 设备 MAC；对于情况 5，ARP 报文可以通过 ACL(访问控制列表)解析识别。

5.2.5 双网关

双网关是指组网中采用成对的网关，实现网关的备份，保证业务传递路径的可靠性。5.2.3 小节中提到，双网关技术是一种特殊的 VRRP 技术。接下来通过图 5-13 的示例来了解双网关。基站业务通过 PW 的方式接入 L3VPN 网络，并在 PE3 上开启 L2/L3 桥接功能。PE3 作为基站的网关，其主要作用是终结 PW，同时将基站的 IP 报文转发至 L3VPN 网络。在 LTE 场景中，网关一般成对出现，实现基站的网关备份，图中的 PE3 和 PE4 形成主备网关。

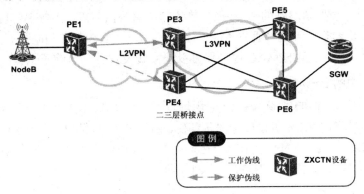

图 5-13 LTE 双网关场景

双网关一般应用于 L3VPN 业务存在双归保护的场景中，配置在网关设备二三层桥接接口上；要求设备支持三层接口非组播 MAC 的配置。

如图 5-14 所示，PE3 和 PE4 组成双网关，通过将 PE3 和 PE4 上对应三层接口/子接口的 IP 和 MAC 配置成基站网关 IP 和 MAC，实现对基站下一跳的双网关保护。

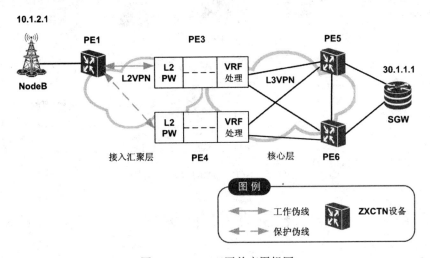

图 5-14 LTE 双网关应用组网

配置双网关的三层接口/子接口类型有：普通以太网端口、聚合端口、虚拟以太网接口。

1．实现原理

在 LTE 场景的工程应用中，通常采用 VRRP 协议实现网关节点的保护。但 VRRP 配置复杂，且协议报文的收发和处理消耗 CPU、内存等系统资源。

双网关是 VRRP 协议的替代方案。该方案的实现机制是通过在主备网关节点的三层接口上配置相同的网关 IP 和 MAC，网关节点间的主备关系通过 L2VPN 中主备 PW 来确定，不需要启用其他协议。基站侧无需感知主备网关的切换，在同一时间只有主 PW 接入的三层接口能够正常转发上行流量。

2．ARP 热备功能

在主备桥接场景中，正常情况下只有主用桥接节点接收业务，即只有主用桥接节点能学习到 UNI 侧的 MAC 地址，备用桥接节点不能学习到。如果在主备桥接节点开启 ARP 热备，主用桥接节点会把学习到的 ARP 报文热备到备用桥接节点，则备用桥接节点可以根据热备来的 ARP 报文学习到 UNI 侧的 MAC 地址。当发生桥接点主备倒换时，备用桥接节点将不需要重新学习 UNI 侧的 MAC 地址便可以正常转发业务，节约了主备倒换时间。

3．VRRP 中的 BFD 检测

如图 5-15 所示，BFD 关联 VRRP 应用场景，本例中 VRRP 以双网关为例。网关网元 PE2 和 PE3 之间运行 VRRP 协议进行主备备份，启用 BFD 检测网关网元的状态，创建 PE2 和 PE3 之间的 Peer BFD，并将其作为 Track 对象与 VRRP 保护组关联。接收到 Peer BFD 通报的故障后，备用网关网元切换成主用网关网元。

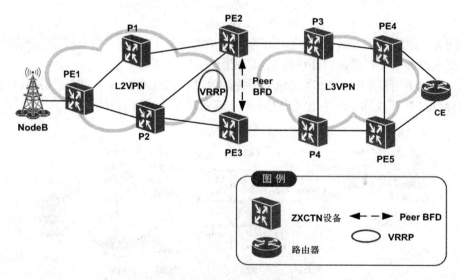

图 5-15　BFD for VRRP 应用场景

5.3　ECMP 保护

ECMP 指在有多条链路到达同一目的地址的环境中，运行传统的路由协议只能利用其

中一条链路传送数据包，该链路容易拥塞，其他链路空闲。运行 ECMP 可实现每条路由都转发流量，实现负载分担。

ECMP 功能示意图如图 5-16 所示。

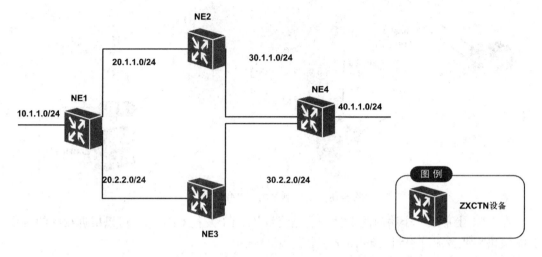

图 5-16　路由负载分担功能示意图(1)

如图 5-16 所示，根据上层路由协议或静态路由，NE1 到达 40.1.1.0/24 网段的路由下一跳出口有两个，即通过 NE2 和 NE3(分别通过 20.1.1.0/24 和 20.2.2.0/24 两个网段)都可以到达 40.1.1.0/24 网段，并且链路代价(cost 值)相等。那么 NE1 要发送到 40.1.1.0/24 网段的数据流量可以根据负载分担的策略分别转发给 NE2 和 NE3,其带宽也就相应地增大了一倍(假设两个出口带宽一样)。同时，如果 NE2 断电或者 NE1 与 NE2 相连的链路断链，业务仍然可以通过 NE3 进行正常转发，实现了路由的冗余备份，提高了网络的安全性。

另外，根据网络情况和现网需要，可以将流量负载分担到更多条链路上。如图 5-17 所示，在 NE1 上启用路由负载分担策略，将到达 20.1.1.0/24 网段的数据流平均分担到四条链路上，避免网络的拥塞。

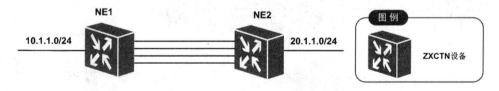

图 5-17　路由负载分担功能示意图(2)

ECMP 主要应用于 L3VPN 业务的负载分担，使用场景主要为设备与核心 CE 对接时的负载分担，相关特性为 BFD 和 L3VPN。在配置 ECMP 负载分担时，通常还需配置业务的 BFD 参数。

1. 用户侧路由 ECMP

如图 5-18 所示，ECMP 技术部署在用户侧。NE1 配置三条路由指向 CE1，Tunnel1 的下一跳为 CE1 的接口 1，Tunnel2 的下一跳为 CE1 的接口 2，Tunnel3 的下一跳为 NE3 的接口 3。

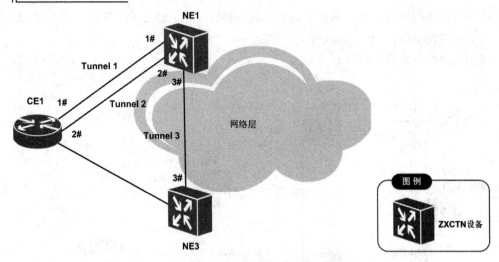

图 5-18　用户侧路由 ECMP 示意图

在 NE1 上形成一个路由的 ECMP，当流量从 NE1 发往 CE1 时，可以根据相应的负载分担策略将业务流分担到三条 Tunnel 上。

2. 网络侧路由 ECMP

如图 5-19 所示，ECMP 部署在网络侧。从 NE4 配置三条路由(Tunnel)指向 CE1，其中 Tunnel1 的下一跳为 NE1 的接口 1，Tunnel2 的下一跳为 NE2 的接口 1，Tunnel3 的下一跳为 NE3 的接口 1。

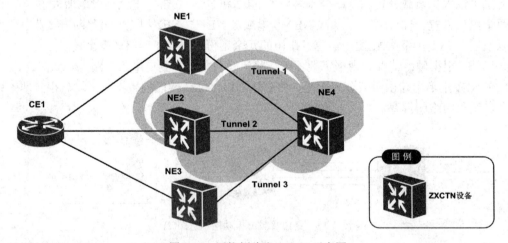

图 5-19　网络侧路由 ECMP 示意图

在 NE4 上形成了一个路由的 ECMP，当流量从 NE4 发往 CE1 时，可以根据相应的负载分担策略将业务流分担到三条 Tunnel 上。

1) ECMP 负载分担功能

ECMP 支持以下的路由多路径负载分担功能：

✧　静态路由负载分担

✧　RIP 路由负载分担

◇　OSPF 路由负载分担

◇　IS-IS 路由负载分担

◇　BGP 路由负载分担

2) ECMP 负载分担类型

ECMP 负载分担类型有以下三种：

(1) 基于流的负载分担。路由器根据 IP 报文的五元组信息将数据分成不同的流。具有相同五元组信息的 IP 报文属于同一个流。转发数据时，路由器把不同的数据流根据算法从多个路径上依次发送出去。

(2) 基于包的负载分担。转发数据时，路由器把数据包从多个路径上依次发送出去。

(3) 基于带宽的非平衡负载分担。报文按接口物理带宽进行负载分担(即基于报文的负载分担)。当用户为接口配置了指定的负载带宽后，设备将按用户指定的接口带宽进行负载分担，即根据各接口物理带宽比例关系进行分配。

3) ECMP 负载分担策略

ECMP 有两种负载分担策略：

(1) 逐流模式：基于源和目的 IP 地址。

(2) 逐包模式：基于每个数据包。

ECMP 负载分担策略需要配置在接口上，默认采用逐流模式。当 ECMP 组内所有成员接口的负载分担策略都配置为逐包模式时，ECMP 策略会按照逐包模式工作。为了避免包的乱序，建议采用逐流模式。下面分别进行详细介绍。

(1) 逐流模式。逐流模式根据源和目的 IP 地址实现路由的负载分担。对具有相同的源和目的 IP 地址的流，数据包转发采用相同的链路。

对于来自不同的源 IP 地址或者到达不同目的 IP 地址的业务流，采用不同的链路进行转发。这种策略保证针对某个给定的源和目的 IP 地址的数据包按照一定的次序到达，不会产生乱序。

逐流模式主要是利用源和目的 IP 地址，采用 Hash 算法，根据算法的结果决定数据包从哪条链路上转发出去。

(2) 逐包模式。逐包模式是对数据包进行路由负载分担。ZXCTN 设备选择该策略时，会根据每个数据包进行 IP 校验，在多条链路上进行负载分担模式的传送。这种策略会随机地将 IP 包分配到多条链路上，并不会判断这些包的源 IP 或目的 IP 是否相同。

这种策略对相同源和目的 IP 地址的数据包可能会采用不同的链路传输，在目的端对数据包进行重新排序。因此，这种策略不适用对时延要求比较敏感的应用(例如语音传送 VoIP，这种类型的传输要求数据包按照顺序依次到达目的地)。

3. ECMP 快速检测的实现手段 BFD

图 5-20 所示为 BFD 关联到 ECMP 的应用场景。静态路由场景下，ZXCTN 本地网核心落地设备与 SGW 对接，采用多链路 ECMP 对接保护方案。

本地核心落地设备 A 的 1、2、3、4 端口形成 ECMP 组。本地核心落地设备 B 的 5、6、7、8 端口形成 ECMP 组。本地核心落地设备 A 通过核心落地设备 B 到达 SGW 的业务需要在核心落地设备 B 上配置二层穿通。本地核心落地设备 B 通过核心落地设备 A 到达 SGW

的业务需要在核心落地设备 A 上配置二层穿通。SGW 上配置下行的 ECMP 组。

当采用 ECMP 方案对接时，作为 U 侧(用户侧)成员的本地核心落地设备上均存在两条链路，一条链路通过本节点出接口直连 SGW，另一条通过邻居网元穿通到达 SGW。

为了实现快速侦测，在配置的 ECMP 组内启用 BFD 检测。

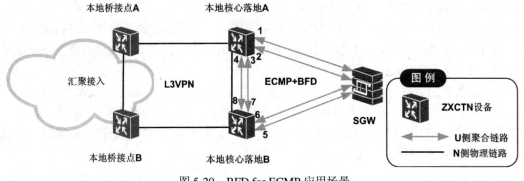

图 5-20　BFD for ECMP 应用场景

5.4　FRR

FRR 旨在当网络中链路或者节点失效后，为这些重要的节点或链路提供备份保护，实现快速重路由，减少链路或节点失效时对流量的影响，使流量快速恢复。

当网络中链路或者节点失效后，经过这些失效节点到达目的地的报文可能被丢弃或者形成回环，这样网络中就不可避免地会产生暂态的流量中断或者流量回环现象，直到网络重新收敛计算出新的拓扑和路由。通常，这样的中断会持续几秒左右。

随着网络规模的扩大，以及新的应用层出不穷，有些应用对流量的中断非常敏感，比如 IP 电话、流媒体、网游以及远程视频会议等实时业务。这样，当节点失效后，对流量的快速恢复就显得尤其重要。

在链路失效恢复过程中，流量丢失的过程又可以分成如下两个阶段：

第一阶段：路由器未能立刻发现连接在其上的某条链路失效，导致仍然向失效的链路上转发流量。

第二阶段：路由器发现链路失效，但是网络处于收敛过程中，使得网络中其他路由器和本路由器转发表并不一致，导致出现转发层面的环路。

因此，为了减小网络中流量中断时间，必须提供一种机制，能够实现以下功能：快速地发现链路失效；当链路失效后，迅速地提供一条恢复路径；在后继网络恢复过程中，避免出现转发环路；这种机制就是 FRR。

FRR 的工作过程如下：

(1) 故障快速检测，常用技术包括 BFD、物理信号检测等。

(2) 修改转发平面，将流量切换到预先计算好的备份路径上。

(3) 路由重收敛。

(4) 重收敛结束后，将流量又重新切换至最优路径。

FRR 技术涵盖的内容非常丰富，除 IP FRR 外，还包括 LDP FRR、TE FRR、VPN FRR、PWE3 FRR 等技术。在可靠性组网中，通常根据网络的需求，在不同的组网环境中部署一种或者多种 FRR 技术配合使用，从而提高网络的可靠性。

5.4.1　IP FRR

1．IP FRR 技术背景

为了减小网络中流量中断时间，引入了一种链路失效快速发现和恢复的机制，这种机制就是 IP FRR。在该机制中，除了正在工作的主用路由链路以外，网络中还提前计算出一条或几条备用路由链路，一旦主用路由链路失效，网络会迅速提供一条备用路由链路恢复路径。

IP FRR 支持静态路由、OSPF、IS-IS 和 RIP 的 FRR 功能，可采用静态路由策略指定下一跳或者采用协议自动计算下一跳。

IP FRR 技术用于保护 IP 路由的出端口或下一跳，通过配置备份路由的方式实现保护。IP FRR 采用快速检测技术和快速保护倒换技术，可将倒换时间控制在 50 ms 以内，使倒换对业务的影响降到最小程度。

2．备份链路配置策略

IP FRR 一般使用浮动静态路由来配置备份链路的路由，其中通过主链路的静态路由的路由优先级没有配置，保持缺省值 1；通过备份链路的静态路由的路由优先级配置为 5。

在两条链路状态都正常的情况下，由于设置的是两条完全相同的路由，所以路由优先级高(数值小)的通过主用接口转发的路由条目会出现在路由表中，而路由优先级低(数值大)的通过备用接口转发的路由条目不会出现在路由表中。当主链路发生故障时，路由器在接口上检测出链路 Down 掉后会撤销所有通过此接口转发的路由条目。此时路由优先级低的通过备用接口转发的路由条目就自动出现在路由表中，所有到达外部网络的流量被切换到备份链路。而当主链路状态恢复正常后，通过主链路转发的路由会自动出现在路由表中，而通过备份链路转发的路由被自动撤销。

3．IP FRR 部署机制

大多数情况下，主备用路由均直接使用本地的私网出接口。但当双归节点不在同一个机房或者节点之间无直连链路时，IP FRR 备用路由可以通过配置具有 global 下一跳的私网路由方式实现，即 IP FRR 主用路由的出接口是本地以太网接口，IP FRR 备用路由打上私网标签通过公网侧的隧道进行传递。global 下一跳地址为备用双归节点的 loopback 地址，隧道为双归节点间的任意隧道。

基于以太网链路负载分担的 IP FRR 部署机制，当 PE 与 CE 间的单条链路带宽不足以承担业务流时，可在 PE 与 CE 之间进行流量的负载分担。根据实际 CE 支持的情况，目前负载分担主要有两种技术：三层路由的 ECMP、以太网链路聚合组。

基于以太网链路负载分担的 IP FRR 保护，主用路由或备用路由均可以配置路由的出接口为以太链路聚合口，配置时可以设置合适的以太链路负载分担最小激活成员数，以实现以太链路组成员失效数超过该数值时触发 IP FRR 倒换。

4．IP FRR 应用场景

本场景的目的是实现网络侧路由保护用户侧路由的功能。根据现场的应用情况，有如下两种场景。

1）双归节点直连的场景

如图 5-21 所示，在 PE1、PE2 和 PE3 组成的 L3VPN 网络与 CE2 设备对接，PE2 和 PE3 形成对 CE2 设备的 IP FRR 保护。PE2 和 PE3 中间为直连链路，正常工作时的主用路径为 PE2→CE2，设定的备用路径为 PE2→PE3→CE2。备用路由绑定的隧道为 PE2 和 PE3 间的 Tunnel。

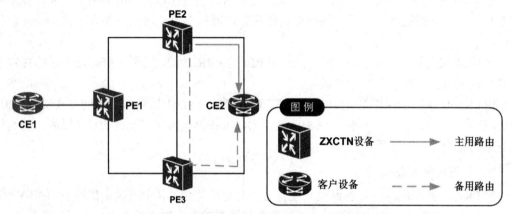

图 5-21　网络侧路由保护用户侧路由的 IP FRR 应用(双归节点直连场景)

2）双归节点非直连的场景

如图 5-22 所示，在 PE1、PE2 和 PE3 组成的 L3VPN 网络与 CE 设备对接，PE2 和 PE3 形成对 CE2 设备的 IP FRR 保护。由于 PE2 和 PE3 中间为非直连链路(即 PE2 和 PE3 不在同一个机房内)，正常工作时的主路径为 PE2→CE2，设定的备用路径为 PE2→PE1→PE3→CE2。备用路由绑定的隧道为公网侧 PE2 和 PE3 间的任一 Tunnel。

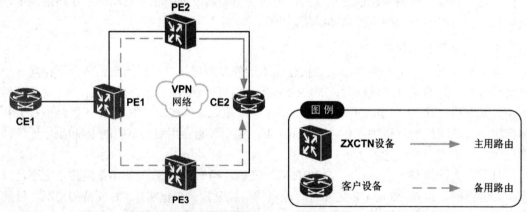

图 5-22　网络侧路由保护用户侧路由的 IP FRR 应用(双归节点非直连场景)

5．IP FRR 快速检测的实现手段 BFD

如图 5-23 所示，PE1、PE2 和 CE 之间配置 IP FRR 保护。为了快速地感知故障，触发 IP FRR 倒换，可将 BFD 关联 IP FRR。例如：在 PE1 节点配置主/备路由，启用 BFD。

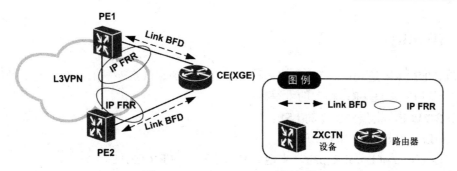

图 5-23　BFD for IP FRR 应用场景

5.4.2　LDP FRR

正常情况下，两设备间存在多条物理链路可达时，设备根据路由协议的计算结果，只记录两设备间的最佳路由信息。连接两设备的 LSP 是 LDP 协议根据两设备间的路由信息形成的。设备在形成 LSP 的过程中，只保留路由下一跳分配的标签，不保留非路由下一跳分配的标签。当 LSP 中的一段链路出现故障后，LSP 上承载的业务就会中断。设备只有等到路由收敛后，形成新的 LSP 来转发业务。路由收敛需要的时间较长，造成业务中断时间过长，不能满足业务的传送要求。

LDP FRR 可以解决上述问题，实现业务快速倒换到备用链路，满足业务的传送要求。

LDP FRR 是基于 LDP 协议实现的。开启 LDP FRR 的设备在形成 LSP 时，既保留路由下一跳分配的标签，也保留非路由下一跳分配的标签，形成主备转发表项。当主转发表项指示的 LSP 出现故障后，业务倒换到备用转发表项指示的 LSP 进行传送。

在启用 LDP 协议的网络中，设备间通过 LDP 协议建立的动态 LSP 传送业务。为保证业务的可靠传送，可在网络的相应节点上配置 LDP FRR 功能。

如图 5-24 所示，设备 A 与设备 C 之间存在两条可达链路，设备 C 为路由下一跳，设备 B 为非路由下一跳。设备 A 通过 LDP FRR 形成指向设备 C、设备 B 的两个转发表项。正常情况下，设备 A 将业务封装上标签 CA 后转发给设备 C。当设备 A 和设备 C 之间的链路出现故障后，设备 A 将业务封装上标签 BA 后转发给设备 B，设备 B 再将业务转发给 C。为了保证 LDP FRR 的快速倒换的实现，需要和 IP FRR 一样，与 BFD 进行关联。

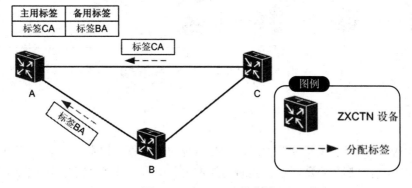

图 5-24　LDP FRR 的应用

5.4.3 TE FRR

MPLS TE FRR 是 MPLS TE 中的一种用于链路保护和节点保护的机制，是一种局部保护方式。跟 MPLS TE FRR 相关的术语有：

- FRR LSP，指预先建立的 LSP。
- 主 LSP，指被保护的 LSP。
- PLR(Point of Local Repair，本地修复节点)，指 FRR LSP 的头结点。
- MP(Merge Point，汇聚点)，指 FRR LSP 的尾节点。

MPLS TE FRR 的基本原理是用一条预先建立的 LSP 来保护一条或多条 LSP。当主 LSP 或者主 LSP 上的节点出现故障时，业务流量倒换到 FRR LSP 上进行传送，保证业务传输不中断。

MPLS TE FRR 有两种应用方式：节点保护和链路保护。

(1) 节点保护：保护的是节点以及节点之间的链路。

如图 5-25 所示，PE1→PE2→PE3 的链路为主 LSP，PE1→PE4→PE3 的链路为 FRR LSP。当 PE1→PE2 的链路出现故障或 PE2 节点故障时，业务倒换到 FRR LSP 上传送。

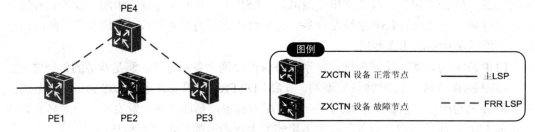

图 5-25　MPLS TE FRR(节点保护)

(2) 链路保护：保护的是两网元之间的一条直连链路。

如图 5-26 所示，PE1→PE2 的链路为主 LSP，PE1→PE3→PE2 的链路为 FRR LSP。当 PE1→PE2 的链路出现故障时，业务倒换到 FRR LSP 上传送。

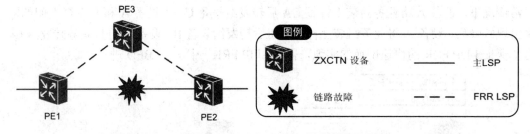

图 5-26　MPLS TE FRR(链路保护)

5.4.4 VPN FRR

在 L3VPN 中承载了大量的路由时，按照传统的路由收敛技术，当远端的 PE 出现故障时，所有 VPN 路由都需要重新迭代到新的隧道上。端到端业务故障收敛时间与 VPN 路由的数量相关，VPN 路由数量越大，收敛时间越长。

　　L3VPN FRR 是一种基于 VPN 私网路由的快速切换技术。配置 L3VPN FRR 时，需要预先在本端 PE 中设置指向远端主用 PE 和备用 PE 的主备用转发项，并使用故障快速探测功能对主用路径进行监控。当主用路径出现故障时，L3VPN FRR 立刻将 VPN 流量切换到备份路径上传送，无需等到 VPN 路由收敛完成，这样就解决了 PE 节点的故障恢复时间与其承载的私网路由的数量相关的问题。

　　VPN FRR 是应用在 CE 侧双归的情况下的一种保护。如图 5-27 所示，PE2 和 PE3 与 CE2 连接，即 CE2 以双归的方式接入网络。PE1 与 PE2 之间的路径为主用路径，PE2 节点故障时，通过 VPN FRR，业务倒换到 PE1→PE3→CE2。

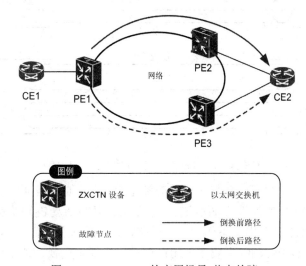

图 5-27　VPN FRR 的应用场景(节点故障)

5.5　LAG 保护

　　LAG 保护指将设备上多个相同配置属性的物理端口捆绑在一起，成为一个逻辑端口。LAG 功能可增加设备间的连接带宽，增强网络可靠性，可为主用链路提供链路备份，也可实现出、入流量在各成员端口中的负载分担。参与链路聚合的物理端口可以是设备上同一块以太网板的端口，也可以是不同以太网板的端口。

　　LAG 功能可应用于 ZXCTN 设备的 UNI 侧和 NNI 侧，将多个端口链路绑定成一条逻辑链路，主要功能如下：

　　(1) 聚合方式可控制聚合组端口的添加、删除。

　　(2) 逻辑链路功能可增加链路带宽，为链路提供双向保护。

　　(3) 主备模式和负载分担模式提高了链路的故障容错能力。

1. LAG 保护方式

　　链路聚合端口的保护方式有负载均衡模式和主备模式。

　　• 负载均衡模式：聚合组的各成员链路上同时都有流量存在，链路共同进行负载的分担。当聚合组成员发生改变，或者部分链路失效时，流量会自动重新分配。采用负载分担后可以给链路带来更高的带宽。这种情况下无论是工作链路发生两根纤还是一根纤中断，由于 LACP(Link Aggregation Control Protocol，链路聚合控制协议)的支持，左右两边都会把原来工作链路上的业务倒换到保护链路上。LAG 静态负载分担模式工作原理如图 5-28 所示。

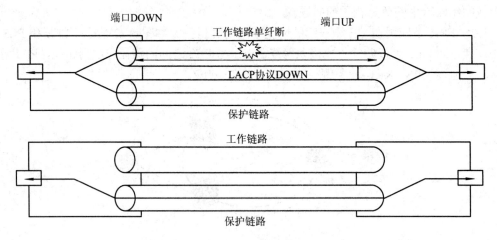

图 5-28　LAG 静态负载分担模式工作原理

• 主备模式：聚合组只有一条成员链路有流量存在，其他链路则处于 STANDBY 状态。这种模式提供了一种"热备份"的机制。当聚合组中的活动链路失效时，系统从处于 STANDBY 状态的链路中选出一条作为活动链路，以替代失效链路。当工作链路两根纤中断后，两端的端口都 DOWN 掉(失效或关闭)，业务发生保护倒换，倒换到保护链路上，LAG 人工主备模式工作原理如图 5-29 所示。

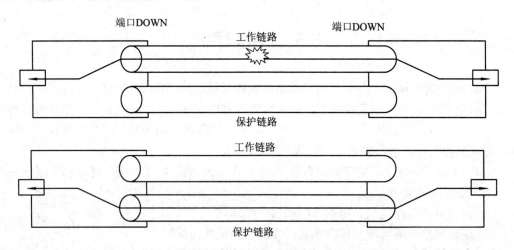

图 5-29　LAG 人工主备模式工作原理

人工主备模式单纤中断情况下，比较特殊，比如在图 5-30 的情况下，假设只有左端端口发右端端口收的一根纤断开，如果没有配置 BFD，右面的端口收不到信号，端口 DOWN，右端设备发生保护倒换。由于只是一处断纤，且左端端口能收到右端的光，左端端口不会 DOWN，左端设备也就不发生倒换，继续利用原有的已经断纤的工作端口发送数据包，业务中断。如果配置了 BFD，由于右端端口 DOWN，右端端口不再发送 BFD 信息，左端端口收不到 BFD 信息，左端端口也发生 DOWN，左端设备发生业务倒换，业务实现了左右两端都从工作链路倒换到保护链路。

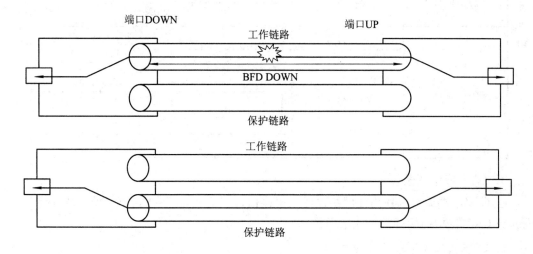

图 5-30　LAG 人工主备模式单纤断方案-BFD

2．LAG 聚合方式

链路聚合方式有静态聚合和手工聚合两种方式，这两种方式的区别参见表 5-8，这两种方式采用的技术参见表 5-9。

• 静态聚合：由用户指定哪些端口属于同一个聚合组，端口上不需要使能 LACP 协议。默认无论对端端口处于何种状态，只要两端端口连接成功，即可以实现聚合。

• 动态聚合：基于 IEEE 802.3ad 标准的 LACP 协议，参与聚合的两端完全通过收发和处理 LACP 报文进行交互，确定端口是否聚合成功。

表 5-8　两种 LAG 聚合方式的区别

聚合模式	成员端口是否开启 LACP 协议	优　点	缺点
静态聚合	不发送协议报文，两端设备独立工作，根据本端端口是否 UP 执行倒换。 无论对端端口状态如何，只要上线就聚合成功。 单纤断，对保护倒换有影响，需要启用 ALS 或 BFD	比较稳定。 聚合链路配置完成后，端口的选中/非选中状态不再受网络环境的影响	不够灵活
动态聚合	发送 LACP 报文，两端设备通过 IEEE 802.3ad 协商一起倒换。 聚合链路的两端完全通过 LACP 协议交互，确定端口是否聚合成功。 单纤断和双纤断对保护倒换都没有影响	比较灵活。 能根据对端和本端的状态调整端口的选中/非选中状态	不够稳定

表 5-9　不同聚合方式下采用的技术

模式		技　　术	
静态聚合	保护方式	负载均衡模式	
		主备模式	
动态聚合	保护方式	负载均衡模式	
	端口模式	协商模式	主动协商
			被动协商
		超时模式	长超时
			短超时
		端口 LACP 优先级	

3. LAG 应用场景

LAG 聚合端口可以作为二层接口或三层接口，应用于 native VLAN 和流域等环境。下面介绍 LAG 保护的两种常见应用场景。

1) UNI 侧主备模式应用场景

当 ZXCTN 设备与 BSC(Base Station Controller，基站控制器)、RNC(Radio Network Controller，无线网络控制器)或以太网交换机等业务侧设备对接时，可以在 UNI 侧使用 LAG 功能实现端口保护。

如图 5-31 所示，PE2 设备与 BSC/RNC 通过组成 LAG 组的两个 GE(Gigabit Ethernet，千兆以太网)端口对接，这两个 GE 端口互为主备。当一个 GE 端口出现故障时，另一个 GE 端口承载所有业务，确保业务正常运行。

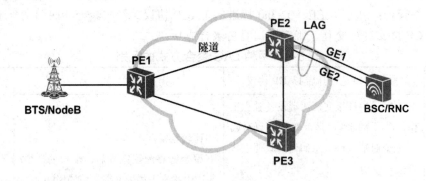

图 5-31　LAG 应用示意图(UNI 侧主备模式)

2) UNI 侧负载均衡模式应用场景

ZXCTN 设备支持负载均衡模式下的 LAG 功能，其应用示意图如图 5-32 所示。PE2 设备与 BSC/RNC 之间通过组成 LAG 组的多个 GE 端口对接，这些 GE 端口之间形成负载均衡，设备自动将逻辑端口上的流量负载分担到 LAG 组中的多个 GE 端口上。

当其中一个 GE 端口发生故障时，该故障端口上的流量自动分担到其他 GE 端口上，实现链路可靠性，保证业务正常运行。当故障恢复后，流量会重新分配，保证流量在各端口之间的负载分担，降低了端口流量负载。

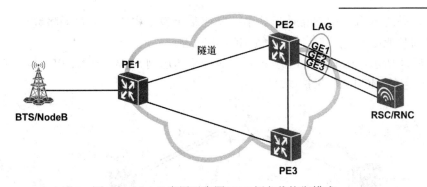

图 5-32 LAG 应用示意图(UNI 侧负载均衡模式)

2. LAG BFD

LAG 成员的 BFD 配置主要有两种: L2Link BFD 和 LAG BFD。

(1) L2Link BFD: 通过配置 L2Link BFD 可以检测 SmartGroup 成员口的连通性。L2Link BFD 的组播 MAC 是用户配置的组播 IP 映射而成的, 不是 IANA 分配的固定 MAC, 该功能属于非标准功能, 不同厂商在对接时存在困难。

(2) LAG BFD: IETF 目前已经标准化 LAG 成员的 BFD 检测功能, 即 RFC7130。为了更好地实现对 LACP 成员的检测和不同厂商的对接, 建议配置 LAG BFD。

系统设备支持 L2Link BFD 功能, 需要支持每 3.3 ms 发送 BFD 报文, 支持每 3 个连续 BFD 报文丢失时候触发失效消息, 并提供上层应用所需的通知手段以及保护触发动作。

图 5-33 为 LAG BFD 的应用场景, 用于 LTE 承载干线。它采用 LAG 和 IP FRR 实现业务保护; 设备之间部署 LAG BFD, 通过 BFD 快速检测确定 LAG 组内成员链路状态, 进而快速判断 LAG 的状态, 作为 IP FRR 的决策依据。

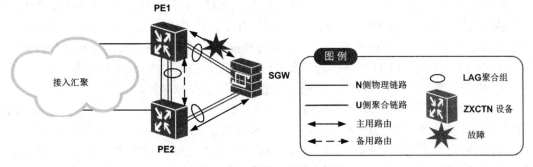

图 5-33 IP BFD 应用示意图

如图 5-33 所示, 当 PE1 与 SGW 间的链路出现故障, LAG BFD 检测此 LAG 组的状态。若 LAG 组中仍有成员链路正常可用, 则不进行 IP FRR 倒换, 仍然通过 PE1 直接传送至 SGW。若 LAG 组所有成员均已断链, 不可使用, 则进行 IP FRR 倒换, 通过以下路径进行数据传输: PE1→PE2→SGW。

3. MC-LAG

MC-LAG(Multi-Chassis Link Aggregation Group, 跨设备链路聚合组)通过 MC-LAG 控制协议将连接到统一设备的多跳跨设备的数据链路聚合在一起, 提高链路的可靠性。

MC-LAG 是对设备内 LAG 的扩展, 可以将多个设备上的数据链路聚合在一起形成链路聚合组，提高可用带宽，并且当某条链路或某个设备失效时，自动将数据业务切换到 MC-LAG 的其他可用链路上，从而增强链路可靠性。

如图 5-34 所示，eNodeB 的业务通过分组网络传送到 SGW，PE1、PE2 与 SGW 相互配合，实现业务的 MC-LAG 保护。

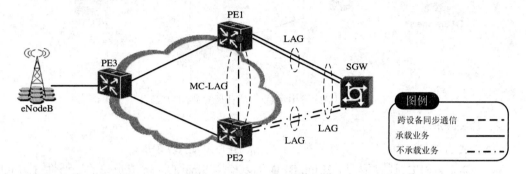

图 5-34　双归保护中的 MC-LAG

双归保护中的 MC-LAG 保护方案由以下三部分组成：

- PE1 与 PE2 设备上的设备内 LAG(LAG1 与 LAG2)
- PE1 与 PE2 之间的 MC-LAG
- SGW 上的 LAG(LAG3)

5.6　复用段保护

复用段保护(MSP 保护)主要应用于业务集中点的主子架和扩展子架之间，防止单板或光纤链路故障引起大量业务中断。对于主子架时分资源紧张的站点，考虑在主子架和扩展子架之间配置复用段链型保护，节省主子架的时分资源。下面介绍和 MSP 有关的几个概念：

- G841：描述了 SDH 网络中的各个保护机理以及这些保护方式的目标和应用。
- MSP：遵循 G.841 协议的、SDH 网络的复用段层路径保护。

在 IPRAN/PTN 网络核心设备与 MSTP 网络设备通过 STM-1 接口对接的场景中，通过 MSP 线性复用段保护实现端口级别的保护。在工作通道发生故障时，业务自动倒换到保护通道。

ZXCTN 产品支持单向 1＋1、双向 1＋1 和双向 1∶1 三种 MSP 保护方式，这三种保护都可以设置为返回式和非返回式。返回式指倒换发生后，如果工作路径恢复正常，经过等待恢复时间后，业务自动从保护路径倒换到工作路径；非返回式指工作路径恢复正常后，业务不会自动倒换到工作路径。

组成保护组的端口可以是板内 STM-N 光口或者板间的 STM-N 光口。

1. 单向 1＋1 保护

在单向 1＋1 保护机制中不必启用 APS(Automatic Protection Switching，自动保护倒换)协议。如图 5-35 所示，在节点 A 插入的业务分别从工作路径和保护路径传送给节点 B，节点 B 选择接收工作路径上的业务。当 A 到 B 的工作路径出现故障后，节点 B 的接收端倒换到保护路径，并从保护路径接收业务，保证业务传送的不间断，实现对业务的保护。

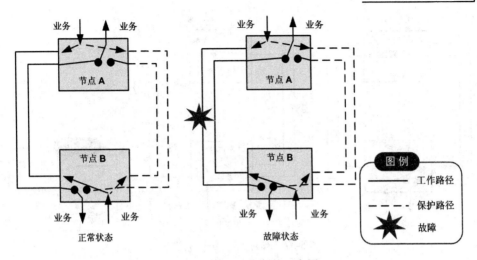

图 5-35　单向 1+1 保护示意图

2．双向 1+1 保护

在双向 1+1 保护机制中需要启用 APS 协议。如图 5-36 所示，在节点 A 插入的业务分别从工作路径和保护路径传送给节点 B，在节点 B 插入的业务分别从工作路径和保护路径传送给节点 A，节点 A 和节点 B 选择接收工作路径上的业务。当 A 到 B 的工作路径出现故障后，节点 A 和节点 B 的接收端都倒换到保护路径，并从保护路径接收业务，保证业务传送的不间断，实现对业务的保护。

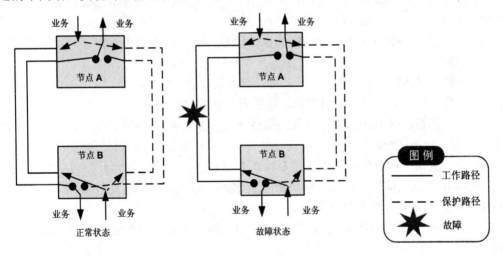

图 5-36　双向 1+1 保护示意图

3．双向 1：1 保护

在双向 1：1 保护机制中需要启用 APS 协议。如图 5-37 所示，在节点 A 插入的业务从工作路径传送给节点 B，在节点 B 插入的业务从工作路径传送给节点 A，节点 A 和节点 B 接收工作路径上的业务。当 A 到 B 的工作路径出现故障后，节点 A 和节点 B 的发送端和接收端都倒换到保护路径，并从保护路径接收业务，保证业务传送的不间断，实现对业务的保护。

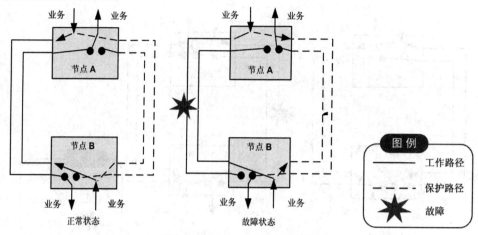

图 5-37　双向 1∶1 保护示意图

4．复用段保护倒换优先级

复用段保护倒换有多种命令，当设备满足两种或两种以上情况的时候，设备会按照不同的优先级，执行优先级高的命令。下面按照优先级从高到低的顺序，依次介绍各种保护倒换的触发条件。

（1）清除：就是清除所有其他和保护相关的命令，无论设备是否有告警，设备都是工作在工作状态，不会发生保护倒换。

（2）锁定保护：就是锁定当前的保护状态，不再改变，无论设备当前是工作状态还是保护状态，而不是仅仅锁定保护。

（3）强制倒换：是将业务强制倒换到保护状态，无论设备是否有告警，保护通道是否工作正常。

（4）工作失效(SF)：工作通道失效告警，导致设备发生保护倒换。

（5）工作劣化(SD)：工作通道劣化，导致设备发生保护倒换。

（6）人工倒换：是人为地让某台设备发生人工倒换，但是当环上有更高级的保护倒换命令发生后，会将这个倒换命令冲掉。

（7）等待恢复：在有保护倒换发生后，工作通道恢复正常，这时设备已经发生的保护倒换并不立即消失，而是等待工作通道恢复正常的时间大于等待恢复时间后，才将保护倒换消除，业务恢复到工作方向。

（8）练习倒换：只是测试保护倒换的协议的功能，而设备承载的业务并不会发生保护倒换。

5.7　线 性 保 护

线性保护用于保护一条 MPLS-TP 连接，在 MPLS-TP 网络中为业务提供端到端的路径保护。MPLS-TP 连接包含了 MPLS-TP 隧道连接和 MPLS-TP 伪线连接两种。线性保护通过保护通道来保护工作通道上传送的业务，当工作通道故障的时候，业务倒换到保护通道。

线性保护与后面讲到的环网保护从功能的角度看，有很多类似的地方；不同之处在于，线性保护主要针对点到点业务进行端到端保护,所有需保护的工作 LSP 均应配置保护 LSP,为保证 50 ms 倒换时间,工作和保护 LSP 上均运行 3.33 ms 或 10 ms 的 CC(Continuity and Connectivity Check,连续性和连通性检测)/CV(Connectivity Verification,连通性验证),对线路带宽的消耗较大,在 IPRAN/PTN 大量采用环形组网的现状下,没有充分利用环网资源。而环网保护采用 TMS 段层 OAM 检测告警和传递 APS 消息,只需配置一条所有业务共享的保护路径,降低了保护配置工作量,启用段层 OAM 的 CC/CV,大量节约了 OAM 带宽,提高了网络带宽利用率。

线性保护可以为路径故障提供快速保护倒换,满足电信级承载网络的业务中断小于 50 ms 的高可靠性要求。

在针对 MPLS-TP 隧道连接的保护中,还可启用 SD 保护检测链路的丢包率,通过下面两种方式检测链路状态:

(1) 通过隧道的 LM 检测机制检测 SD 告警,启动相应的保护倒换。

(2) 通过端口的 FCS 检测 SD 告警,将 SD 告警上报给段层;OAM 模块向 APS 模块上报 SD 告警,启动相应的保护倒换。

线性保护对于网络拓扑形式没有要求,在固定的网络中能够找到不同路径的两条连接就可以形成一个线性保护组。

线性保护常用在复杂组网中,因为网络拓扑形式复杂,或者网络中设备型号复杂或不属于同一厂家。这时对业务完成保护的最佳形式是线性保护,可以是 1 + 1 保护,也可以是 1:1 保护,如图 5-38 所示。

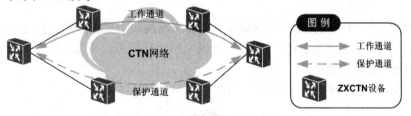

图 5-38 线性保护应用示意图

下面将依次介绍线性保护的相关内容:倒换类型、保护类型、线性保护倒换原理、操作类型、自动保护倒换(APS)协议、保护倒换触发机制。

1. 倒换类型

保护倒换有单向倒换和双向倒换两种类型。

(1) 单向倒换。单向倒换是指只有受影响的一端启动倒换,保护域的源端和宿端的倒换工作是相对独立的。单向倒换应用在 MPLS-TP 1 + 1 路径保护上。

(2) 双向倒换。双向倒换是指受影响和没有受影响的连接双方均启动倒换。双向倒换需要采用 APS 协议来协调发生倒换的两端,在 APS 协议的控制下,保护倒换由被保护域的源端和宿端共同完成。在单向故障的情况下,源端和宿端也共同完成保护倒换。双向倒换应用在 MPLS-TP 1:1 路径保护上。

2. 保护类型

1) 1 + 1 路径保护

在 1 + 1 路径保护模式下,保护通道是每条工作通道专用的,工作通道与保护通道在保护域的源端进行桥接。业务在工作通道和保护通道上同时发向保护域的宿端，宿端根据预置的约束准则选择接收工作通道或保护通道上的业务。

1+1 路径保护的倒换类型是单向倒换，即只有受影响的连接方向倒换至保护路径。为避免单点失效，工作通道与保护通道应走分离路由。

ZXCTN 设备支持的 1+1 路径保护如图 5-39 所示。

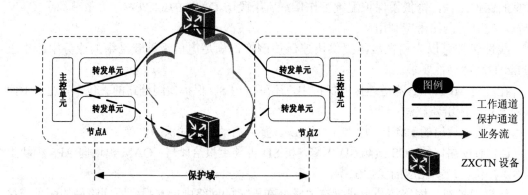

图 5-39　1+1 路径保护示意图

2）1：1 路径保护

在 1：1 路径保护模式下，保护通道是每条工作通道专用的，业务由工作通道进行传送。业务在工作通道上发向保护域的宿端，宿端根据预置的约束准则选择接收工作通道上的业务。

1：1 路径保护的倒换类型是双向倒换，即受影响的和未受影响的连接方向均倒换至保护路径。双向倒换需要启动 APS 协议用于协调业务路径的两端。为避免单点失效，工作通道与保护通道应走分离路由。

ZXCTN 设备支持的 1：1 路径保护如图 5-40 所示。

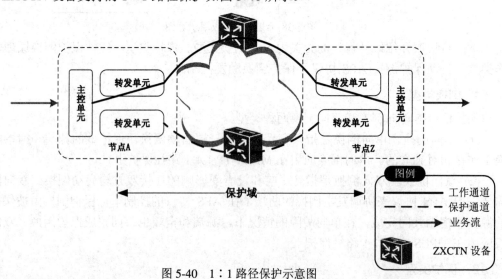

图 5-40　1：1 路径保护示意图

1+1 路径保护和 1：1 路径保护的应用场景与配置方法类似，两者的不同主要体现在下述两点：

(1) 1+1 路径保护仅仅在业务的一端进行倒换操作,而 1∶1 路径保护需要在业务的两端通过 APS 协议控制收/发两端都倒换。

(2) 1+1 路径保护会比 1∶1 路径保护占用更多的网络带宽,因为 1∶1 路径保护在备用路径上是没有业务流量的,而 1+1 路径保护同时向工作和保护路径发送流量占用了备用路径的带宽。

3. 线性保护倒换原理

线性保护倒换的前提是:保证持续发送 CC 报文检测工作以及保护隧道的连通性。

(1) 不启用 APS 协议的 1+1 保护:倒换节点之间不传递 APS 报文,即远端不会通过 APS 报文触发本端倒换。本端只对本端收接口进行倒换。倒换依据接收到的告警以及相关命令进行倒换。

(2) 启用 APS 协议的 1∶1 保护:业务倒换节点之间要进行 APS 报文传递,告知对方目前自身的倒换状态。倒换分为本端触发倒换以及远端触发倒换,倒换依据以及倒换优先级同 1+1 保护。

4. 操作类型

操作类型有返回式和非返回式两种。

1) 返回式

返回式是指在引起倒换的故障恢复后,业务将恢复到工作路径上传输。在返回式的情况下,当工作路径发生故障,且检测确认倒换动作已经完成时,业务信号倒换到保护路径传送。一段时间后,当工作路径的故障清除,先前局部的倒换请求已经终止,工作路径就进入等待恢复状态,在这个状态结束后进入无请求状态,此时,业务信号倒换回工作路径。而在等待恢复状态期间,如果有较高优先级的请求,工作路径则会提前结束等待恢复状态。

2) 非返回式

非返回式是指当倒换请求终止时,业务信号不会倒换回工作路径,而是继续在保护路径上传送。在非返回式的情况下,如果由于信号劣化或者信号失效造成的连接失效已经终止,也没有外部的启动命令,工作路径则进入无请求状态,此时不会发生倒换操作。

5. 自动保护倒换协议

对于双向 1∶1 路径保护,保护域的源端和宿端均需使能自动保护倒换(APS)协议。APS 协议消息中包含:请求状态类型、请求信号、桥接信号和保护配置信息等内容。

APS 协议存在下列启动准则:

1) 外部启动指令(清除、保护锁定、强制倒换、人工倒换)

外部启动指令的功能描述如下(按优先级由高到低的顺序排列):

(1) 清除:清除所有外部倒换指令。

(2) 保护锁定:将选择器固定在工作路径。当选择工作路径后,阻止选择器倒换到保护路径。

(3) 强制倒换到工作:将选择器从保护路径强制倒换到工作路径。

(4) 人工倒换到工作:通过人工指令将选择器从保护路径倒换到工作路径。

(5) 人工倒换到保护:通过人工指令将选择器从工作路径倒换到保护路径。

2) 与保护域相关的自动启动指令(信号失效和信号劣化)

与保护域相关的自动启动指令是指保护倒换功能中的某个状态(等待恢复、反向请求、非返回和无请求)。

其中，等待恢复状态仅适用于返回式倒换类型，与之对应的一个参数称为等待恢复时间(WTR，Wait To Return)。当工作路径的故障恢复后，本端保护倒换功能进入等待恢复状态。当等待恢复的时间到期失效时，业务返回到工作路径上。等待恢复时间可以由操作人员配置，范围为 5～12 分钟，步长为 1 分钟，默认为 5 分钟。对于 SF(信号失效)或 SD(信号劣化)情况，等待恢复时间无效。

当处于没有激活的请求(包括等待恢复)条件下时，本端保护倒换功能进入无请求状态。

6. 保护倒换触发机制

当发生下列情况时，会引起保护倒换操作。

· 没有更高优先级的保护倒换请求，通过人工设置命令(人工倒换、强制倒换和保护锁定)发起倒换。

· 关联的路径(工作路径或者保护路径)上有 SF 或 SD 告警，其他路径上没有 SF 或 SD 告警且拖延时间期满。其中，SD 告警由预激活的 LM 检测触发，SF 告警由以下原因触发：

➢ 快速 CV 检测 LOC。

➢ 线路收到 FDI、AIS 报文。

➢ 接收端 PE 设备相应的单板内部故障。

➢ 等待恢复计时期满(返回式)，并且在工作路径上没有产生信号失效或信号劣化。

7. 应用场景

图 5-41 是一个 MPLS-TP 隧道线性保护常见的应用场景,保护隧道(虚线表示)对工作隧道(实线表示)形成保护。当工作隧道路径上出现故障时，倒换至保护隧道。此时 PW1 未中断，业务并未中断。

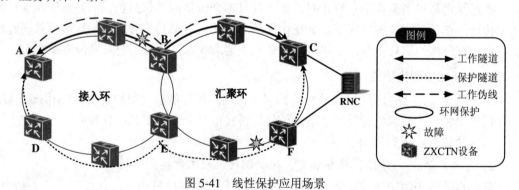

图 5-41　线性保护应用场景

5.8　DNI-PW 保护

DNI-PW 即双节点互联伪线，或称伪线双归保护，常用于两台 IPRAN/PTN 设备之间的连接。使用双节点是出于保护角度考虑，将两个设备配置为互为备份关系，当一个节点故障失效，传输的数据可以"绕路"到另一个节点正常通过，两个节点之间通过伪线连接。

在 MPLS-TP 网络中，线性保护机制可实现业务的端到端保护，但无法保护业务落地节点，伪线双归保护可保护落地节点。

该方案实现的目的是在双归保护场景下隔离 CTN 网络内部和 CTN 网络外部的故障，使得 CTN 网络外部的故障不引起 CTN 网络内部的保护倒换。同样，CTN 网络外部的客户设备也不需要感知 CTN 网络内部的故障和倒换动作。

DNI-PW 方案的典型应用组网如图 5-42 所示，对于每一个 PW 保护组，在双归节点之间创建一条 DNI-PW(即双节点互联 PW)。DNI-PW 的作用是当 CTN 网络内部或外部发生故障时，对业务进行绕接，以便隔离 CTN 网络内部和外部之间的故障和倒换动作。

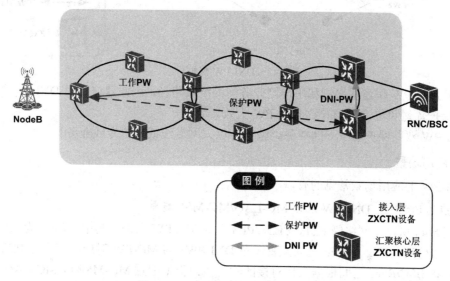

图 5-42 DNI-PW 方案典型应用组网

1. DNI-PW 保护机制

DNI-PW 的保护机制如下：

在 CTN 侧，针对每一条业务配置从接入层到双归节点的主备 PW，以及在双归节点之间配置一条 DNI-PW，形成跨机架的 MC-PW 保护组。

在 AC 侧，根据 CTN 业务落地节点和 BSC/RNC 对接时实际采用的物理接口类型，部署 MC-MSP 或 MC-LAG 的跨机架保护。

若 CTN 落地设备采用 GE 端口与 BSC/RNC 对接，AC 侧部署主备 MC-LAG，或负载分担 MC-LAG 保护。

若 CTN 落地设备采用 STM-1 端口与 BSC/RNC 对接，AC 侧部署 MC-MSP 1∶1 或 MC-MSP 1 + 1 保护。

DNI-PW 主要的部署方式为：

(1) CTN 侧采用 MC-PW 1∶1 保护。

(2) AC 侧采用单向 1+1 MC-MSP，手工主备 MC-LAG 或静态负载分担 MC-LAG。

如图 5-43 所示，在双归节点内部，将工作/保护 PW、DNI-PW 和 AC 链路三个接入点作为三点桥。在任一时刻，双归节点根据各接入点的故障状态、APS 状态进行决策，建立相应的桥接关系。针对不同的故障情况，通过三点桥的桥接状态实现业务的保护。

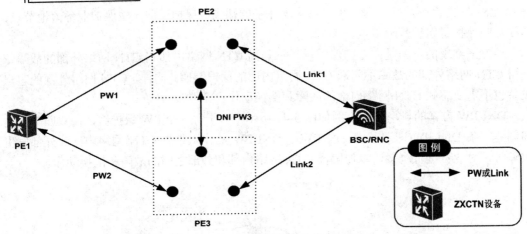

图 5-43　DNI-PW 保护机制

由于 DNI-PW 作为网络侧和用户侧业务间的绕接路径，因此建议针对 DNI-PW 配置线性 LSP 保护，避免单次故障导致 DNI-PW 失效。

DNI-PW 双归保护场景下的业务类型支持以太网专线或虚拟专线业务。

2．应用场景

DNI-PW 的应用场景常见的有以下两种。

1) 应用场景一：DNI-PW 配合 MC-LAG/MC-MSP 场景

如图 5-44 所示，网络侧 PE1、PE2、PE3 形成 MC-PW 保护。其中，PW1 为工作 PW，PW2 为保护 PW，PE2 和 PE3 之间配置一条 DNI PW3 与 MC-PW 对应。用户侧 PE2、PE3 与无线设备 BSC/RNC 之间根据具体对接的物理接口类型配置 MC-MSP 或 MC-LAG 保护。

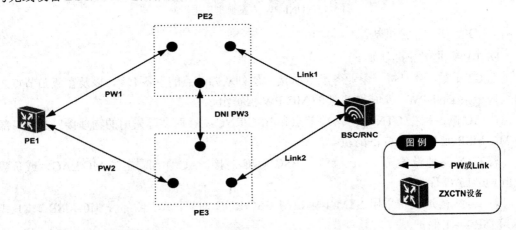

图 5-44　DNI-PW 应用组网图(配合 MC-LAG/MC-MSP 场景)

若 PE2、PE3 采用 GE 端口与 BSC/RNC 对接，则部署手工主备 MC-LAG，或静态负载分担 MC-LAG 保护。

若 PE2、PE3 采用 STM-1 端口与 BSC/RNC 对接，则部署单向 MC-MSP 1 + 1 保护。

2) 应用场景二：LTE 场景

LTE 业务承载模型采用 CTN 端到端组网实现 L2VPN+L3VPN 方案，接入汇聚层承载

L2VPN 业务，核心层承载 L3VPN 业务，CTN 核心节点支持 L2 到 L3 的桥接和 L3VPN 功能。PW 双归应用于 LTE 业务承载模型中的接入汇聚层，为 L2VPN 业务提供基于 PW 层面的保护。

如图 5-45 所示，L2VPN 内的 PW1、PW2、PE3 形成 MC-PW 保护，其中，PW1 为工作 PW，PW2 为保护 PW，PE2 和 PE3 之间配置一条 DNI-PW 与 MC-PW 对应。

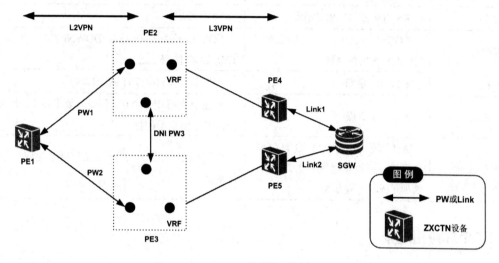

图 5-45　DNI-PW 应用组网图(LTE 场景)

5.9　环网保护

环网保护采用 TMS 段层 OAM 检测告警和传递 APS 消息。环网保护由工作 LSP 和保护 LSP 构成，保护 LSP 为一个闭环 LSP。正常状态下，工作 LSP 通过业务路径传送。当环上任意一处跨段发生故障时，该跨段的工作 LSP 倒换到保护 LSP 上。

环网保护有两种实现方式：G.8132 和共享通道环。

G.8132 方案支持 Wrapping 和 Steering 两种方式，保护隧道的数量与被保护的业务隧道数量相同，一条线性工作隧道对应一条闭合的环形保护隧道。Wrapping 和 Steering 两种环网保护方式的主要差别是：当环出现故障时，Wrapping 方式下，业务在与故障相邻的两侧节点进行环回；Steering 方式下，业务在源宿节点进行反向(改变发送方向)。Wrapping 倒换需故障链路相邻两节点进行协调，完成业务流的保护倒换。节点失效可以等效为该失效节点两侧相邻链路同时失效。Steering 方式下发生故障时，受故障影响的业务流的源宿节点会把业务流直接由工作路径倒换到相应的保护路径进行传送。

共享通道环也支持 Wrapping 和 Steering 两种方式，环上所有在同一节点出环的业务共享同一个环形工作/保护隧道，环网保护不是作用于业务线性 LSP，而是环网保护 LSP。该方案的优点是大规模业务部署时可提高保护切换效率，减少环形隧道数量，简化配置。

如第一章中图 1-1 所示，由于现网一般是分层组网，环网保护主要是用于当汇聚环和接入环发生异侧断纤时，能够对线性工作隧道进行保护，即从端到端的隧道保护方式改变为基于环保护的方式，使得接入环断纤只有接入环倒换，不影响汇聚环；汇聚环断纤只有汇聚环倒换，不影响接入环。

环形 Wrapping 倒换和 SDH 复用段倒换有很多相似之处，表 5-10 是两种保护倒换的原理对比。

表 5-10　环形 Wrapping 倒换和 SDH 复用段倒换的原理类比

相关信息	MSP 复用段环网保护	Wrapping 环网保护
检测点	RS 再生段，MS 复用段	TMS 段层
告警触发	LOS 信号丢失，LOF 帧丢失，MS-AIS 复用段 AIS	LOS 信号丢失，LINK DOWN(链路中断)，TMS-LOC 段层连通性丢失
APS 机制	K1、K2 字节	APS 报文(8114/1731 两个标准)
允许环上节点	最大 16 个点	理论上支持 256 个点，但是只要求在 16 个点的情况下倒换不超标
倒换方法	AU 级别的倒换，2.5G 环(2.5G 环是指环上设备速率为 2.5 Gb/s)，例如 1-AU 对应 9-AU	隧道级别的倒换。某一条工作隧道对应一条环形隧道

5.9.1　单环应用场景

环网保护单环场景一般应用于发生异侧断纤的情况，可同时对线性工作隧道和线性保护隧道进行保护。倒换情况包括以下几种：

1. 1处和3处的链路同时发生故障

如图 5-46 所示，当 1 处的链路发生故障时，线性工作隧道倒换至线性保护隧道。当业务流经过 3 处的故障点时，线性保护隧道倒换至环形保护隧道，经汇聚环左侧上行再重新回到线性保护隧道，实现环网保护。

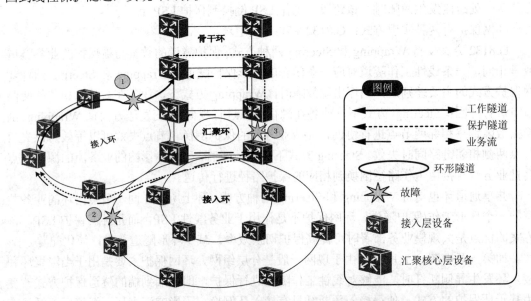

图 5-46　单环场景发生异侧断纤时倒换示意图 1

2．2 处和 3 处的链路同时发生故障

如图 5-47 所示，当 2 处的链路发生故障时，线性工作隧道倒换至线性保护隧道。当业务流经过 3 处的故障点时，线性保护隧道倒换至环形保护隧道，经汇聚环左侧上行再重新回到线性保护隧道，实现环网保护。

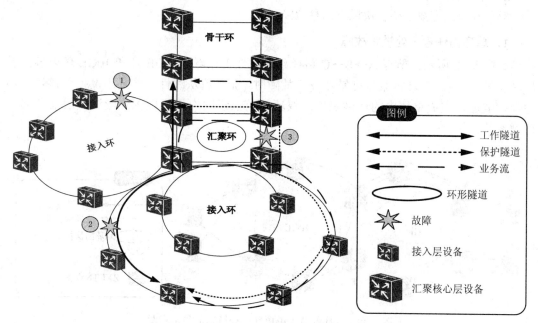

图 5-47　单环场景发生异侧断纤时倒换示意图 2

环网保护的单环应用在现网中存在一定的限制：

(1) 针对汇聚环上的节点，不能有落地业务，也就是不能有 PE 节点。当前设备的限制为 PE 节点的环形保护仅能保护线性的工作隧道，不能保护线性的保护隧道。但对 P 节点无此限制。

(2) 配置隧道线性保护时，需要设置迟滞时间为 100 ms，以保证当汇聚层发生断链时，优先进行环网倒换。

单环方案和双环/多环方案相比，还存在其他限制，参见表 5-11。

表 5-11　单环方案和双环/多环方案比较说明

配置项	单环方案	双环/多环方案
段层环网保护组部署	仅在汇聚层部署环网保护	汇聚层、接入层或核心层均可部署环网保护
环形保护隧道创建	仅在汇聚层单环内创建环形保护隧道	在多环的每个环均可创建环形保护隧道
环形隧道保护的线性隧道	为了防止异侧断纤问题，要求两条环形隧道同时保护线性工作隧道和线性保护隧道，因此，一个线性隧道保护组，需要有两个环形隧道来保护	当发生链路故障时，仅要求环形隧道保护线性工作隧道。当跨环节点掉电时，才需触发线性保护倒换

5.9.2 双环双节点应用场景

双环双节点主要应用于跨环组网，针对该类型组网，每个环独立完成环内的保护，环与环之间形成分层保护。

双环双节点方案主要解决以下两种故障：

1. 单环内任意一处链路故障

如图 5-48 所示，节点 A→B→C 路径部署线性工作隧道，GE 环和 10GE 环内各部署环网保护。当 10GE 环内某一处链路发生故障时，业务流从线性工作隧道倒换至该环的环型保护隧道，完成单环内的环网保护。双环双节点组网中，线性工作隧道一般需要同时跨越双环。

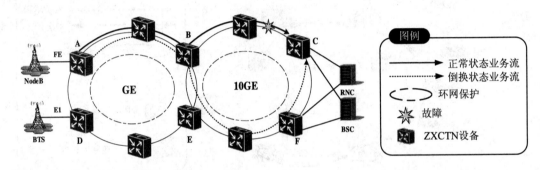

图 5-48 双环双节点中单环一处链路故障示意图

2. 双环异侧链路故障

如 5-49 所示，节点 A→B→C 路径部署线性工作隧道，A→D→E→F→C 路径部署线性保护隧道，形成 LSP 1:1 保护。当 GE 环和 10GE 环内发生异侧断纤故障时，通过 LSP 1:1 保护无法完成业务保护，需要启用 GE 环和 10GE 环内的环网保护。双环均启用环网保护，可以有效避免两环内任意一处断纤造成业务中断的隐患。

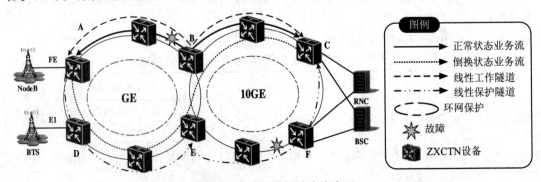

图 5-49 双环异侧链路故障

但针对该组网，真正起到保护作用的是 GE 环内的环网保护。当 GE 环上的工作隧道出现故障时，触发 GE 环的环网保护，之后 10GE 环上出现另一侧链路故障，而 10GE 环上的链路故障不影响工作隧道，使得业务流经 GE 环的 Wrapping 环网绕回到 B 节点，再重新回到工作隧道上，并未经过 10GE 环的 Wrapping 环网路径。

5.9.3 双环某一跨环节点掉电故障

如图 5-50 所示，当其中一个跨环节点掉电时，通过 LSP 1：1 保护或双环的环网保护均可实现业务保护。在现网部署中，当环网保护和 LSP 保护等多种保护叠加时，需要设置线性隧道保护组的迟滞时间为 100 ms，使得优先进行环网保护。

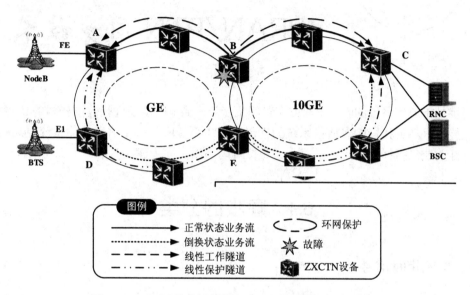

图 5-50 双环双节点场景发生跨环节点掉电时倒换示意图

第六章

IPRAN/PTN 同步技术

同步是指通信系统的收、发双方在时间上步调一致。同步是进行信息传输的必要前提。同步性能的好坏直接影响着通信系统的性能。同步系统应具有比信息传输系统更高的可靠性和更好的质量指标，如同步误差小、相位抖动小以及同步建立时间短、保持时间长等。

6.1 同步的分类

6.1.1 按照定时信号

按照定时信号的不同，同步分为载波同步、位同步(码元同步)、帧同步(群同步)和网同步等四种。下面分别予以介绍。

1. 载波同步(载波跟踪、载波提取)

载波同步是指在相干解调中，在接收端恢复出与发送端的载波在频率上同频的相干载波的过程。载波同步是实现相干解调的先决条件。

载波同步的方法包括直接法(自同步法)、插入导频法(外同步法)、平方变换法、平方环法和同相正交环法等。

当已调信号频谱中有载频离散谱成分时，可用窄带滤波器或锁相环来提取相干载波；若载频附近的连续谱比较强，则提取的相干载波中会有较大的相位抖动。当已调信号频谱中不含有载频离散谱成分时，可以采用插入导频法和直接法来获得相干载波。

插入导频法的适用场景：对于已调信号本身不含载波或接收端很难从已调信号的频谱中分离出载波这种情况，可在适当的频率位置，插入一个低功率的线谱(此线谱对应的时域正弦波称为导频信号)，接收端就用窄带滤波器将它取出来，经过适当处理，得到相干载波。

插入导频的位置应该在信号频谱为零的位置。对于模拟调制的信号，在载波 f_c 附近信号频谱为 0，可以直接插入导频。但对 2PSK 和 2DPSK 等数字调制信号，f_c 附近频谱很大，故在调制前需先对基带信号进行相关编码。插入的导频是"正交导频"。

插入导频法和直接法这两种载波同步方法的比较如下：

插入导频法的优缺点：

(1) 有些不能用直接法提取同步载波的调制系统只能用插入导频法。

(2) 有单独的导频信号，一方面可以提取同步载波，另一方面可以利用它作为自动增益控制。

(3) 插入导频法要多消耗一部分不带信息的功率。因此，与直接法相比，在总功率相同的条件下，实际信噪功率比要小一些。

直接法的优缺点：

(1) 不占用导频功率，因此信噪功率比大一些。

(2) 可以防止插入导频法中导频和信号间由于滤波不好而引起的互相干扰，也可以防止信道不理想引起的导频相位误差。

(3) 有的调制系统不能用直接法(如 SSB 系统)。

2．位同步(码元同步)

位同步是指在接收端的基带信号中提取码元定时的过程。位同步脉冲与接收码元的重复频率和相位一致。接收端"码元定时脉冲序列"的重复频率和相位(位置)要与接收码元一致，以保证：① 接收端的定时脉冲重复频率和发送端的码元速率相同。② 取样判决时刻对准最佳取样判决位置。这个码元定时脉冲序列称为"码元同步脉冲"或"位同步脉冲"。

图 6-1 中的两张图分别是基带信号及从其中提取出来的定时序列。

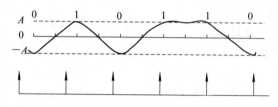

图 6-1　基带信号及定时序列

位同步的方法和载波同步的方法类似，也可分为外同步法(插入导频法)和自同步法(直接提取法)。

3．帧同步(群同步)

在数字时分多路通信系统中，各路信码都安排在指定的时隙内传送，形成一定的帧结构。在接收端为了正确分离各路信号，首先要识别出每帧的起始时刻，从而找出各路时隙的位置；也就是说，接收端必须产生与字、句和帧起止时间相一致的定时信号。将获得这些定时序列的过程称为帧(字、句、群)同步。

实现群同步，通常采用的方法包括起止式同步法和插入特殊同步码组的同步法。而插入特殊同步码组的方法有两种：一种为连贯式插入法；另一种为间隔式插入法。

帧同步问题实质上是一个对帧同步标志进行检测的问题。对帧同步系统提出的基本要求是：

(1) 正确建立同步的概率要大，错误同步的概率要小。

(2) 捕捉时间要短。实践证明，人耳对于小于 100 ms 的中断现象不易感觉，所以要求数字电话系统一旦帧失步，重新建立同步的时间(又称捕捉时间)应小于 100 ms，对于数据传输系统则要求捕捉时间更短些。无论是初始捕捉还是失步后重新进入捕捉，都要求捕捉时间要短。因为在捕捉过程中系统处于失步状态，这样，对于数据传输系统将丢失数据信息，对于数字电话系统将出现语音中断现象。

(3) 稳定地保持同步。接收端的帧同步系统一旦进入同步状态，应当稳定地保持同步，同步后接收端收不到帧同步码有两种情况：① 真正失步了。在这种情况下，收不到帧同步时间都较长。② 出现假失步，由于信道误码而收不到帧同步。发生这种情况的时间比较短。根据两种情况的不同特点，对帧同步就可以采取相应的保护措施，只有在真正失步的情况下，接收端帧同步系统才转入捕捉态。

帧同步的实现方式包括起止式同步法、集中插入同步法和分散插入同步法。下面分别进行介绍。

1) 起止式同步法

电传机中广泛使用这一方法。它用 5 个码元代表一个字母(或符号等)，在每个字母开始时，先发送一个码元宽度的负值脉冲，再传输 5 个单元编码信息，接着再发送一个宽度为 1.5 个码元的正值脉冲。开头的负值脉冲称为"起脉冲"，它起着同步的作用；末尾的正值脉冲称为"止脉冲"，它使下一个字母开始之前产生一个间歇。那么接收端就是根据 1.5 个码元宽度的正电平第一次转换到负电平这一特殊规律，确定一个字的起始位置，从而实现群同步。

2) 集中插入同步法

集中插入同步法又称连贯插入法，它是指在每一信息群的开头集中插入作为群同步码组的特殊码组。这个特殊码组应该满足：① 该码组应在信息码中很少出现，即使偶尔出现，也不可能依照群的规律周期出现。接收端按群的周期连续数次检测该特殊码组，这样便获得群同步信息。② 具有尖锐单峰特性的自相关函数。③ 码长适当，以保证传输效率。④ 目前常用的群同步码组是巴克码。

3) 分散插入同步法(间歇式插入法)

间歇式插入法又称分散插入法，它是将群同步码以分散的形式插入信息码流中。这种方式比较多地用在多路数字电路系统中。间歇式插入方法中，群同步码均匀地分散插入在一帧之内。帧同步码可以是 1、0 交替码型。例如 24 路 PCM 系统中，一个抽样值用 8 位码表示，此时 24 路电话都抽样一次，共有 24 个抽样值，192 个信息码元。192 个信息码元作为一帧，在这一帧插入一个群同步码元，这样一帧共有 193 码元。接收端检出群同步信息后，再得出分路的定时脉冲。

间歇式插入法的缺点是当失步时，同步恢复时间较长，因为如果发生了群失步，则需要逐个码位进行比较检验，直到重新收到群同步的位置，才能恢复群同步。这种同步方法的另一缺点是设备较复杂，因为它不像连贯式插入法那样，群同步信号集中插入在一起，而是要将群同步在每一子帧里插入一位码，这样群同步码编码后还需要加以存储。

4. 网同步

通信网也有模拟网和数字网之分。在一个数字通信网中，往往需要把各个方向传来的信码，按它们的不同目的进行分路、合路和交换，为了有效地完成这些功能，必须实现网同步。实现网同步的方式包括全网同步方式和准同步方式。

1) 全网同步方式

全网同步方式包括主从同步法和等级主从同步法。

(1) 主从同步法。主从同步法是指将网络中一个被设计为主时钟的时钟作为参考频率基准，并向其他时钟分配该参考信号；网络中其他时钟作为从钟，受主时钟控制。网络中的时钟是分级的，可以分为主从两级，也可以分为多级。

在主从同步网络中，网络中所有的时钟都跟踪到同一个或一组基准源上。正常情况下，网络内的时钟没有频率偏差。图 6-2 是一个主从同步系统，其中，M 表示主时钟，S_i 表示从时钟(i = 1，2，3，4，5)。在通信网内设立的主站，备有一个高稳定度的主时钟源 M，主时钟源产生的时钟将会按照图中箭头所示的方向逐站传送至网内的各站，从而保证网内各站的频率和相位都相同。由于主时钟到各站的传输线路长度不等，会使各站引入不同的时延。因此，各站都需设置时延调整电路，以补偿不同的时延，使各站的时钟不仅频率相同，相位也一致。

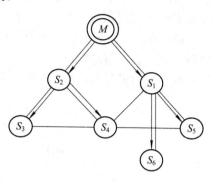

图 6-2　主从同步系统示意图

(2) 等级主从同步法。图 6-3 所示为另一种主从同步控制方式，称为等级主从同步方式。它与前述不同的是全网所有的交换站都按等级分类，其时钟都按照其所处的地位水平分配一个等级。在主时钟发生故障的情况下，主动选择具有最高等级的时钟作为新的主时钟。也就是说主时钟或传输信道发生故障时，则由副时钟源替代，通过图中箭头所示通路供给时钟。这种方式提高了同步系统的可靠性，但同时也增加了系统实现的复杂性。

这种同步方式的优点：各同步节点和设备的时钟主从同步后，都具有与主基准时钟同样的精度，故在正常情况下不会产生滑动。除对主基准时钟要求高外，对从时钟性能要求低，因而建网费用低。没有准同步方式所不可避免的周期性滑动。

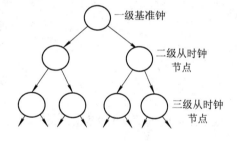

图 6-3　等级主从同步方式

这种同步方式的缺点：在时钟传送过程中，如有任何故障或扰动，都将影响同步时钟的传递，而且产生的扰动会沿传输路径累计，影响较大。

如同步网过于复杂，容易造成定时环路，加上传输的复杂性、主备倒换等原因造成同步网设计较为复杂。

2) 准同步方式

准同步方式也称为独立时钟方式。这种时钟同步方式中各交换节点的时钟彼此是独立的，但它们的频率精度要求保持在极窄的频率容差之内，网络接近于同步工作状态，故通常称为准同步工作方式。

准同步工作方式的优点：网络结构简单，各节点时钟彼此独立工作，节点之间不需要有控制信号来校准时钟的精度。网络的增设和改动都很灵活，因此得到了广泛的应用。它特别适合于国际交换节点之间同步使用。各国军用战术移动通信网，为提高网同步的抗毁能力，也采用准同步方式工作。各国民用数字通信网，为提高网同步的可靠性，通常要求在所选用的网同步技术出现故障时利用准同步工作方式来过渡。

准同步方式的缺点:

(1) 节点时钟是互相独立的,不管时钟的精度多高,节点之间的数字链路在节点入口处总是要产生周期性的滑动,这样对通信业务的质量有损伤。

(2) 为了减小对通信业务的损伤,时钟必须有很高的精度,通常要求采用原子钟,需要较大的投资,可靠性也差。

按照定时信号的不同,对同步系统的划分可汇总如图 6-4 所示。

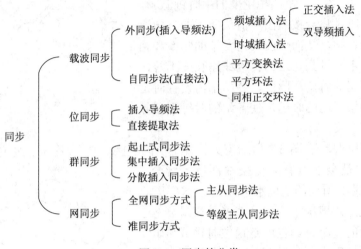

图 6-4 同步的分类

6.1.2 按照传输同步信息方式

按照传输同步信息方式的不同,同步可分为外同步法和自同步法。

1. 外同步法

由发送端发送专门的同步信息,接收端把这个专门的同步信息检测出来作为同步信号的方法,称为外同步法。

2. 自同步法

发送端不发送专门的同步信息,接收端设法从收到的信号中提取同步信息的方法,称为自同步法。

6.1.3 按照同步的精确程度

按照同步的精确程度的不同,同步包含频率同步(Frequency Synchronization)和相位同步(Phase Synchronization)。

1. 频率同步

频率同步就是所谓的时钟同步,是指信号之间的频率或相位上保持某种严格的特定关系,其相对应的有效瞬间以同一平均速率出现,以维持通信网络中所有的设备以相同的速率运行。数字通信网中传递的是对信息进行编码后得到的 PCM(Pulse Code Modulation，脉冲编码调制)离散脉冲。若两个数字交换设备之间的时钟频率不一致，或者由于数字比特流在传输中因干扰损伤，而叠加了相位漂移和抖动，就会在数字交换系统的缓冲存储器中产生码元的丢失或重复，导致在传输的比特流中出现滑动损伤。

2. 相位同步(时间同步)

一般所说的时间有两种含义：时刻和时间间隔。前者指连续流逝的时间的某一瞬间，后者指两个瞬间之间的间隔长度。

相位同步是指信号之间的频率不仅相同，相位也要保持相同，因此时间同步一般都包括频率同步，可详细参见 IEEE 1588V2 协议。时间同步的同步操作就是按照接收到的时间来调控设备内部的时钟和时刻。时间同步的调控原理与频率同步对时钟的调控原理相似，它既调控时钟的频率又调控时钟的相位，同时将时钟的相位以数值表示，即时刻。

与频率同步不同的是，时间同步接受非连续的时间信息，非连续调控设备时钟，而设备时钟锁相环的调节控制是周期性的，时间同步中的时钟可以是虚拟的而非真实的时钟。

时间同步有两个主要的功能：授时和守时。用通俗的语言描述，授时就是"对表"。通过不定期的对表动作，将本地时刻与标准时刻相位同步；守时就是前面提到的频率同步，保证在对表的间隙里，本地时刻与标准时刻偏差不要太大。

频率同步和时间同步的示意图如图 6-5 所示。

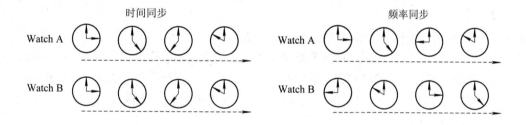

图 6-5　时间同步和频率同步的区别

如果两个表(Watch A 与 Watch B)每时每刻的时间都保持一致，这个状态叫时间同步；如果两个表的时间不一样，但是保持一个恒定的差，比如 1 小时，那么这个状态称为频率同步。如果两个表的频率不相同，则其时间值无固定关系，因此时间同步的前提条件是频率同步。

6.2　基 本 概 念

6.2.1　时钟设备相关术语

1. 原子频率标准

原子频率标准简称原子钟，是根据原子物理学和量子力学的原理制造的高准确度、稳定度的振荡器。在通信网中，原子钟一般作为第一级基准时钟，是同步网中向数字设备提供标准信号的最高标准源。

原子钟一般有铯钟和铷钟。一般公司都是用铷钟作为测试时钟时的标准参考源。1971年 10 月，国际时间局定义了国际原子时(TAI)，以世界上大约 100 台铯原子钟进行对比，再由国际时间局进行数据处理，求出统一的原子时。我国位于陕西天文台的国家授时中心代表我国参加了国际原子时合作。

(1) 天文时。以天体运动的周期现象为标准源的时标统称为天文时。1820 年法国科学院正式提出：一个平太阳日的 1/86400 为一个平太阳秒，称为世界时秒长。

(2) 零类世界时(UT0)。国际上将英国格林威治所在的子午线的平均太阳时，定义为零类世界时。

(3) 第一类世界时(UT1)。由于地球自转轴的摆动，使得 UT0 存在一定的差异。对地球自转轴微小移动效应进行修正后，得到第一类世界时。

由于天文时和原子时存在差异，为了折中，提出了协调世界时，即 UTC 时间(Coordinated Universal Time，协调世界时)。UTC 时间采用国际原子时，但是通过闰秒调整的方法使得原子时与 UT1 时间的差距小于 0.9 s。闰秒调整是在 6 月 30 日或者 12 月 31 日通过加 1 s 或者减 1 s 的方式，来进行调整。一个正闰秒在 23h 59 m 60s 结束后才是下一月的第一天的 0h 0m 0s，而一个负闰秒则在 23h 59m 58s 以后接下来的 1 s 就是下一月的第一天的 0h 0m 0s。最近的一次跳秒日是 1999 年 1 月 1 日。国际时间局如果决定并通知跳秒，该通知至少要提前 8 周发出。

2. 时钟

目前实际使用的时钟类型主要分为以下几类：

(1) 铯原子钟：利用铯原子的能量跃迁现象构成的谐振器来稳定石英晶体振荡器的频率。

(2) 铷原子钟：工作原理与铯原子钟基本相似，都是利用能级跃迁的谐波频率作为基准。

(3) 石英晶体振荡器：应用范围十分广泛，频率源廉价，可靠性高，寿命长，价格低，频率稳定度范围很宽。

(4) GPS：GPS(全球定位系统)是 Navigation Satellite Timing and Range/Global Positioning System 的缩写词 NAVSTAR/GPS 的简称，是美国军方开发研制的一套卫星系统，可以向全球范围内提供定时和定位功能。它由 24 颗卫星组成。全球各地通过 GPS 接收机接收卫星发出的信号，调整本地时钟的准确度，使其跟踪 UTC。

近代的社会生产、科学研究和国防建设等部门，对时间的要求就高得多。它们要求时间要准到千分之一秒，甚至百万分之一秒。为了适应这些高精度的要求，人们制造出了一系列精密的计时器具，铯钟就是其中的一种。铯钟又叫"铯原子钟"。它利用铯原子内部的电子在两个能级间跳跃时辐射出来的电磁波作为标准，去控制校准电子振荡器，进而控制钟的走动。这种钟的稳定程度很高，中国最新研制的铯原子喷泉钟，精度达到了连续走时 600 万年，累积误差小于 1 s。现在国际上，普遍采用铯原子钟的跃迁频率作为时间频率的标准，广泛使用在天文、大地测量和国防建设等各个领域中。

3. 授时

就同步网而言，我国的频率同步网采用的是多基准混合同步方式，即全网部署多个 1 级基准时钟设备，并且需配置高性能的卫星授时接收机，以保证全网的定时性能。我国的时间同步网则采用分布式组网方式，即在每个时间同步设备上均配置高性能的卫星授时接收机，以保证全网的时间精度。

就移动通信网络而言，CDMA 基站、CDMA2000 基站、TD-SCDMA 基站等均需要高精度的时间同步，目前是在每个基站上配置 GPS 授时模块。如果基站与基站之间的时间同步不能达到一定要求，将可能导致在选择器中发生指令不匹配，从而导致通话连接不能正常建立，影响无线业务的接续质量。

我国的北斗授时系统性能可以满足通信网络的需求，基于北斗/GPS 双模的授时设备最早在 2003 年进入通信领域，在 2008 年之前主要提供频率同步服务，此后可同时提供时间同步和频率同步服务。根据近十年的多次测试情况，可以看出北斗设备在正常情况下可以满足通信网中对频率同步和时间同步的要求，尤其是 2008 年以后生产的北斗设备其性能普遍达到了 GPS 卫星接收机设备的水平，完全可以满足通信网中各种通信设备对频率同步和时间同步的需求。

天文测时所依赖的是地球自转，而地球自转的不均匀性使得天文方法所得到的时间(世界时)精度只能达到 10^{-9}，无法满足现代社会经济各方面的需求。一种更为精确和稳定的时间标准应运而生，这就是"原子钟"。世界各国都采用原子钟来产生和保持标准时间，这就是"时间基准"。然后，通过各种手段和媒介将时间信号送达用户，这些手段包括短波、长波、电话网、互联网、卫星等。这一整个工序，就称为"授时系统"。

授时需要用到授时协议，最常见的授时协议包括 NTP 协议和 PTP 协议。

1) NTP 协议

NTP 协议(Network Time Protocol，网络时间协议)是由 RFC 1305 定义的时间同步协议，用来在分布式时间服务器和客户端之间进行时间同步。NTP 基于 UDP 报文进行传输，使用的 UDP 端口号为 123。它的目的是在国际互联网上传递统一、标准的时间，通过对网络内所有具有时钟的设备进行时钟同步，使网络内所有设备的时钟保持一致，从而使设备能够提供基于统一时间的多种应用。具体的实现方案是在网络上指定若干时钟源网站，为用户提供授时服务，并且这些网站间应该能够相互比对，提高准确度。以通信信道为媒介的同步授时，如计算机网络、电话网络，这种授时方式需要占用信道时间，对信道的可靠性要求高，而且由于时间信号通过信道传送到不同终端的延时不同，只能满足中等精度时间用户的要求。

NTP 最早是由美国 Delaware 大学的 Mills 教授设计实现的，从 1982 年最初提出到现在已发展了超过 30 年，截止 2001 年，NTPv4 精确度已经达到了 200 ms。NTP 同步指的是通过网络的 NTP 协议与时间源进行时间校准。其前提条件是时间源输出必须通过网络接口，数据输出格式必须符合 NTP 协议。

局域网内所有的 PC、服务器和其他设备通过网络与时间服务器保持同步，NTP 协议自动判断网络延时，并给得到的数据进行时间补偿，从而使局域网设备时间保持统一精准。

使用互联网同步计算机的时间是十分方便的，网络授时分为广域网授时和局域网授时。广域网授时精度通常能达 50 ms 级，但有时超过 500 ms，这是因为每次经过的路由器路径可能不相同。现在还没有更好的办法将这种不同路径延迟的时间误差完全消除。局域网授时不存在路由器路径延时问题，因而授时精度理论上可以提到亚毫秒级。Windows 内置 NTP

服务，在局域网内其最高授时精度也只能达 10 ms 级。因此，提高局域网 NTP 授时精度成为一个迫切需要解决的问题。

NTP 最典型的授时方式是客户机/服务器方式。如图 6-6 所示，客户机首先向服务器发送一个 NTP 包，其中包含了该包离开客户机的时间戳 T_1，当服务器接收到该包时，依次填入包到达的时间戳 T_2、包离开的时间戳 T_3，然后立即把包返回给客户机。客户机在接收到响应包时，记录包返回的时间戳 T_4。客户机用上述 4 个时间参数就能够计算出 2 个关键参数：NTP 包的往返延时 d 和客户机与服务器之间的时钟偏差 t。客户机使用时钟偏差来调整本地时钟，以使其时间与服务器时间一致。

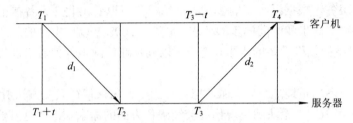

图 6-6 客户机/服务器方式下 NTP 授时原理

图中，T_1 为客户发送 NTP 请求时间戳(以客户时间为参照)；T_2 为服务器收到 NTP 请求时间戳(以服务器时间为参照)；T_3 为服务器回复 NTP 请求时间戳(以服务器时间为参照)；T_4 为客户收到 NTP 回复包时间戳(以客户时间为参照)；d_1 为 NTP 请求包传送延时，d_2 为 NTP 回复包传送延时；t 为服务器和客户端之间的时间偏差，d 为 NTP 包的往返时间。

现已知 T_1、T_2、T_3、T_4，希望求得 t 以调整客户方时钟：

$$\begin{cases} T_2 = T_1 + t + d_1 \\ T_4 = T_3 - t + d_2 \\ d = d_1 + d_2 \end{cases} \tag{6-1}$$

假设 NTP 请求和回复包传送延时相等，即 $d_1 = d_2$，则可解得

$$\begin{cases} t = \dfrac{(T_2 - T_1) - (T_4 - T_3)}{2} \\ d = (T_2 - T_1) + (T_4 - T_3) \end{cases} \tag{6-2}$$

根据式(6-1)，t 也可表示为

$$t = (T_2 - T_1) + d_1 = (T_2 - T_1) + \frac{d}{2} \tag{6-3}$$

可以看出，t、d 只与 T_2、T_1 差值及 T_3、T_4 差值相关，而与 T_2、T_3 差值无关，即最终的结果与服务器处理请求所需的时间无关。因此，客户端即可通过 T_1、T_2、T_3、T_4 计算出时差 t 去调整本地时钟。

2) PTP 协议

PTP(Precision Time Protocol，高精度时间同步协议)是一种对标准以太网终端设备进行时间和频率同步的协议，也称为 IEEE 1588，简称为 1588。1588 分为 1588v1 和 1588v2 两个版本，1588v1 只能达到亚毫秒级的时间同步精度，而 1588v2 可以达到亚微秒级同步精

度。1588v2 被定义为时间同步的协议，最初只是用于设备之间的高精度时间同步，随着技术的发展，1588v2 也具备频率同步的功能。

理论上，任何 PTP 时钟都能实现主时钟和从时钟的功能，但一个 PTP 通信子网内只能有一个主时钟。整个系统中的最优时钟为 GMC(Grand Master Clock，最高级时钟)，有着最好的稳定性、精确性、确定性等。根据各节点上时钟的精度和级别以及 UTC(通用协调时间)的可追溯性等特性，由 BMC 算法(Best Master Clock，最佳时钟算法)来自动选择各子网内的主时钟；在只有一个子网的系统中，主时钟就是最高级时钟 GMC。每个系统只有一个 GMC，且每个子网内只有一个主时钟，从时钟与主时钟保持同步。关于 PTP 协议的更多细节，会在 6.5.2 节中予以详细介绍。

4. 主时钟和从时钟

主时钟(Master Clock)是一个信号发生器，它可以产生一个准确的频率信号去控制其他信号发生器。

从时钟(Slave Clock)是一个信号发生器，它的输出信号相位锁定到一个高质量的输入信号相位上。

PRC(Primary Reference Clock，基准参考时钟)也称为基准钟，是一个参考频率基准，可以提供符合建议 G.811 规范的频率参考信号。它一般由铯钟组成。

LPRC(Local Primary Reference Clock，区域基准时钟)是一个参考频率基准，可以提供符合建议 G.811 规范的频率参考信号。它一般由铷钟加 GPS 组成，在失去 GPS 后降质为 G.812 时钟。

基准时钟源由网络中心基准时钟(NPRC)提供。它由两个铯原子钟或两套接收 GPS/GLONASS(Global Navigation Satellite System，格洛纳斯，俄罗斯的全球导航系统)的同步时钟设备或两套接收双 GPS 的同步时钟设备组成。本地基准时钟(LPRC)设置在大区或重要的汇接节点上，配置一套接收 GPS/GLONASS 双星或双 GPS 的同步时钟设备，具有双备份铷钟，并可通过地面同步链路接收邻近区域内的基准定时信号。由于铯原子钟价格较高，维护管理不方便，故只作为备用；双星接收机同步时钟设备(包括双 GPS)作为主用，它可以提供频率稳定度优于 1×10^{-11} 的长期精度(实际可达 1×10^{-12}/天，$N \times 10^{-13}$/周)，时间精度小于 300 ns(实际可达 100 ns)，同时还可利用中国电信国际局基准信号同步本站时钟设备作为备用基准输入。

6.2.2　时钟的工作模式

时钟工作模式可以分为下述几种：跟踪模式、保持模式和自由振荡模式。

1. 跟踪模式(LOCK)

跟踪模式也称为锁定模式，是指本地时钟同步于输入的基准时钟信号。这是一个从时钟的运行状态，此时时钟的输出信号受外参考信号的控制，这样时钟的输出信号的长期平均率与输入参考信号一致，并且输出信号和输入信号间的定时错误是相关联的。

2. 保持模式(HOLD)

当所有定时基准源都丢失后，从时钟可以进入保持模式，保持上一个跟踪源的频率24

小时或者永久。保持模式是一个从时钟的运行状态，此时时钟丢失外参考信号，使用锁定状态下存储的数据来控制时钟的输出信号。

3. 自由振荡模式(FREE)

当所跟踪的时钟基准源丢失时间超过 24 小时或跟踪模式下储存的控制数据已被取空，则时钟模块由保持工作模式进入到自由振荡工作模式，跟踪本网元内部时钟源。自由振荡模式是一个从钟的运行状态，此时时钟的输出信号取决于内部的振荡源，并且不受外部参考信号的直接控制和间接影响。

6.2.3 同步相关的技术指标

在通信系统中，有一些常见的技术指标，用于衡量同步系统的同步性能，包括频率准确度、频率稳定度、相对频率偏差、单位时间间隔、时间间隔误差、最大时间间隔误差、频率漂移、抖动、漂移、滑码、相位瞬变等，下面分别予以介绍。

1. 频率准确度

频率准确度是指在一定时间内，实际信号相对于定义值的最大频率偏差，也就是信号的实际频率值与理想的标称频率的偏离程度。频率准确度一般用相对频率偏差来表示，例如若标称频率为 f_0，实际频率为 f，则频率准确度为 $(f - f_0) / f_0$，单位一般用 10^{-6} 或者 10^{-9} 来表示。

频率准确度描述时钟晶振输出的实际频率值与其标称频率定义值的符合程度。设时钟晶振实际平均频率值为 f_x，其标称频率定义值为 f_0，则该时钟晶振的频率准确度表示为

$$A = \frac{(f_x - f_0)}{f_0} = \frac{\Delta f}{f_0} \tag{6-4}$$

2. 频率稳定度

频率稳定度表征的是时钟频率在内部各种因素和外部环境因素影响下随机起伏的程度，用阿仑方差的平方根来表征。

频率稳定度可以用来衡量在给定的时间间隔内，由于时间的内在因素或环境的影响而导致的频率变化；在时钟测试时，一般指时钟保持状态下的稳定度。

频率稳定度表征信号频率随机起伏的程度。频率不稳定的机理有很多种，测试取样时间不同，测试结果也不同。因此，把稳定度分为长期频率稳定度(长稳)和短期频率稳定度(短稳)，二者并没有严格的界限，一般取样时间在 1000 s 以下称为短稳。

衡量频率稳定度有两种方法，即时域和频域。频域一般用频谱仪来进行测试，而时域则主要用时间间隔分析仪进行测试。

3. 相对频率偏差

信号频率与标称频率之差称为频率偏差，实际常用相对偏差来表达，即信号频率和标称频率之差与标称频率之比。

4. 单位时间间隔

单位时间间隔(UI)是每个脉冲单元(bit)所占用的时间，其值为接口比特率的倒数，如对

于 2048 Kb/s 的 E1 信号而言，1 UI＝488 ns。

5. 时间间隔误差

时间间隔误差(TIE)是指在一段规定时间内，测量到的定时信号的各个有效瞬间相对其理想位置的累积偏离，也就是相对时延变化。

6. 最大时间间隔误差

最大时间间隔误差(MTIE)是指在一个测量周期内，一个给定的时间窗口内的最大相位变化。TIE 是相对于理想信号的，但是实际测试中不存在理想的基准信号，因此测试总是相对于某个指定的基准信号的，此时的 TIE 称为 MTIE。MTIE 是一个统计值，它反映了在该段测量时间 T 中，每 τ 秒内信号的 TIE 的最大值，即最大相位变化。MTIE 是衡量时钟信号稳定度的指标。

7. 频率漂移

频率准确度在单位时间内的变化量称为频率漂移。

8. 抖动

抖动(Jitter)是数字信号传输过程中的一种瞬时不稳定现象。抖动定义为数字信号各个有效瞬时相对其理想位置的短期变化(变化的频率大于 10 Hz)。对于高速大容量光纤数字传输系统而言，随着传输速率的提高，脉冲的宽度和间隔越窄，抖动的影响就越显著。因为抖动使接收端脉冲移位，从而可能把有脉冲判为无脉冲，或反之，把无脉冲判为有脉冲，从而导致误码。

9. 漂移

漂移(Wander)即数字信号各个有效瞬时相对其理想位置的短期变化(变化的频率小于 10 Hz)。因此漂移可以简单地理解为信号传输延时的慢变化。

10. 滑动

滑动(Slip)也称滑码，由于数字设备输入/输出信号的频率或相位变化，从而导致在缓冲存储器产生数字信号的重读或漏读。

11. 相位瞬变

相位瞬变即由于在定时基准之间或者设备主备硬件之间的倒换而引起的输出口信号相位的瞬间变化。

6.3 同 步 网

为实现信号同步，需使数字网中的每个设备的时钟都具有相同的频率，解决的方法是建立同步网。数字同步网(简称同步网)是个网络体系，是由节点时钟设备和定时链路组成的一个实体网，它还配置了自己的监控网。同步网负责为各种业务网提供定时，以实现各种业务网的同步。

同步网与电信管理网、信令网一起并列为电信网的三大支撑网，是通信网正常运行的基础，也是保障各种业务网运行质量的重要手段。因此，同步网在电信网中具有举足轻重的地位。同步网为交换网、传输网、ISDN 网、GSM 网等多种网络提供一个统一的时钟平台，减少滑动对各种业务的影响，保证各个网络以至整个电信网运行的安全。

跟同步网容易混淆的一个概念是网同步。网同步是指一种方法，是将定时信号(频率或时间)分配到所有网元的方法。同步网和各种业务网都要进行网同步。网同步包括很多方面内容，例如：在同步网中，节点定时设备是如何同步的？采取主从同步，还是互同步？在业务网中，定时信号是如何提取，如何分配的？上述问题会在本章后续的介绍中逐一进行解答。网同步是以位同步和帧同步为基础的。

6.3.1　同步网的发展过程

同步网经历了从混合型同步网向独立型同步网的发展历程。

(1) 混合型同步网：使用交换机时钟作为同步网节点时钟(F150、C&C08 等交换机的时钟框)。

(2) 独立型同步网：使用独立的时钟设备作为同步网节点时钟，如 BITS(Building Integrated Timing Supply，大楼综合定时供给系统)。

早期的数字同步网的目标是使交换网同步，采用混合型同步网。其结构非常简单，一般采用简单的树状结构，在地域中心或网络运营维护中心设置一个基准钟(一般由自主运行的铯原子钟组成)，基准定时信号经传输网传递到各个交换中心，各级交换机时钟成为同步网的节点时钟。这样，早期的同步网并不是一个独立的物理网，它的维护管理依赖于交换网。

此后，随着通信网的迅猛发展，新业务不断涌现，对同步网的要求越来越高。首先，对同步网各级节点时钟提出了更高要求；其次，对网络运行性能提出了更高要求；最后，对网络的安全性和可靠性的要求也不断提高。这样同步网就逐渐独立出来，形成了由各级时钟和传输链路组成的独立型同步网，并建立了相应的监控管理网，逐步形成了一套运行、维护和管理体制。大楼综合定时供给系统和定时基准的传输：大楼综合定时供给系统(BITS)是指在每个通信大楼内，设有一个主钟，它受控于来自上面的同步基准(或 GPS 信号)，楼内所有其他时钟同步于该主钟。主钟等级应该与楼内交换设备的时钟等级相同或更高。BITS 由五部分组成，即参考信号入点、定时供给发生器、定时信号输出、性能检测及告警。

6.3.2　同步网的分类

同步网分为全同步网、全准同步网、混合同步网三类；在一个同步网内，节点时钟之间可以采用主从同步和互同步两种方式。

现阶段，数字同步网采用混合同步方式，它是一个由多个基准时钟控制的网络，各基准时钟之间以准同步方式运行。

同步网由各节点时钟和传递同步定时信号的同步链路构成。同步网的功能是准确地将同步定时信号从基准时钟传送给同步网的各节点，从而调整网中的各时钟以建立并保持信号同步，满足通信网传递各种通信业务信息所需的传输性的需要，因此基准时钟在同步网中至关重要。

在各大区中心和重要汇接中心，配置本地基准时钟(LPRC)，具有同时接收 GPS 和

GLONASS 卫星的同步时钟设备，同时通过承载线路信号接收来自邻近的基准定时信号。

在数字同步网中，高稳定度的基准时钟是同步网的最高基准源，通过等级分配结构提供同步信息。例如根据光缆干线网络示意图，设置于一级节点(NPRC)网络中心的基准时钟通过传输系统向二级节点和三级节点传递定时信号。这些数字延伸和基准时钟一起称为基准分配网络。基准分配网络应当设置主用和备用，如果某个二级时钟失去了与基准时钟的同步，它将以保持方式工作，并且在必要时使用备用传输路由满足滑动率指标。因此，在基准分配网络内短时间的中断对同步影响很小，甚至没有影响。

每个基准时钟控制的同步网内的同步方法采用等级主从同步方式，同步网内各同步节点之间是主从关系，每个同步网的节点都赋予一个等级地位，只容许某一等级的节点向较低等级或同等级的节点传送定时基准信号，以达到同步。一级节点采用一级基准时钟，二级节点采用二级基准时钟，三级节点采用三级基准时钟。

在混合同步下，将同步网划分为若干个同步区，每个同步区为一个子网，在子网内采用全同步方式，在子网间采用准同步方式。

每个子网中，采用主从同步方式。一般设置一个基准时钟为网络提供定时(有时为了提高网络的可靠性，在一个子网内也会设置多个基准时钟)。各级时钟提取定时，并逐级向下传递。图 6-7 为同步网时钟等级图，表示同步等级网和电话等级网的关系。

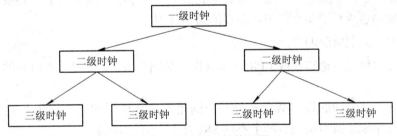

图 6-7　同步网时钟等级图

承载网是现代通信网的重要组成部分，承载网是提供各种业务传送通道的基础网络，对整个通信网的质量起着至关重要的作用。承载网中要解决的首要问题是网同步问题，为保证发送端在发送数字脉冲信号时，将脉冲放在特定的时间位置上(即特定的时隙中)，而收端要能在特定的时间位置上，将该脉冲提取解读，以保证收发两端的正常通信；这种保证收、发两端能正确地在某一特定时间位置上提取/发送信息的功能，则是由收发两端的定时时钟来实现的。因此，网同步的目的是将承载网收发两端的定时时钟信号都限制在预先确定的容差范围内，以避免由于传输系统中收/发定位的不准确导致传输性能的劣化(误码、抖动)。

解决数字网同步有两种方式，即伪同步和主从同步。我国采用的是等级主从同步方式，主时钟在北京，从时钟在武汉。采用主从同步方式时，上一级网元的定时信号通过一定的路由(同步链路或附近的线路信号)从线路传输到下一级网元。该级网元提取此时钟信号，通过本身的锁相振荡器跟踪锁定此时钟，并产生以此时钟为基准的本网元所用的本地时钟信号，同时通过同步链路或传输链路(即将时钟信息附在线路信号中传输)向下级网元传输，供其跟踪、锁定。若本站收不到从上一级网元传来的基准时钟，那么本网元通过本身的内置锁相振荡器提供本网元所使用的本地时钟，并向下一级网元传送时钟信号。

我国的同步网时钟及等级相关规则如下：

1. 一级基准时钟

一级基准时钟分为两种：

1) 全网基准时钟(PRC)

PRC 由自主运行的铯原子钟组或铯原子钟与卫星定位系统(GPS 和/或 GLONASS 及其他定位系统)组成。PRC 是全网同步基准的根本保障，其设置应符合以下原则：

(1) PRC 的设置数量及分布应满足省际传送层的同步稳定和安全可靠性要求，即：宜使省际承载网层有来自两个不同 PRC 的同步基准源；

(2) PRC 的设置数量及分布应有利于对全程全网漂动指标的控制；

(3) PRC 应设置在省际传送层枢纽节点所在的通信楼内。

2) 区域基准时钟(LPR)

LPR 由卫星定时系统(GPS 和/或 GLONASS 及其他定位系统，下同)和铷原子钟组成。LPR 既能接收卫星定位系统的同步，也能同步于 PRC，它是各省的同步基准源。LPR 的设置应符合以下原则：

(1) LPR 的设置数量及分布应满足省内承载网层的同步稳定和安全可靠性要求，即：宜使省内 SDH 承载网层源自两个不同 LPR 的同步基准源；

(2) 原则上每个省设置两个 LPR(如该省已设有 1 个 PRC，则需设 1 个 LPR)，地点选择在省际传送层与省内传送层交汇节点所在的通信楼内。

2. 二级节点时钟(SSU-T)

二级节点时钟是各地市接收 LPR 同步基准源的同步节点。二级节点时钟的设置应符合以下原则：

(1) 二级节点时钟的设置数量及分布应满足本地传送层的同步稳定和安全可靠性要求，即：宜使本地承载网层源自两个不同 SSU-T 的同步基准源。

(2) 二级节点时钟设置地点选择在省内传送层与本地传送层交汇节点所在的通信楼内。

(3) 未设有 PRC 和 LPR 的省中心一级交换中心、地市二级交换中心以及本地网的汇接局所在通信楼内也可设置二级节点时钟。

3. 三级节点时钟(SSU-L)

三级节点时钟由高稳晶体钟组成。三级节点时钟宜设置在本地网端局以及传送层汇聚节点处所在通信楼。三级节点时钟的设置应根据通信楼内业务节点发展、局房条件、本地定时平台上的传输系统可提供的同步输出端口等因素综合考虑，要切实注意经济实用性和技术的合理性。

表 6-1 为同步网的分级和时钟设置要点。

表 6-1 同步网的分级和时钟设置

同步网分级	时钟等级	设 置 位 置
第一级	一级基准时钟	设置在省级与省内传送层交汇点处
第二级	二级节点时钟	设置在省内与本地传送层交汇点处，以及一级、二级交换中心和部分汇接局处
第三极	三级节点时钟	设置在本地网端局处，或本地传送层汇聚节点处

6.3.3　同步网性能指标

1. 滑动

1) 滑码的概念

若本地接收的时钟频率低于输入时钟的频率，其结果是产生码元丢失；相反，若本地时钟频率高于输入时钟频率，就会产生码元重复。这些都会使传输发生畸变。若畸变较大，使整个一帧或更多的信号丢失或重复，这种畸变就叫做"滑码"。要避免滑码，必须强制使两个(或数个)交换系统使用相同的基准频率。

2) 滑动的产生

图 6-8 为滑码产生的示意图，这里以交换机缓冲器的容量为 1 bit 为例来讨论滑码的产生。

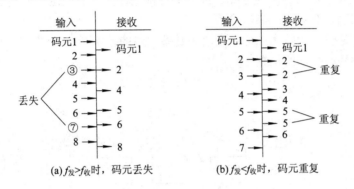

(a) $f_发 > f_收$ 时，码元丢失　　　　(b) $f_发 < f_收$ 时，码元重复

图 6-8　滑码产生示意图

在实际的数字交换机中，缓冲器的容量可为 1 帧或大于 1 帧，把滑码一次丢失或增加的码元数控制为 1 帧。这样做的优点有二：一是减少了滑码的次数；二是由于滑码一次丢失或增加的码元数量为 1 帧，防止了帧失步的产生。这种滑码一次丢失或增加一个整帧的码元常称为滑帧，由于滑码一次丢失或增加的码元数是确定的，因此也常称其为受控滑码。

3) 滑动的影响

滑动的影响即研究一个数字基群复用信号，因受控滑动造成数字信号成帧地丢失或重复时对各种通信业务性能的影响。一般来说，滑动对不同的通信业务会产生不同的效果，信息冗余度越高的系统，滑动的影响就越小。

滑码对语音的影响较小。一次滑码对于 PCM 基群将丢失或增加一个整帧，但对于 64 Kb/s 的一路语音信号则丢失或增加一个取样值，这时感觉到的仅是轻微的卡嗒声。由于语音波形的相关性，因此能够有效地掩盖这种滑码的影响，对于电话而言可以允许每分钟滑码 5 次。

对于 PCM 系统中的随路信令而言，滑码将造成复帧失步。复帧失步后的恢复时间一般为 5 ms。因此一次滑码将造成随路信号 5 ms 的中断。对于公共信道信令，由于 ITU-T No.7 信号系统采用检错重发(ARQ)方式，发生滑码以后则要求发送端将有关的信令重发一次，因此滑码将使呼叫接续的速度变慢，而不致造成接续的错误。

对于 64 Kb/s 及中速的数据，滑码造成丢失或增加的数据可以为检错程序所发现，并要求前一级将此数据重发，虽然不会发生错误，但延迟了信息传送时间，降低了电路利用率。如果要求无效时间为 1%～5%，则每小时可以允许滑码 1～7 次。

2．抖动和漂移

同步网定时性能的一项重要指标为抖动和漂移。数字信号的抖动定义为数字信号的有效瞬间在时间上偏离其理想位置的短期变化，而数字信号的漂移定义为数字信号的有效瞬间在时间上偏离其理想位置的长期变化，因此抖动和漂移具有同样性质，即从频率角度衡量定时信号的变化，通常把往复变化频率超过 10 Hz 的称为抖动，而将小于 10 Hz 的相位变化称为漂移。

在实际系统中，数字信号的抖动和漂移受外界环境和传输的影响，也受时钟自身老化和噪声的影响，一般节点设备中对抖动具有良好的过滤功能，但是漂移是非常难以滤除的。漂移产生源主要包括时钟、传输媒质及再生器等，随着传递距离的增加，漂移将不断累积。

ITU-T 建议 G.823 规定了"基于 2048 Kb/s"系列的数字网中抖动和漂移的控制，这对数字网抖动和漂移指标的制定与分配、数字网设备设计参数的确定，特别是网同步中帧调整器设计参数的确定有重要的参考价值。

漂移和抖动是时钟的技术指标，而滑码是帧同步的技术指标。图 6-9 为典型的传输通道中可能产生漂移和抖动的位置。

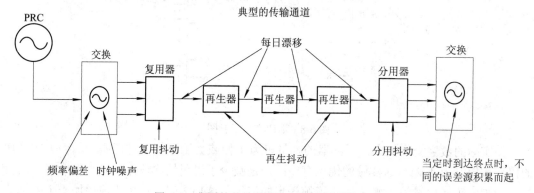

图 6-9　典型的传输通道中漂移和抖动的产生

3．相关指标

1）滑动指标

根据 ITU-T 建议 G.822 对于受控滑动指标分配的要求，一级节点时钟滑动指标为 70 天 1 次，2 级、3 级时钟在保持状态下(±1℃)的滑动入网指标见表 6-2 所示。

表 6-2　节点时钟中滑动指标

	一天内的滑动	一周内的滑动
二级节点时钟	小于 1 次	1 次
三级节点时钟	1 次	小于 13 次

2）漂动指标

极长定时基准参考链路的绝对漂动应小于 4 μs。其中，基准时钟的绝对漂动应小于 0.3 μs，定时基准传输链路总漂动应小于 3.7 μs。

6.3.4　网同步设备

1．节点时钟设备

节点时钟设备主要包括独立型定时供给设备和混合型定时供给设备。独立型节点时钟设备是数字同步网的专用设备，主要包括铯原子钟、铷原子钟、晶体钟、大楼综合定时系统(BITS)以及由全球定位系统(GPS 和 GLONASS)组成的定时系统。混合型定时供给设备是指通信设备中的时钟单元，它的性能满足同步网设备指标要求，可以承担定时分配任务，如交换机时钟、数字交叉连接设备(DXC)等。

铯钟的长期稳定性非常好，没有老化现象，可以作为自主运行的基准源。但是铯钟体积大、耗能高、价格贵，并且铯素管的寿命为 5~8 年，维护费用大，一般在网络中只配置 1~2 组铯钟作基准钟。

铷钟与铯钟相比，长期稳定性差，但是短期稳定性好，并且体积小、重量轻、耗电少、价格低。利用 GPS 校正铷钟的长期稳定性，也可以达到一级时钟的标准，因此配置了 GPS 的铷钟系统常用作一级基准源。

晶体钟长期稳定性和短期稳定性比原子钟差，但其体积小、重量轻、耗电少，并且价格比较便宜，平均故障间隔时间长。因此，晶体钟在通信网中应用非常广泛。

2. GPS 系统

1) GPS 系统概述

GPS(全球定位系统)是美国国防部组织建立并控制的卫星定位系统，它可以提供三维定位(经度、纬度和高度)、时间同步和频率同步，是一套覆盖全球的全方位导航系统。

早期的 GPS 系统主要用于导航定位，主要为美国军方服务。20 世纪 90 年代初，由于 GPS 接收机价格低廉，不向用户收取使用费，并且能够提供高性能的频率同步和时间同步，因此，GPS 开始在通信领域使用，并且随着近几年通信的迅猛发展，GPS 的应用也越来越广泛。

2) GPS 系统组成

GPS 系统可以分为三部分：GPS 卫星系统、地面控制系统和用户设备，如图 6-10 所示。

(1) GPS 卫星系统。GPS 卫星系统包括 24 颗卫星，分布在 6 个轨道上，其中 3 颗卫星作备用。每个轨道上平均有 3~4 颗卫星。每个轨道面相对于赤道的倾角为 55°，轨道平均高度为 20 200 km，卫星运行周期为 11 小时 58 分。这样，全球在任何时间、任何地点至少可以看到 4 颗卫星，最多可以看到 8 颗。每颗卫星上都载有铷钟，称为卫星钟，接受地面主钟的控制。

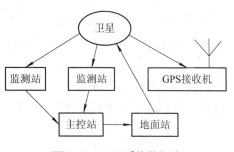

图 6-10　GPS 系统的组成

(2) 地面控制系统。地面控制系统包括 1 个 MCS(Master Control Station，主控站)、5 个 MS(Monitor Station，监测站)和 3 个 GA(Ground Antennas，地面站)。

监测站分布在不同地域，能够同时检测多达 11 颗卫星。监测站对收集来的数据并不做过多的处理，而将原始的测试数据和相关信息送给主控站处理。主控站根据收集来的数据估算出每个卫星的位置和时间参数，并且与地面基准相比对，然后形成对卫星的指令。这些新的数据和指令被送往卫星地面站，通过卫星地面站发送出去，卫星按这些新的数据和指令进行工作，并把有关数据发送给用户。在主控站中用于比对的同步基准由美国海军天文台控制，它是原子钟与协调世界时(UTC)比对后的信号。这样就使卫星钟与 GPS 主时钟之间保持精确同步。

卫星发射的信号有两种，其中每一种都用不同的频率发射：

- L1 波段：1575.42 MHz，载有民用码(C/A 伪随机码)、军用码(P 伪随机码)和数据信息。
- L2 波段：1227.26 MHz，仅供军用码(P 伪随机码)和数据信息使用。

(3) 用户设备。用户设备指 GPS 接收机，包括天线、馈线和中央处理单元。其中中央处理单元由高稳晶振和锁相环组成，它对接收信号进行处理，经过一套严密的误差校正，使输出的信号达到很高的长期稳定性。定时精度能够达到 300 ns 以内。

在通信网中，常将 GPS 与铷钟配合使用，利用 GPS 的长稳特性，结合铷钟的短稳特性，得到准确度和稳定度都很高的同步信号。该信号可以作为基准源使用。

3) GPS 在通信系统中的应用

频率同步是指信号的频率跟踪到基准频率上，使其长期稳定地与基准保持一致，但不要求起始时刻保持一致。这样，基准不一定跟踪 UTC，可以使用独立运行的铯钟组作为同步基准，也可以使用 GPS 对铯钟组进行校验，以使其保持更好的准确度。

传统的电信网主要要求频率同步，因此，已建成的同步网主要满足频率同步的要求。

时间同步不仅要求信号的频率锁定到基准频率上，使其长期稳定地与基准保持一致，而且要求信号的起始时刻与 UTC 保持一致。这样，时间同步的基准必须跟踪到 UTC 上。

在 CDMA 移动通信系统中，要求基站之间相对于 UTC 的时刻差<±500 ns，由于地面传输的时延问题，时间基准不能像频率基准那样传输和分配，因此，目前不得不采用 GPS 技术，即在每个基站配置 GPS。

GLONASS 系统是前苏联紧跟美国 GPS 系统研究发展的卫星导航定位系统。其工作原理与 GPS 相似，但目前的应用没有 GPS 广泛。

3. 北斗卫星时间同步系统

北斗卫星定位系统(Wain Satellite Positioning System)是我国自主研制的区域性卫星导航定位系统，由专门的接收器接收卫星发射的信号，可以获得位置、时间和其他相关信息。

北斗卫星时间同步系统安装示意图如图 6-11 所示。其技术参数如表 6-3 所示。北斗卫星时间同步系统实物图如图 6-12 所示。

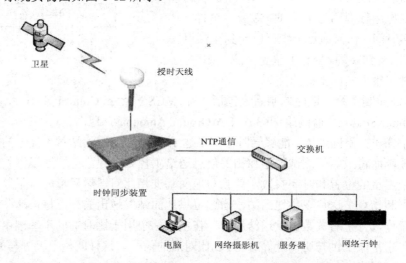

图 6-11　北斗卫星时间同步系统安装示意图

表6-3 北斗卫星技术参数

北斗二代双模接收机	频点	B1、L1
	定时精度	≤30 ns
	跟踪灵敏度	−160 dBm
北斗天线	形状	蘑菇头
	线长	30 m(可以定制)
	物理接口	BNC
	支架	蘑菇头安装支架
网络输出	物理接口	RJ45

图 6-12 北斗卫星时间同步系统实物图

安装提示:

(1) 将天线蘑菇头安装在天线支架上并装固于房屋顶端或平台上,要保证天线蘑菇头有尽可能大的视场(360°天空),不得有障碍物遮挡;如果配有避雷器,将避雷器连接在机器和天线中间。

(2) 所有的天线都是标配,不得随意截断或随意叠加链接,否则无法保证收到卫星信号。

(3) 所有的天线在收到货物后先测试一下接收卫星信号效果(收星效果),这样比架设好线缆再测收星效果省去许多麻烦。

(4) 当收星有问题时将天线多换几个地方试试效果,以确认是天线的问题还是收星地域问题。

北斗卫星时间同步系统的特点:

(1) 模块化结构,NTP/SNTP 端口数量可灵活配置,最多达 70 路物理隔离的网口可供用户使用。

(2) 北斗天线可选择,有蘑菇头天线和吸盘式天线,蘑菇头天线可放至室外,有 30 m、50 m、80 m、100 m、150 m、200 m 长度可供用户选择;吸盘式天线主要放在窗户旁边,安装比较方便。另外,授时天线分 2 种:① GPS 授时天线;② GPS 北斗双模授时天线。如果是北斗双模设备,授时天线可架设 GPS 北斗双模授时天线,无需架设 2 条天线,节省人力、物力、财力。

(3) 容量大,北斗卫星时间同步系统可同时给数万台终端提供准确时间。

(4) 有多种配置方法,有软件配置和电脑配置可供用户选择。

(5) 设备专用嵌入式系统,无硬盘和风扇设计,运行稳定可靠。

(6) 设备的液晶显示内容极其丰富,如收星状态、年月日时分秒、时间是否有效等,收星状态是时间信息准确度的一种保障。设备可输出 1 路秒脉冲信号,以保证第三方测试设备的准确度。

(7) 北斗卫星时间同步系统的机箱为进口铝板铬酸钝化、拉细丝哑银,经过钝化处理的铝板,其表面形成了一层致密的钝化膜,可以达到抗腐蚀的目的,现有黑色机箱和银白色机箱可供用户选择。

(8) 采用 SMT 表面贴装技术生产,以高速芯片进行控制,无硬盘和风扇设计,精度高、稳定性好、功能强、无积累误差、不受地域气候等环境条件限制、性价比高、操作简单、全自动智能化运行，免操作维护，适合无人值守。

(9) 质量保证期自设备交货验收之日起。在产品质量保证期内，出现因产品自身质量造成的故障情况，采取整机返修、寄送配件、提供备用产品等方式，提供全面免费保修服务。

(10) 北斗卫星时间同步系统任意单台或多台均可实现冗余备份，为客户提供稳定的时间源。

4. 各种节点时钟设备对比

NTP 时间同步服务器和北斗时间同步服务器以及 GPS 时间服务器的主要区别是接收的卫星信号不同。北斗时间同步服务器以接收北斗卫星信号为主，GPS 时间服务器主要以获取 GPS 卫星信号为主。目前国内的北斗卫星系统已经普及，国家主要行业部门都在切换升级成自己的北斗时钟服务器，以免受到战争、卫星干扰等情况的影响和发生。

从建立一个现代化国家的大系统工程总体考虑，导航定位和授时系统应该说是基础中的基础，它对整个社会的支撑几乎是全方位的，星基导航和授时是未来发展的必然趋势。美国投入巨资建成了全球定位系统(GPS)，俄罗斯也使自己的全球导航卫星系统(GLONASS)投入了运行。欧盟一些国家也正在联合开展伽利略(Galileo)卫星导航系统的研制。

对于一个进入信息社会的现代化大国，导航定位和授时系统是最重要而且也是最关键的国家基础设施之一。现代武器实(试)验、战争需要它保障，智能化交通运输系统的建立和数字化地球的实现需要它支持。现代通信网和电力网建设也越来越增强了对精度时间和频率的依赖。为了提高民用定位定时的性能和可靠性、安全性，利用这些卫星系统建立广域增强系统(Waas)也在美国、日本、欧洲和俄罗斯等国的计划或研制之中。

这些系统导航定位的基本概念都是以精度时间测量为基础的。正如有人所指出的那样，我们人类生活在一个四维的世界(x、y、z、t)，其中一维就是时间，而另外三维的精度确定，就今天而言，没有精确的定时也是难以实现的。

单从授时出发，不难理解系统发播时间的精确控制是不可缺少的。而对于导航定位，系统内部钟(星载钟和地面监测及控制台站的钟)的同步就极为关键。没有原子钟的支持，没有钟同步和保持技术的支持，实现星基导航和定位是不可能的。在完成精确时间的传递过程中，需要对传播时延作精确修正，而这又需要知道用户的精确地理位置。

从以上分析可以看出，无论在系统概念、技术、装备或管理上，与其他通信和卫星系统相比，导航定位卫星系统与高精度卫星授时系统有很好的兼容性和互补性，二者是相辅相成的。从资源共享和合理利用出发，先进的卫星系统应该成为一个导航授时一体化的高精度星基四维(x、y、z、t)信息源，就像目前已投入工作的 GPS、GLONASS 和正在研制中的 Galileo 以及各种 Waas 系统中，无不把其授时功能提到仅次于导航定位的重要地位，以便满足各行各业对精度时间和频率日益增长的需求。

卫星导航、定位和授时系统中需解决的技术问题有：

(1) 系统时间建立的概念及实现方法。在现代卫星导航系统中，为了保证系统中各个钟的精确同步，需要一个准确、稳定和可靠的时间参考，这通常是以系统中的部分钟或全部的钟为基础。利用统计平均的方法建立一个系统时间来实现的。其建立的概念和实现方法，直接影响到系统时间的好坏，进而影响到整个卫星导航系统中各个钟的同步。这个研究对系统中原子钟的选择与配置也有指导意义。

(2) 系统时间与 UTC 协调方法。这是授时所需要的。这需要研究国际标准时间到系统时间传递的各个环节，是提高授时准确度中的最重要一环。

(3) 系统钟的同步方法。这主要涉及系统中各个钟的精确数据的收集方法和控制方法，要研究相对论效应对星载钟同步的影响。比对测量和钟驾驭方法的研究是它的基础。

(4) 系统授时方法。这包括卫星电文中的与时间有关的信息的制定与产生。

(5) 用户终端定时技术。这主要涉及接收、比对及控制技术。

5. 节点时钟设置原则

(1) 同步网最后一级时钟到基准时钟之间的定时链路尽可能短，要求基准时钟尽可能位于网络的地域中心。

(2) 通信网内需要同步的网元都能跟踪到基准时钟上，要求基准时钟尽可能位于通信枢纽处，这样既便于基准信号的分配和传递，又便于维护管理。

同步供给单元(SSU)的设置原则如下：

(1) SSU 不仅要为局内设备提供定时，而且要将来自基准时钟的信号向下传递，因此，每个地区局的调度所内均应设 SSU，并为二级节点时钟。

(2) 根据网络规模，可在县局站设置 SSU，并为三级节点时钟。

(3) 在省公司和地区局大型网络的互联点上，可以根据需要设置 SSU，并采用二级节点时钟。

(4) 每个 SSU 应至少接收两路参考信号，同时有条件的可采用 GPS 为参考信号作为地面链路的备份。

国际和国内交换中心的现行方法是采用参考于 PRC 基准时钟的等级结构方式。对于转接节点和枢纽节点，在主枢纽由 PRC 馈送给铷钟或石英二级钟，二级石英钟在网末端接入节点。对于本地和接入节点，定时信号用网元时钟进行分配。

数字传输继续向更高的比特率发展，网络的基本拓扑结构正在从点到点向环路和链路发展，网络的可靠性是最根本的，没有可靠的网络基础，通信网就不能发展，网同步是通信网的基本要求。

6.4 通信网络对同步的需求

不同类型的通信网络对时钟同步的要求有所不同，下面分别予以介绍。

1. 传统固网 TDM 业务对时钟同步的需求

传统固网的 TDM 业务主要是语音业务，要求业务收/发两端同步；如果承载网络两端的时钟不一致，长期积累后会造成滑码；ITU-T 在 G.823 中定义了对固网 TDM 业务的需求和测试标准，称为 TRAFFIC 接口标准。

2. 无线 IP RAN 对同步的需求

目前时间同步的主要应用为通话计费、网间结算和网管告警。通信网络对时钟频率最苛刻的需求体现在无线应用上，不同基站之间的频率必须同步在一定精度之内，否则基站切换时会出现掉线。与固网 TDM 应用不同的是,这里的时钟是指无线的射频时钟。在这个应用场景下,对时钟频率的需求更高。

目前的无线技术存在多种制式,不同制式下对时钟的承载有不同的需求,如表 6-4 所示。

表 6-4 不同制式下对时钟承载的不同需求

无线技术	时钟频率精度要求	时间同步要求
GSM	0.05×10^{-6}	NA
WCDMA	0.05×10^{-6}	NA
CDMA2000	0.05×10^{-6}	3 μs
TD-SCDMA	0.05×10^{-6}	1.5 μs
WiMax	0.05×10^{-6}	1 μs
LTE	0.05×10^{-6}	倾向于采用时间同步

按照上表,以 GSM/WCDMA 为代表的欧洲标准采用的是异步基站技术,此时只需要做频率同步,精度要求 0.05×10^{-6}(或者 50 ppb)而以 CDMA/CDMA2000 为代表的同步基站技术,需要做时钟的相位同步(也叫时间同步)。

对于时间同步,目前业界主要靠 GPS 来解决,GPS 也能同时解决时钟的频率同步,所以 CDMA 系列的承载网络不需要再提供额外的同步功能。

对于 GSM/WCDMA 网络,因为不需要部署 GPS(GPS 存在成本和军事上的风险,美国政府从未对 GPS 信号质量及使用期限给予任何的承诺和保证,而且美国政府还有对特定地区的 GPS 信号进行严重降质处理的能力。其次,如果每个基站均安装 GPS,会大大增加运行时的建设成本),需要由承载网为它提供时钟。传统的解决方案是采用 PDH/SDH 来提供。IP 化后,需要 IP 网络提供。

因为 IPRAN 属于较新的承载网技术,所以 ITU-T 为它制定了新的合适的标准,要求满足 ITU-T TRAFFIC 接口同时保持 50ppb 的频率精度。

表 6-5 列出了同步网时钟及等级。

表 6-5 同步网时钟及等级

应用场景分类	时钟同步方式	特 点
系统网络边缘时钟	BITS/PPS+TOD/GPS	与网络负载、延时、抖动无关,主要是外接时钟输入。此处的 PPS 为秒脉冲
系统网络侧时钟	同步以太网	基于 PHY 的时钟恢复,与网络负载、延时、抖动无关,不能实现时间同步,且网元之间可通过发送的同步以太网报文中的 SSM 字段来判定优先级
系统网络侧时钟	STM-N	和 SDH 网络侧对接的时候或者底层为 STM-N 接口时,会使用到该时钟方式
系统网络侧时钟	1588v2	常见 1588V2 主要用于时间同步,但是其也有频率同步的功能,主要是通过快速报文收敛频率精准度的
业务侧时钟	支路再定时/系统时钟	用自身的系统晶振时钟来作为客户业务的输出时钟;需要保证自身的系统时钟和客户时钟同源才可采用该方式

续表

应用场景分类	时钟同步方式	特　点
业务侧时钟	自适应时钟/ACR	不需要发送端和接收端具有公共的参考时钟；性价比高，布局简单，单向，无需协议支持；不能实现精确的时间同步；每个厂家实现方式不一定相同，取决于各自的芯片技术
业务侧时钟	差分时钟	不受网络延时、网络延时变化和包丢失的影响；两端需用高精度的时钟参考源——网络中常用的方法是通过两端网元系统时钟频率同步来替代高精度的时钟源输入

3．专用时钟同步网(BITS)的需求

在传统的通信网络结构中，除了业务承载网络外，一般还会存在一个独立的时钟发布网络，采用 PDH/SDH 来分发时钟。ITU-T 规定，在这个应用场景下，需要满足 G.823 中的定时接口指标。

6.5　同步技术的实现

6.5.1　电路仿真包恢复时钟技术

1．基本介绍

电路仿真(Circuit Emulation)技术起源于 ATM 网络，采用虚电路等方式，将电路业务数据封装进 ATM 信元在 ATM 网络上传输。后来这种电路仿真的设计思想被移植到城域以太网上，在以太网上提供 TDM 等电路交换业务的仿真传送。

电路仿真是电路交换业务在网络上透明传输所采纳的机制，它用特殊的电路仿真头来封装 TDM 业务，并通过一定的机制来实现时钟在包交换网上的传输。实现这种封装功能的物理层器件一般称为成帧器或映射器，它能直接和原有的 TDM 网络连接。电路仿真技术示意图如图 6-13 所示。

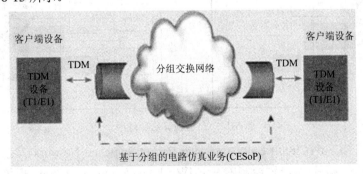

图 6-13　电路仿真技术示意图

2．相关标准

目前业界对电路仿真的研究非常活跃，各个标准组织都进行了专题研究。总的来看，

虽然电路仿真的标准很多，但是基本上是在仿真报文的帧结构上做文章，没有什么本质的区别。表 6-6 列出了电路仿真技术的一些相关标准。

表 6-6　电路仿真技术相关标准

标准组织	相 关 标 准	框架文档	工作模式	
			结构化仿真	非结构化仿真
IETF	Draft-ietf-pwe3-tdm-requirements (PWE3 和 TDM 相关的基本要求的草案)	√		
	Draft-ietf-pwe3-satop (PWE3 关于非结构化仿真业务的草案)		√	
	Draft-ietf-pwe3-cesopsn (PWE3 关于在 PSN 网络上实现 CES 业务的草案)			√
ITU-T	Y.1413		√	√
MEF	CES Framework & Requirements (CES 架构与基本要求)	√		
	PDH Implementation Agreement (PDH 实施协定)		√	√
MPLS	CESoMPLS Scope and Requirements (在 MPLS 网络上实现 CES 业务的范畴和要求)	√		
	CESoMPLS Implementation (在 MPLS 网络上实现 CES 业务的具体实施)		√	√

电路仿真包恢复时钟技术就是当以以太网应用电路仿真方式解决 TDM 业务承载的时候，采用自适应算法从数据包中恢复时钟同步信息。

3. 自适应时钟恢复算法原理

电路仿真技术一般采用自适应算法来实现时钟(频率)同步。下面简单介绍一下这种算法的基本原理。图 6-14 为自适应算法原理图。

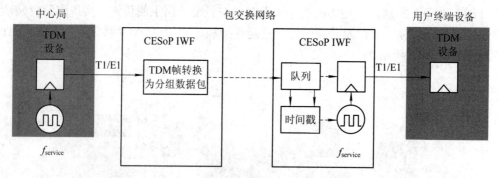

图 6-14　自适应算法原理图

图 6-14 中，CESoP(Circuit Emulation over Packet Switched Network)是指基于分组交换网络的电路仿真技术。位于时钟源侧的网关 IWF(InterWorking Function，提供互通功能设备的统称)设备定期向对端的网关设备发送时间信息。这个时间信息是与 T1/E1 的仿真报文一起提供的。在另外一端，网关设备从报文中提取出时间戳(Time Stamp)，通过算法恢复出业务时钟 $f_{service}$。

算法的核心思路是，左侧的 IWF 设备根据自己的源时钟向目的 IWF 设备发送报文；目的 IWF 设备使用一个队列先缓存这些报文，然后用自己的本地时钟发送出去。假如源时钟和目的地的本地时钟不一致，哪怕只是非常微小的差异，都会造成目的地设备中缓存队列的深度变化。这样，我们就可以根据这个队列的深度来判断本地时钟与源时钟是否保持一致。如果发现队列深度持续增加，表明本地时钟比源时钟慢，需要调高本地时钟；如果发现队列深度持续减少，表明本地时钟比源时钟快，需要降低本地时钟。这是一种负反馈机制。稳定后，我们会发现，目的地的本地时钟与源时钟从长期看是相同的，这样就完成了在 IP 网络上两个 IWF 设备之间的频率同步过程。一个形象的比喻可以有助于理解自适应算法：如图 6-15 所示，时钟源处的 IWF 设备相当于一个水龙头，以一定的时钟频率将报文发送到下面的水桶里。目的地处的 IWF 设备相当于另外一个水龙头，通过调节自己的开关，让桶里的水保持一个恒定的高度，这样就完成了两个设备之间的同步。

图 6-15　自适应算法形象示意图

自适应算法的实现难点就是，IP 网络天生存在延时的抖动(PDV)，报文的抖动也会造成缓存队列的深度变化，而目的地 IWF 设备无法区别这种变化到底是因为频率的差异造成的，还是因为 IP 网络的延时抖动造成的，无法做出正确的反应。但是 IP 网络的延时抖动都是非积累性的，所以通过一些统计上的方法，比如求平均值，可进行过滤。

4．性能测试结果

为了验证自适应算法的精度，这里搭建了一个 10 跳的以太网络，通过 SMARTBITS 设备构造各种背景流量，模拟网络拥塞、带宽突变的情况，然后用专用的 TDM 时钟测试仪器进行测试。组网图如图 6-16 所示。其中，Agilent(安捷伦)53132A 为所用的频率计的型号，CX200 和 CX300 为以太网设备型号。

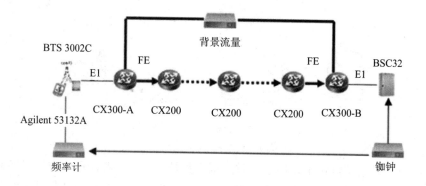

图 6-16　自适应算法测试图

当没有背景流量时，恢复出的时钟质量在 10 ppb 以内，如图 6-17 所示。通过背景流量冲击，在网络抖动为 1^{-10} ms 的情况下，时钟精度可以保持在 50 ppb 内，如图 6-18 所示，满足无线要求。

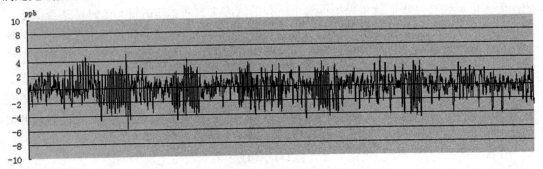

图 6-17　自适应算法测试结果(1)

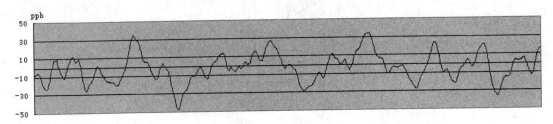

图 6-18　自适应算法测试结果(2)

电路仿真包恢复时钟性能与承载网络密切相关，虽然会受到网络传输延时变化的影响，但是在一些场景下也还是适用的，比如承载网负载比较小，时钟包服务优先级比较高，可以保证无拥塞的传送；网络结构比较简单，中间节点较少，网络传送延时变化不大。

6.5.2　TOP 技术

上一节中的电路仿真技术中使用到的自适应恢复算法，时钟的恢复是与业务在一起完成的。在无线的一些应用场景下，业务已经 IP 化，不再需要 TDM 接口，但是仍然需要时钟，此时需要一种 TOP(Timing Over Packet，分组时钟)技术来实现。TOP 这种机制也是在 ITU-T G.8261 中定义的。图 6-19 为 TOP 时钟恢复示意图。

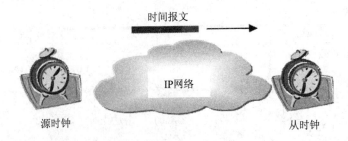

图 6-19　TOP 时钟恢复示意图

如图 6-19 所示，源时钟定期地发送时间报文到从时钟，后者计算出本地时间和远端时间的差异，就是"对表"。如果两个钟表的频率是一样的，这个时差应该保持不变，比如北京和伦敦之间就要维持 7 小时的差异。但是如果这个差异慢慢变大或者慢慢变小，说明两边的频率有差异，需要调整。

可以看到，TOP 的时钟恢复机制与前面的自适应算法是一样的，区别是后者将业务与时钟绑定在一起，而 TOP 可以做到与业务无关。

时间报文的格式可以是多样的，比如 NTP/RTP/IEEE 1588，只要报文中携带了时间信息就可以了。TOP 方式恢复时钟的精度与前面提到的自适应机制是相同的，没有本质差别。

TOP 是一种频率同步技术，就是将时钟频率先承载在专门的 TOP 报文中，需要的时候将其从报文中分离出来，从而实现时钟频率在 PSN(Packet Switching Network，包交换网络)上的透传。只需要在 TOP Server 和 TOP Client 节点支持 TOP 报文的处理，TOP 报文在经过中间节点时，和其他业务报文一样转发即可。我们把实现时钟频率到报文转换功能的设备称为 TOP Server，把实现报文转换为时钟频率的设备叫做 TOP Client。

TOP 有两种工作模式，即差分模式和自适应模式。差分模式应用于 TOP Server 和 TOP Client 所在的网络已经同步或者所在的节点存在共用时钟的情况，但是需要将客户的业务时钟透传；自适应模式应用于 TOP Server 和 TOP Client 所在的网络不同步情况下的业务时钟由 TOP Server 到 TOP Client 的同步过程。

1．TOP 技术—差分模式

图 6-20 为差分模式(Differential Mode)下 TOP 的同步示意图。

图 6-20　差分模式下 TOP 的同步示意图

差分模式是 G.8261 提出的一个典型方式，两端的设备 TOP Server 和 TOP Client 共用频率同步时钟，TOP 报文穿透的 PSN 网络同步或异步都可以。在 TOP Server 端，业务时钟(Service Clock)频率和共用时钟(Common Clock)频率的差值 Δf 被编码并且承载在 TOP 报文中，到 TOP Client 端，再用这个共用时钟在包网络的远端(接收端)节点恢复出业务时钟。

因为 TOP Server 和 TOP Client 都有一个基准时钟，所以只要频率的差值在一定的时间内能够传送到 Client 端，业务时钟就能够恢复出来。时钟频率几乎不受 PSN 网络的延时抖动的影响。

2．TOP 技术—自适应模式

图 6-21 为自适应模式(Adaptive Mode)下 TOP 技术的同步示意图。

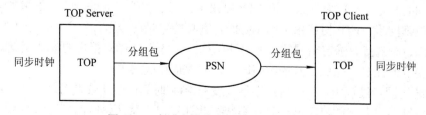

图 6-21　自适应模式下 TOP 的同步示意图

自适应模式因为 TOP Server 和 TOP Client 所在的网元设备时钟不存在同步关系，所以无法通过差分模式的机制进行时钟频率的恢复。

同理，自适应时钟频率恢复的难点也是找到 TOP Server 和 TOP Client 两个非同步网络间的 PSN 的延时抖动变化规律并消除掉，以达到时钟频率同步的目的。

类似于两个人通过传送带搬运货物：工人 A 负责将货物搬上传送带，相当于 TOP Server；工人 B 负责将货物从传送带上卸下来，B 的速度最好与 A 一致，B 相当于 TOP Client；首先假设传送带的速度不变，这样 B 可以根据货物到达的速度来搬运货物，保证与 A 同步；而现实的情况是传送带的速度时快时慢，只通过货物到来的时间无法判断 A 搬运货物的速度，因为现在货物到达的速度受到了 A 搬运货物和传送带速度双重影响。此时最理想的办法是知道传送带速度的变化规律，这样 B 就可以把这部分的影响去除掉，最终与 A 的工作速度保持同步。

- 方法一：B 先将传送带送过来的货物堆在地上，当货物堆到一定数量(阈值)的时候再去取。这样就可以从一定程度上滤除掉传送带速度的变化。
- 方法二：B 先按照自己的速度搬运货物，同时记录一定数量的包到达的时间，按照到达时间的规律，可以初步估计出传送带的速度变化规律，在总结规律的过程中，同时慢慢调整自己的速度。

6.5.3　1588v2

随着 3G/LTE 的发展，无线网络对时间同步性能的要求越来越高，GPS 卫星系统存在安装选址难、维护难、馈缆敷设难、安全隐患高、成本高等问题，因此高精度的地面时间同步方案成为一大需求。2008 年底 IEEE 推出的 1588v2 国际标准成为了最佳方案，同年各设备厂家开始了 1588v2 技术的设备研发工作。经过几年的发展，1588v2 同步技术已经逐渐成熟。

IEEE 1588v2 的全称是网络测量和控制系统的精密时钟同步协议标准(IEEE Standard for a Precision Clock Synchronization Protocol for Networked Measurement and Control Systems)。IEEE 1588v2 协议设计用于精确同步分布式网络通信中各节点的实时时钟。其基本构思为通过硬件和软件将网络设备(客户机)的内时钟与主控机的主时钟实现同步。

IEEE 1588v2 的基本功能是使分布式网络内的最精确时钟与其他时钟保持同步，它定义了一种精确时间协议 PTP，用于对标准以太网或其他采用多播技术的分布式总线系统中的传感器、执行器以及其他终端设备中的时钟进行亚微秒级同步。1588v2 是一种 PTP 协议，能达到亚微秒级别的时间同步精度。

IEEE 1588v2 时间同步的核心思想是采用主从时钟方式，对时间信息进行编码，利用网络的对称性和延时测量技术，通过报文的双向交互，实现主从时间的同步。

因 1588v2 是一种 PTP 协议，而 PTP 协议主要用于实现时间的同步，这里的同步要求频率和相位都同步。PTP 协议用来同步时间，其功能包括两个方面：一是通过 BMC 算法，对端口状态进行选择，确定全网的组网拓扑结构；二是通过 PTP 报文的收/发处理，进行时间偏差校验等的计算，完成全网的时间同步，并保证校验误差。

在系统的同步过程中，主时钟周期性地发布 PTP 时间同步协议及时间信息，从时钟端口接收主时钟端口发来的时间戳信息，系统据此计算出主从线路时间延迟即主从时间差，并利用该时间差调整本地时间，使从设备保持与主设备时间一致的频率与相位。

PTP 协议中的节点称为时钟节点，1588v2 作为一种 PTP 协议，包含了以下三种类型的基本时钟节点：

(1) OC(Ordinary Clock，普通时钟)：只有一个 PTP 通信端口的时钟。

(2) BC(Boundary Clock，边界时钟)：有一个以上 PTP 通信端口的时钟。

(3) TC(Transparent Clock，透明时钟)：与 BC/OC 相比，BC/OC 需要与其他时钟节点保持时间同步，而 TC 则不需要与其他时钟节点保持时间同步。TC 有多个 PTP 端口，但它只在这些端口间转发 PTP 协议报文并对其进行转发延时校正，而不会通过任何一个端口同步时间。

下面介绍 1588v2 时钟工作原理。

从通信关系上可把时钟分为主时钟和从时钟，理论上任何时钟都能实现主时钟和从时钟的功能，但是一个 PTP 通信子网内只能有一个主时钟。整个系统中的最优时钟为最高级时钟(GMC)，有着最好的稳定性、精确性、确定性等。

根据各节点上时钟的精度和级别以及 UTC 的可追溯性等特性，由最佳主时钟算法(BMC)来自动选择各子网内的主时钟。

在只有一个子网的系统中，主时钟就是最高级时钟 GMC。每个系统只有一个 GMC，且每个子网内只有一个主时钟，从时钟与主时钟保持同步。

图 6-22 为 1588v2 时钟组网图，图 6-23 为 1588v2 时钟的传送示意图。

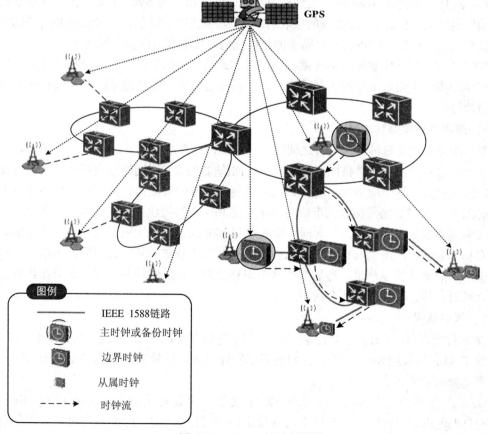

图 6-22　1588v2 时钟组网图

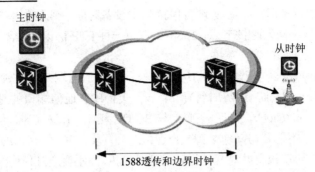

图 6-23　1588v2 时钟的传送过程

传送过程可以这样描述：IEEE 1588v2 的关键在于延时测量。

PTP 协议定义了 4 种多点传送的报文类型和管理报文，包括同步(Sync)报文、跟随(Follow_Up)报文、延时请求(Delay_Req)报文、延时应答(Delay_Resp)报文。

由于同步报文包含的是预计的发出时间而不是真实的发出时间，所以 Sync 报文的真实发出时间被测量后在随后的 Follow_Up 报文中发出。Sync 报文的接收方记录下真实的接收时间。使用 Follow_Up 报文中的真实发出时间和接收方的真实接收时间，可以计算出从属时钟与主时钟之间的时差，并据此更正从属时钟的时间。但是此时计算出的时差包含了网络传输造成的延时，所以使用 Delay_Req 报文来定义网络的传输延时。

Delay_Req 报文在 Sync 报文收到后由从属时钟发出。与 Sync 报文一样，发送方记录准确的发送时间，接收方记录准确的接收时间。准确的接收时间包含在 Delay_Resp 报文中，从而计算出网络延时和时钟误差。同步的精确度与时间戳和时间信息紧密相关。

PTP 协议基于同步数据包被传播和接收时的最精确的匹配时间，每个从时钟通过与主时钟交换同步报文而与主时钟达到同步。这个同步过程分为漂移测量阶段和偏移测量与延时测量阶段。

1．漂移测量和偏移测量

第一阶段修正主时钟与从时钟之间的时间偏差，称为漂移测量。如图 6-24 所示，在修正漂移量的过程中，主时钟按照定义的间隔时间(缺省是 2 s)周期性地向相应的从时钟发出唯一的同步报文。这个同步报文包括该报文离开主时钟的时间估计值。主时钟测量传递的准确时间 T_1，从时钟测量接收的准确时间 T_2。之后主时钟发出第二条报文——跟随报文，此报文与同步报文相关联，且包含同步报文放到 PTP 通信路径上的更为精确的估计值。这样，对传递和接收的测量与标准时间戳的传播可以分离开来。从时钟根据同步报文和跟随报文中的信息来计算偏移量，然后按照这个偏移量来修正从时钟的时间；如果在传输路径中没有延时，那么两个时钟就会同步。

2．延时测量

主时钟发送 Sync 报文，并记录实际发送的 T_1 时刻(One Step 方式下携带 T_1)，从时钟于本地 T_2 时刻接收到 Sync 报文。主时钟发送跟随报文，携带 T_1 时间戳(Two Step 方式)从时钟发送延时请求报文。

为了测量网络的传输延时，1588v2 定义了一个延时请求信息——Delay Request Packet(Delay_Req)。从时钟在收到主时钟发出的时间信息后于 T_3 时刻发延时请求信息包 Delay Request，主时钟收到 Delay Request 后在延时相应信息包 Delay Request Packet Delay

Response(Delay_Resp)上加上时间戳，反映出准确的接收时间 T_4，并发送给从时钟就可以非常准确地计算出网络延时。其具体过程如图 6-24 所示。

1588 方式下的延时测量过程如下：

由于

$$T_2 - T_1 = \text{Delay} + \text{Offset}, \quad T_4 - T_3 = \text{Delay} - \text{Offset}$$

故可得

$$\text{Delay} = \frac{T_2 - T_1 + T_4 - T_3}{2}, \quad \text{Offset} = \frac{T_2 - T_1 - (T_4 - T_3)}{2}$$

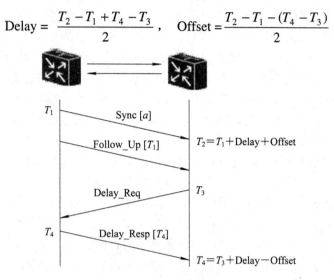

图 6-24　网络延时测量示意图

根据 Offset 和 Delay，从节点就可以修正其时间信息，从而实现主从节点的时间同步。

IEEE 1588 目前的版本是 v2，主要应用于相对本地化、网络化的系统，内部组件相对稳定，其优点是标准非常具有代表性，并且是开放式的。由于它的开放性，特别适合于以太网的网络环境。与其他常用于 Ethernet TCP/IP 网络的同步协议如 SNTP 或 NTP 相比，主要区别是 PTP 是针对更稳定和更安全的网络环境设计的，所以更为简单，占用的网络和计算资源也更少。NTP 协议是针对广泛分散在互联网上的各个独立系统的时间同步协议。GPS(基于卫星的全球定位系统)也是针对分散广泛且各自独立的系统。PTP 定义的网络结构可以使自身达到很高的精度，与 SNTP 和 NTP 相反，时间戳更容易在硬件上实现，并且不局限于应用层，这使得 PTP 可以达到微秒以内的精度。此外，PTP 模块化的设计也使它很容易适应低端设备。

IEEE 1588v2 标准所定义的精确网络同步协议实现了网络中的高度同步，使得在分配控制工作时无需再进行专门的同步通信，从而达到了通信时间模式与应用程序执行时间模式分开的效果。

由于高精度的同步工作，以太网技术所固有的数据传输时间波动降低到可以接受，不影响控制精度的范围。

6.5.4　同步以太网技术

前些年，以太网技术在电信网络中迅猛发展，运营商也在经历从电路交换系统到包交换系统的转变。传统的电路交换网络可以在整个网络中分配高质量的时钟源,用以满足语音等业务的同步要求。传统的数据网络主要处理异步的数据,比如传递文件、图像、电子邮件等,不需要严格的同步。随着网络技术的发展,语音类业务也需要用数据网络承载,于是数据网络支持同步成为了一个特定的需求。

同步以太网作为数据网络传递同步的重要技术之一,为运营商在单个以太网物理网络上传递所有的业务提供了同步支撑。同步以太网能够传递高精度的时钟,可以满足运营商利用数据网络统一承载基站、CES 业务、流媒体、VOIP 等业务的需求。

传统的以太网,其物理层的发送时钟一般来自于比较廉价的晶振,精度要求只有 100×10^{-6},接收方锁定即可恢复数据;由于数据在处理过程中可以分段缓存,所以时钟不要求长期的稳定性,不同的链路也不要求频率完全一致。然而,在需要同步的场景,可以把原来便宜的晶振替换为高精度时钟或者跟踪高精度时钟源,这样并不会影响以太网层的正常运行,接收侧也可以锁定物理层的高精度信号,获取高性能的时钟,从而实现时钟的传递,这就是同步以太网机制。

同步以太网采用以太网链路码流恢复时钟,简称 SyncE,可以保持高精度的时钟性能。

因为以太网是一个异步系统,不需要高精度时钟也能正常工作,所以一般的以太网设备都不提供高精度时钟。但是这并不是说以太网不能提供高精度时钟。实际上,在物理层,以太网与 SDH 一样采用的是串行码流方式传输,接收端必须具备时钟恢复功能,否则无法通信。换句话说,以太网其实本身就已经具备传送时钟的能力,只是没有使用而已。

从纯技术角度分析,物理层编码以太网物理层提取时钟的精确度甚至是超过 SDH 的。从线路码流中提取时钟的前提是码流必须保持足够的时钟跳变信息,简言之,就是码流要避免连续的长 1 或者长 0。SDH 技术的做法是做一次随机扰码,这样可以大大降低连 1、连 0 的概率,但这只不过是降低,连续的 1 或者 0 还是会出现的。而以太网的物理层编码是 4B/5B(FE)和 8B/10B(GE),平均每 4 个比特就要插入一个附加比特,这样绝对不会出现连续 4 个 1 或者 4 个 0,更加便于提取时钟。

图 6-25 为同步以太网的工作过程示意图。

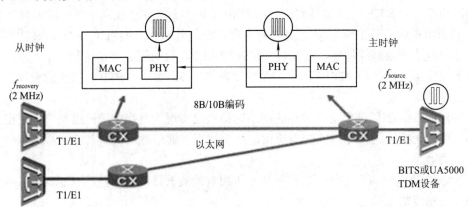

图 6-25   同步以太网工作过程

如图 6-25 所示,在发送侧 CX(以太网设备)将高精度时钟注入以太网的物理层芯片(PHY),PHY 芯片用这个高精度的时钟将数据发送出去。接收侧 CX 的 PHY 芯片可以从数据码流中提取这个时钟，在这个过程中时钟的精度不会有损失。这就是同步以太网的基本原理。

1．相关标准和产品

ITU-T 分组网络同步与定时系列标准由 Q13/SG15 负责制定，目前已经通过的有 G.8261、G.8262 和 G.8264 三个标准：

- G.8261 定义了分组网络同步与定时的总体需求。
- G.8262 定义了同步以太网设备时钟(EEC)的性能。
- G.8264 主要定义分组同步网络的体系结构和同步功能模块。

图 6-26 为以太网接口卡的内部结构图。

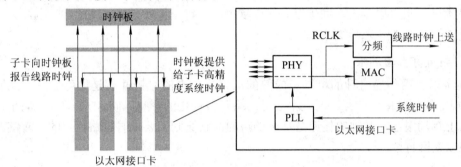

图 6-26　以太网接口卡的实现

同步以太网络实现起来非常简单，如图 6-26 所示，系统需要支持一个时钟模块(时钟板)，统一输出一个高精度系统时钟给所有的以太接口卡；以太接口上的 PHY 器件利用这个高精度时钟，将数据发送出去。在接收侧，以太网接口的 PHY 器件将时钟恢复出来，分频后上送给时钟板。时钟板要判断各接口上报时钟的质量，选择一个精度最高的，将系统时钟与其同步。为了正确选源，在传递时钟信息的同时，必须传递时钟质量信息(SSM)。对于 SDH 网络，时钟质量(等级)是通过 SDH 里的带外开销字节来完成的。由于以太网没有带外通道，采用通过构造专用的 SSM 报文的方式通告下游设备。

2．测试结果

图 6-27 是为了实现同步以太网搭建的一个测试网络。在基站控制器 BSC 和基站 BTS 布署两台 CX，使用同步以太链路连接。BSC 从铷钟接入高精度时钟源，通过 E1 接口提供给 CX，CX 将这个时钟发布到同步以太链路上，对端的 CX 将这个时钟恢复出来，提供给 BTS。使用一个频率计来检测恢复的时钟质量，图 6-28 为测试结果。

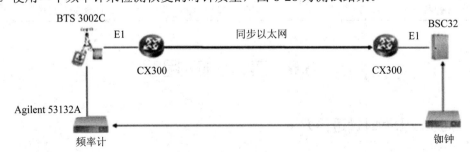

图 6-27　测试网络结构图

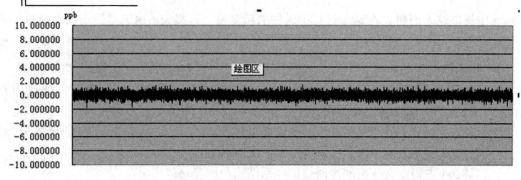

图 6-28　测试结果

从测试结果可以看出，同步以太网恢复出的时钟指标非常好，基本在 2 ppb 之内，完全满足 50 ppb 的频率精度要求。

3．性能和部署局限

同步以太网传递时钟的机制是成熟的，恢复出来的时钟性能是最可靠的，能够满足 G.823 规定的定时接口指标，而且不会受网络负载变化的影响。同 SDH 一样，同步以太网在部署上有局限性，时钟的传递是基于链路的，它原则上要求时钟路径上的所有链路都具备同步以太网特性。

6.5.5　几种时钟恢复方式的精度对比

表 6-7 列出了几种时钟恢复方式的精度对比。

表 6-7　常见时钟恢复方式的精度对比

业务类型	设计标准	关键指标	可以满足的时钟方式
数据专线(DDN，帧中继，ATM)	G.823	TRAFFIC 接口指标	自适应时钟 同步以太网
固网 TDM 中继	G.823	TRAFFIC 接口指标	自适应时钟 同步以太网
无线基站	G.8261	G.823 定义的 TRAFFIC 指标+ 50 ppb 的时钟频率长期稳定度	自适应时钟 TOP 同步以太网
专用时钟网络中继(BITS)	G.823	定时接口指标	同步以太网

6.6　典　型　应　用

6.6.1　同步以太网时钟透传方案

采用同步以太链路传递时钟可以获得可靠的时钟传送质量保证，目前在无线接入网应用中主要有树状网和环网两种形式。BITS 设备发布的时钟信息经过同步以太网络被分发给与基站节点相连的数据通信设备，再经过同步 FE 接口或者 E1 接口传送给基站，如图 6-29 所示。

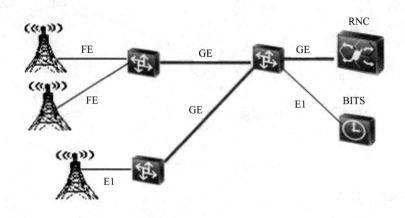

图 6-29　同步以太网时钟透传方案示意图

采用 GE-RPR 同步以太环网的组网方式，除了可以提供同步时钟的传送外，还能对数据传输链路提供类似 SDH 的链路保护功能，如图 6-30 典型应用所示，通过 GE-RPR 环网上的两台数据通信设备以双归属方式将 RNC 侧设备和 BITS 时钟接入环网，与各基站形成可靠连接。

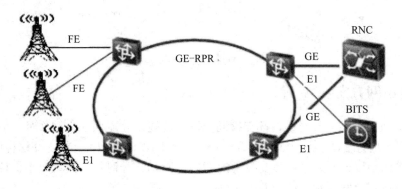

图 6-30　采用 GE-RPR 同步以太环网的组网方式

6.6.2　TDM 电路仿真时钟透传方案

如图 6-31 所示，基站通过 TDM 接口 E1 接入包交换网络，在接入点放置带有 TDM 电路仿真功能的交换机或者路由器设备进行 TDM 业务仿真，采用包恢复时钟算法对 RNC 侧的时钟信息进行恢复。采用这种方案要求优化网络结构，PWE3 隧道经过的网络中间设备节点数量要尽可能地少，避免过多的中间网络节点引入变化较大的数据包延时抖动，同时将 TDM 仿真报文配置成最高优先级。

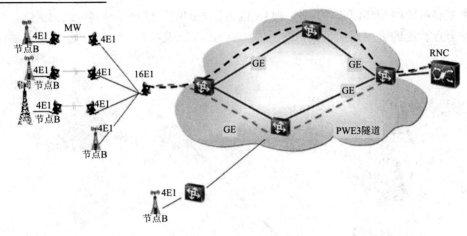

图 6-31　TDM 电路仿真时钟透传方案示意图

6.6.3　TOP 时钟方案

如图 6-32 所示，在网络中布署 CLOCK 服务器，在网络上发布时间信息。基站直接从 IP 网络获得时间信息，自己完成时钟频率的恢复。

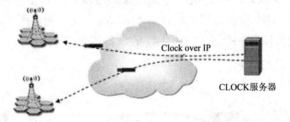

图 6-32　TOP 时钟方案示意图

6.6.4　混合组网方案

同步以太网技术要求全网设备都支持同步以太功能，才能保证时钟质量，但是在实际的网络中，很多地方无法实现，中间存在一段不支持同步以太网的链路。在这样的场景下，可以在不同的同步以太网云之间建立专用的 PWE3 隧道，让时钟穿越这个不支持同步以太网的云，最后得到全网同步，如图 6-33 所示。

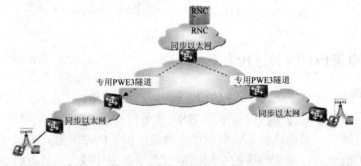

图 6-33　混合组网方案示意图

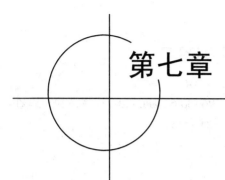

第七章

IPRAN/PTN 设备

本章以中兴的 IPRAN/PTN 设备为例，简单介绍现有的 IPRAN 设备的产品定位和设备特点、相关的软件结构和硬件结构、功能模块，并介绍单板的功能特性、接口类型、封装能力、保护能力、OAM 能力、DCN 模式等相关内容。

中兴通讯 IPRAN/PTN 产品家族，可以分为 6000 系列和 9000 系列两大类别。6000 系列包括 6100/6200/6220/6300，9000 系列包括 9004/9008 等。其中，这几种产品的一些基本性能，包括交换容量、高度和业务槽位如表 7-1 所示。中兴 PTN 产品分层如图 7-1 所示。

表 7-1 中兴 CTN 产品基本情况

	CTN6100	CTN6200	CTN6300	CTN9004	CTN9008
交换容量	6G	88G	176G	800G	1.6T
高度	1U	3U	8U	9U	20U
业务槽位	2	4	10	16/8/4	32/16/8

其中，ZXCTN 6100 为业界可商用的最紧凑的接入层 PTN 产品，仅高 1U(1U = 4.445 cm)，适用于基站接入场景。ZXCTN 6200 为业界最紧凑的 10GE PTN 设备，高 3U，既可作为小规模网络中的汇聚边缘设备，也可在大规模网络或全业务场景中作为高端接入层设备，满足发达地区对 10G 接入环的需求。ZXCTN 9008 为业界交换容量最大的 PTN 设备，交换容量达到双向 1.6T，全面满足全业务落地需求。这五款产品均已获得工信部 PTN 入网证，是当前业界提供最多 PTN 商用产品的厂家。

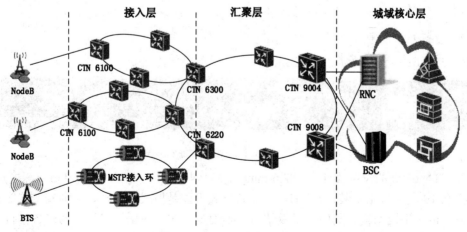

图 7-1 中兴 PTN 产品分层

7.1　ZXCTN 6000 系列设备

ZXCTN 6000 系列包括 ZXCTN 6100/6110/6130/6150/6200/6220/6300 等一系列产品。在本部分，将针对其中的 6100、6200、6300 这三种设备进行介绍。

7.1.1　ZXCTN 6100 设备

ZXCTN 6100 紧凑型融合的 IP 传送平台，为 1U 高的盒式设备，主要定位于网络接入层，可用作多业务接入设备和边缘网关设备。CTN 6100 是中兴公司推出的面向分组传送的电信级多业务承载产品，专注于移动 Backhual 和多业务网络融合的承载和传送，可有效满足各种接入层业务的传送要求。

1. ZXCTN 6100 产品特点及应用场景

ZXCTN 6100 提供分组业务的接入和传送，并兼容 TDM 业务的接入和传送。系统还提供完善的业务保护、OAM 和时钟同步，具有电信级的业务传送特性。业务传送层采用 MPLS-TP 网络技术，服务层支持以太网网络和 ML-PPP E1。系统具备 Ethernet、TDM 和 ATM 等多业务的传送功能，提供有保障的 QoS；具备低于 50 ms 的保护倒换时间；具备时钟信号 1PPS/TOD 的处理，PTP 协议处理；支持 MPLS-TP OAM 和以太网 OAM 功能；满足 MEF(Metro Ethernet Forum，城域以太网论坛)定义的 E-Line、E-LAN 和 E-Tree 业务模型；支持多种 L2 VPN 业务类型；传送满足 2G/3G 移动通信基站要求的同步时钟和时间信息。

ZXCTN 6100 作为接入层设备，适用于多种解决方案：

- 移动基站 Backhaul 业务的接入和传送；
- 大客户专线业务的接入和传送；
- NGN 业务的接入和传送；
- IPTV 业务的接入和传送；
- VOD(Video On Demand)/ VoIP(Voice over IP)业务的接入和传送；
- 公众客户 Internet 业务的接入和传送。

2. 设备外形及硬件介绍

ZXCTN 6100 设备外形如图 7-2 所示。

图 7-2　ZXCTN 6100 设备外形图

ZXCTN 6100 的设备尺寸为 482.6 mm(宽度) × 43.6 mm(高度) × 225.0 mm(深度)，可以满足标准 19 英寸机架安装，高 1U。其安装方式可以是柜式、壁挂、桌面安放式等；基本结构为主板＋子板结构。其中，子板结构为半固定方式，在出厂时最好明确各槽位中需要的具体插板，否则更换时需要打开机盖进行更换。以 NP(Network Processor，网络处理器)

为中心的集中交换式结构，主板提供常用接口，子板提供 2 个扩展槽位。

ZXCTN 6100 采用 PWE3 技术，支持以 TDM、ATM/IMA、FE、GE 等多种形式接入基站业务。

其交换容量为 5 Gb/s(双向)，包转发率为 7.44 Mpps，设备功耗≤45 W；支持 2 路 GE 接口和第 1、2 路 FE 接口的同步以太网时钟功能；抗震指标为 9 级。

1) 子架结构

ZXCTN 6100 子架结构图如图 7-3 所示。

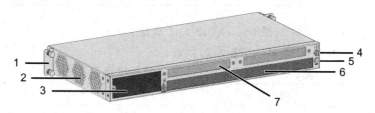

1—安装支耳；2—风扇区；3—电源板区；4—子架保护地接线柱；
5—静电手环插孔；6—主板区；7—业务单板区

图 7-3　ZXCTN 6100 子架结构

ZXCTN 6100 采用集中式架构，系统以主板为核心，集中完成主控、交换和时钟的功能，通过总线与其他组件传递业务信号和管理信息。

ZXCTN 6100 子架采用横插式结构，分为交换主控时钟板区、业务线卡区、电源板区、风扇区等，无背板。子架提供 4 个插板槽位，包括 1 个主控板槽位、2 个业务单板槽位、1 个电源板槽位；采用集中式供电，系统电源模块提供电压输出，分别供给主板和风扇；业务槽位可插入不同的业务单板，对外提供多种业务接口。业务单板采用扣板方式安装在主板插座上，与传统的背板连接方式不同，业务单板与主板的连接方式是一种叠板方式；满足子架在 IEC 标准机柜(19 英寸机柜)和 ETS 标准机柜(21 英寸机柜)的安装需求，也支持壁挂式安装和机柜式安装。

图 7-4 为 ZXCTN 6100 硬件的系统结构图。

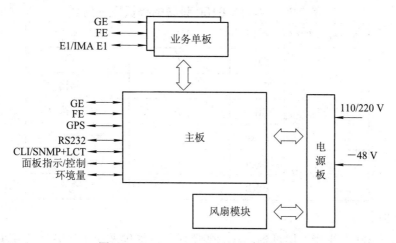

图 7-4　ZXCTN 6100 硬件的系统结构

2) ZXCTN 6100 子架板位资源及单板命名

ZXCTN 6100 包含一个电源板槽位 Power；一个风扇槽位 FAN，内嵌在电源板旁；一个主控板槽位，位于 Slot 3；还有 2 个扩展业务槽位，即 Solt 1 和 Solt 2。

图 7-5 为 6100 设备的板位分布图。

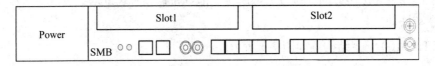

图 7-5　ZXCTN 6100 板位分布图

表 7-2 为 ZXCTN 6100 设备的单板命名列表。

表 7-2　ZXCTN 6100 设备的单板命名列表

单板代号	单板名称	单板英文名称
SMB2MHxTE100	10 以太网 2 MHz 时钟接口同步多业务传送处理系统主板	System Main Board with Ten Ethernet，2 MHz Clock Interfaces and Synchronous Multi-service Transport Processing Function
SMB2MBxTE100	10 以太网 2 MB 时钟接口同步多业务传送处理系统主板	System Main Board with Ten Ethernet，2 MB Clock Interfaces and Synchronous Multi-service Transport Processing Function
E1TE-75	E1 非平衡 75 Ω 电支路仿真板	Electrical Tributary Emulation Board of 75 Ω E1
E1TE-120	E1 平衡 120 Ω 电支路仿真板	Electrical Tributary Emulation Board of 120 Ω E1
GEx1	单光口千兆以太网接口板	1-Port Gigabit Ethernet Interface
FEx4	4 光口快速以太网接口板	4-Port Fast Ethernet Interface
PWA	−48 V 电源板	−48 V Power Board A
PWB	110 V/220 V 电源板	110 V/220 V Power Board B

表 7-3 为 ZXCTN 6100 设备的单板槽位列表。

表 7-3　ZXCTN 6100 设备的单板槽位列表

单板类型	单板	占用槽位数	插槽位置
处理板	SMB	1	1#槽位
业务板	E1TE	1	2#和 3#槽位
	GEx1	1	2#和 3#槽位
	FEx4	1	2#和 3#槽位
电源板	PWA	1	4#槽位
	PWB	1	4#槽位

2. 接入业务

ZXCTN 6100 作为接入层设备，其业务单板可以提供多种业务接口，可以进行多种类型业务的接入，如表 7-4 所示。

表 7-4 ZXCTN 6100 的业务接入能力

接口	接口类型	单板最大接入量(路)	业务最大接入量(路)	整机最大接入量(路)
Ethernet	FE (Electrical)	8	8	8
	FE (Optical)	4	8	8
	GE (Optical)	4	4	4
ATM	IMA E1	16	32	32
TDM	E1	16	32	32

业务最大接入量指该业务端口的吞吐量达到最大值时，设备能提供的该业务端口的最大数量。整机最大接入量指不考虑该业务端口的吞吐量是否达到最大值时，设备能提供的该业务端口的最大数量。

3. 保护能力

表 7-5 通过一个环网保护倒换的测试结果来衡量 ZXCTN 6100 设备的保护能力。环网保护倒换时间是由 16 个 ZXCTN 6100 节点组成的环形网络,在无保护拖延情况下进行测试。

表 7-5 ZXCTN 6100 设备的保护倒换性能

保护类型	性能指标
1 + 1 路径保护	小于 50 ms
1∶1 路径保护	小于 50 ms
MPLS-TP Wrapping 环网保护	小于 50 ms
PW 双归保护	小于 50 ms

对应的保护倒换拖延时间与等待恢复时间如表 7-6 所示。

表 7-6 保护倒换拖延时间和等待恢复时间

类 别	时间范围	步 长
保护拖延(Hold-Off)时间	0～10 s	100 ms
等待恢复(WTR)时间	1～12 min	1 min

4. 时钟同步能力

ZXCTN 6100 系统最大提供 10 路同步时钟源设置:

(1) 其时钟单板 SMB 可以提供:1 路 GPS 接口同步时钟源,1 路 BITS 接口同步时钟源,2 路 FE 端口同步时钟源(前两路),2 路 GE 端口同步时钟源。

(2) 线卡槽位可以提供:每槽位提供 2 路同步时钟源(前两路),ZXCTN 6100 子架提供 1 个 SMB 板槽位和 2 个业务板槽位。

ZXCTN 6100 时钟同步性能满足以下标准的要求:

- YD1011(1999)
- YD1012(1999)
- ITU-T G.810(1996–08)
- ITU-T G.812(2004–06)

- ITU-T G.813(2003–03)
- ITU-T G.823(2000–03)

时间同步性能方面，从定时器精度和时间传递精度两个方面来衡量。

(1) 定时器精度：ZXCTN 6100 系统内部 IEEE 1588 绝对时间定时器的时间戳最小单位为 ns，最差定时精度为 10 ns。

(2) 时间传递精度：ZXCTN 6100 系统组成的时间传递网络，在各节点通过同步以太网等方式同步时钟的前提下，经过 10 个节点的主从端口逐个同步后，绝对时间传递的偏差小于 1 μs。

GPS 时钟性能方面，ZXCTN 6100 支持 1 路相位同步信息(秒脉冲)和绝对时间值的输入和输出，端到端时间传递是在经过不少于 30 个边界时钟单节点的网络下进行测试，如表 7-7 所示。

表 7-7   GPS 时钟性能测试结果

项 目		性能指标
1 pp 时间传递	处理 PTP 节点(边界时钟)数	30/μs
	处理 E2E 节点数	30/μs
	处理 P2P 节点数	30/μs
1 pps 单节点时间传递	经过边界时钟背靠背的相位精度	10GE—24 ns；GE—24 ns；FE—50 ns
	经过边界时钟单节点输出频率精度	$<4.6 \times 10^{-6}$
1 pps 端到端时间传递指标(经过不少于 30 个边界时钟单节点)	输出相位精度	1 μs
	输出频率精度	$<4.6 \times 10^{-6}$
	输出抖动	±200 ns

7.1.2   ZXCTN 6200 设备

ZXCTN 6200 是中兴通讯推出的面向分组传送的电信级多业务承载产品，专注于移动 Backhual 和多业务网络融合的承载和传送。ZXCTN 6200 可有效满足各种接入层业务或小容量汇聚层的传送要求。

1. ZXCTN 6200 设备特点

ZXCTN 6200 是业界最紧凑的 10GE 设备，设备外形图如图 7-6 所示。

图 7-6   ZXCTN 6200 设备外形图

ZXCTN 6200 的设备尺寸为 482.6 mm(宽度) × 130.5 mm(高度) × 240.0 mm(深度)，可以满足标准 19 英寸机架安装，采用分组交换架构和横插板结构，高度为 3U，可安装在 300 mm 深的标准机柜；安装方式可以是柜式、桌面安放式等；支持–48 V 直流供电方式，交流供电方式需要外配专门的 220V 转-48V 电源。

ZXCTN 6200 采用 PWE3 技术，支持以 TDM、ATM/IMA、FE、GE 等多种形式接入基站业务。

其交换容量为 44 Gb/s，包转发率为 65.47 Mpps，设备功耗≤250 W；业务接口支持 GE(包括 FE)、POS STM-1/4、Channelized STM-1/4、ATM STM-1、IMA/CES/MLPPP E1、10GE 等接口；提供 4 个业务槽位，其中上面两个槽位的背板带宽为 8 个 GE，下面两个槽位的背板带宽为 4GE+1XG，可以兼容 10GE 单板。

其提供设备级关键单元冗余保护，抗震指标为 9 级抗震。

注：产品参数根据版本有所不同，上述参数是根据对应的 V1.0 产品规范书。

2．设备外形及硬件介绍

ZXCTN 6200 采用集中式架构，以主控交换时钟板为核心，集中完成主控、交换和时钟三大功能，并通过背板与其他单板通信；系统的业务槽位可插入不同的业务单板，对外提供多种业务接口；系统采用两块 1＋1 热备份的 −48 V 电源板供电，保证设备的安全运行。

ZXCTN 6200 系统结构图如图 7-7 所示。

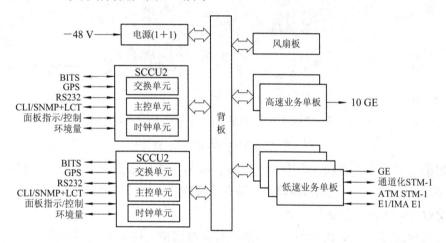

图 7-7　ZXCTN 6200 系统结构图

1）ZXCTN 6200 子架

ZXCTN 6200 子架结构图如图 7-8 所示。

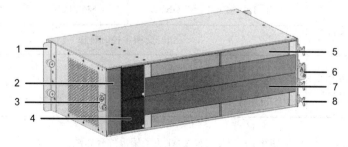

1—安装支耳；2—风扇区；3—子架保护地接线柱；4—电源板区；5—业务单板区；
6—静电手环插孔；7—交换主控时钟板区；8—走线卡

图 7-8　ZXCTN 6200 子架结构图

ZXCTN 6200 子架采用横插式结构；分为交换主控时钟板区、业务线卡区、电源板区、风扇区等；子架提供 9 个插板槽位，包括 2 个主控板槽位、4 个业务单板槽位、2 个电源板槽位和 1 个风扇槽位；整机设计符合 IEC 标准，可以安装到 IEC 标准机柜或 ETS 标准机柜中 6200 风扇插箱。

图 7-9 为 ZXCTN 6200 的风扇结构图。

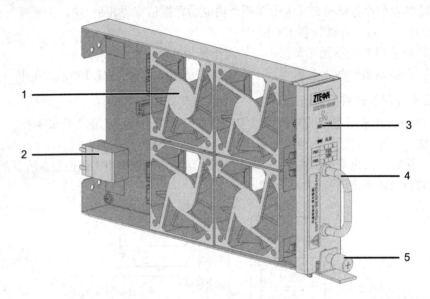

1—风扇；2—背板接口；3—指示灯；4—拉手；5—松不脱螺钉

图 7-9　ZXCTN 6200 的风扇结构图

插箱采用了整体式设计，4 个并联风扇集成为一个风扇插箱，共用一个插座。每个 ZXCTN 6200 子架配置 1 个风扇插箱，安装在子架的左侧，采用侧面进风、出风的方式。

2) ZXCTN 6200 子架板位资源

1、2 号槽位支持 8GE 的业务接入容量；3、4 号槽位支持 4 GE 或 10 GE 的业务接入容量，当插入 GE 单板时，接入容量为 4 GE，当插入 10 GE 单板时，接入容量为 10 GE。

图 7-10 为 ZXCTN 6200 的子架板位分布图。

风扇 Slot 9	电源板 Slot 7	Slot1低速LIC板卡8 Gb/s	Slot2低速LIC板卡8 Gb/s
		Slot5交换主控时钟板	
	电源板 Slot 8	Slot6交换主控时钟板	
		Slot3低速LIC板卡10 Gb/s	Slot4低速LIC板卡10 Gb/s

图 7-10　ZXCTN 6200 的子架板位分布图

表 7-8 为 ZXCTN 6200 设备各个槽位可以插放的单板类型。

表 7-8　ZXCTN 6200 单板槽位列表

槽位号	接入容量	可 插 单 板
1#～2#	8 GE	R8EGF、R8EGE、R4EGC、R4CSB、R4ASB、R16E1F、R4GW、R4CPS
3#、4#	4/10 GE	R1EXG、R8EGF、R8EGE、R4EGC、R4CSB、R4ASB、R16E1F、R4GW、R4CPS
5#、6#	—	RSCCU2
7#、8#	—	RPWD2
9#	—	RFAN2
功能类单板的槽位固定，业务接口板的槽位不固定		

表 7-9 为 ZXCTN 6200 设备的单板命名列表。

表 7-9　ZXCTN 6200 设备的单板命名列表

单板代号	单板名称	单板英文名称
RSCCU2	主控交换时钟单元板	Switch Control Clock Unit for 6200
R1EXG	1 路增强型 10GE 光口板	1-Port Enhanced 10 Gigabit Ethernet Fiber Interface
R8EGF	8 路增强型千兆光口板	8-Port Enhanced Gigabit Ethernet Fiber Interface
R8EGE	8 路增强型千兆电口板	8-Port Enhanced Gigabit Ethernet ELE Interface
R4EGC	4 路增强型千兆 Combo 板	4-Port Enhanced Gigabit Ethernet Combo Interface
R4CSB	4 路通道化 STM-1 板	4-Port Channelized STM-1 Board
R4ASB	4 路 ATM STM-1 板	4-Port ATM STM-1 Board
R4GW	网关板	Gateway Board
R4CPS	4 端口通道化 STM-1 PoS 单板	4-Port Channelized STM-1 PoS Board
R16E1F	16 路前出线 E1 板	16-Port E1 Board with Front Interface
RPWD2	直流电源板	Power DC Board for 6200
RFAN2	风扇板	Fan Board for 6200

表 7-10 为 ZXCTN 6200 单板命名列表。

表 7-10　ZXCTN 6200 单板槽位列表

单板类型	单板	占用槽位数	插槽位置
处理板	RSCCU2	1	5#、6#槽位
业务板	R1EXG	1	3#、4#槽位
	R8EGF	1	1#～4#槽位
	R8EGE	1	1#～4#槽位
	R4EGC	1	1#～4#槽位
	R4CSB	1	1#～4#槽位
	R4ASB	1	1#～4#槽位
	R4GW	1	1#～4#槽位
	R4CPS	1	1#～4#槽位
	R16E1F	1	1#～4#槽位
电源板	RPWD2	1	7#、8#槽位
风扇板	RFAN2	1	9#槽位

7.1.3　ZXCTN 6300 设备

ZXCTN 6300 是中兴通讯推出的面向分组传送的电信级多业务承载产品,专注于移动 Backhual 和多业务网络融合的承载和传送。ZXCTN 6300 可有效满足各种汇聚层的传送要求。

1. ZXCTN 6300 设备特点

ZXCTN 6300 的设备外形图如图 7-11 所示。

图 7-11　ZXCTN 6300 的设备外形图

ZXCTN 6300 的设备尺寸为 482.6 mm(宽度) × 352.8 mm(高度) × 243.0 mm(深度),可以满足标准 19 英寸机架安装,采用基于 ASIC 的集中式分组交换架构和横插板结构,高为 8U,可安装于 300 mm 深的标准机柜;安装方式为柜式、桌面安放式等;支持−48 V 直流和 220 V 交流两种供电方式,交流供电方式需要外配专门的 220 V 转−48 V 电源。

其交换容量为 88 Gb/s,包转发率为 130.95 Mpps,设备功耗≤500 W;业务接口支持 GE(包括 FE)、POS STM-1/4、Channelized STM-1/4、ATM STM-1、IMA/CES/MLPPP E1、10GE 等接口。

ZXCTN 6300 提供 6 个业务槽位,每个槽位的背板带宽为 8 个 GE;还可提供 4 个高速槽位,每个槽位容量为 10G,其业务单板与 6200 兼容。

ZXCTN 6300 提供设备级关键单元冗余保护,包括电源板、主控、交换、时钟板 1＋1 保护;提供两个接口槽位,可以实现 E1 板的 1:2 共两组 TPS 保护等;抗震指标为 9 级。

注:产品参数根据版本有所不同,上述参数对应的是 V1.0 产品规范书。

2. 设备外形及硬件介绍

ZXCTN 6300 采用集中式架构,以主控交换时钟板为核心,集中完成主控、交换和时钟三大功能，并通过背板与其他单板通信；系统的业务槽位可插入不同的业务单板，对外提供多种业务接口；系统可采用两块 1+1 热备份的−48 V 电源板或 110 V/220 V 电源板供电，保证设备系统的安全运行。

ZXCTN 6300 系统结构图如图 7-12 所示。

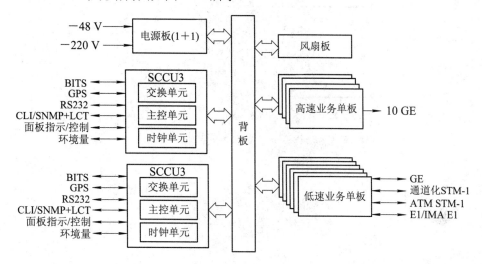

图 7-12　ZXCTN 6300 系统结构图

1）ZXCTN 6300 子架

ZXCTN 6300 子架采用横插式结构，提供 17 个插板槽位，包括 12 个业务槽位、2 个主控槽位、2 个电源槽位和 1 个风扇槽位；单板与单板之间通过背板总线传递业务和管理信息；整机设计符合 IEC 标准，可以安装到 IEC 标准机柜或 ETS 标准机柜中。

图 7-13 所示为 ZXCTN 6300 子架结构图。

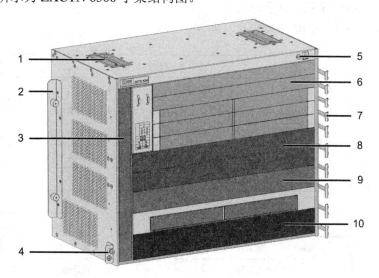

1—搬运拉手；2—安装支耳；3—风扇区；4—子架保护地接线柱；5—防静电手环插孔；
6—低速业务单板区；7—走线卡；8—交换主控时钟板区；9—高速业务单板区；10—电源板区

图 7-13　ZXCTN 6300 子架结构图

ZXCTN 6300 风扇插箱示意图如图 7-14 所示。

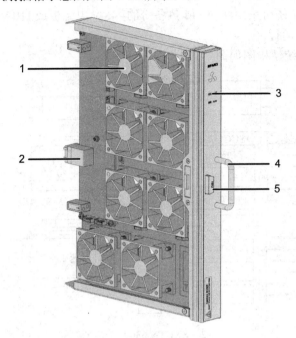

1—风扇；2—背板接口；3—指示灯；4—拉手；5—锁定按钮

图 7-14　ZXCTN 6300 风扇插箱示意图

ZXCTN 6300 采用左侧吸风散热方式；每个 ZXCTN 6300 子架配置 1 个风扇插箱，安装在子架的左侧，采用侧面进风、出风的方式，插箱采用了整体式设计，8 个并联风扇集成为一个风扇插箱，共用一个插座。

2) ZXCTN 6300 子架板位资源

图 7-15 为 ZXCTN 6300 子架板位分布图。

风扇 Slot 17	Slot1 E1保护接口板		
	Slot2 E1保护接口板		
	Slot3接口板卡8 Gb/s		Slot4接口板卡8 Gb/s
	Slot5接口板卡8 Gb/s		Slot6接口板卡8 Gb/s
	Slot7接口板卡8 Gb/s		Slot8接口板卡8 Gb/s
	Slot13交换主控时钟板卡		
	Slot14 交换主控时钟板卡		
	Slot9接口板卡10 Gb/s		Slot10接口板卡10 Gb/s
	Slot11接口板卡10 Gb/s		Slot12接口板卡10 Gb/s
	Slot15电源板		Slot16电源板

图 7-15　ZXCTN 6300 子架板位分布图

表 7-11 为 ZXCTN 6300 设备各个槽位可以插放的单板类型。

表 7-11　ZXCTN 6200 单板槽位列表

槽位号	接入容量	可插单板
1#～2#	8 GE	RE1PI
3#～8#	8 GE	R8EGF、R8EGE、R4EGC、R4CSB、R4ASB、R16E1F、R16E1B、R4GW、R4CPS
9#～12#	10 GE	R1EXG
13#、14#	—	RSCCU3
15#、16#	—	RPWD3、RPWA3
17#		RFAN3
功能类单板的槽位固定，业务接口板的槽位不固定		

表 7-12 为 ZXCTN 6300 设备的单板命名列表。

表 7-12　ZXCTN 6300 单板命名列表

单板代号	单板名称	单板英文全称
RSCCU3	主控交换时钟单元板	Switch Control Clock Unit for 6300
R1EXG	1 路增强型 10 GE 光口板	1-Port Enhanced 10 Gigabit Ethernet Fiber Interface
R8EGF	8 路增强型千兆光口板	8-Port Enhanced Gigabit Ethernet Fiber Interface
R8EGE	8 路增强型千兆电口板	8-Port Enhanced Gigabit Ethernet ELE Interface
R4EGC	4 路增强型千兆 Combo 板	4-Port Enhanced Gigabit Ethernet Combo Interface
R4CSB	4 路通道化 STM-1 板	4-Port Channelized STM-1 Board
R4ASB	4 路 ATM STM-1 板	4-Port ATM STM-1 Board
R4GW	网关板	Gateway Board
R4CPS	4 端口通道化 STM-1 PoS 单板	4-Port Channelized STM-1 PoS Board
R16E1B	16 路 E1 保护处理板	16-Port E1 Board with Back Interface
R16E1F	16 路前出线 E1 板	16-Port E1 Board with Front Interface
RE1PI	E1 接口保护板	E1 Board for Interface Protection
RPWD3	直流电源板	Power DC Board for 6300
RPWA3	交流电源板	Power AC Board for 6300
RFAN3	风扇板	Fan Board for 6300

表 7-13 为 ZXCTN 6300 单板槽位列表。

表 7-13 ZXCTN 6300 单板槽位列表

单板类型	单板	占用槽位数	插槽位置	单板类型	单板	占用槽位数	插槽位置
处理板	RSCCU3	1	13#、14# 槽位		R4CPS	1	3#~8# 槽位
业务板	R1EXG	1	9#~12# 槽位	业务板	R16E1B	1	3#~8# 槽位
	R8EGF	1	3#~8# 槽位		R16E1F	1	3#~8# 槽位
	R8EGE	1	3#~8# 槽位		RE1PI	1	1#~2# 槽位
	R4EGC	1	3#~8# 槽位	电源板	RPWD3	1	15#、16# 槽位
	R4CSB	1	3#~8# 槽位		RPWA3	1	15#、16# 槽位
	R4ASB	1	3#~8# 槽位	风扇板	RFAN3	1	17# 槽位
	R4GW	1	3#~8# 槽位				

7.2 ZXCTN 9000 系列设备

ZXCTN 9000 系列包括 ZXCTN 9002、ZXCTN 9004 和 ZXCTN 9008 等一系列产品,本节针对其中的 ZXCTN 9004 和 ZXCTN 9008 这两种设备进行介绍。

ZXCTN 9004&9008 是中兴通讯推出的新一代的面向分组传送的电信级多业务承载产品,可为客户提供移动回传(Backhaul)以及 FMC(Fixed Mobile Convergence)端到端解决方案,主要定位于城域承载网的汇聚层和核心层。

ZXCTN 9004&9008 提供多种业务的接入和传送;系统还提供完善的业务保护、OAM 和时钟同步,具有电信级的业务传送特性;业务传送层采用 MPLS-TP 网络技术,服务层支持以太网网络;系统具备 Ethernet、TDM 和 ATM 等多业务的传送功能,提供有保障的 QoS;系统具备低于 50 ms 的保护倒换时间;系统支持 MPLS-TP OAM 和以太网 OAM 功能;满足 MEF(Metro Ethernet Forum)定义的 E-Line、E-LAN 和 E-Tree 业务模型;传送满足 2G/3G 移动通信基站要求的同步时钟和时间信息。

ZXCTN 9004&9008 作为核心层设备,适用于多种解决方案:

* 移动基站 Backhaul 业务的接入和传送;
* 大客户和 VPN 业务的接入和传送;
* NGN 业务的接入和传送;
* IPTV 业务的接入和传送;
* VOD/VoIP 业务的接入和传送;
* 公众客户 Internet 业务的接入和传送;
* FMC 业务的接入和传送;
* MSAN/MSAG 综合业务的接入和传送。

7.2.1 ZXCTN 9004 设备

ZXCTN 9004 的设备外形图如图 7-16 所示。

图 7-16　ZXCTN 9004 的设备外形图

ZXCTN 9004 的设备尺寸为 482.6 mm(宽度) × 399.3 mm(高度) × 560.0 mm(深度)，可以满足标准 19 英寸机架安装，采用分组交换架构和横插板结构，高度为 9U，可安装在 900 mm深的大容量传输机柜中；支持−48 V 直流和 220 V 交流两种供电方式。

其交换容量为 800 Gb/s，包转发率为 238 Mpps，背板带宽为 126 Tb/s，设备功耗≤ 1400 W；业务接口支持 GE(O/E)、10GE、POS STM-1/4/16/64、CPOS STM-1、Ch STM-1、ATM STM-1 等接口。

ZXCTN 9004 提供 4 个业务槽位，最大接入容量为 48(GE) × 4 = 192Gb/s；提供设备级关键单元冗余保护，包括电源板 1 + 1，主控、交换 1 + 1 保护；抗震指标为 9 级。

注：产品参数根据版本有所不同，上述参数对应的是 V1.0 产品规范书。

1．子架结构

ZXCTN 9004 子架结构图如图 7-17 所示。

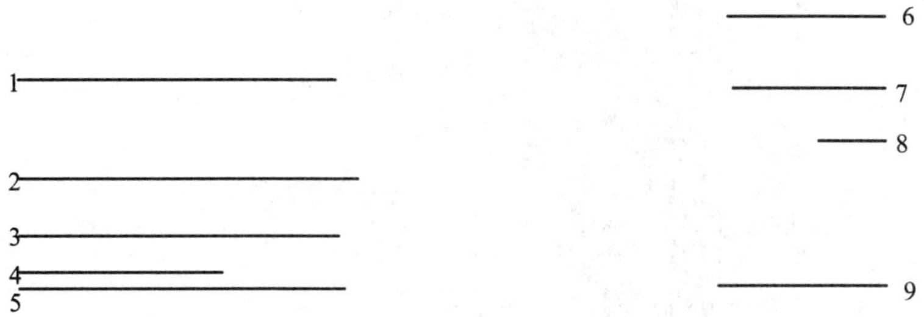

1—安装支耳；

2—风扇区；

3—静电手环插孔；

4—搬运拉手；

5—子架保护地接线柱；

6—业务板区；

7—主控板区；

8—走线卡；

9—电源插箱区

图 7-17　ZXCTN 9004 子架结构图

ZXCTN 9004 子架采用横插式结构，包括 4 个业务处理板槽位、2 个主控板槽位、3 个电源板槽位和 1 个风扇槽位；单板与单板之间通过背板总线传递业务和管理信息；整机设计符合 IEC 标准，可以安装到 IEC 标准机柜或 ETS 标准机柜中。

ZXCTN 9004 系统结构图如图 7-18 所示。

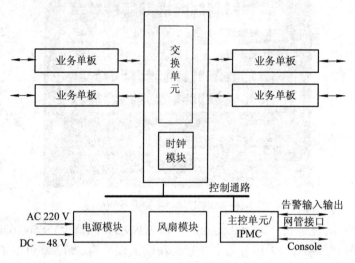

图 7-18　ZXCTN 9004 系统结构图

ZXCTN 9004 采用机架式设计，整个系统硬件架构由背板、主控板、业务单板、智能平台管理子系统、电源及风扇等组成；设备以交换单元与主控单元为中心，通过大容量高速串行总线把各个业务单板与交换单元连接起来。

ZXCTN 9004 风扇插箱示意图如图 7-19 所示。

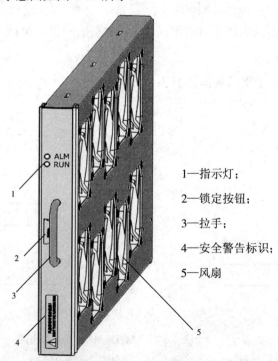

1—指示灯；

2—锁定按钮；

3—拉手；

4—安全警告标识；

5—风扇

图 7-19　ZXCTN 9004 风扇插箱示意图

每个 ZXCTN 9004 子架配置 1 个风扇插箱，安装在子架的左侧，采用侧面进风、出风的方式；插箱采用了整体式设计，10 个并联风扇集成为一个风扇插箱，共用一个插座。

2. ZXCTN 9004 子架板位资源

表 7-14 为 ZXCTN 9004 子架板位分布。

表 7-14　ZXCTN 9004 子架板位分布

门　头		
Slot 10 FAN	Slot 1	业务处理板
	Slot 2	业务处理板
	Slot 5	MSC
	Slot 6	MSC
	Slot 3	业务处理板
	Slot 4	业务处理板
	Slot 7 Power	Slot 8 Power	Slot 9 Power

表 7-15 为 ZXCTN 9004 设备每个槽位可以插放的单板类型。

表 7-15　ZXCTN 9004 单板槽位列表

槽位号	接入容量	可　插　单　板
1#～4#	40 GE	P90S1-24GE-RJ、P90S1-24GE-SFP、P90S1-48GE-RJ、P90S1-48GE-SFP、P90S1-12GE1XGET-SFPXF、P90S1-24GE2XGE-SFPXFP、P90S1-2XGE-XFP、P90S1-2XGET-XFP 、P90S1-4XGE-XFP、P90S1-LPCA+接口子卡
5#～6#	—	P9004-MSC、P9004-MSCT
7#～9#	—	电源板(可任选 2 个槽位，形成电源板 1+1 冗余)
10#	—	风扇板
功能类单板的槽位固定，业务接口板的槽位不固定		

表 7-16～表 7-18 为 ZXCTN 9004 单板命名列表，表 7-19 为 ZXCTN 9004 单板槽位列表。

表 7-16　ZXCTN 9004 单板命名列表(1)

单板代号	单板名称	单板英文全称
P9004-MSC	9004 主控板	Management & Switching Card for 9004
P9004-MSCT	9004 主控板(支持 1588 和 BITS)	Management & Switching Card for 9004 (supporting1588V2 and BITS)
P90S1-24GE-SFP	24 端口千兆以太网光接口线路处理板(支持 SyncE)	24-Port Gigabit Ethernet SFP Interface Line Card (supporting SyncE)
P90S1-24GE-RJ	24 端口千兆以太网电接口线路处理板(支持 SyncE)	24-Port Gigabit Ethernet RJ45 Interface Line Card (supporting SyncE)
P90S1-48GE-SFP	48 端口千兆以太网光接口线路处理板(支持 SyncE)	48-Port Gigabit Ethernet SFP Interface Line Card (supporting SyncE)

续表

单板代号	单板名称	单板英文全称
P90S1-48GE-RJ	48 端口千兆以太网电接口线路处理板(支持 SyncE)	48-Port Gigabit Ethernet RJ45 Interface Line Card (supporting SyncE)
P90S1-24GE2XGE-SFPXFP	24 端口千兆以太网光接口+2 端口万兆以太网光接口线路处理板(支持 SyncE)	24-Port Gigabit Ethernet SFP Interface and 2 Ports 10Giga Ethernet XFP Interface Line Card (supportingSyncE)
P90S1-12GE1XGET-SFPXFP	12 端口千兆以太网光接口+1 端口万兆以太网光接口线路处理板(8 个 GE 和 1 个 XGE 端口支持 1588v2)	12-Port Gigabit Ethernet SFP Interface and 1 Port 10Giga Ethernet XFP Interface Line Card (8GE+1XGE supporting 1588v2)

表 7-17　ZXCTN 9004 单板命名列表(2)

单板代号	单板名称	单板英文全称
P90S1-2XGE-XFP	2 端口万兆以太网光接口线路处理板(支持 SyncE)	2-Port 10 Gigabit Ethernet XFP Interface Line Card (supporting SyncE)
P90S1-2XGETXFP	2 端口万兆以太网光接口线路处理板(支持 1588v2)	2-Port 10 Gigabit Ethernet XFP Interface Line Card (supporting 1588v2)
P90S1-4XGE-XFP	4 端口万兆以太网光接口线路处理板(支持 SyncE)	4-Port 10 Gigabit Ethernet XFP Interface Line Card (supporting SyncE)
P90S1-4XGET-XFP	4 端口万兆以太网光接口线路处理板(支持 1588v2)	4-Port 10 Gigabit Ethernet XFP Interface Line Card (supporting 1588v2)
P90S1-LPCA	多业务母板 A(2 接口子卡插槽)	Multi-Service Mother Board(with 2 Sub Card Slot)
P90S1-LPC24	24 Gb/s 多业务母板(4 接口子卡插槽)	24 Gbps Multi-Service Mother Board (with 4 Sub Card Slot)
P90-1P192-XFP	1 端口 OC-192c POS 接口子卡	1-Port OC-192c XFP Interface POS Sub Card
P90-8P12/3-SFP	8 端口 OC-12c/OC-3c 可配置 POS 接口子卡	8-Port OC-12c/OC-3c Configurable SFP Interface POS Sub Card
P90-8GE1CP12/3-SFP	8 端口千兆以太网光接口+1 端口 OC-12/STM-4 CPOS SFP 接口多业务子卡	8-Port Gigabit Ethernet SFP Interface and 1-Port OC-12/STM-4 CPOS SFP Interface Multi-Service Sub Card
P90-8GE4COC3-SFP	8 端口千兆以太网光口+4 端口通道化 POS 接口	8-Port Gigabit Ethernet SFP Interface and 4–Port Channelized STM-1/OC–3 CPOS SFP Interface Sub Card
P90-8GE4A3-SFP	8 端口千兆以太网光口+4 端口 ATM 接口	8-Port Gigabit Ethernet SFP Interface and 4–Port ATM STM-1/OC–3 SFP Interface Sub Card

表 7-18　ZXCTN 9004 单板命名列表(3)

单板代号	单板名称	单板英文全称
P90-8GE-RJ	8 端口千兆以太网电接口子卡(支持 SyncE)	8-Port Gigabit Ethernet RJ45 Interface Sub Card (supporting SyncE)
P90-8GET-RJ	8 端口千兆以太网电接口子卡(支持 1588 V2)	8-Port Gigabit Ethernet RJ45 Interface Sub Card (supporting 1588V2)
P90-8GE-SFP	8 端口千兆以太网光接口子卡(支持 SyncE)	8-Port Gigabit Ethernet SFP Interface Sub Card (supporting SyncE)
P90-8GET-SFP	8 端口千兆以太网光接口子卡(支持 1588V2)	8-Port Gigabit Ethernet SFP Interface Sub Card (supporting 1588V2)
P90-24E1-CX	24 端口 E1 接口多业务子卡(75 Ω)	24-Port E1 multi-service Sub Card(75 Ω)
P90-24E1-TX	24 端口 E1 接口多业务子卡(120 Ω)	24-Port E1 multi-service Sub Card(120 Ω)
P90-24T1-TX	24 端口 T1 接口多业务子卡(100 Ω)	24-Port T1 multi-service Sub Card(100 Ω)
P90-4OC3-SFP	4 端口 OC-3c/STM-1 SFP 接口多业务子卡	4-Port OC-3c/STM-1 SFP Interface Multi-Service Sub Card
P90-4COC3-SFP	4 端口通道化 STM-1/OC-3 CPOS SFP 接口多业务子卡	4-Port Channelized STM-1/OC-3 CPOS SFP Interface Multi-Service Sub Card
P90-1XGET-XFP	1 端口万兆以太网光接口子卡(支持 1588V2)	1-Port 10 Gigabit Ethernet XFP Interface Sub Card(supporting 1588V2)
PM-DC2UB	9004&9008 用 2U 直流电源模块	Power DC Board for 9004&9008
PM-AC2U	9004&9008 用 2U 交流电源模块	Power AC Board for 9004&9008
M9004–FAN	风扇模块	Fan Board for 9004
P9008–FAN	风扇模块	Fan Board for 9008

表 7-19　ZXCTN 9004 单板槽位列表

单板类型	单板	占用槽位数	插槽位置	备　注
主控板	P9004-MSC	1	5#、6# 槽位	支持 1:1 冗余，建议冗余配置
	P9004-MSCT			
固定接口业务板	P90S1-24GE-SFP	1	1# ～4# 槽位	
	P90S1-24GE-RJ	1	1# ～4# 槽位	
	P90S1-48GE-RJ	1	1# ～4# 槽位	
	P90S1-48GE-SFP	1	1# ～4# 槽位	
	P90S1-24GE2XGE-SFPXFP	1	1# ～4# 槽位	
	P90S1-2XGE-XFP	1	1# ～4# 槽位	
	P90S1-2XGET-XFP	1	1# ～4# 槽位	
	P90S1-4XGE-XFP	1	1# ～4# 槽位	
	P90S1-12GE1XGET-SFPXFP	1	1# ～4# 槽位	

续表

单板类型	单 板	占用槽位数	插槽位置	备 注
多业务母板	P90S1-LPCA	1	1# ~4# 槽位	与接口子卡配合使用
接口子卡	P90-1P192-XFP	—	P90S1-LPCA	与多业务母板配合使用，子卡本身不占用槽位
	P90-8P12/3-SFP	—	P90S1-LPCA	
	P90-8GE4COC3-SFP	—	P90S1-LPCA	
	P90-8GE4A3-SFP	—	P90S1-LPCA	
	P90-8GE1CP12/3-SFP	—	P90S1-LPCA	
电源模块	PM-AC2U	1	7#~9# 槽位	
	PM-DC2UB	1	7#~9# 槽位	
风扇模块	P9004-FAN	1	10# 槽位	

7.2.2 ZXCTN 9008 设备

ZXCTN 9008 是中兴通讯推出的新一代的面向分组传送的电信级多业务承载产品，可为客户提供移动回传以及 FMC 端到端解决方案，主要定位于城域承载网的汇聚层和核心层。

ZXCTN 9008 的设备外形图如图 7-20 所示。

图 7-20　ZXCTN 9008 的设备外形图

ZXCTN 9008 的设备尺寸为 482.6 mm(宽度) × 888.2 mm(高度) × 560.0 mm(深度)，采用分组交换架构和竖插板结构，高度为 12U，可以按照机架式方式安装在 600/800 mm 深的大容量传输机柜中，支持 –48 V 直流和 220 V 交流两种供电方式。

其交换容量为 2.24 Tb/s，包转发率为 476 Mpps，背板带宽为 2.52 Tb/s，功耗≤2700 W；业务接口支持 GE(O/E)、10GE、POS STM-1/4/16/64、CPOS STM-1、Ch STM-1、ATM STM-1 等接口。

ZXCTN 9008 可提供 8 个业务槽位，最大接入容量为 48(GE) × 8 = 384 Gb/s；提供设备级关键单元冗余保护，包括时钟、主控、电源 1+1 保护；抗震指标为 9 级。

1. 子架结构

ZXCTN 9008 子架结构图如图 7-21 所示。

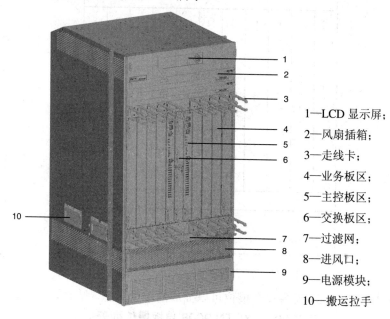

1—LCD 显示屏；
2—风扇插箱；
3—走线卡；
4—业务板区；
5—主控板区；
6—交换板区；
7—过滤网；
8—进风口；
9—电源模块；
10—搬运拉手

图 7-21 ZXCTN 9008 子架结构图

ZXCTN 9008 子架采用竖插式结构；子架区包括 8 个业务处理板槽位、2 个主控板槽位、2 个交换板槽位、3 个电源板槽位和 2 个风扇板槽位；单板与单板之间通过背板总线传递业务和管理信息；整机设计符合 IEC 标准，可以安装到 IEC 标准机柜或 ETS 标准机柜中。

ZXCTN 9008 风扇插箱示意图如图 7-22 所示。

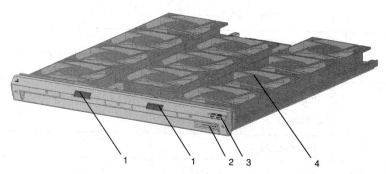

1—锁定按钮；2—安全警告标识；3—指示灯；4—风扇

图 7-22 ZXCTN 9008 风扇插箱示意图

每个 ZXCTN 9008 子架配置 2 个风扇插箱，安装在子架插板区的上方，采用底部进风、向上抽风的工作方式；插箱采用了整体式设计，11 个并联风扇集成为一个风扇插箱，共用一个插座。

2. ZXCTN 9008 子架板位资源

图 7-23 为 ZXCTN 9008 子架板位分布图。

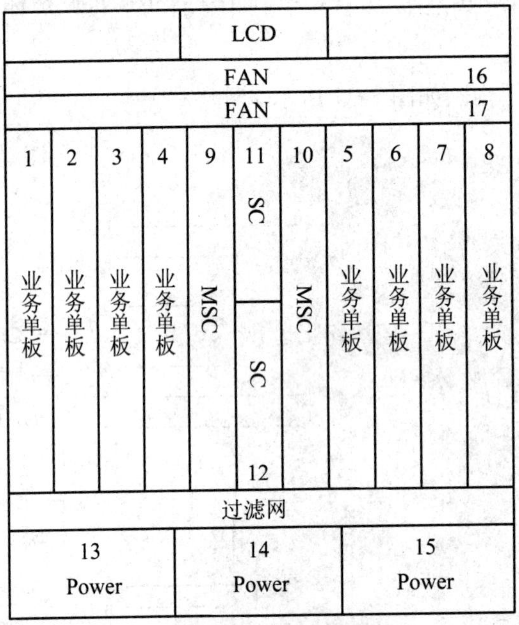

图 7-23　ZXCTN 9008 子架板位分布图

表 7-20 为 ZXCTN 9004 设备每个槽位可以插放的单板类型。

表 7-20　ZXCTN 9008 单板槽位列表

槽位号	接入容量	可 插 单 板
1# ～8#	80 GE	P90S1–24GE-RJ、P90S1–24GE-SFP 、P90S1–48GE-RJ、P90S1–48GE-SFP、P90S1-12GE1XGET-SFPXFP、P90S1-24GE2XGE-SFPXFP、P90S1-2XGE-XFP、P90S1-2XGET-XFP、P90S1-4XGE-XFP、P90S1-4XGET-XFP、P90S1-LPCA+接口子卡、P90S1-LPC24+接口子卡
9# ～10#	—	P9008-MSC、P9008-MSCT
11# ～12#	—	P9008-SC
13# ～15#	—	PM-DC2UB(可任选 2 个槽位配置，支持 1+1 冗余保护)、PM-AC2U(支持 2+1 冗余保护)
16# ～17#	—	P9008-FAN
功能类单板的槽位固定，业务接口板的槽位不固定		

表 7-21、表 7-22 为 ZXCTN 9008 单板槽位列表。

表 7-21 ZXCTN 9008 单板槽位列表(1)

单板类型	单 板	占用槽位数	插槽位置	备 注
主控板	P9008-MSC	1	9#、10# 槽位	主控板包括主控单元和交换单元,主控单元支持 1:1 冗余保护,交换单元与交换板共同构成 4 个交换平面,实现 3+1 负载分担和冗余保护
	P9008-MSCT			
交换板	P9008-SC	1	11#、12# 槽位	与主控板上的交换单元共同构成 4 个交换平面,实现 3+1 负载分担和冗余保护
固定接口业务板	P90S1-24GE-SFP	1	1#~8# 槽位	
	P90S1-24GE-RJ	1	1#~8# 槽位	
	P90S1-48GE-RJ	1	1#~8# 槽位	
	P90S1-48GE-SFP	1	1#~8# 槽位	
	P90S1-24GE2XGE-SFPXFP	1	1#~8# 槽位	
	P90S1-2XGE-XFP	1	1#~8# 槽位	
	P90S1-2XGET-XFP	1	1#~8# 槽位	
	P90S1-4XGE-XFP	1	1#~8# 槽位	
	P90S1-4XGET-XFP	1	1#~8# 槽位	
	P90S1-12GE1XGET-SFPXFP	1	1#~8# 槽位	
多业务母板	P90S1-LPCA	1	1#~8# 槽位	与接口子卡配合使用
	P90S1-LPC24	1	1#~8# 槽位	与接口子卡配合使用

表 7-22 ZXCTN 9008 单板槽位列表(2)

单板类型	单板	占用槽位数	插槽位置	备 注
接口子卡	P90-1P192-XFP	—	P90S1-LPCA	
	P90-8P12/3-SFP	—	P90S1-LPCA	
	P90-8GE1CP12/3-SFP	—	P90S1-LPCA	
	P90-8GE4COC3-SFP	—	P90S1-LPCA	
	P90-8GE4A3-SFP	—	P90S1-LPCA	
	P90-1XGET-XFP	—	P90S1-LPC24	
	P90-8GE-RJ	—	P90S1-LPC24	
	P90-8GET-RJ	—	P90S1-LPC24	与多业务母板配合使用,子卡本身不占用槽位
	P90-8GE-SFP	—	P90S1-LPC24	
	P90-8GET-SFP	—	P90S1-LPC24	
	P90-24E1-CX	—	P90S1-LPC24	
	P90-24E1-TX	—	P90S1-LPC24	
	P90-24T1-TX	—	P90S1-LPC24	
	P90-4OC3-SFP	—	P90S1-LPC24	
	P90-4COC3-SFP	—	P90S1-LPC24	

续表

单板类型	单板	占用槽位数	插槽位置	备　注
电源模块	PM-AC2U	1	13#～15# 槽位	
	PM-DC2UB	1	13#～15# 槽位	
风扇模块	P9008-FAN	1	16#～17# 槽位	

7.2.3 ZXCTN 9000 系列重要单板介绍

1. MSC 单板

MSC 是 ZXCTN 9008 的主控板，由主控单元、交换单元和时钟单元等功能块组成，是系统的核心单板。ZXCTN 9008 通常配置 2 块主控板，2 块主控板上的主控单元采用 1:1 备份工作方式；2 块主控板上的交换单元与交换板(通常配置 2 块)共同构成 4 个交换平面，采用 3+1 负载分担和冗余备份工作方式，即有任何一块主控板或交换板失效时仍可以支持线速转发。MSC 单板可以完成如下系统功能：

- ➤ 数据交换功能；
- ➤ 控制功能，运行系统网管和路由协议；
- ➤ 带宽管理功能；
- ➤ 带外通信功能，传输各业务单板之间的高速信令；
- ➤ 时钟同步功能。

2. 单板原理

MSC 单板的主要组成模块包括电源模块、监控模块、控制模块、通信模块、时钟模块、逻辑控制模块和交换模块。

MSC 单板的工作原理如图 7-24 所示，各功能模块说明如表 7-23 所示。

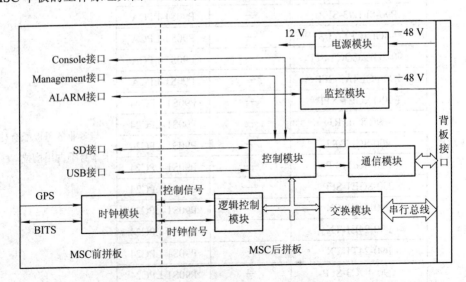

图 7-23　MSC 单板的工作原理图

表 7-23　MSC 单板各模块功能示意图

模块名称	功 能 说 明
电源模块	接收系统背板电源输入，并完成单板所需电源的转换
监控模块	(1) 监控环境信息，管理各业务单板、电源板、风扇板 (2) 控制单板上电，上报板类型、板在位、复位、中断等信息 (3) 控制 LCD 显示系统信息和告警
控制模块	完成网管、监控、网络协议处理，集中维护更新系统的二层和三层转发表等核心功能。 (1) 运行网管协议 (2) 运行路由协议，维护系统的全局路由表及转发表 (3) 进行主备状态监测，完成主、备切换等互控信号 (4) 提供单板调试和管理的接口 (5) 提供温度检测功能 (6) 提供系统日志管理功能
通信模块	通过带外通信方式，提供各单板之间的高速信令通道。 (1) 主备主控板通过带外通信端口，同步和备份运行数据 (2) 主控板和各业务单板通过该通道传送路由信息 (3) 主控板通过该通道向业务板传送控制指令
时钟模块	(1) 接收方向：接收业务单板送来的时钟基准，或 2M BITS 输入时钟基准，或由 GPS 模块产生的时钟基准 (2) 发送方向：产生系统同步时钟，再分发给系统中的各业务单板作为发送数据的时钟
逻辑控制模块	(1) 控制各业务板的 IO(Input & Output)信号，并通过带外通信，将各业务板的运行状态集中在主控板的面板上显示 (2) 控制各业务板复位信号，可对指定业务单板进行复位操作
交换单元	提供 240 Gb/s 双向无阻塞交换能力，负责整个系统业务流的集中转发以及相关业务的处理，主要完成业务缓存、队列管理和调度等功能

3．面板说明

MSC 单板的面板如图 7-25 所示，面板各部分说明如表 7-24 所示。

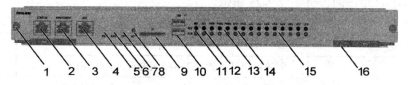

1—松不脱螺钉；2—调试接口 Console；3—以太网管理接口 Management；

4—AUX 管理接口；5—单板复位按钮 RST；6—单板主备倒换按钮 EXCH；

7—单板拍照按钮 CPY；8—SD 卡读/写指示灯 ACT；9—SD 卡接口；10—USB 接口；

11—单板主备状态指示灯 MST；12—单板主备状态指示灯 SLA；

13—电源模块运行状态指示灯 PWR1～3；14—交换板运行状态指示灯 SFC1～2；

15—业务板运行状态指示灯 LIC1～8；16—扳手

图 7-24　MSC 单板的面板图

表 7-24　MSC 面板说明表

项　目			描　述
单板类型			9008 主控板
面板标识			P9008-MSC
指示灯	ACT		绿色灯，SD 卡读写指示灯
	MST	ALM	红色灯，主用板告警指示灯
		RUN	绿色灯，主用板正常运行指示灯
	SLA	ALM	红色灯，备用板告警指示灯
		RUN	绿色灯，备用板正常运行指示灯
	PWR1～3	ALM	红色灯，备用板告警指示灯
		RUN	绿色灯，备用板正常运行指示灯
	SFC1～2	ALM	红色灯，备用板告警指示灯
		RUN	绿色灯，备用板正常运行指示灯
	LIC1～8	ALM	红色灯，备用板告警指示灯
		RUN	绿色灯，备用板正常运行指示灯
接口	CONSOLE		调试接口，接口类型为 RJ45，用于连接调试终端
	MANAGEMENT		网管接口，接口类型为 RJ45，用于连接中兴网管系统
	AUX		辅助接口，支持3线串行通信和7线 MODEM(Modulator and Demodulator)
	SD		SD 卡读/写接口
	USB		USB(Universal Serial Bus)接口，可接 USB 外设
组件	松不脱螺钉		将单板紧固在子架槽位上
	RST		按压该按钮，可以复位主控板
	EXCH		按压该按钮，可以强制倒换主控板
	CPY		按压该按钮，可以把系统当前运行信息转存到 SD 卡中
	扳手		方便插拔单板，并将单板紧扣在子架槽位上

4．告警、性能、事件

P9008-MSC 单板的告警如表 7-25 所示。

表 7-25　P9008-MSC 单板的告警列表

检 测 点	告 警 项	告警级别
TMP MEP/TMS MEP/TCM MEP	服务层信号失效 SSF(Server Signal Failure)	主要
	不期望的 MEP(UNM (Reception of a CV frame with an invalid MEP，but with a valid MEG))	主要
	客户信号失效 CSF(Client Signal Failure)	主要
	不期望的 CV 包周期 UNP(Reception of a CV frame with invalid periodicity，but valid MEG and MEPs values)	次要
	远端缺陷指示 RDI(Remote Defect Indication)	次要
	信号劣化 SD(Signal Degrade)	次要

检 测 点	告 警 项	告警级别
同步定时源	定时输入丢失	主要
	定时输出丢失	主要
	信号劣化 SD	主要
	帧丢失 LOF(Loss Of Frame)	主要
	告警指示信号 AIS(Alarm Indication Signal)	主要
	晶振老化告警	次要
	锁相环失锁	次要
	时钟源倒换事件	次要
单板	单板脱位	紧急
	探测点温度超限	次要
环网倒换	环网倒换	次要
隧道倒换	隧道倒换	次要
连通性故障管理 CFM (Connectivity Fault Management)	连通性丢失	紧急
	CCM(Communication Control Module)错连告警	主要
	CCM 报文错误	主要
	远端缺陷指示 RDI	次要
	告警指示信号 AIS	次要

5. P90S1-2XGE-XFP 单板

1) 单板功能

P90S1-2XGE-XFP 单板提供 2 个 10GE 的 XFP(10-Gigabit Samll Form-Factor Pluggable) 类型光接口。

其具体支持的功能如下：

(1) 可配置为 10GE-LAN 和 10GE-WAN。

(2) 2 个接口均支持 SyncE，可抽取和接收以太网时钟。

(3) 支持层次化的 QoS 功能 H-QoS (Hierarchical-QoS)。

(4) 协助完成系统 OAM 相关的 LM(frame Loss Measurement)、DM(Delay Measurement) 功能。

(5) 支持 T-MPLS OAM 功能的端到端检测和环网检测。

(6) 支持上电复位和软件复位。

(7) 支持 XFP 光纤模块在线诊断功能。

2) 单板原理

P90S1-2XGE-XFP 单板主要由以下单元模块组成：

· 以太网光接口模块；

· 接口处理模块；

· 业务处理模块；

- 控制模块；
- 网管接口模块；
- 时钟模块；
- 电源模块。

P90S1-2XGE-XFP 单板的工作原理如图 7-26 所示，各功能模块说明如表 7-26 所示。

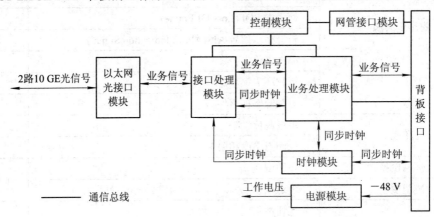

图 7-26 P90S1-2XGE-XFP 单板的工作原理

表 7-26   P90S1-2XGE-XFP 各功能模块

模块名称	功 能 说 明
以太网接口模块	输入/输出 2 路 10 Gb/s 的以太网光信号
接口处理模块	(1) 接收方向：接口处理模块对以太网光信号进行光电转换后，对数据进行解码和串/并转换。 提取时钟后，将数据传送至业务处理模块。 (2) 发送方向：接口处理模块将业务处理模块传送来的信号进行编码和并/串转换，然后进行电光转换，再发送至以太网光接口模块
业务处理模块	(1) 将业务信号送至主控板，对业务进行交换 (2) 完成系统 OAM 信息的处理
控制模块	实现与主控板的通信，并执行主控板下发的以下控制信息： (1) 定时查询接口处理模块的端口状态； (2) 检测以太网端口的 LED(Light Emitting Diode)指示灯状态； (3) 读取光模块数字诊断信息； (4) 读取单板的硬件版本信息
时钟模块	(1) 接收主控板下发的时钟信号作为单板同步时钟； (2) 提供线路端口的时钟信号作为系统时钟基准
网管接口模块	完成从主控板下载单板版本和配置信息，实现对单板的管理
电源模块	接收系统背板输入电源，完成单板所需电压的转换

6. 面板说明

P90S1-2XGE-XFP 单板的面板如图 7-27 所示，面板各部分说明如表 7-27 所示。

1—松不脱螺钉；2—连接状态指示灯 LINK；3—数据读/写指示灯 ACT；4—10 GE 光接口；5—扳手

图 7-27 P90S1-2XGE-XFP 单板面板示意图

表 7-27 P90S1-2XGE-XFP 单板面板说明

项 目		描 述
单板类型		2 端口万兆以太网光接口线路处理板
面板标识		P90S1-2XGE-XFP
指示灯	ACT	绿色灯，业务端口数据收发指示灯
	LINK	绿色灯，业务端口连接状态指示灯
接口	1~2	10 GE 光接口
组件	松不脱螺钉	将单板紧固在子架槽位上
	扳手	方便插拔单板，并将单板紧扣在子架槽位上

7. 重要告警

P90S1-2XGE-XFP 单板的告警如表 7-28 所示。

表 7-28 单板重要告警

检 测 点	告 警 项	告警级别
以太网端口	以太网端口未连接	紧急
	信号丢失 LOS(Loss Of Signal)	紧急
	光模块未安装	紧急
	光模块速率不匹配	紧急
	发送失效 TF(Transmit Fail)	紧急
	以太网端口半双工连接	主要
	输出光功率越限	主要
	输入光功率越限	主要
	链路失效	主要
	不可恢复的错误	主要
	激光器偏流越限	次要
	激光器温度越限	次要
	环回开启失败	次要
	环回关闭失败	次要
	远端缺陷指示	次要
	远端发现失败	次要
单板	单板脱位	紧急
	探测点温度超限	次要

第八章

中兴 NetNumen U31 网管系统

NetNumen U31 统一网元管理系统(以下简称 NetNumen U31 或 EMS)是中兴通讯承载网设备的统一管理平台,定位于网元管理层/子网管理层,具备 EMS/NMS 管理功能。

NetNumen U31 可管理 CTN、SDH、WDM/OTN、BRAS、Router、Switch 系列设备,实现统一的业务、告警、性能监控和管理。Netnuman U31 网管通过软件系统优化提升融合管理能力,提高扩展性、易用性,构建以客户为中心面向未来的新一代管理系统。

通过使用 NetNumen U31,用户不仅能完成对单个网元的配置和维护,同时还能站在网络管理的角度实施对全网网元的综合管理,包括配置管理、告警管理、性能管理、拓扑管理、安全管理等;可通过北向接口与 BSS/OSS 进行通信。

U31 在传输网管理系统中的定位如图 8-1 所示。

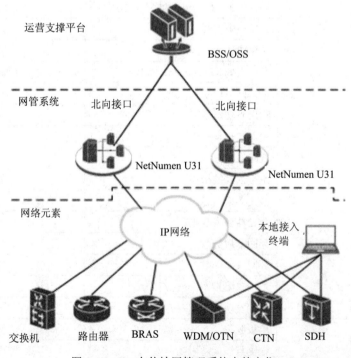

图 8-1　U31 在传输网管理系统中的定位

8.1　NetNumen U31 网管系统的特点

NetNumen U31 网管具有下述特点：

1．分布式体系结构与插件化设计

U31 采用分布式体系结构，客户端、服务器端、数据库可以运行在一台计算机上，也可以分布在不同的计算机上。U31 内核采用插件化设计，通过插件加载并可进行功能组件的任意分布。

2．支持多种网络管理规模

在安装 U31 时，根据网管管理的网元数量、客户端数量，可以提供多种规模供用户选择，不同的规模对网管服务器的性能要求也各不相同，管理越多的网元，连接越多的客户端，对服务器的性能要求越高。

3．支持多种标准的北向接口

U31 支持符合 SNMPv1、SNMPv2c 及 SNMPv3 协议标准的 SNMP 接口；支持符合 TMF814 标准建议的 CORBA 接口；支持 FTP 接口；支持符合 BellcoreGR-831 标准建议的 TL1 接口；支持基于 MTOSIV2.0 标准的 XML 接口。

4．业务部署特点

U31 提供友好的交互界面；支持单点、端到端两种方式开通业务；支持 CTN 和 IP、CTN 和 MSTP、CTN/MSTP 和 WDM/OTN 的跨域业务管理；支持一键式创建 CTN 业务；支持 CTN/SDH 网络业务扩容/缩容；支持 CTN/SDH 网络业务割接；支持 CTN 端口业务迁移。

U31 支持 FE→GE(百兆以太网→千兆以太网)、GE→10GE(千兆以太网→万兆以太网)、FE→10GE(百兆以太网→万兆以太网)以太网链路容量升级；支持离线配置和在线配置方式；支持多种业务部署策略。

5．增值功能特点

1) 公共部分增值功能

(1) 支持远程、在线升级：支持使用 FTP 的方式远程下载单板软件，并在线升级单板软件。支持故障分析及诊断，具有告警相关性分析系统，在网络出现紧急故障的情况下，可根据网络资源及业务关系，自动完成根源告警及衍生告警的分析定位。网络告警及业务数据之间可实现多样化的关联、导航，快速了解和评估网络运行状况。

(2) 提供资源视图：该视图可呈现端口、隧道和伪线的带宽使用率统计，以拓扑图的方式呈现物理链路的带宽使用信息。

(3) 提供报表管理功能：支持报表模板功能，用户可根据自己的需求自定义报表；支持报表任务管理功能，用户可根据设定好的任务触发规则和模板参数，自动生成报表。

(4) 支持多时区、夏令时功能：支持多时区和夏令时，客户端、服务器端和设备的时间统一表示，便于设备的维护；支持三种时区方式，即夏令时、UTC 方式和多时区夏令时方式。

2) CTN 设备增值功能

(1) 提供通道视图。通道视图可以展示单板内的端口、端口承载的隧道、伪线、业务状态。

(2) 提供性能分析系统。性能分析系统可对设备运行的历史性数据进行分析，可自动完成趋势分析、预警提示，提前发现网络隐患。对一些可能影响设备正常运行的操作，可提供定时取消功能。

(3) 提供巡检工具。CTN 设备可提供远程、集中的设备巡检，并输出巡检报告。

(4) 支持网管备份路由。当 ECC 通道中断时，网管信息可以通过备用 DCN 网络通信，提高网络的可靠性；符合国际化标准的安全机制。

(5) 实施三级安全机制。在客户端、服务器端、适配器有相应的安全措施，支持 SSL、TLS 安全协议(客户端和服务器接口)。

(6) 支持数字证书 AAA 认证与 Radius 统一安全认证。CTN 支持 PAP 和 CHAP 密码认证协议；支持 LDAP 目录访问协议；支持数据一致性保护；支持数据库备份和数据库同步机制，确保数据的一致性。

8.2 U31 网管的结构

下面分别从硬件结构和软件结构两个方面来认识 U31 网管的系统结构。

8.2.1 硬件结构

U31 网管系统采用客户端/服务器模式，各部分之间采用 TCP/IP 协议进行通信。一个 U31 系统中有一套服务器及多个客户端，其结构如图 8-2 所示。

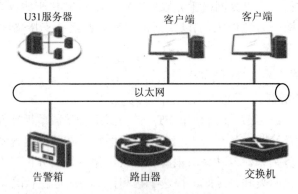

图 8-2 U31 硬件体系结构图

U31 的硬件包括服务器、客户端、告警箱、网络设备，此外还有打印机、音箱、备份设备等可选设备。

1. 服务器

服务器是 U31 的核心部分。服务器通过南向接口与网元进行信息交互，完成相应的功能后将结果传回客户端。服务器通过北向接口与上层网管交互信息。服务器根据功能可以划分为应用服务器、数据库服务器。应用服务器与数据库服务器在硬件上一般都是合一设置，也可以独立设置进行负荷分担。根据实际情况，U31 可以配置一台服务器，也可以配置两台服务器(主、备用方式)构成高可用性 HA 系统。服务器可以安装在 Windows、Solaris 或 Linux 操作系统中。

2．客户端

客户端运行在 Windows 平台上，为用户提供图形化界面。U31 支持多客户端，用户通过客户端进行网元的各种管理工作，并监控和管理 U31 系统自身。

客户端根据客户端与其所连服务器及所管网元的物理位置不同可分为三类：

(1) 本地客户端：客户端与服务器在同一局域网内。

(2) 远程客户端：网元和服务器在同一局域网内，但客户端与服务器位于不同局域网，处于远程局域网内。

(3) 返迁客户端：远程客户端的另外一种形式。网元和客户端在同一局域网内，但服务器处于远程局域网内。

3．告警箱

告警箱是一种用来进行信息传递的工具，可以用来收集告警、告警恢复、预警信息和日志数据，并通过告警箱将这些信息发送到预警中心，最终由预警中心对信息进行分析处理并通知相关人员。

4．网络设备

网络设备用于 U31 与网元设备或上层网管之间的网络连接，通常包括交换机、路由器。

5．可选设备

可选设备包括打印机、音箱等。

8.2.2 软件结构

U31 的软件结构包括客户端、服务器端、适配器和数据库四个部分，如图 8-3 所示。

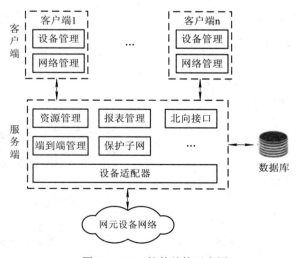

图 8-3 U31 软件结构示意图

1．服务器软件

服务器软件由多个模块组成，每个模块实现相应的系统功能。

- 网络管理接口：提供 NAF 通过北向接口连接 NMS。
- 拓扑管理：提供拓扑管理功能，包括拓扑对象管理等。
- 故障管理：提供故障管理功能，包括告警收集、查询、处理等。
- 性能管理：提供性能管理功能，包括 NE 性能数据收集、实时性能监控、性能门限值告警等。
- 安全管理：提供安全管理功能，包括用户权限管理、用户组管理。
- 配置管理：提供配置管理功能，包括 NE 数据配置、数据查询。
- 软件管理：提供软件管理，包括软件版本查询、版本升级、激活/去激活。
- 日志管理：提供报告管理功能，包括系统报告、用户日志管理和网元日志管理。
- 报表管理：提供报表工具，为用户定制特殊需要的报表格式。
- 数据库管理：提供强大的数据库管理功能，包括备份、恢复和监控职能。
- 资产管理：提供网元资产数据的同步、删除、查询、导入、导出等功能。
- 网元适配：提供到不同网元软件接口适配。

2．客户端软件

客户端子系统向用户提供 GUI(Graphic User Interface，图形化用户界面)，实现对所有网元的操作与维护功能。

8.3　U31 网管操作

本节给大家列出一些常见的网管操作，包括网管启动/关闭、网元的创建、告警的查询、性能的查询、接口的配置等等，并配有相应的网管界面的截图，以及简要的文字说明。

1．U31 网管程序的启动与关闭

在程序菜单栏找到安装好的 U31 服务器、客户端的快捷方式，双击后，网管就可以运行了。网管的启动如图 8-4 所示。

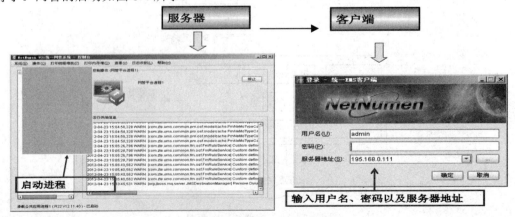

图 8-4　U31 网管启动方式

在客户端窗口点击服务器地址右侧的方框部分，进入待登录的服务器信息编辑窗口，点击"添加"按钮后，添加服务器，依次添加"局名称"、"服务器地址"(需要根据实际登录的服务器信息填写，一个客户端可以登录多台服务器)。点击"确定"按钮后，配置的局名称就出现了，点击需要登录的局名称，输入正确的用户名和密码，在确保客户端和服务器网络可达的前提下，就可以登录服务器了，如图 8-5 所示。

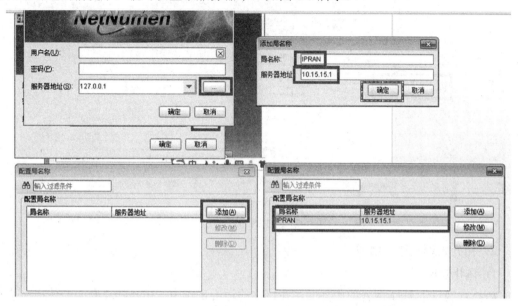

图 8-5　登录配置

如果 U31 网管程序要退出，则在服务器、客户端的菜单中选择"退出"，就可以退出服务器，如图 8-6 所示。

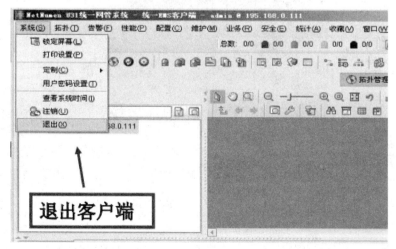

(a)

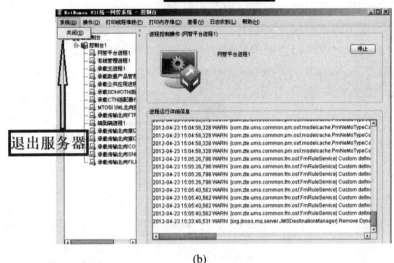

(b)

图 8-6　U31 网管退出方式

2. 拓扑管理及网元创建

1) 拓扑管理

拓扑管理位于 U31 网管的主界面，在日常的运维工作中，拓扑管理界面的使用率非常高。拓扑管理主要包括菜单、网元树、拓扑图、图例、网元鸟瞰图、网元的监控告警、网元的性能告警等。主拓扑示意图如图 8-7 所示。

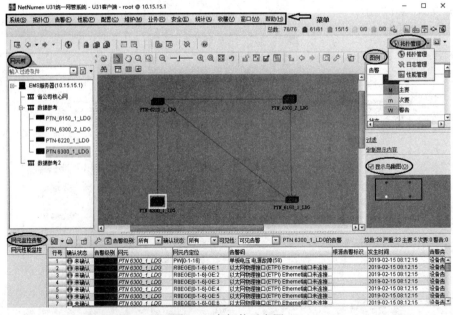

图 8-7　主拓扑示意图

菜单包含了几乎大部分的网管命令，以及进入其他管理界面的命令，比如业务视图、时钟视图、告警视图、保护视图等。如果一个客户端同时打开了多个视图，可以在右上角拓扑管理处的下拉菜单进行切换。

除了主界面上面的菜单外，网管支持选择网元图标后点击右键进入相应的菜单；也可以双击拓扑中的网元进入网元机架图，点击选择某块单板，点击鼠标右键进入相应的功能菜单，如图8-8所示。

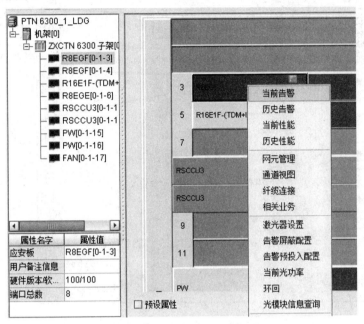

图 8-8　网元机架图

2) 网元创建

网元创建分为三种方式：手动创建网元、复制网元、网元自动搜索。图 8-9 显示了手动创建网元的两种不同入口方式，图中针对关键的选项做了标注。

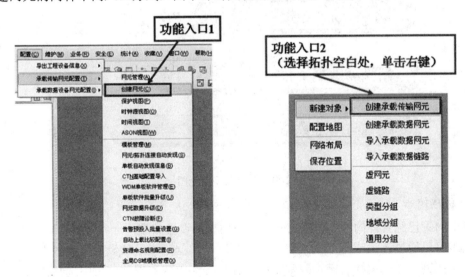

图 8-9　手动创建网元方式

需要设置的网元属性如图 8-10 所示。

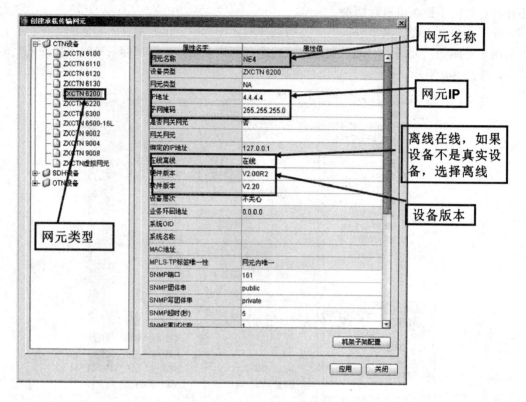

图 8-10　网元属性示意图

创建网元成功后，根据网管与实际网元的通信情况、网管数据与设备数据差异，显示的图标会有所不同。各种类型网元图标如图 8-11 所示。

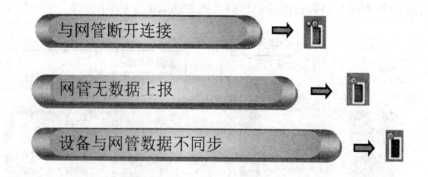

图 8-11　各种类型网元图标

3）数据同步

对于网管已经管理的设备，如果网管上的数据和设备数据不一致，可以进行数据同步。数据同步可以通过上载或者下载来实现。网管默认数据同步是从设备上载数据到网管。可以通过选择网元点击鼠标右键进入数据同步窗口，在上载数据项菜单中选择需要同步的全部或部分数据项。数据同步如图 8-12 所示。

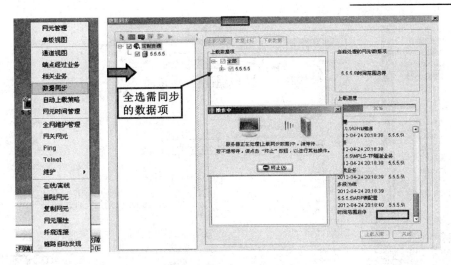

图 8-12　数据同步示意图

4) 配置单板

网管上创建的网元是没有单板的，网元的单板配置可以通过如下几种方法来实现(注意配置单板只能对已经上管的网元或设置过离线的网元进行操作)：

(1) 数据库上载，可以将设备中已经有的单板配置上载到网管上。

(2) 点击网元对应的槽位自动发现，网管会自动根据设备上实际插的单板，进行配置。

图 8-13 展示的是根据实际单板情况或规划手动配置单板的操作。

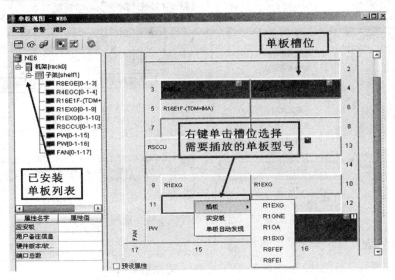

图 8-13　添加单板示意图

5) 纤缆连接

IPRAN/PTN 设备可以通过网线和光纤互连。为了在网管上反映网络的连接情况，可以通过纤缆连接的功能配置展示真实的纤缆连接和规划的纤缆连接。

• **方式一**：手动线缆连接。图 8-14 展示了手动配置纤缆连接的一种方法，手动配置的操作对象可以是离线网元和真实网元。

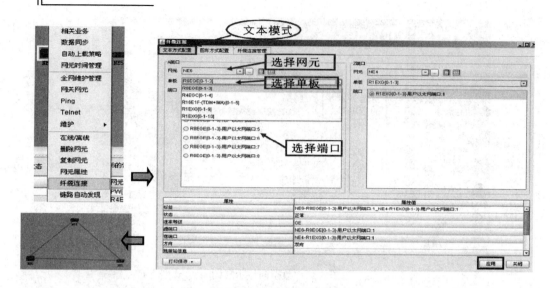

图 8-14　纤缆连接示意图

- **方式二**：自动发现纤缆连接。图 8-15 展示了自动发现现有设备的真实的纤缆连接方法，操作的对象只可以是网管管理中的网元，自动发现方式会自动修正规划的纤缆连接和实际纤缆连接不符的情况。

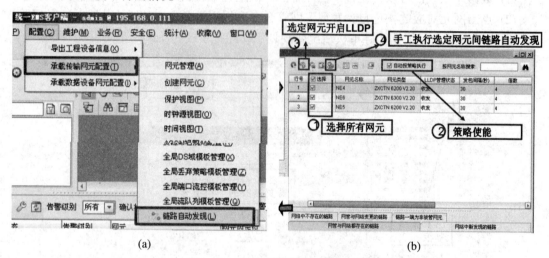

　　　　(a)　　　　　　　　　　　　　　　　(b)

图 8-15　自动发现纤缆连接示意图

3. 告警管理

告警管理模块实时监控当前设备工作状态，其功能如下：

(1) 告警收集储存。该功能收集网元告警信息，并将其转换成用户定义的格式，保存到数据库中。

(2) 告警图形显示和定位。该功能有助于快捷方便地监督网络告警状态，并提供实时的整体网络告警监控。

(3) 告警确认和反确认。该功能帮助用户处理解决、未解决、待解决的告警，用户通过这些信息可以了解系统运行状况和最新的告警。

(4) 告警实时监测。该功能通过列表显示当前网络告警状态。

(5) 告警清除。告警信息可以通过 U31 网管系统进行清除。

(6) 告警同步。告警同步使 U31 网管系统和告警源的信息保持一致。系统提供了自动同步机制，当发生以下情况时系统会自动同步。

网管告警信息的收集查询，除了通过拓扑图查看告警信息外，图 8-16 通过菜单项中的"告警"→"当前告警查询"来查看。查询的时候可以根据网元类型、网元名称、网元单板、告警码、时间等信息过滤查询当前告警，如图 8-17 所示，告警结果如图 8-18 所示。图 8-19 通过选择某网元的机架图上的某块单板/某个端口,点击直接查询指定网元的指定单板的告警，告警结果如图 8-20 所示。

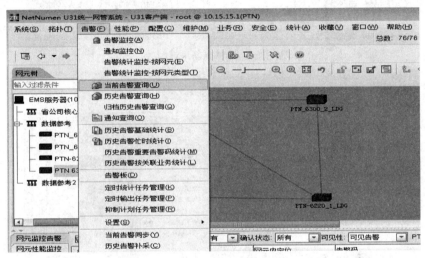

图 8-16　告警查询示意图(1)

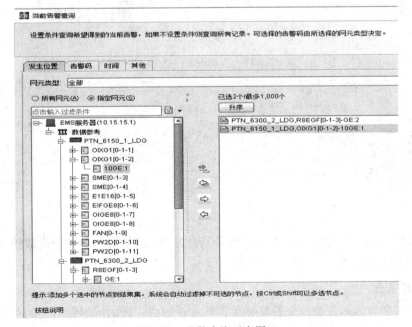

图 8-17　告警查询示意图(2)

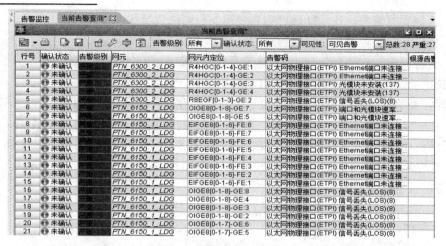

图 8-18　告警查询示意图(3)

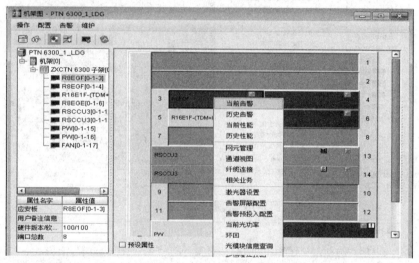

图 8-19　告警查询示意图(4)

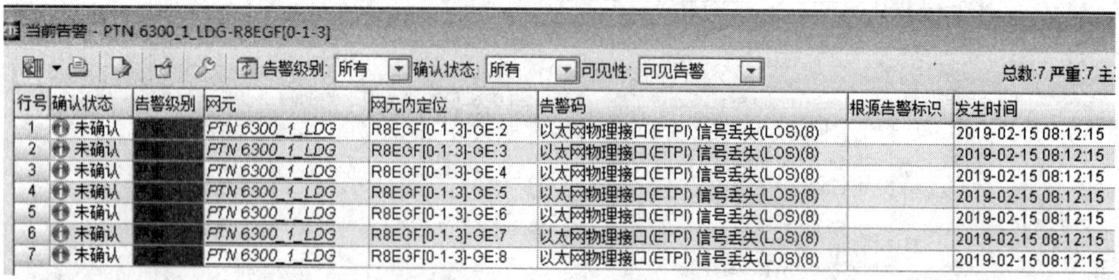

图 8-20　告警查询示意图(5)

告警统计查询包括历史告警查询、当前告警查询、通知查询、告警次数统计。用户可以通过交互方式创建统计查询报告，该报告支持 Excel、PDF、HTML 和 CSV 格式。

4. 性能管理

性能管理的目的是收集网元设备相关性能统计数据，评估网络和网元的有效性，反映设备状态，监测网络的服务质量。

U31 网管系统性能管理具体包括以下功能：

(1) 数据查询。用户可以查看保存在数据库中的原始性能数据。

(2) 数据同步。系统可以根据定时自动同步，用户可以手动在客户端启动同步，或向网元侧同步性能数据。

(3) 数据报告。数据报告支持 EXCEL、PDF、HTML 和 TXT 格式。系统提供报告模板，用户也可自定义模板。系统可将定期生成的报告按照用户定义的格式通过电子邮件发送给用户。性能数据查询的方式有多种，可以在 U31 网管主拓扑查询，也可以通过主菜单性能项查询，还可以在业务视图中查询。

根据性能数据的产生时间，可以将其分为当前性能查询和历史性能查询。

性能查询的分类方式如图 8-21 所示。

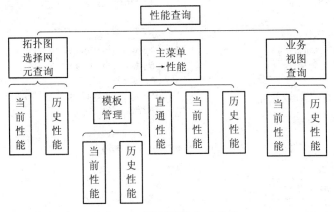

图 8-21 性能查询方式分类

在拓扑视图上查询当前性能的方式是：选择目标网元(可多选)，然后单击右键，选择"性能管理"→"当前性能查询"(如图 8-22 所示)，弹出"新建当前性能查询"窗口，在"计数器选择"窗口选择相应的性能计数器，如图 8-23 所示。在"位置选择"窗口中的"通配层次"中可以选择网元、单板、端口等属性，不同的通配层次其下面的资源树相应可以选择的资源也不同，应根据需要选择资源，如图 8-24 所示。完成新建性能查询后可点击"确定"，返回查看查询结果。性能查询结果如图 8-25 所示。

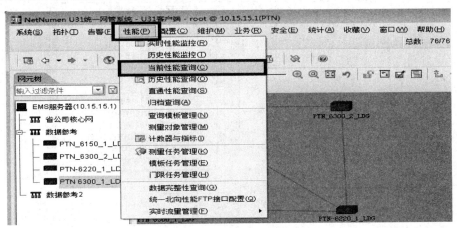

图 8-22 性能查询示意图(1)

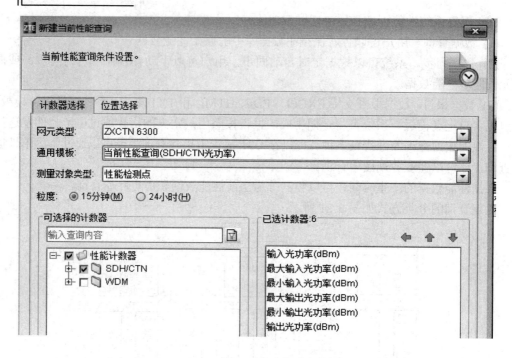

图 8-23 性能查询示意图(2)

图 8-24 性能查询示意图(3)

行号	已逝时间	粒度	网元	测量对象	以太网物理接口发送帧数	以太网物理接口接收帧数	以太网物理接口发送字节数	以太网物理接口接收字节数
1	00:13:04	15分钟	9004-5	8GET-SFP[0-1-2-3]-ETH:1	20,309,097	20,450,725	19,314,512...	19,401,714...
2	00:13:04	15分钟	9004-5	8GET-SFP[0-1-2-3]-ETH:2	21,896,057	21,875,363	20,034,330...	19,878,388...
3	00:13:04	15分钟	9004-5	8GET-SFP[0-1-2-4]-ETH:1	156,806	195,957	11,646,208	14,539,561
4	00:13:04	15分钟	9004-5	8GET-SFP[0-1-2-4]-ETH:2	702,922	703,034	76,615,589	76,621,978

图 8-25　性能查询结果

5．安全管理

1) 安全管理提供的概念

安全管理提供了角色、角色集、部门、用户的概念，只有合法用户才可以访问网络资源。

(1) 角色。角色是指用户可管理的权限。U31 通过操作权限和管理资源为角色定义权限。操作权限定义了对管理系统功能模块可进行哪些操作，管理资源定义了可对哪些子网和网元网络进行操作。

(2) 角色集。角色集包括多种角色。因此，角色集的权限是该小组所有角色的权限。

(3) 部门。部门模拟现实生活中的部门，便于组织和管理用户。

(4) 用户。用户可以登录和维护网络管理系统。当系统管理员设置了新的用户时，需要确认其所属角色和角色集，指定其所属部门。安全管理关系模型如图 8-26 所示。

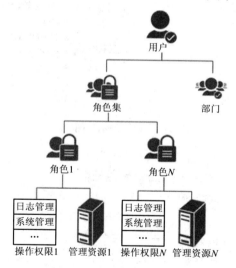

图 8-26　安全管理关系模型

2) 安全管理模块实现的功能

(1) 安全事件。记录安全事件日志，例如鉴权失败、用户已锁定、禁止用户，帮助系统管理员了解用户账户的使用情况。

(2) 安全告警。当账户被锁定时，会通过告警提醒管理人员。

(3) 登录时间。支持用户设置登入时间，用户只能在设定的时间段登录。

(4) 用户账户管理。用户可以通过安全管理模块查询和自定义密码长度、策略、锁定规则、有效期。如用户输入 3 次错误，将被锁定，避免非法用户登录。

超级管理员可以强行删减用户，避免非法运作，并确保系统的安全性。

(5) 设定超级管理员 IP 地址。设置超级管理员 IP 地址后，超级管理员只能以此 IP 地址登录。

(6) 修改用户密码。超级管理员可以修改所有用户的密码。

(7) 查询锁定和解锁用户状态。超级管理员可以了解用户锁定或非锁定状态，用户可自动解锁，并可以设置解锁时间。

(8) 接口锁定。如果终端在一段时间内没有操作，终端将锁定；用户必须重新登录，避免非法操作。

通过菜单项中的"安全"→"用户管理"进入用户管理窗口，如图 8-27 所示，可以对登录网管的用户进行创建和修改，如图 8-28 所示。

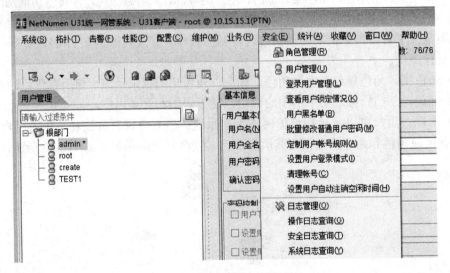

图 8-27　用户管理示意图(1)

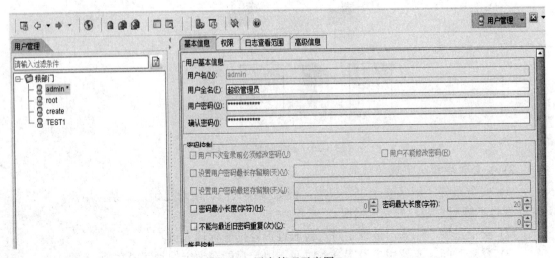

图 8-28　用户管理示意图(2)

6. 配置管理

U31 网管系统的配置管理模块提供了所有网元配置功能。不同类型网元支持的配置功能不同。

CTN 网元支持的配置功能有网元基本配置、时钟时间配置、接口配置、协议配置、单网元业务和端到端业务配置、OAM 配置、QoS 配置、设备级保护配置、网络级保护配置、网络扩缩容配置、告警配置、性能配置、开销配置、端口迁移、通道视图、资源视图、光功率视图和实时流量监控等。

图 8-29 所示为以太网端口基本属性配置示意图。

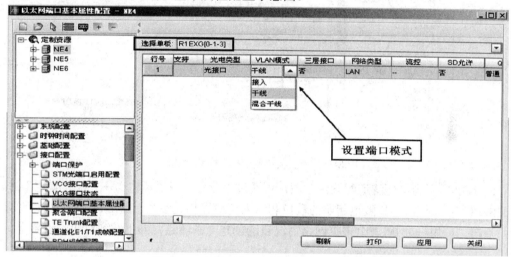

图 8-29　以太网端口基本属性配置示意图

图 8-30 所示为 VLAN 接口配置示意图。

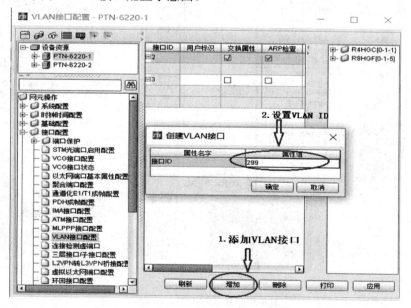

图 8-30　VLAN 端口配置示意图

图 8-31 所示为三层接口及子接口配置示意图。

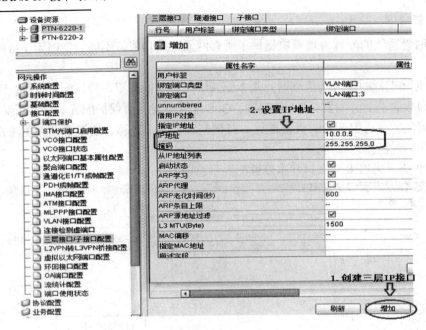

图 8-31　三层接口及子接口配置示意图

图 8-32 所示为新建隧道配置示意图，可通过"业务"→"新建"→"新建隧道"进入新建隧道窗口，依次选择隧道起始的端口和结束端口等相关参数，点击"计算"，计算成功后，点击"应用"，网管就会根据网络情况自动创建一条隧道，并下发到对应的设备上。

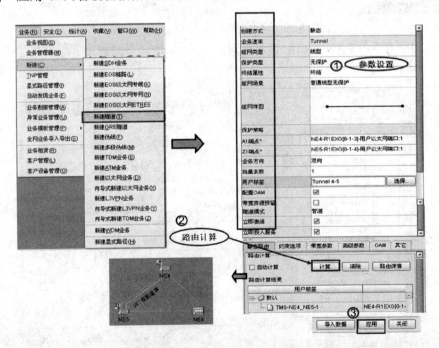

图 8-32　新建隧道配置示意图

图 8-33 所示为伪线业务的配置示意图，可通过"业务"→"新建"→"新建伪线"进入新建伪线窗口，依次选择伪线的相关参数、绑定的隧道，点击"应用"，网管就会根据网

络情况自动创建一条伪线，并下发到对应的设备上。

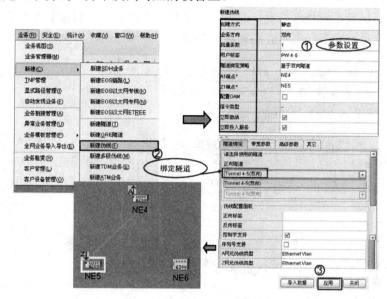

图 8-33　伪线业务的配置示意图

7. 软件管理

U31 提供单板软件批量升级、设备软件加载和软件版本管理等功能。用户可以为承载设备下载新的软件版本及管理多版本承载设备，便于在不同版本间的切换。其支持网管版本的平滑升级，可由低版本如 E300、T31 向本版本升级。在升级新版本时，如果升级失败，可以回退到旧版本。客户端软件可从服务端自动下载更新。

8. 日志管理

日志可以分为三类：操作日志，安全日志，系统日志。

1) 操作日志

操作日志记录了用户名称、级别、操作、命令功能、操作对象、对象分组、对象地址、操作开始时间、操作结果、失败原因、操作结束时间、主机地址和接入方式。操作日志示意图如图 8-34 所示。

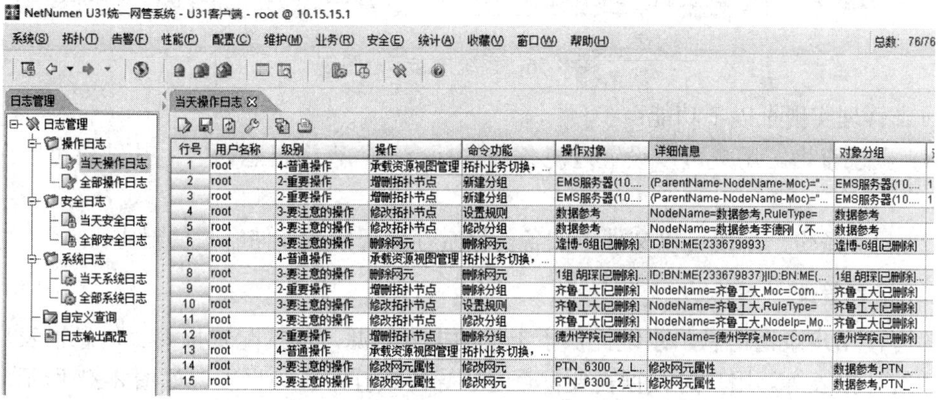

图 8-34　操作日志示意图

2) 安全日志

安全日志记录用户登入信息，包括用户名称、主机地址、日志名称、操作时间、接入方式和详细信息。安全日志示意图如图 8-35 所示。

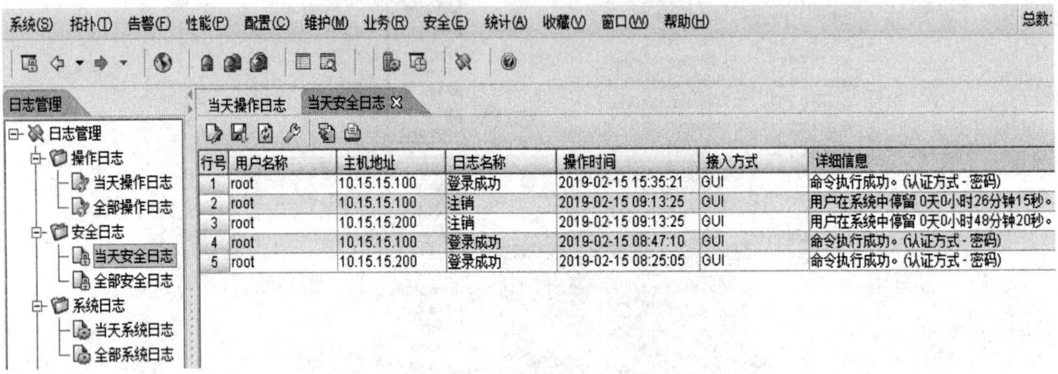

图 8-35　安全日志示意图

3) 系统日志

系统日志通过服务器来记录任务完成情况，包括来源、级别、日志名称、详细信息、主机地址、操作开始时间、操作结束时间、关联日志。系统日志示意图如图 8-36 所示。

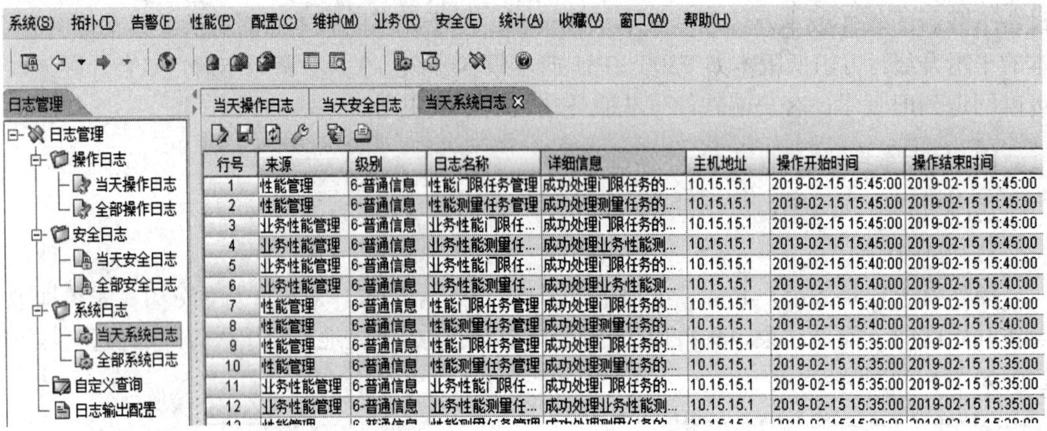

图 8-36　系统日志示意图

日志管理实现了以下功能：

(1) 登录查询。用户可以设置过滤条件进行查询，查询日志内容，其结果可以保存和打印。

(2) 日志备份。系统可以文件方法备份指定存储天数或存储容量的日志。

9．报表管理

为方便用户查询信息，系统提供了丰富的报表资源，包括配置报表、信息报表、状态报表、统计报表等。用户可根据需要，查看、导出或打印各种报表。如图 8-37 所示，可以通过菜单中的"统计"→"承载网元报表"→"网元统计报表"进入报表统计窗口。

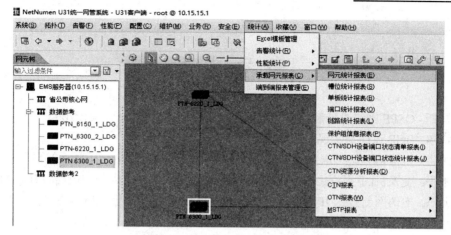

图 8-37 网元统计报表示意图

可以通过图 8-38 中右下角的导出键将相关网元信息导出成表格。

图 8-38 网元信息报表导出界面

10. 数据库管理

数据库管理的功能包括监控数据库，是指当数据库的容量使用达到预先设置的门限值后，U31 网管系统将会产生告警提示用户。其他功能还包括备份数据库、脱机恢复数据、备份计划、手动备份。

11. License 管理

License 管理可以实现对网管和网元管理权限的控制。其中，网元 License 管理实现对管理网元类型、网元数量的控制。网管 License 管理实现对网管功能的控制，例如，异常业务管理、业务割接管理、北向接口等。

参 考 文 献

[1]　托马斯. OSPF 网络设计解决方案. 2 版. 北京：人民邮电出版社，2004.

[2]　巴特尔. BGP 设计与实现. 北京：人民邮电出版社，2012.

[3]　迟永生. 电信网分组传送技术 IPRAN PTN. 北京：人民邮电出版社，2017.

[4]　方水平. 交换机(中兴)安装、调试与维护实践指导. 北京：人民邮电出版社，2010.

[5]　王元杰. 电信网新技术 IPRAN PTN. 北京：人民邮电出版社，2014.

[6]　毛京丽. 数据通信原理. 4 版. 北京：北京邮电大学出版社，2015.

[7]　邓秀慧. 路由与交换技术. 北京：电子工业出版社，2014.

[8]　陈彦彬. 数据通信与计算机网络. 西安：西安电子科技大学出版社，2018.

[9]　佩佩恩雅克. MPLS 和 VPN 体系结构. 修订版. 北京：人民邮电出版社，2015.